MANUEL

THÉORIQUE ET PRATIQUE

D'HORTICULTURE

CONTENANT :

1° DES NOTIONS SUR LA GÉOLOGIE, LES AMENDEMENTS
ET LES ENGRAIS ;
2° UN ABRÉGÉ DE BOTANIQUE ;
3° LE JARDIN POTAGER ET SA CULTURE ;
4° UN COURS ÉLÉMENTAIRE D'ARBORICULTURE FRUITIÈRE ;
5° UN EXTRAIT DE TRAVAUX A FAIRE,
CHAQUE MOIS DE L'ANNÉE,
DANS LES JARDINS, LES SERRES ET L'ORANGERIE ;
6° UN PETIT VOCABULAIRE DE TERMES RELATIFS
A L'HORTICULTURE ;
7° PLANTES FLORALES DE PLEIN AIR.

PAR UN RELIGIEUX JARDINIER

DE

vingt-six ans d'enseignement et de pratique.

> Arbres qui portez du fruit,
> bénissez le Seigneur.
> (*Ps.* 248.)

Troisième édition

PARIS
ANCIENNE MAISON CH. DOUNIOL
P. TÉQUI, SUCCESSEUR
29, rue de Tournon, 29

1898

MANUEL

THÉORIQUE ET PRATIQUE

D'HORTICULTURE

MANUEL
THÉORIQUE ET PRATIQUE
D'HORTICULTURE

CONTENANT :

1° DES NOTIONS SUR LA GÉOLOGIE, LES AMENDEMENTS
ET LES ENGRAIS ;
2° UN ABRÉGÉ DE BOTANIQUE ;
3° LE JARDIN POTAGER ET SA CULTURE ;
4° UN COURS ÉLÉMENTAIRE D'ARBORICULTURE FRUITIÈRE ;
5° UN EXTRAIT DE TRAVAUX A FAIRE,
CHAQUE MOIS DE L'ANNÉE,
DANS LES JARDINS, LES SERRES ET L'ORANGERIE ;
6° UN PETIT VOCABULAIRE DE TERMES RELATIFS
A L'HORTICULTURE ;
7° PLANTES FLORALES DE PLEIN AIR.

PAR UN RELIGIEUX JARDINIER
DE
vingt-six ans d'enseignement et de pratique.

> Arbres qui portez du fruit
> bénissez le Seigneur.
> (*Ps.* 248)

Troisième édition

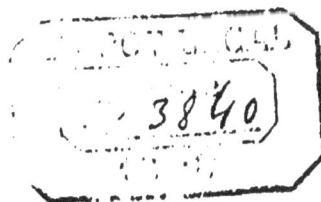

PARIS
TÉQUI, LIBRAIRE-ÉDITEUR
33, rue du Cherche-Midi, 33

1898

PREFACE

Ce manuel théorique et pratique d'horticulture est particulièrement destiné aux apprentis-jardiniers.

Voyant les difficultés qu'éprouvaient les apprentis, dans l'étude du jardinage, et cela faute de livres concis et à leur portée, nous avons cru leur être utile et lever, au moins en partie, ces obstacles, en leur faisant, réuni en un seul volume, un cours élémentaire, contenant ce qu'on trouve de plus substantiel dans des traités beaucoup plus étendus, plus scientifiques, mais fort coûteux, et demandant un temps considérable à lire.

Nous n'avons jamais oublié que nous écrivions pour de jeunes intelligences et des commençants, et par conséquent, tout en tenant à être aussi complet que possible, et à ne laisser de côté aucune des branches essentielles de l'horticulture, nous nous sommes efforcé d'être méthodique, clair et pratique.

Nous nous sommes occupé, dans cet ouvrage, non des questions qui divisent les écrivains, mais des procédés et des principes sur lesquels tout le monde est d'accord.

Nous ne prétendons pas être arrivé à cette perfection de style qui séduit et entraîne le lecteur, néanmoins, nous croyons pouvoir être lu et compris.

Faire un travail concis, clair, pratique et sérieux tout à la fois, n'est pas chose facile, nous ne nous le dissimulons pas, la tâche est difficile ; surtout lorsqu'il s'agit de se mettre à la portée des débutants ; et si, malgré les difficultés et les aridités qu'elle comporte, nous l'avons entreprise, c'est que d'une part, les besoins de ces jeunes jardiniers et l'invitation maintes fois réitérée de collègues experts qui ont bien voulu nous prêter leur concours, nous y ont poussé ; et de l'autre, sans vouloir nous donner des gants, nous nous y sentions préparé par des études sérieuses de la théorie et une pratique constante de dix-huit années de jardinage.

Puisse, ce faible travail, être béni de Dieu, souverain maître de toutes choses, et redoubler, dans les jeunes jardiniers et tous ceux qui le liront, le goût et l'estime pour des connaissances devenues aujourd'hui nécessaires pour tous.

MANUEL
THÉORIQUE ET PRATIQUE
D'HORTICULTURE.

NOTIONS DE GÉOLOGIE.

CHAPITRE I

Sol, définition, sous-sol, différents sols, sols sablonneux, sols argileux, sols calcaires, sols humifères, alluvions ou limons, définitions supplémentaires, origine et répartition géologique des terrains.

1. Le sol est la couche extérieure et superficielle du globe, dans laquelle les plantes fixent leurs racines et puisent les éléments nécessaires à leur développement.

Le sol arable est la partie du sol travaillée et remuée par les instruments aratoires.

Le sol végétal est la portion du sol dans l'intérieur de laquelle s'étendent les racines des végétaux.

2. Le sol est composé de deux parties ; l'une à base inorganique ou minérale, composée de silice, d'alumine, de carbonate de chaux, d'oxyde de fer, de carbonate de magnésie, etc...; l'autre à base organique, qui est l'humus produit par les êtres organisés, puis décomposés auxquels se mêlent les eaux et les gaz répandus dans l'atmosphère, le tout servant de nourriture aux végétaux.

3. Le sol le plus productif, en général, est celui qui est composé en parties égales de sable, d'argile, de calcaire et d'humus en proportion suffisante.

Le sol le plus mauvais est, au contraire, ordinairement le plus pur ; c'est-à-dire, ne contenant que de l'argile, du sable ou du calcaire.

Le mélange ne détruit pas les bonnes qualités et neutralise les mauvaises.

4 L'épaisseur du sol dépend, en grande partie, de la profondeur des labours qu'on y exécute.

La valeur horticole ou agricole est ordinairement proportionnée à l'épaisseur du sol arable.

Le sol végétal est considéré comme profond, lorsqu'on le cultive à une profondeur de 30 à 50 centimètres ; ou bien lorsque sa profondeur étant moindre, le sous-sol peut être pénétré par les racines. Moins le sol végétal a d'épaisseur, plus le sous-sol agit sur lui.

5. Un sol est toujours caractérisé par le nom de

l'élément dominant ; par exemple, si c'est l argile, sol argileux ; le calcaire, sol calcaire, etc.

II.

Sous-sol

6. Le sous-sol est une couche de terre qui s'étend au-dessous de la terre arable ou labourable ; il se divise en deux classes : les sous-sols perméables, et les sous-sols imperméables.

Les sous-sols perméables laissent facilement s'infiltrer les eaux de pluie, ce qui diminue considérablement l'humidité du sol et le rend plus chaud et mieux aéré ; ils influent directement et indirectement sur les végétaux.

Directement, en fournissant aux racines qui peuvent y parvenir les matières qu'ils contiennent ; indirectement, en modifiant les qualités physiques du sol.

Les sous-sols perméables sont ordinairement composés de sables, de graviers, de pierres siliceuses ou même de roches de calcaire tendre. Ils sont favorables aux sols humides et défavorables aux sols légers et secs.

Les sous-sols imperméables sont inertes et ne peuvent être pénétrés ni par les eaux de pluie, ni par les racines des plantes. Ils rendent le sol humide froid, lent à décomposer les engrais et souvent noient le terrain.

Cette influence a lieu quand le terrain est horizontal, et elle se produit bien davantage lorsqu'il est dans un bas-fond. Cet inconvénient n'a pas de conséquence si le terrain offre une pente suffisante à l'écoulement des eaux de pluie.

Les sous-sols imperméables caillouteux et même rocheux font exception; ils sont très actifs lorsqu'ils se laissent pénétrer par les racines pivotantes. La luzerne et la vigne y donnent des produits remarquables.

III.

DIFFÉRENTS SOLS.

Sols sablonneux

7. On appelle sable l'ensemble des grains plus ou moins fins et indélayables dans l'eau; il provient souvent de la silice pure ou de roches primitives.

Il est de même nature que le silex ou pierre à fusil.

Le sable forme la base de la plupart des sols. Il les rend meubles, légers, poreux, mouvants, sans consistance, perméables à l'air, à l'eau et à la chaleur solaire.

Le sable en gros grains diminue considérablement la ténacité des sols, l'eau y passe comme dans un filtre; le sable en grains très fins absorde et retient très fortement l'humidité.

8. *Propriétés.* Les sols sablonneux se ressuyent vite, après la pluie, décomposent rapidement les engrais, donnent une végétation hâtive, et sont très faciles à travailler.

Les terres siliceuses-sablonneuses sont rugueuses au toucher, peu productives ; en général, leur fertilité est en raison directe de leur finesse et de leur humidité, et en raison indirecte de leur grossièreté et de leur sécheresse. Dans le premier cas, elles rapportent souvent autant que les meilleures terres, tandis que dans le second, elles sont sèches et stériles.

9. On corrige les terrains siliceux par des amendements argileux et calcaires, par des fumures grasses souvent répétées, des engrais liquides, des engrais verts, des labours pratiqués en temps humide, des arrosements abondants.

IV.

Sols argileux

10. L'argile ou terre glaise est un corps formé d'acide silicique, d'alumine et d'eau. Elle donne

une terre grasse, onctueuse, compacte, douce au toucher, plastique, qui se ramollit dans l'eau, en absorbe une grande quantité et ne la cède que très lentemet.

L'alumine pure est une poussière blanchâtre, douce au toucher ; c'est l'élément principal de l'argile.

L'argile se pétrit et prend toutes les formes qu'on désire lui donner, et forme une pâte qui happe à la langue. En se desséchant, elle diminue de volume et se fendille par le retrait.

11. *Propriétés* — Les terrains argileux sont tenaces, difficiles à entamer par les labours ; lorsqu'ils sont mouillés, ils s'attachent aux pieds et aux instruments ; ils s'échauffent lentement, se refroidissent très vite et prennent croûte facilement.

Ils conservent bien les engrais, et, lorsqu'ils sont amendés, ils forment des sols riches et donnent des récoltes abondantes en blé, orge, trèfle, etc...

12 *Défauts.* — Les végétaux vivent mal dans les terrains trop argileux ; leurs racines ne peuvent se développer convenablement et sont quelquefois déchirées par la fente de l'argile. Lorsque la chaleur est trop forte, la tige est souvent comprimée à son collet, souffre et finit par périr.

13. *Dénominations.* — On nomme les sols argileux : terres fortes, à cause de leur résistance aux labours ; terres humides, parce qu'elles absor-

bent et retiennent beaucoup l'humidité ; terres froides, parce qu'elles s'échauffent lentement.

14. On corrige les défauts des sols argileux par de fréquents labours, des hersages, des binages, et surtout par l'addition de matières étrangères, qui les divisent et les assainissent ; tels que le sable, le calcaire, la chaux, les plâtras de démolitions, les fumures abondantes et pailleuses, et enfin par le drainage ou assèchement.

Les sols argileux mélangés de calcaire se nomment sols argilo-calcaires ; ils conviennent, en général, aux arbres fruitiers.

V.

Sols Calcaires.

15. Le calcaire ou carbonate est une combinaison de chaux et d'acide carbonique ; il peut se trouver dans le sol à trois états différents : 1° à l'état de pierres ; 2° à l'état de grains sablonneux, analogues à la silice ; 3° à l'état pulvérulent de poudre ; dans ce cas, il a des propriétés agricoles spéciales, d'une grande importance.

16. *Qualités agricoles.* Le calcaire fournit aux plantes des engrais minéraux, tels que phosphates sulfates de chaux et de magnésie; éléments nécessaires pour la décomposition des engrais organi-

ques ; il réchauffe le sol, le divise et active l'action des engrais.

17. *Caractères distinctifs*. — Les sols calcaires ont presque toujours une couleur claire ou blanchâtre, sont peu tenaces : généralements secs et arides, sujets à brûler les plantes ; l'hiver, la gelée les gonfle, et les racines des plantes sont soulevées, coupées et déchirées ; ils sont boueux après la pluie, mais prompts à se ressuyer. Mêlés dans des proportions convenables avec l'argile ; ils forment un sol riche et productif.

18. *Défauts*. — Les sols calcaires ne sont pas favorables aux arbres fruitiers, leur couleur blanche repousse l'action des rayons solaires ; ils absorbent beaucoup d'eau et se déssèchent promptement. Presque toutes les espèces à pépins périssent dans les sols essentiellement calcaires ; celles à noyaux y souffrent énormément, le cerisier seul y prospère.

19. *Amendements*. — Les sols calcaires s'amendent par l'addition du sable et de l'argile dont la quantité doit être déterminée d'après les besoins du sol à amender ; par des fumiers gras, courts et non pailleux, des engrais verts, des labours profonds et des arrosements fréquents.

20. Le moyen de reconnaître le calcaire, c'est de verser un peu de vinaigre bien fort sur une po-

tite quantité de terre qu'on a préalablement fait sécher au four ou de toute autre manière ; s'il s'y produit une sorte de bouillonnement, c'est signe que la terre étudiée contient du calcaire.

VI.

Sols humifères

21. L'humus est une espèce de terre légère, brune et noirâtre retenant facilement l'eau ; il est formé par la décomposition des végétaux, des excréments et des débris des animaux ; en un mot, c'est un fonds de toute espèce d'engrais organiques et minéraux.

Mélangé avec un peu de terre, il constitue ce qu'on nomme vulgairement terreau.

22. — L'humus contient l'oxigène, l'hydrogène, l'azote, le carbone et les sels minéraux qui constituent la nourriture des plantes ; il est la terre végétale par excellence, et la substance la plus importante du sol arable.

Dès qu'un sol en possède seulement 10 parties sur 100, il est des plus fertiles et prend le nom de terre de jardin.

23. Les terreaux peuvent être divisés en deux classes :

1° Terreaux doux, provenant de la décomposition des matières animales.

2° Terreaux formés par des détritus végétaux.

Parmi ces derniers, un des plus employés est la terre de bruyère, qui se forme dans des terrains secs où se décomposent des bruyères et des fougères.

24. L'humus produit par les plantes décomposées sous l'eau se nomme tourbe; ayant des qualités acides qui le rendent impropre à la culture, il n'est pas favorable à la végétation.

Pour détruire cette acidité, on peut employer la chaux vive, les cendres de foyer, l'exposition à l'air et aux gelées.

25. On s'assure de la présence de l'humus dans un sol en faisant brûler un peu de terre sur une pelle à feu rougie; l'humus se change en charbon et se calcine en exhalant une odeur de corne ou de paille; celle-là indique un humus riche en produits animaux; celle-ci un humus composé de débris végétaux.

26. *Propriétés.* — Les sols humeux sont légers, meubles, d'un accès facile à l'air, aux racines des plantes et aux instruments de labour; ils absorbent beaucoup d'eau, conservent l'humidité et les engrais, se soulèvent par les gelées et exposent les plantes au déchaussement. Les grands arbres s'y

cramponnent difficilement et ne peuvent résister aux ouragans et aux tempêtes.

27. *Amendements.* — On amende les sols humeux par l'addition d'argile, de sable grossier, de marne argileuse, par un tassement au rouleau souvent répété et des engrais gras et courts. Si l'humus est acide, c'est par la chaux vive, les cendres de foyer, l'exposition à l'air et aux gelées qu'on le corrige.

28. Les sols qui renferment beaucoup d'humus se nomment sols humifères ou de terreau; en général, leur fertilité est de peu de durée.

VII.

Alluvions ou Limons

29. On appelle alluvions ou limons, les terres que les fleuves ou les eaux pluviales ont déposées dans les parties basses des continents, dans les plaines ou dans les vallées. Comme ces fleuves ou ces eaux pluviales ont traversé des terrains d'espèces diverses, il en résulte que leurs dépôts étant un mélange de tous les éléments du sol sont d'une très grande fertilité.

Les terres d'alluvions sont d'une culture avantageuse, malheusement elles sont rares.

VIII.

DÉFINITIONS SUPPLÉMENTAIRES.

30. On appelle terre franche un sol composé des substances principales : argile, sable, calcaire, humus, et ordinairement dans les proportions suivantes : argile 40 parties sur 100 ; sable, 25 ; calcaire, 20 ; humus, 15.

Un tel sol est dit sans défaut ; il est naturellement fertile et propre à toutes sortes de cultures.

31. On appelle terres fortes celles où domine l'argile ; elles sont compactes et lourdes, résistantes aux instruments aratoires.

L'eau et la chaleur exercent sur ces terres une influence mauvaise : l'eau en y séjournant trop longtemps les rend incultivables ; la chaleur les sèche et les durcit.

32. On appelle terres légères celles où dominent le calcaire et le sable siliceux ; elles sont, meublés en tout temps, et exigent peu de force et de travail ; mais aussi, sauf de rares exceptions, elles rapportent peu.

33. On appelle terres froides celles qui sont généralement humides ; l'eau qu'elles retiennent re-

froidit le sol ; alors les plantes y jaunissent et meurent. Les terres blanches sont froides, parce qu'elles repoussent la chaleur.

34. On appelle terres chaudes celles qui laissent écouler l'eau facilement, elles sont ordinairement sèches et par le fait, chaudes, et les plantes y courent risque de se dessécher. Les terres noires sont également chaudes, parce qu'elles absorbent la chaleur.

IX.

ORIGINE ET RÉPARTITION GÉOLOGIQUES DES TERRAINS.

35. Les terrains primitifs ou d'origine ignée, sont ceux qui forment la première couche solidifiée de l'enveloppe terrestre, sur laquelle s'étendent les dépôts stratifiés ou sédimentaires ; ils se composent essentiellement de deux roches principales : le granit et le porphyre.

On présume que ces terrains ont été formés les premiers à cause de la fusion opérée par le feu central du globe.

36. Les terrains houillers sont ceux que l'on trouve placés au-dessus des couches des terrains de transition, composés de bas en haut des amas

de houille ou charbon de terre intercalés de calcaire carbonifère, de grès, d'argiles schisteuses, et d'un schiste bitumineux inflammable, servant à préparer une huile pour l'éclairage, nommée huile de schiste.

Toutes ces substances ont été formées par les débris accumulés des végétaux, qui se sont altérés et carbonisés au fond des eaux ; la structure presque ligneuse de ces divers débris de plantes, nous le prouve.

37. Les terrains de transition, sont ceux qui reposent immédiatement sur le sol primitif, et qui forment la base de la série générale des terrains stratifiés ou sédimentaires.

Les principales roches qui forment ces terrains anciens sont : le gneiss, le micaschiste, les schistes argileux, les grès quartzeux, les marbres ou calcaires cristallins, les schistes siliceux ou ardoisiers qui fournissent les ardoises et le calcaire de Dudley, qui donne une excellente pierre à chaux.

38. Les terrains secondaires ou moyens, forment trois étages superposés, savoir 1° le terrain trias, formé de grès bigarré ou roche solide, de calcaire conchylien ou coquilles fossiles, de marnes irisées ou couches calcaires plus ou moins marneuses, et de couches d'argile de couleur verdâtre ou bleuâtre.

2° Le terrain jurassique, ainsi appelé parce qu'il forme en grande partie les montagnes du Jura.

3° Le terrain crétacé, placé à l'étage supérieur des terrains secondaires ; il est ainsi nommé parce qu'il est de même nature que la craie.

En résumé, les terrains secondaires se composent de roches calcaires, de grès, de sables, d'argiles, de gypse ou pierre à plâtre, de craie, de houille, de sel, etc....

39. Les terrains tertiaires ou sédiments supérieurs ont été formés par une succession de dépôts marins et d'eau douce, qui paraissent s'être constitués dans des bassins plus ou moins circonscrits ; aux embouchures des grands fleuves et sur le littéral des mers.

40. On appelle fossiles les divers débris de corps organisés, que l'on trouve dans les couches minérales de l'écorce du globe ; ce sont des empreintes de plantes ou d'animaux, ou des fragments organiques de coquillages ou d'ossements.

On rencontre ces plantes et ces animaux pétrifiés dans les terrains sédimentaires. Les terrains houillers sont les restes fossiles des forêts. Les uns ont conservé leur composition primitive, les autres ont changé de nature, et ont pris la substance de la roche qui les renferme. Plus on descend dans l'écorce de la terre, plus les fossiles diffèrent des espèces qui existent actuellement ; on trouve même de grands mammifères appartenant à des genres qui n'existent plus.

CHAPITRE II.

AMENDEMENTS ET ENGRAIS.

41. Les sols pour être productifs doivent être composés d'un mélange intime d'humus, de sable, d'argile, de calcaire et de plusieurs autres substances qui doivent y entrer dans de certaines proportions. Ce mélange est rarement bien fait, l'homme doit y suppléer au moyen d'amendements et d'engrais.

Amendements.

42. On appelle amendements les opérations de culture qui ont pour effet de modifier certaines propriétés agricoles du sol, ainsi que diverses matières minérales ou végétales qu'on y additionne dans le but d'améliorer ou de changer sa constitution.

43. Ces amendements sont mécaniques, physiques ou chimiques,

Les amendements mécaniques sont :

1° Le *drainage* qui a pour but de retirer du sol

l'excès d'eau qu'il contient ; il se pratique de deux manières, extérieurement au moyen de fossé et de rigoles, et intérieurement, par un système de tuyaux en terre cuite appelés drains, placés bout à bout, et dont la longueur est ordinairement de 30 à 40 centimètres.

2° Les *irrigations*, qui consistent à conduire l'eau d'une rivière, d'un étang ou d'un réservoir sur le terrain qu'on veut irriguer ou arroser, par des rigoles, d'où elle va s'enfiltrer dans le sol Cette manière d'arroser n'est guère applicable qu'aux prairies, ou aux fortes plantes potagères, telles que les choux ou les artichauts.

3° L'*écobuage*, qui consiste à enlever la couche supérieure du sol, par tranches, avec un tranche-gazon, faire sécher ces tranches au soleil, les brûler et ensuite en répandre les cendres sur le sol.

4° Le *labour* qui consiste à ameublir ou à diviser la surface du sol ou terre végétale ; soit à la charrue, soit à la bêche, soit à la pioche afin d'y faire pénétrer l'air, l'eau de pluie, la chaleur, la lumière et les gelées.

5° Le *défoncement* qui est un labour très profond fait dans le but d'augmenter l'épaisseur de la couche arable et d'améliorer le sous-sol.

6° L'*épierrement*, qui consiste à débarrasser le sol des pierres.

44. Les amendements physiques ou chimiques se font ordinairement avec des substances minérales, telles que la chaux, le phosphate de chaux, la marne, le plâtre, les composts, les cendres, etc...

I.

Chaux

45. La chaux est la pierre calcaire débarrassée, par la cuisson, de l'acide carbonique et de l'eau qu'elle contenait.

Lorsqu'on lui rend l'eau qu'elle a perdue, elle s'échauffe, se délite et se réduit en poudre, appelée chaux fusée, et devient par cette opération plus assimilable aux racines des végétaux.

46. *Action*. — La chaux agit comme engrais, par les phosphates, les sels de potasse et de magnésie qu'elle peut posséder.

Comme amendement, elle modifie la nature du sol, ameublit les terrains argileux, réchauffe les terrains humides et froids, neutralise l'acidité des sols tourbeux et du vieux terreau de bruyères.

Comme stimulant, la chaux active la fermentation des engrais, décompose les substances animales et végétales les plus inertes, détruit les insectes, les mousses et les substances nuisibles aux végétaux.

47. La chaux peut être employée pure ou en compost. Pure dans les terrains riches en humus; en compost, c'est-à-dire mélangée avec d'autres matières, dans les autres cas.

La présence de la chaux se révèle par le bouillonnement qui se produit lorsqu'on verse du vinaigre sur un peu de cette terre desséchée.

II.

Phosphate de chaux

49. Le phosphate de chaux est une combinaison de l'acide phosphorique avec une base (*Une base est une substance qui, combinée avec un acide, forme un sel*). Le phosphate forme la partie solide des os, que les animaux ont dû emprunter à leur nourriture végétale, et que les plantes ont puisée, à leur tour, dans le sol.

Il entre pour une forte proportion dans les graines des céréales.

Presque tous les sols cultivables renferment plus ou moins de phosphate de chaux. L'Espagne offre des collines qui en sont presque entièrement formées.

La quantité de phosphate de chaux nécessaire au sol est extrêmement minime, quatre dix-millièmes suffisent.

Faute de phosphate naturel, on peut employer utilement le noir animal, qui est un mélange d'os qui a servi à blanchir le sucre dans les raffineries, et qui contient la moitié de son poids de phosphate de chaux.

III.

Marne

50. On appelle marne un mélange de sédiments, (*matières laissées par les eaux*), ou de roches calcaires, ayant la propriété de se déliter, c'est-à-dire de se résoudre en poussière sous l'influence de l'air et de la pluie.

Plus la marne se résout facilement en poussière, meilleure elle est pour l'amendement des propriétés agricoles, car c'est à cet état seulement qu'elle s'incorpore à une terre.

51. Au point de vue agricole, les marnes se divisent en cinq variétés :

1° Les marnes calcaires, contenant au moins 40 parties sur 100 de calcaire pulvérulent, elles conviennent aux terres où manque le calcaire.

2° Les marnes crayeuses, riches en sable, calcaire, excellentes pour les terres argilo-humifères.

3° Les marnes argileuses, celles qui contiennent beaucoup d'eau, sont très bonnes aux terres sableuses.

4° Les marnes sableuses, c'est-à-dire qui possèdent beaucoup de sable siliceux, conviennent aux terres argilo-sableuses.

5° Les marnes terreuses, contenant à la fois beaucoup de sable et d'argile, sont très bonnes pour les terres humifères.

52. *Epoque des marnages.* — A l'automne, on conduit la marne aux champs, on la met en petits tas, elle passe l'hiver dans cet état et se délite sous l'influence de l'air, des pluies et des gelées.

L'hiver passé, l'épandage doit être fait avec soin à la pelle ; on passe la herse pour briser les morceaux mal délités, et ensuite on l'enterre à la charrue.

53. *Effets de la marne.* — La marne agit de plusieurs manières. Comme amendement physique, elle diminue la compacité des terres argileuses et rend plus humides les terres sableuses. Comme engrais, elle enrichit le sol de chaux, de magnésie et de phosphates.

IV.

Plâtre

54. Le plâtre ou gypse est une pierre calcaire tendre que l'on calcine par la cuisson et l'action de la meule et qu'on réduit en poudre.

On l'emploie dans l'industrie, à sceller les pierres, à décorer les maisons, à mouler les statues, etc...; dans la culture, pour favoriser la végétation des plantes légumineuses fourragères, telles que : les crucifères, les pois, le lin, le tabac, la luzerne, le trèfle, etc... Le plâtre se répand sur les plantes au printemps par un temps humide et en jour calme.

55. *Effets*. — Les effets du plâtre sont très variables : dans les terrains humides, il réussit mal ; sur les céréales, pas du tout ; et peu sur les prairies naturelles. Dans un bon terrain, il favorise la végétation des plantes nommées ci-devant.

Les pois et les haricots plâtrés sont un peu durs à cuire, et en général, les fourrages purgent légèrement les animaux.

V.

Composts

56. Le compost est un mélange de différentes matières inorganiques et organiques.

On le forme ordinairement de terre, de boue, de curures de fossés, de balayures, de gazons, de cendres, de déchets de jardin, de feuilles, d'herbes, de bruyères, etc. le tout disposé par couches superposées alternant avec de minces couches de chaux vive, puis le tas est recouvert avec des mottes de gazon retournées.

Lorsque la fermentation est faite, il est nécessaire de remuer le tout une ou plusieurs fois, afin que le mélange se fasse bien.

VI.

Cendres

57. Les cendres sont les éléments minéraux qui restent comme résidu lorsqu'on brûle complètement des plantes ou des animaux. Elles contiennent une forte proportion de chaux et de phosphate.

58. En général, les cendres ne sont guère employées comme engrais, qu'après avoir servi au lessivage du linge, et à la fabrication des savons, car avant, elles coûteraient trop cher.

59. Les cendres de bois fournissent un engrais très énergique, à cause des sels de potasse et de soude qu'elles contiennent ; elles font disparaître des prés, les joncs et les fourrages aigres, et amendent puissamment les terres argileuses.

60. Les cendres de houille ou de charbon de terre sont pauvres comme engrais ; leur effet dure peu de temps ; elles ne sont guère bonnes que pour dessécher les terrains marécageux.

VII.

Engrais d'origine organique.

61. Le rôle des engrais d'origine organique est de fournir de l'humus et de l'azote.

Les meilleurs sont ceux qui contiennent le plus de substances indispensables à la formation des plantes, telles que : azote, phosphate, potasse, soude, fournis principalement par les guanos, les cendres végétales, et les substances animales, os calcinés, cornes, poils, chiffons de laine, plumes, noir animal, matières fécales, etc....

62. On appelle engrais toutes les substances liquides ou solides, provenant des débris des végétaux ou des animaux, ainsi que les déjections des êtres vivants propres à restituer au sol les substances enlevées par les récoltes ; ils sont au nombre de trois :

1° Les engrais végétaux, ceux qui se forment de plantes ou de leurs diverses parties, telles que : plantes maritimes, marcs, tourteaux, chaumes, mauvaises herbes, etc.

2° Les engrais animaux, qui proviennent des animaux, tels que : excréments, urines, chair, sang, os, poils, plumes, cornes, chiffons de laine etc.

3º Les engrais mixtes, formés de matières animales et de matières végétales mélangées ensemble ; ils se nomment fumiers de ferme.

63. On appelle marcs et tourteaux les résidus que laissent les fruits et les graines dont on a extrait de l'huile ou des boissons fermentées, tels sont : les marcs de pommes, de raisins, de colza, d'olives, etc...

64. On appelle engrais verts, certaines plantes que l'on cultive pour être enterrées dans le sol par un labour, lorsqu'elles ont atteint un certain développement. Ce sont : le trèfle, les vesces, les pois, les fèves, le colza, la moutarde noire, le sarrasin, les lupins, le seigle, etc....

65. Les matières fécales ou excréments humains constituent le meilleur et le plus complet de tous les engrais, quand on sait bien les utiliser. On les emploie à l'état liquide sous les noms de gadoue ou d'engrais flamand, et à l'état solide, sous celui de poudrette. Il est nécessaire, pour qu'ils ne brûlent pas les plantes, de les étendre d'eau ou de les mélanger avec des corps inertes.

66. Les urines, le purin ou jus de fumier, s'emploient purs ou étendus d'eau ; ils sont d'une grande utilité pour les arrosements des jardins et des prairies.

La valeur fertilisante des urines consiste dans la

grande quantité d'azote et de sels utiles aux plantes qu'elles possèdent.

Plus un animal urine, plus il perd, sous la forme liquide, de ces substances fertilisantes, et moins il en conserve dans ses excréments solides. C'est pour cette raison que la bouse de vache est faible et qu'au contraire la fiente de pigeon est énergique.

67. On appelle fumiers chauds ceux qui agissent immédiatement et avec force. Celui de cheval et celui de mouton sont de cette catégorie, et sont préférables pour les terres humides et froides ainsi que pour la culture forcée.

68. On appelle fumiers froids ceux dont l'action est lente et peu énergique, ce sont les fumiers de vache et de porc ; ils sont excellents pour les terrains chauds.

69. La colombine ou excréments de volaille et le guano d'Amérique sont les plus riches de tous les engrais.

Dans le traitement du fumier, il faut éviter, 1° de le laisser s'échauffer en tas ; pour cela, il est nécessaire de l'arroser quand il en a besoin ; 2° de l'exposer à l'air et au soleil dans les champs, et, dans les cours, sous les eaux des gouttières.

CHAPITRE III

BOTANIQUE.

Organisation générale des végétaux. — Parties constitutives, leurs diverses fonctions, organes de la nutrition : tissus cellulaire, fibreux, vasculaire ; leur composition chimique.

71. La botanique est la science du règne végétal, lequel comprend l'ensemble des plantes ou végétaux.

Le règne végétal a été divisé en trois embranchements, savoir :

1° Les dicotylédone, ou plantes dont la graine a deux ou plus de deux cotylédons ;

2° Les monocotylédones ou plantes dont la graine n'a qu'un seul cotylédon ;

3° Les acotylédones ou plantes dont la graine n'a pas de cotylédon.

72. Un végétal est un être qui naît, se nourrit, croît, se reproduit et meurt ; seulement il est privé de la faculté de se mouvoir et de la sensibilité ; il

est obligé de puiser sa nourriture où il se trouve.

73. — La vie des plantes ne comprend que deux ordres de fonctions : la nutrition et la reproduction.

Les organes se divisent en deux classe, savoir : ceux de la nutrition et ceux de la reproduction.

Les organes fondamentaux de la nutrition sont la racine, la tige et les feuilles ; ceux de la reproduction sont la fleur et le fruit.

74. — *Tissus*. — Les tissus sont au nombre de trois :

1º Le tissu cellulaire ou utriculaire, constitué par une agglomération de très petites cellules soudées ensemble.

2º Le tissu fibreux, appelé aussi ligneux, composé de cellules très allongées, terminées en pointe et disposées bout à bout les unes au-dessus des autres, et formant des faisceaux de fibres.

3º Le tissu composé de vaisseaux destinés à porter l'air, la sève ou d'autres sucs dans les différentes parties de la plante.

Organes de la nutrition

75. On divise un végétal en deux parties, l'une descendante ou souterraine, formant la racine, l'autre ascendante ou aérienne, constituant la tige.

L'endroit du végétal qui sépare la tige de la racine, s'appelle le collet ou nœud vital.

A partir du collet, l'accroissement de la plante se fait en sens inverse : de haut en bas pour la racine de bas, en haut pour la tige.

76. **Racines**. — *Fonctions*. — La racine se compose de trois parties essentielles : le collet ou nœud vital, le corps ou partie moyenne, et les radicelles ou le chevelu, dont les extrémités nommées spongioles, ont pour fonction de puiser dans le sein de la terre l'eau et les diverses substances qui doivent servir à la nutrition de la plante.

Les racines servent encore à fixer au sol la plupart des plantes.

77. *Durée*. — Les racines sont annuelles, si elles ne vivent qu'un an, exemple, le blé, l'orge, etc. ; bisannuelles, si elles vivent deux ans, exemple, la betterave, la carotte, etc, qui ne fleurissent et ne donnent leur graine que la seconde année ; vivaces, lorsqu'elles vivent un grand nombre d'années, comme les arbres, les arbustes, etc.

78. *Forme et structure*. — D'après leur forme et leur stucture les racines constituent trois groupes principaux, savoir 1º les racines pivotantes, celles qui s'enfoncent verticalement dans le sol, exemple, la carotte, la bettrave ; 2º les racines fibreuses, composées de petits fibres très déliés,

comme dans le blé, l'asperge, 3° les racines tubériformes ou tubéreuses, c'est-à-dire, celles qui présentent des renflements en formes de tubercules, exemple, le dahlia, la pivoine.

On appelle racines adventives ou aériennes, des fibres radicales qui naissent de la tige de certains végétaux exotiques, tels, que : le palmier, la vanille, etc.

La Tige.

79. La tige est la partie centrale du végétal qui, croissant en sens contraire des racines, s'élève ordinairement dans l'atmosphère ; elle porte les branches, les feuilles, les fleurs et les fruits.

La tige est ligneuse ou herbacée ; ligneuse lorsqu'elle est formée de bois ; herbacée lorsqu'elle est tendre et verte comme dans les plantes nommées herbes.

Elle est simple lorsqu'elle est sans division, ramifiée, lorsqu'elle est subdivisée en branches rameaux, etc.

On distingue 5 espèces de tiges.

1° le tronc, tige des arbres, ex, : le chêne, le sapin ;

2° le stipe, tige fibreuse des arbrisseaux monocotylédonés, ex, : le palmier, le bananier ;

3º le chaume, tige noueuse du blé et autres gra minées;

4º la hampe, support ou pédoncule de la fleur comme dans la scille, la jacinthe, etc...

5º la tige proprement dite, appartenant aux plantes herbacées, telles que : l'œillet, la giroflée, etc...

80. *Composition chimique.* — La tige d'un tronc d'arbre dicotylédone est formée de trois parties distinctes : l'écorce, le corps ligneux et la moelle.

L'écorse se compose de plusieurs parties, qui sont de dehors en dedans : l'épiderme, membrane mince qui enveloppe tout le végétal ; au-dessus de l'épiderme, l'enveloppe herbacée ou subéreuse, ainsi nommée parce que, dans certains arbres, elle constitue le liège ; puis viennent les couches ou fibres corticales, revêtant elles-mêmes le liber ou partie la plus interne de l'écorce, qui s'applique immédiatement sur l'aubier.

Le corps ligneux, compris entre l'écorce et la moelle, se compose de deux parties : le bois parfait et l'aubier ou bois imparfait.

La couche la plus centrale du bois parfait, celle qui enveloppe la moelle est nommée étui médullaire.

Tous les ans la couche d'aubier la plus interne

se transforme en bois, tandis qu'entre l'écorce et le bois se forme une nouvelle couche d'aubier.

La moelle, substance spongieuse, placée au centre des végétaux, est formée de tissus cellulaires, lâches ; elle est abondante, gorgée de sucs et souvent colorée en vert dans les jeunes tiges ; blanche, sèche, aride dans les vieilles.

La moelle communique avec l'écorce au moyen de rayons médullaires qui traversent les couches ligneuses, elle est la véritable origine de l'enveloppe herbacée.

Le stipe ou tige ligneuse des arbres monocotylédonés généralement cylindrique, aussi large à son extrémité qu'à sa base, est formée d'une masse volumineuse de tissus cellulaires, au milieu de laquelle des faisceaux de fibres sont épars sans ordre.

TIGES SOUTERRAINES, BULBES ET TUBERCULES.

81. Les tiges souterraines, ainsi nommées parce qu'au lieu de croître dans l'atmosphère ; elles restent cachées dans le sol, où elles prennent souvent une direction horizontale. Ces tiges sont encore appelées souches ou rhizomes ; tous les ans, elles produisent des rameaux aériens.

Principales tiges souterraines

1º La souche ou tige très courte, souterraine et vivace produisant chaque année des bourgeons aériens ex : les prairies.

2º le rhizome, ou tige rampant horizontalement sous le sol et se couvrant inférieurement de racines adventives, ex. : l'iris.

3º les *tubercules*, véritables tiges souterraines, chargées de rameaux courts, renflés en boule, munis d'yeux qui se développent en bourgeons aériens, ex. : la pomme de terre, le topinambour.

4º les *bubles* nommés aussi oignons, sont des espèces de bourgeons qui reproduisent une plante semblable à celle qui leur a donné naissance.

82. On distingue trois espèces de bulbes, selon la forme et la disposition : le bulbe tunique à écailles d'une seule pièce ; ex. : l'oignon des jardins, la jacinthe ; le bulbe écailleux à écailles imbriquées, petites, comme dans le lis ; le bulbe solide ou charnu constitué presque entièrement par le renflement de la tige, ex. : le safran, et le glaïeul.

Le bourgeon

83. Le bourgeon est une espèce de noyau cellulaire qui représente l'embryon d'une tige, d'un rameau. Lorsqu'il commence à poindre, il est appelé

œil, en se développant, il prend le nom de bourgeon, ou de bouton bourgeon, s'il doit donner des branches ou des feuilles ; alors, il est allongé et pointu ; bouton quand il doit donner des fleurs ou des fruits, dans ce cas, il est gros et arrondi.

L'œil ou bourgeon porte différents noms, suivant sa position : latéral, s'il est à l'aisselle des feuilles; terminal, s'il est à l'extrémité du rameau ; adventif, si l'apparition est inattendue et alors, il naît sur diverses parties du végétal ; combiné, lorsque l'opération de la taille le rend terminal ; stipulaire, lorsqu'il est de petite apparence, à peine visible; lalent, lorsqu'il reste dans l'inaction et ne se développe ordinairement que par une taille courte ou après des incisions.

En général, les bourgeons sont recouverts d'un enduit visqueux qui les garantit des froids rigoureux.

CHAPITRE IV

FEUILLES

Définition, classification, disposition, forme, durée, milieu de végétation, fonctions.

I

Définition

84 Les feuilles sont des expansions ou appendices membraneux qui naissent du pourtour de la tige et des rameaux, ordinairement planes et de couleur verte.

Elles sont les organes principaux de la respiration, de l'absorption et de l'exhalation.

Ces fibres forment une espèce de réseau, de nervures dont les mailles sont remplies de parenchyme ou tissu cellulaire.

La feuille est ordinairement composée de deux parties : l'une aplatie, nommée limbe ou disque, et l'autre, en forme de colonne, unissant le limbe à la tige ou au rameau, appelée pétiole.

Une feuille sans pétiole est dite sessile, elle naît directement sur la tige.

Les appendices ou petites feuilles, situés à la base du pétiole d'une feuille, sont appelés stipules.

Classification

85. Les feuilles sont simples ou composées. Elles sont simples si le limbe est d'une seule pièce, ex.: la feuille du lilas ; elles sont composées, si le limbe est divisé en plusieurs pièces distinctes ou folioles, soit sur les parties latérales, soit à l'extrémité du pétiole, ex.: la feuille du marronnier d'Inde, de l'acacia.

Disposition. — Relativement à leur mode d'insertion, les feuilles sont alternes, opposées ou verticillées, si elles sont réunies par 3 ou 4, et en anneaux autour de la tige, ex.: la garance.

Forme. — Les feuilles sont rondes, ovales, lancéolées, linéaires, spatulées, cardées ou en cœur, sagittées ou en fer de flèche, pennées, c'est-à-dire disposées comme les barbes de plume, découpées, dentées comme les dents d'une scie etc, etc. (voir figure 39.)

Durée. — Les feuilles sont dites annuelles ou caduques, si elles meurent l'année même de leur développement ; persistantes, si elles durent plus d'un an ; ex. : les arbres verts, comme le sapin, le houx, etc.

Milieu de végétation. — Les feuilles peuvent être aériennes, et c'est le cas le plus commun ; nageantes ou submergées, c'est-à-dire dans l'eau, ces dernières manquent souvent d'épiderme, de stomates, et parfois de nervures.

86. *Bractées*. — Les bractées nommées aussi feuilles florales, sont des appendices ou feuilles modifiées qui avoisinent les fleurs comme forme et souvent comme couleur, où de l'aisselle desquelles naissent des fleurs. Ces bractées se présentent comme autant de petites écailles ; si elles sont réunies en verticilles à la base des fleurs, elles forment une espèce de colerette nommée involucre ; ex, : le souci, la chicorée.

87. *Fonctions des feuilles*. — Les feuilles soumises à l'influence des rayons solaires, décomposent le gaz acide carbonique, aspiré dans l'air par les stomates, ou puisé dans le sol par les racines, puis retiennent presque tout le carbone et rejettent une grande quantité de l'oxigène.

Le carbonne qui résulte de cette décomposition s'unit aux éléments de l'eau, également décomposée et forme avec eux le cambium ou liquide nutritif

Les feuilles sont criblées de petits trous en

dessus et en dessous ; ceux de dessus laissent échapper les matières devenues inutiles, et ceux de dessous, au contraire, aspirant l'air et l'humidité du sol.

Les feuilles privées d'air se décolorent, jaunissent et s'affaiblissent

Nutrition

88. Définition, diverses fonctions, la sève, sa circulation, ses fonctions et sa marche dans les végétaux.

DEFINITION. — La nutrition est l'ensemble des phénomènes qui concourent à l'entretien de la vie et de l'accroissement des végétaux ; elle comprend diverses fonctions particulières ; savoir : l'absorption, la circulation, la respiration, l'assimilation, les sécrétions.

L'absorption est l'acte par lequel les substances s'introduisent dans la plante ; les racines par les spongioles absorbent ces substances à l'état liquide dans le sol, et les feuilles à l'état gazeux, dans l'atmosphère.

La circulation est la fonction par laquelle la sève se transporte dans les différentes parties du végétal.

La respiration est la fonction qui met en contact l'air avec le liquide nourricier, contact pendan lequel les deux fluides en rapport agissent l'un sur l'autre et se modifient réciproquement.

Sous l'influence de la lumière, les feuilles décomposent l'acide carbonique, retiennent le carbonne et rejettent la plus grande partie de l'oxygène ; pendant la nuit, au contraire, la plante absorbe l'oxygène de l'air et rejette l'acide carbonique.

C'est aussi pendant le jour que se fait la transpiration et l'évaporation de l'excès d'eau que possède la sève ascendante.

L'assimilation est le phénomène en vertu duquel les divers tissus de la plante s'approprient, ou plutôt, rendent semblables à eux-mêmes, les substances qu'ils ont puisées dans la sève élaborée et perfectionnée pendant la circulation.

Les sécrétions sont des fonctions particulières qu'ont certains tissus et par lesquelles, ils rejettent au dehors les substances qui leur sont devenues inutiles, telles que : les matières gommeuses, cireuses, etc.

Les substances alimentaires des plantes sont : le carbonne, provenant de l'acide carbonique de l'air et du sol ; l'oxygène et l'hydrogène qui sont fournis en grande partie par la décomposition de l'eau ; l'azote provenant de l'air et du sol.

Outre ces substances, les plantes prennent encore dans le sol, en petite quantité, il est vrai

3.

certaines substances minérales, telles que : phosphore, soufre, soude, potasse, fer, chaux, silice.

La sève

89. *Définition*. — La sève est l'ensemble des liquides nourriciers de la plante, puisés dans le sol par les racines ou absorbés dans l'atmosphère par les parties vertes du végétal, et notamment par les feuilles.

La sève est contenue dans des vaisseaux ou réservoirs particuliers, où elle s'élabore lentement et donne ensuite au végétal une partie des sucs nécessaires à son alimentation.

90. *Circulation*. — La circulation de la sève se compose de deux courants en sens inverse ; l'un qui l'élève des racines vers les feuilles, l'autre qui la ramène des feuilles aux racines.

Le premier de ses courants prend le nom de sève ascendante, et le second, celui de sève descendante.

La sève ascendante monte par les couches corticales du bois, se répand dans les feuilles, là, elle s'élabore, se modifie dans sa composition et rejette les substances devenues inutiles à la nutrition de la plante ; ainsi élaborée, elle redescend vers les racines en traversant les divers tissus de l'écorce et plus particulièrement les fibres du liber.

La preuve que la sève descendante circule dans l'écorce est bien démontrée par le bourrelet qui se forme au-dessus de la ligature pratiquée sur le tronc d'un arbre.

Plusieurs causes concourent à l'ascension ou équilibre, et la circulation de la sève, ce sont :

L'endosmose, la capillarité, l'évaporation continue qui se fait à la surface des feuilles et des parties vertes du végétal.

L'endosmose est le phénomène qui détermine divers liquides miscibles contenus dans les végétaux à se mettre en contact les uns avec les autres ; c'est le plus dense qui attire à lui le moins dense.

La capillarité est un phénomène en vertu duquel les liquides montent dans les tubes très étroits à une certaine hauteur. Ces tubes sont tellement minces, déliés et flexibles qu'on les compare à des cheveux.

L'évaporation ou transpiration insensible, est le dégagement à l'état gazeux de la sève contenue dans les tissus de la plante et notamment dans les feuilles, ce dégagement s'opère sous l'influence de la chaleur, de l'air et du soleil, par les parties herbacées, et principalement par les feuilles

Accroissement des végétaux

91. L'accroissement est l'augmentation des organes, soit en longueur, soit en diamètre ou épaisseur ; il se fait simultanément.

L'accroissement en diamètre varie, suivant que la plante est dicotylédone ou monocotylédone.

Dans les plantes dicotylédones, il se forme tous les ans entre l'écorce et le bois deux couches différentes, l'une d'aubier à l'extérieur de celle qui existait déjà, et l'autre de liber à la surface interne de l'écorce.

Dans les plantes monocotylédones, cet accroissement consiste dans la formation successive de nouveaux faisceaux fibreux dans les intervalles laissés libres par les anciens. Ces nouveaux faisceaux de fibres repoussent vers l'intérieur ceux qui les ont précédés ; il s'ensuit de là que la tige grossit de l'intérieur à l'extérieur.

Pour les plantes dicotylédones, c'est le contraire, leur tige croît en grosseur de l'extérieur à l'intérieur.

ORGANES DE LA REPRODUCTION.

92 *Fleur*. — La fleur est l'ensemble des organes qui produisent la graine ; elle comprend le

calice et la corolle, organes accessoires ; les étamines et le pistil, organes essentiels.

Le calice est l'ensemble des pièces les plus extérieures de la fleur, le plus souvent, il est de couleur verte, il forme le premier verticille de la fleur, quand le périanthe est double, si celui-ci est simple, il le forme seul.

Le calice composé d'une seule pièce est nommé monosépale ; ex, : la rose ; celui qui est composé de plusieurs pièces est nommé polysépale, ex : la giroflée.

Généralement, lorsque le calice est polysépale, il tombe quelque temps après l'épanouissement de la fleur.

La corolle est le second verticille floral placé au-dessus du calice, elle entoure immédiatement les organes sexuels. Les pièces qui la composent sont nommées pétales.

La corolle n'existe que dans les fleurs à périanthe double.

Elle est la plus remarquable des parties de la fleur par sa beauté, par la diversité de ses nuances et de ses formes.

On distingue deux sortes de corolles : la corolle monopétale, n'ayant qu'un seul pétale, et la corolle polypétale, qui en a plusieurs.

Les sépales et les pétales ne sont que des feuilles modifiées ayant subi quelque changement.

Les étamines sont les organes mâles des fleurs ; elles se composent de 3 parties ; l'anthère, le filet et le pollen.

L'anthère est un petit sac membraneux, quelquefois simple, mais plus souvent double ou à deux loges.

Le filet est une espèce de pédoncule ou de support de l'anthère, il manque quelquefois, alors l'anthère est dit sessible.

Le pollen, poussière ou matière fécondante des fleurs est composé de petits grains provenant des anthères, et transportés souvent à de grandes distances par le vent. L'ensemble de ce qui constitue les étamines d'une même fleur est nommé androcée.

Le pistil est l'organe femelle des fleurs, il se compose de 3 parties : le stigmate, le style et l'ovaire.

Le stigmate, partie supérieure du pistil est celle qui termine le style. Lorsque le style manque, le stigmate est dit sessile.

Le style est le filet cylindrique qui, dans la plupart des fleurs, unit le stigmate à l'ovaire.

L'ovaire est la partie inférieure du pistil contenant un ou plusieurs ovules.

On appelle ovules les jeunes graines qui ne sont pas fécondées.

On appelle fleurs complètes, celles qui ont étamines, pistil, corolle et calice, ex. : les renoncules ; fleurs incomplètes, celles qui sont dépourvues de quelqu'une de ces parties.

Les fleurs se développent tantôt à l'aisselle des feuilles, tantôt a l'extrémité des rameaux.

La fleur sans pédoncule est dite sessile.

La fleur avec pédoncule est dite pédonculée.

L'ensemble des enveloppes florales se nomme périanthe, lequel est simple, lorsqu'il n'a pour enveloppe que le calice ; double, lorsqu'il possède le calice et une corolle.

Inflorescence

93. On nomme inflorescence la disposition générale des fleurs sur la tige ou sur les rameaux.

Il y a deux sortes d'inflorescences, l'inflorescence terminale et l'inflorescence axillaire.

L'inflorescence est terminale, si la fleur termine la tige ou le rameau.

Elle est axillaire, si elle naît à l'aisselle des feuilles.

L'inflorescence est dite uniflore, lorsqu'elle ne se compose que d'une seule fleur ; pluriflore, lorsqu'elle se compose de plusieurs fleurs réunies.

Chaque inflorescence a reçu son nom particulier, d'après l'aspect général que présente la fleur. Ainsi on la désigne sous le nom de chaton, épi, grappe, thyrse, ombelle, corymbe, spadice et capitule.

Le chaton est une espèce d'épi pendant dont les fleurs sont incomplètes, c'est-à-dire qui ne renferment pas à la fois étamines et pistils, ex. : le noisetier et le saule.

L'épi est un assemblage de fleurs sessiles disposées les unes au-dessus des autres tout autour de l'axe floral central ; ex. : le blé, l'orge.

La grappe est une inflorescence représentée par un axe commun, allongé portant des fleurs pédonculées, ex. : le groseiller, la vigne.

Le thyrse est une inflorescence dont les fleurs sont disposées en forme de pyramide, ex. : le maronnier d'Inde, le lilas.

L'ombelle est une inflorescence dans laquelle les axes secondaires partent tous du sommet tronqué de l'axe primaire et offre l'aspect d'un parapluie, ex. : la carotte, le persil.

Le corymbe est une inflorescence dont les pédoncules partent de différents points de l'axe primaire et arrivent à la même hauteur, ex. : le poirier, le sureau.

Le spadice est une sorte d'épi, à axe charnu,

entouré d'une grande bractée, appelée spathe, ex.: le pied-de-veau.

Le capitule est une inflorescence terminale d'un axe charnu formé par une agglomération de fleurs sessiles portées par un réceptacle, ex. : l'artichaut, la pâquerette.

Les supports des fleurs sont le pédoncule, le pédicelle et le receptacle.

Le pédoncule est l'axe florifère dont les ramifications sont des pédicelles.

Le pédicelle est le support direct de la fleur, vulgairement nommé queue de la fleur.

Le réceptacle est le point du sommet du pédoncule, duquel partent libres ou soudés les différentes parties qui composent la fleur.

Fleurs hermaphrodites, unisexuelles, nues

94. Toutes les fleurs qui renferment à la fois étamines et pistil sont dites hermaphrodites, et c'est la plus grande partie des fleurs du règne végétal.

On appelle fleur unisexuelle celle qui est dépourvue d'un des organes essentiels pour la reproduction. Elle est femelle quand elle est privée d'étamines ; mâle, lorsqu'elle n'a pas de pistil.

Une fleur nue est celle qui n'a ni calice, ni corolle, ex. : le frêne.

Plantes monoïques, dioïques, polygames.

95. On appelle plantes monoïques celles qui portent des fleurs mâles et des fleurs femelles séparées sur un même individu, ex.: le melon, le noyer. Ces plantes assurent seules leur reproduction.

On appelle plantes dioïques celles qui ne portent qu'un seul sexe sur le même individu, mâle ou femelle, ex.: l'épinard, le chanvre. Deux plantes sont donc nécessaires à leur reproduction.

On nomme plante polygames celles qui portent à la fois sur un même pied des fleurs mâles, femelles et hermaphrodites, ex.: le frêne, la pariétaire.

Fruit

96. *Définition.* — Le fruit est un ovaire fécondé et parvenu à sa maturité ; il se compose de deux parties : le péricarpe et la graine.

La péricarpe est la partie du fruit qui enveloppe la graine, il est composé de trois parties superposées et distinctes ; de l'épicarpe, du mésocarpe et de l'endorcarpe.

L'épicarpe est la paroi ou membrane extérieure, nommée vulgairement peau du fruit.

Le mésocarpe ou sarcocarpe est la partie mangeable dans la pêche, la pomme, la poire, l'abricot et autres fruits charnus; il est placé entre l'épicarpe et l'endocarpe.

L'endocarpe est la partie interne du fruit qui enveloppe la cavité où sont logées les graines; dans quelques cas, il devient dur et forme ce qu'on appelle un noyau, comme dans la pêche, la prune, l'abricot. etc.

Le péricarpe comme l'ovaire, peut être simple ou composé; il est simple lorsqu'il n'est formé que d'une seule carpelle, dans ce cas il n'a qu'une loge ex.: la prune, la pêche; il est composé lorsqu'il est formé par plusieurs carpelles soudées avec le calice, et alors, il a plusieurs loges, ex.: la pomme, la poire.

La péricarpe protège les semences, et joue à leur égard, le même rôle que la corolle à l'égard des étamines et des pistils.

Classification des fruits

97. Les fruits sont : 1° simples, composés ou agrégés et multiples.

Simples, lorsqu'ils sont formés par une seule carpelle, ex.: la cerise, la prune.

Composés ou agrégés, quand ils sont formés de plusieurs carpelles réunies sur un seul réceptacle commun et provenant d'autant d'ovaires distincts, ex.: le fruit du châtaigner, du noisetier

Multiples, c'est-à-dire formés par plusieurs fruits simples réunis sur le réceptable d'une fleur unique qui était pourvue de plusieurs ovaires, ex.: le fruit du rosier, du fraisier, du frambroisier.

Le fruit composé provient de plusieurs fleurs distinctes; le fruit multiple provient d'une seule fleur unique.

2° Ils sont charnus ou secs.

Les fruits charnus ou indéhiscents peuvent se rapporter à deux types principaux : la baie et la drupe.

On appelle baie tout fruit mou, charnu, contenant dans l'intérieur des graines nommées pépins, ex.: les groseilliers, les raisins, les oranges.

On appelle drupe tout fruit charnu ayant au centre une graine à endocarpe durci en noyau, ex.: la pêche, l'abricot, la cerise.

Fruits secs indéhiscents (*ne s'ouvrant pas.*)

Ils forment trois espèces : l'akène, le cariopse et la samarre.

L'akène est une sorte de fruit sec à graine unique, n'adhérant au péricarpe que par son point d'attache, ex.: le fruit du sarrasin, des renoncules, des ombellifères.

Le cariopse est un fruit sec à graine unique adhérent ou soudé au péricarpe, ex.: le blé, l'orge, l'avoine.

La samarre est un fruit sec à une seule loge, offrant des ailes membraneuses foliacées, ex.: le fruit du frêne, de l'érable, de l'orme.

Fruits secs déhiscents *(s'ouvrant.)*

Ces fruits sont souvent désignés sous le nom général de fruits capsulaires ; ils se rapportent à cinq types distincts : le follicule, la gousse, la silique, la pyxide, la capsule.

Le follicule est un fruit sec à une seule loge contenant plusieurs graines, ex.: le fruit de l'ancolie, du pied d'alouette, de l'ellébore.

La gousse, *(nommée aussi légume)* est un fruit sec membraneux à une seule loge, contenant plusieurs graines attachées à la suture dorsale seulement. ex.: les pois, les haricots, les fèves.

La silique, fruit de la plupart des crucifères, plus long que large en forme d'étui, composé de deux carpelles soudées avec une cloison qui leur est parallèle, ex. : le fruit du chou de la giroflée, de la chélidoine.

La pyxide est un fruit sec souvent globuleux, à une ou plusieurs loges contenant plusieurs graines, à la maturité s'ouvrant transversalement en deux parties, comme un vase et son couvercle, *ex.*:le fruit de la jusquiame, du mouron rouge, du pourpier.

La capsule est un fruit sec formé par plusieurs

carpelles soudées et constituant une espèce de boîte ou étui contenant généralement plusieurs graines, ex.: le fruit de la tulipe, de l'œillet. Ce dernier type appartient à beaucoup de plantes.

Graine. DÉFINITION, SA COMPOSITION.

98. *Définition.* — La graine est l'ovule fécondé par le pollen, arrivé à maturité ; elle est renfermée dans le péricarpe du fruit.

La graine se compose de trois parties : 1° d'une pellicule extérieure qui l'enveloppe de toutes parts, nommée tégument ; 2° d'une matière blanche ou dépôt de nourriture, nommée albumen, destiné à alimenter l'embryon ou plantule, 3°, de l'embryon ou plantule qui se développera au moment de la germination et donnera un nouveau végétal.

Composition de l'embryon.

99. L'embryon constitue la partie essentielle de la graine, il se compose de 4 parties, formant ensemble une plante rudimentaire, savoir : 1° la radicule, organe destiné à produire des racines en se développant; 2° la tigelle qui est un petit corps cylindrique faisant suite à la radicule et devant devenir la tige de la nouvelle plante ; 3° le corps cotylédonaire composé d'un ou de plusieurs cotylédons situés à la base de la tigelle et formant en quelque

sorte les mamelles du jeune végétal contenu dans la graine ; 4º la gemmule, qui est un petit bourgeon terminant l'embryon du côté opposé à la radicule entre les cotylédons, ce petit bourgeon est formé d'une ou de plusieurs feuilles en miniature à peine visibles.

Les cotylédons sont les premières feuilles de la plantule ; ils naissent latéralement de la tigelle et protègent la gemmule ou premier bourgeon ; ils sont charnus ou foliacés ; charnus, quand l'embryon est privé du périsperme, ex.: le haricot, la fève; foliacés, lorsqu'il en est pourvu, ex.: la belle-de-nuit.

Les cotylédons existent dans la plupart des plantes ; leur nombre varie selon les espèces de plantes. Certains végétaux, quoique rangés dans la classe des dicotylédons en présentent trois, quatre, cinq, six, le pinus strobus 8, le pin à pignons dix.

En général, les cotylédons périssent et tombent quelque temps après la germination.

Les plantes grasses, pour la plupart, font exception, elles conservent leurs feuilles très longtemps.

Dans la plupart des plantes, les cotylédons s'élèvent au-dessus du sol et sont dits alors épigés, **ex**.: le haricot, le tilleul.

Dans quelques-unes les cotylédons restent cachés en terre, et y disparaissent peu à peu ; ce sont celles où la tigelle demeure très courte, ex. : les graminées, le marronnier d'Inde, le hêtre

LE JARDIN POTAGER

ET SA CULTURE.

100. Un jardin est un champ d'une médiocre étendue, ordinairement entouré de clôtures, que l'on cultive sans le secours des animaux domestiques, sauf des cas fort rares.

On distingue quatre genres de jardins :

1° le jardin potager, consacré à la culture des légumes ;

2° le jardin fruitier, consacré à la culture des arbres frutiers ;

3° le jardin fleuriste, consacré à la culture des fleurs ;

4° le jardin paysager, ayant pour l'objet de représenter quelques scènes de la nature, soit bosquets, soit collines, soit pelouses, soit cascades.

Le jardin potager doit être situé au voisinage des habitations, afin de fournir continuellement au ménage des objets de consommation, de faciliter l'exécution des travaux particuliers qu'il exige, et d'être moins exposé aux déprédations des maraudeurs.

Choix du terrain. — 1° Lorsqu'il y a possibilité, on doit faire choix d'un terrain légèrement incliné vers le soleil, c'est-à-dire vers le midi ou le levant ;

2° le jardin potager doit être bien aéré, complétement découvert ; car, à l'ombre des arbres rien ne prospère ;

3° le sol doit-être profond, léger, meuble ; composé d'argile, de sable, de chaux, et d'une proportion suffisante d'humus. Il doit reposer sur un sous-sol perméable, afin que l'eau n'y séjourne pas intérieurement.

4° le terrain doit être frais et humide, plutôt que sec, mais débarrassé des eaux stagnantes ;

5° l'eau étant indispensable aux plantes légumières, le jardin potager doit pouvoir être arrosé facilement au moyen des eaux d'une rivière, d'une sources ou de réservoirs quelconques. Cette eau doit être distancée dans des tonneaux communiquant entre eux, soit par des tuyaux, soit par des rigoles. Ces tonneaux sont surtout avantageux, en ce que l'eau y prend une température douce qui la rend favorable à la végétation ;

6° un jardin potager doit être abrité des mauvais vents, clos de murs, ou de haies sèches ou vives.

Les haies sèches durent peu de temps; les haies vives sont lentes à se former, demandent des soins d'entretien, n'abritent qu'imparfaitement, occupent beaucoup de place. — Elles ont pour avantage de durer longtemps. Les haies vives se composent de prunier sauvage, d'églantier, de ronces et d'aubépine, souvent entremêlés. L'aubépine est ce qu'il y a de meilleur.

Les murs bien crépis sont la clôture par excellence des jardins; ils coûtent cher, mais cette cherté est bientôt compensée par les récoltes de fruits, et l'abri parfait contre les vents dominants.

La hauteur des murs n'a rien d'absolu, on leur donne généralement de 3 à 4 mètres; ils doivent être pourvus d'une sorte de toiture ou saillie en brique, nommée chaperon, destinée à éloigner les eaux pluviales qui tomberaient sur les arbres fruitiers, à fournir un abri contre les gelées du printemps. Ce chaperon doit avoir de 20 à 30 centimètres.

Division du terrain. — Toutes ces conditions trouvées, on divise son terrain en grands carrés, coupés à angle droit par des allées, puis chaque carré est divisé séparément en planches parallèles entre elles dirigées, autant que possible du levant au couchant, ayant 1 mètre 30 à 1 mètre 60 de largeur. Dans l'intervalle de ces planches, on ménage de petits sentiers larges de 33 centimètres.

Dans les sols humides, il est bon qu'ils soient plus bas que le niveau des planches, et, si cela ne suffit pas, on emploie les rigoles et le drainage. Si le sol est sec, c'est le contraire, on doit faire en sorte que les sentiers soient plus hauts que les planches afin de déverser l'eau sur le terrain.

Défoncement, labours, hersages.

101 *Défoncement.* — Le défoncement d'un jardin ou labour très profond (*comme nous l'avons défini au chapitre des amendements*) ne se fait généralement qu'au moment de son établissement, soit pour épierrer le sol, soit pour augmenter l'épaisseur de la couche arable, soit enfin, pour améliorer le sous-sol ; il se pratique ordinairement à l'automne, rarement au printemps.

Labours. Les labours s'exécutent ordinairement à la bêche ; on ouvre une fosse nommée jauge, de 25 à 30 cent de profondeur, puis on prend la terre par bêchée que l'on replace sur le bord opposé de la jauge, en ayant soin de la retourner pour que celle du fond se trouve à la surface, en même temps, on brise soigneusement toutes les mottes, on enlève les pierres, les racines, les plantes parasites et les insectes nuisibles.

Il est souvent utile, avant de faire certains labours, d'arracher à la main, les herbes porte-graines, afin de ne pas les enfouir dans le sol; car elles donneraient naissance à une vigoureuse végétation parasite. Les labours les plus profonds se font au moment où l'on enterre les fumiers.

Les fleuristes, les pépiniéristes et les fruitiers font un premier labour en automne, et un second au printemps au moment des plantations. Quant au jardin potager où le terrain est presque toujours occupé par les récoltes qui se succèdent, il n'y a pas d'époque déterminée pour les labours ; ils doivent se faire dès que le sol est débarrassé des récoltes, peu importe l'époque ; l'essentiel c'est que la terre soit travaillée à point, lorsqu'elle n'est ni trop humide, ni trop sèche.

Hersages. — Les hersages s'exécutent avec la fourche à trois dents ou bien à l'aide d'un râteau, soit après les labours, pour finir de briser les mottes, soit après les semis à la volée, pour répartir très également les graines et les mettre en contact avec la terre.

Après les façons préparatoires du terrain, il est bon de le laisser se reposer quelques jours, avant de semer ou de planter.

L'emploi bien compris et bien approprié des engrais et les façons de culture faites à point, sont les bases fondamentales de la culture potagère.

Semis repiquage, sarclage, binage arrosage

102. *Semis.* — Le semis est une opération qui a pour objet l'épandage des graines sur le sol et leur recouvrement.

A peu près toutes les plantes potagères se reproduisent par le semis de leurs graines.

Ces semis demandent une terre bien préparée, meuble, un peu fraîche, labourée depuis quelques jours, sinon, il est bon de la tasser avant de semer, surtout si elle est légère.

Plus la terre est froide, plus il faut semer tard. La profondeur des graines dans le sol varie en raison de leur volume, et suivant la nature compacte ou humide, froide ou sèche du terrain.

Les graines fines demandent à être peu recouvertes de terre ; les grosses, c'est le contraire, elles demandent à l'être davantage.

Dans les terres compactes et humides, les graines doivent être enfouies moins profondément relativement, que dans les terres légères et sèches.

Les semis se font, 1° à la volée ou à la main, en prenant la graine par pincée et en la répandant sur le sol, en la laissant passer entre les doigts, en faisant un mouvement d'arrière en avant ;

2° En lignes, dans des rayons parrallèles tracés au rayonneur, avec les pieds ou avec un instrument quelconque.

Ce mode de semis favorise les binages, les sarclages, l'influence du soleil et de l'air, et donne généralement les plus beaux produits avec moins de semence. L'espace et la profondeur des graines varient selon les différentes espèces.

3° En touffes ou en pochets ; on fait des trous à une distance et à une profondeur déterminées par la nature des semences ; la terre déplacée en faisant ces trous sert à recouvrir les graines

En général, il vaut mieux semer dru que trop clair. Dans le premier cas, on en est quitte en éclaircissant, tandis que dans le second, on perd souvent un terrain précieux.

Un bon moyen pour éviter de semer les graines fines trop épaisses, c'est d'y mêler du sable ou de la terre bien sèche.

Lorsque les semis sont faits, il faut herser légèrement le terrain, et ensuite le fouler avec les pieds, ou tout autre moyen, pour bien attacher les graines au sol ; puis y répandre une légère couche de terreau ou de paillis très fin. Si le temps est sec, on bassine légèrement le terrain.

Les semis sur couche se font à la volée ou en lignes, exactement comme ceux de pleine terre.

Les graines qui ne lèvent pas immédiatement, et qui séjournent longtemps en terre, sont exposées à se pourrir et à devenir la proie des insectes.

Pour éviter cette perte, quelques jardiniers sont dans l'usage de faire tremper les semences avant de les confier à la terre, dans l'espoir de hâter leur germination.

Repiquage. — Pour un grand nombre de plantes potagères, le repiquage est indispensable pour obtenir le développement considérable de leurs tiges ou de leurs feuilles.

Le plant qui a été repiqué est pourvu de beaucoup de racines, lesquelles lui donnent un accroissement aussi prompt que considérable, de plus, il est mieux fait que celui qui n'a pas été repiqué.

Le repiquage consiste à transplanter en pépinière des jeunes plantes qu'on avait semées sur couche ou en pleine terre, afin qu'elles prennent des racines et se fortifient jusqu'à ce qu'on les mette définitivement en place.

Le plant est bon à repiquer lorsqu'il a 3 ou 4 feuilles bien développées ; il ne faut pas attendre plus tard, et cela pour tous les plants sans exception.

La déplantation du plant doit être exécutée avec

beaucoup de précaution, afin de lui conserver toutes ses racines, il faut bien se garder de l'arracher sous prétexte que la terre n'est pas dure.

Conditions essentielles du repiquage. 1° Ne pas recourber les racines, et raccourcir celles qui sont trop longues ;

2° Ne pas enterrer le collet de la plante, en la repiquant trop profondément ; 3° affermir la terre contre les racines avec le plantoir ; 4° choisir autant que possible, un temps couvert ou annonçant de la pluie ; 5° faire ce travail le matin ou le soir plutôt qu'au milieu du jour.

Les arrosements doivent être plus ou moins abondants selon le climat, la nature du sol, et l'état de la saison et du tempérament des plantes, c'est au jardinier à en juger.

Les terres fortes veulent être plutôt bassinées que mouillées à fond ; les terres légères, au contraire, demandent beaucoup d'eau.

Sarclage. — Le sarclage est une opération qui consiste à arracher les mauvaises herbes ou toute autre plante étrangère à la récolte ; il se fait ordinairement à la main ou avec le sarcloir lorsque les plants sont forts.

Lorsque la terre est trop sèche, il faut la bassiner fortement une heure avant de commencer le travail.

Binage. — Le binage est une opération qui consiste à ameublir la superficie d'un terrain déjà planté ou semé, afin de le rendre perméable à l'air, et en même temps lui conserver sa fraîcheur (*qui bine arrose*). Ce binage doit être plus fréquent sur les terres dont la surface est sujette à se durcir en formant une croûte. Un bon binage fait à propos, vaut souvent un labour.

Arrosage. — L'arrosage est une opération qui consiste à répandre de l'eau sur la terre, au pied des plantes, ou bien sur toutes leurs parties, pour les mouiller ; soit avec des arrosoirs, soit au moyen de rigoles, soit avec tout autre système que le génie peut suggérer.

En général, la meilleure de toutes les eaux à employer pour l'arrosage est l'eau de pluie, en raison de sa pureté et de la quantité d'air qu'elle contient.

Les eaux de puits peuvent être employées à l'arrosage, seulement, il est essentiel de les tirer à l'avance, de les laisser séjourner quelques heures dans un réservoir, afin qu'elles prennent l'air, s'échauffent et se mettent à l'unisson de la température.

Au printemps et à l'automne, il est bon d'arroser le matin ; en été, le soir. On augmente la fertilité du sol lorsqu'on fait des arrosements avec de l'eau mêlée de purin ou jus de fumier.

Engrais, couches, thermosiphon, réchauds, ados.

103. La question des engrais ayant été traitée au chapitre des amendements, nous n'en dirons que quelques mots relatifs à la pratique.

En général, les fumiers ne doivent être enterrés qu'après leur fermentation, sans attendre cependant qu'ils soient entièrement consommés. Ils ne produisent pas tous les mêmes effets ; celui de cheval, d'âne, de mouton est chaud, léger ; il convient aux terres froides, humides et compactes ; celui de bœuf, plus lourd, plus gras est excellent pour les terres légères et brûlantes, il leur donne de la cohérence et de la fraîcheur.

L'engrais étant l'élément de fertilité du sol, il s'ensuit que là où il abonde, là se trouve la plus grande fertilité.

Couches. — Les couches sont des lits ou amas de fumiers, de feuilles, de mousses et autres substances fermentiscibles disposés en une sorte de planche que l'on recouvre de 15 à 25 centim. de terre bien sèche, légère, ou de terreau provenant de vieilles couches.

Dimensions. — On leur donne généralement les

dimensions suivantes : largeur de 1 m. 30 à 1 m 40 ; hauteur de 50 à 90 centim. suivant le degré de chaleur que l'on veut obtenir ; longueur indéterminée ; surface plane ou légèrement inclinée.

Entre les couches, on laisse un petit sentier de 40 centim., afin de pouvoir circuler tout autour.

Les couches sont de 3 sortes, c'est-à-dire chaudes, tièdes et sourdes.

Couches chaudes. — Les plus importantes de toutes.

Elles sont faites avec du fumier neuf de cheval dans son premier feu, au moment où on le tire de l'écurie.

Ces couches donnent une chaleur élevée, mais elle n'est pas de longue durée, si on ne l'entretient pas avec des réchauds.

Couches tièdes. — Elles sont confectionnées avec toutes sortes de fumiers : mélanges de feuilles, débris des démolitions des couches chaudes, fumier de vache, de porc et autres substances fermentiscibles et susceptibles de donner un peu de chaleur pendant un certain temps.

Couches sourdes. — Les couches sourdes sont celles qui sont établies dans une tranchée creusée en terre de 50 à 60 centim. de profondeur, avec les débris des couches chaudes et tièdes et recouvertes d'un compost de moitié terreau et moitié terre provenant de la tranchée.

Les couches doivent toujours être à l'exposition du sud; leur emplacement creusé de 20 centimètres environ ; l'épaisseur est variable : celles faites en décembre, janvier et février doivent être plus épaisses qu'à toute autre époque de l'année ; sur un sol froid et humide, plus que sur un sol sablonneux ; plus elles sont étroites, plus elles exigent d'épaisseur.

Montage des couches. — Quand on veut monter une couche, on commence par apporter le fumier nécessaire sur toute la longueur du terrain qu'elle doit occuper, puis on plante 4 piquets, un à chaque coin de la couche projetée ; on place un cordeau de chaque côté de manière à tracer deux lignes parfaitement parallèles. Si le fumier qu'on va employer n'est pas assez humide pour produire une fermentation prolongée, on doit le mouiller au moment de l'employer, ou quand il est mis en place, avec un arrosoir à pomme.

Deux manières de faire les couches sont généralement employées par les jardiniers : les uns les commencent par un bout et les élèvent de suite à la hauteur qu'elles doivent avoir, en travaillant à reculons ; les autres étendent d'abord un lit de fumier sur toute la longueur et la largeur du terrain, puis un second, puis un troisième, etc., jusqu'à la hauteur suffisante. Après chaque lit de fumier, on le piétine pour qu'il soit tassé uniformément.

Dans l'une comme dans l'autre manière de monter les couches, il faut bien diviser et mélanger les fumiers ; le long avec le court, le neuf avec le vieux, le sec avec l humide, le léger avec le lourd ; les étendre avec uniformité, les presser, les tasser également ; la couche terminée, mouiller une dernière fois le tout ; ensuite poser les coffres dessus et les remplir en quantité suffisante de terreau pur ou de terre bien sèche, selon la culture des plantes et même de la saison.

Il serait dangereux de se servir immédiatement d'une couche nouvellement faite ; les semis ou les plantes ne pourraient résister à l'intensité de la chaleur, il faut donc attendre que le coup de feu soit passé.

Si l'on veut diminuer la trop grande chaleur d'une couche, il faut écarter les réchauds, ou verser quelques arrosoirs d'eau autour, ou y pratiquer des trous avec un pieux.

Thermosiphon. — Le chauffage des couches de fumier peut être remplacé par le chauffage au thermosiphon. Pour cet effet, on prépare une couche très mince, afin de préserver les plantes de l'humidité du sol ; puis on y fait passer des tuyaux, dans lesquels circule de l'eau chaude, dans l'intérieur des châssis.

Quelques jardiniers établissent un plancher en bois sous lequel, ils font circuler les tuyaux du thermosiphon ; mais les plantes cultivées sur ce plancher, se dessèchent très vite et ont besoin de fréquents arrosements.

Pour éviter cet inconvénient, je crois qu'il serait mieux de faire circuler les tuyaux dans les sentiers, c'est-à-dire, entre les coffres, et les couvrir avec des planches et de la paille, ou avec tout autre mauvais conducteur du calorique. Ce dernier mode de chauffage doit produire les mêmes effets que les réchauds.

Le chauffage au thermosiphon est beaucoup employé dans les serres, à cause des avantages qu'il réunit. Les tuyaux ne s'échauffent jamais à l'excès, donnent une température douce et régulière, et par conséquent, pas de coup de feu dans la serre, la fumée ne fait jamais irruption ; si la température extérieure s'abaisse subitement au-dessus de zéro, la serre chauffée au thermosiphon ne se refroidira que lentement.

Quand on installe le fourneau du chauffage au thermosiphon, on ne doit jamais mettre l'ouverture de son foyer dans la serre même, où la fumée et les cendres produiraient des **effets désastreux.**

Réchauds ou accots. — On appelle réchauds ou accots, une certaine quantité de fumier neuf ou recuit que l'on tasse autour des couches, c'est-à-dire dans les sentiers, afin d'y maintenir, ou bien d'y augmenter la chaleur pendant les grands froids. Ils doivent être plus élevés que la couche, afin qu'ils puissent communiquer leur chaleur à toutes ses parties.

Côtières ou ados. — Les côtières ou ados sont des surfaces inclinées vers le soleil, et abritées des vents dominants par leur bord le plus élevé, ou par un mur, ou par un rideau d'arbustes.

Elles sont principalement employées pendant la saison froide, c'est-à-dire, de novembre à mars ; c'est sur elles que les maraichers piquent et repiquent des choux, des salades ; qu'ils sèment sous cloches des radis, des laitues, etc.

SERRES.

104. Les serres sont généralement des espèces de bâtiments à murs peu élevés; à toits vitrés, inclinés et exposés de manière à recevoir les rayons solaires pendant la plus grande partie de la journée.

Elles sont établies pour la culture, la conservation, la multiplication et la végétation continuelle des plantes, même pendant l'hiver.

Selon le degré de température et leur usage, on distingue plusieurs genres de serres : les serres chaudes, les serres tempérées, les serres froides ou orangeries, les serres mobiles et les serres portatives.

Cette température varie en raison des plantes contenues dans les serres. Dans les serres chaudes, où se trouvent des plantes des régions tropicales, la chaleur doit s'élever de 15 à 30 degrés centigrades ; dans les serres tempérées, où sont conservées ou cultivées, en général, des plantes de la nouvelle Hollande, du Cap de Bonne-Espérance, de l'Amérique centrale, de l'Australie ; elle doit être de 5 à 15 degrés, dans les serres froides ou orangeries 2 ou 3 degrés suffisent.

En général, pendant la période du repos des plantes, la température doit être peu élevée, afin de leur laisser prendre le repos nécessaire à leur santé et non pas exciter les forces vitales.

Serres mobiles. — On appelle serres mobiles ou improvisées, de longs panneaux vitrés, que l'on adapte contre un mur, devant ou autour de certaines plantes vivantes, qui doivent rester longtemps en voyage.

Bâches. — Les bâches tiennent le milieu entre les couches et les serres. Ce sont des encaissements en maçonnerie, supportant des panneaux vitrés, et dont les dimensions varient, suivant l'usage auquel on les destine et l'espace qu'on peut leur donner ; le plus ordinairement, elles ont de 3 à 5 mètres de longueur, 2 mèt. de largeur, et 2 mèt. 50 d'élévation sur le derrière, de manière à donner au toit une inclinaison de 15 à 25 centim..

Les bâches doivent être à une profondeur de 50 à 70 centim. dans le sol ; leur intérieur ne doit pas avoir de séparation comme les coffres des châssis ; le fond doit être recouvert de sable de rivière ou mieux encore de mâchefer.

L'exposition du midi est celle qui leur convient le mieux.

Durant la belle saison, les panneaux peuvent rester ouverts le jour et la nuit, excepté les jours pluvieux.

Les bâches sont chauffées par des tuyaux calorifères ou avec la vapeur d'eau chaude (*thermosiphon*).

Elles servent à conserver pendant l'hiver les plantes qui n'exigent pas beaucoup de chaleur.

On donne également le nom de bâches à certains encaissements intérieurs établis dans les serres, lesquels sont remplis tantôt de fumier, tantôt de sable, tantôt de tannée.

105. *Châssis.* — Les châssis sont des sortes de cadres en bois de chêne ou en fer, supportant cha-

cun un panneau vitré, qui s'ouvre et se ferme à volonté.

Ce panneau doit être incliné vers le soleil.

Les dimensions des châssis sont très variables ; les uns leur donnent 1 m. 30 de long sur 1 m. 10 de large ; les autres 1 m. 30 sur 1 m. 30 ; d'autres enfin, 1 m. 30 sur 1 m. 36.

Les châssis sont généralement partagés par un certain nombre de traverses qui constituent ce qu'on nomme les rangées de carreaux.

Coffres. — Les coffres sont des sortes de caisses sans fond, construits en planches, destinés à supporter les châssis. Ils doivent être posés sur la couche aussitôt qu'elle est terminée, afin qu'ils adhèrent plus aisément sur le terrain fraîchement remué.

Leur longueur est calculée de façon à supporter un, deux, trois ou quatre châssis.

Quant à leur largeur, elle est toujours égale à la longueur des panneaux qui doivent les couvrir.

Les coffres doivent toujours être plus hauts sur le derrière que sur le devant, afin que les plantes placées dans leur intérieur aient le plus de lumière possible, et que l'eau qui tombe dessus puisse s'écouler facilement.

Cloches. — Les cloches sont des sortes de globes en verre, évasés, à leur base, en forme de cloches ordinairement, de grandeurs diverses, que l'on pose renversées au dessus des jeunes plantes, pour les abriter contre les intempéries atmosphériques.

On en distingue de plusieurs sortes ; 1º celles qui sont faites en verre plein, c'est-à-dire d'une seule pièce ; 2º celles nommées généralement verrines, qui ont une charpente de fer blanc ou de plomb, dont les intervalles sont fermés par des petits carreaux de verre.

Les premières sont dites cloches maraîchères et sont les meilleures parce que la lumière les traverse de toutes parts ; elles mesurent de 40 à 45 centim. de diam. à la base, 35 à 40 de hauteur, et 25 dans le haut, et coûtent 1 fr. 10 à 1 fr. 30.

Les secondes durent plus longtemps à cause de la facilité qu'on a de remplacer les carreaux cassés ; seulement, elles sont un peu moins favorables à la culture, parce que chaque lame de fer blanc o plomb produit un peu d'ombre, et intercepte une petite partie de la lumière.

Elles coûtent 4 à 5 fois plus cher que les cloches simples. Ces dernières sont donc préférables.

Les cloches conservent autour d'elles la chaleur produite par le fumier de la couche, et laissent passer facilement les rayons du soleil.

106. *Paillassons.* — Les paillassons sont des

sortes de tapis construits avec de la paille de seigle réunie et cousue avec de la ficelle ; on les emploie comme abri ou comme couverture : comme abri, en les dressant devant les jeunes plantes, telles que salades, pois verts, etc ; comme couverture, en les posant, la nuit et quand il gèle, sur des perches soutenues en l'air par des piquets, sur les semis de pleine terre, les plantes tendres, les arbustes délicats, etc. ; ou en les étendant le long des espaliers de pêchers, d'abricotiers pour garantir les fleurs ou conserver les jeunes fruits ; enfin, en les mettant sur les serres, les châssis, les cloches, quand on craint la gelée, la neige, la grêle, ou les rayons trop ardents du soleil.

Pour faire les paillassons, on étend sur une surface unie trois ou quatre ficelles de la longueur que doivent avoir les paillassons, distantes entre elles de 30 cent. environ, et fixées par leurs extrémités à une cheville de bois ou de fer.

On met ensuite sur ces ficelles fortement tendues de la paille de seigle qu'on lie avec une autre ficelle par petites poignées, pour former ainsi une espèce de natte flexible, se roulant et se déroulant à volonté.

107. *Paillis*. — Le paillis est une couche de litière courte ou fumier à demi consommé, issu ordinairement de vieilles couches que l'on étend

sur le sol, pour y maintenir l'humidité, l'empêcher de sécher, de durcir, de se fendre ; pour étouffer les graines des mauvaises herbes, protéger les jeunes plants contre les gelées tardives et favoriser ainsi la reprise.

108. *Assolement.* — L'assolement est l'art qui consiste à faire alterner les récoltes sur un terrain de manière à en tirer le plus grand produit, aux moindres frais possibles. Il repose sur plusieurs principes qui sont : 1° faire précéder et suivre les récoltes épuisantes par des récoltes non épuisantes afin de laisser reposer le sol ; 2° faire succéder les plantes d'une espèce, par une autre, appartenant à une famille différente ; 3° faire suivre les plantes qui facilitent la croissance des mauvaises herbes par des plantes qui les empêchent de se développer, ou au moins, permettent de les détruire.

Ces théories deviennent inutiles, lorsqu'il s'agit des primeurs, alors les lois de la nature sont remplacées par des moyens artificiels.

PLANTES POTAGÈRES.

109. *Définition, division, usage.*

Par plantes potagères, on entend celles qui sont bonnes à manger et que l'on cultive ordinairement dans les jardins. Elles se divisent généralement en cinq classes, selon qu'on mange ou leurs racines, ou leurs tiges et leurs feuilles, ou leurs fleurs, ou leurs fruits ou leurs graines.

Les plantes potagères dont on mange les racines sont : les carottes, les navets, le cerfeuil bulbeux, les panais, les salsifis, les radis et les betteraves ; on mange également les racines des plantes tuberculeuses, dont la pomme de terre et l'igname de Chine sont les plus importantes ; auxquelles on joint les bulbeuses, c'est-à-dire, celles qui sont composées d'écailles placées les unes à côté des des autres, qui sont l'oignon, l'ail, l'échalotte, la ciboule et le poireau.

Les plantes potagères dont on mange les tiges et les feuilles sont : les asperges, le celeri, les cardons, l'oseille et les épinards qui se mangent cuits, la chicorée, la mâche, les laitues, la romaine, la scarole, le cresson et le pourpier qu'on appelle salades qui se mangent crus accommodés à l'huile et au vinaigre ; celles qu'on appelle fournitures qui ne servent qu'à assaisonner les aliments, tels que : le persil, le cerfeuil et l'estragon ; les plantes potagères dont on mange les fleurs sont les végétaux à fleurs nourrissantes, comme les artichauts les choux-fleurs, etc. Les plantes potagères cultivées pour leurs fruits ou leurs graines sont surtout les fèves, les pois, les lentilles, les haricots, etc.

CULTURES SPECIALES.

110. Dans l'intérêt de la science, il eût été peut-être plus convenable de suivre la classification botanique par famille; mais dans l'intérêt des commençants, du praticien, de l'amateur, et aussi pour rendre les recherches plus faciles et plus commodes, nous avons cru qu'il fallait adopter l'ordre alphabétique.

AIL ordinaire, *Allium sativum. (Liliacées.)*

111. L'ail ordinaire est une plante bulbeuse, originaire de Sicile, cultivé pour ses bulbes, *(nommés têtes ou gousses.)* à odeur et saveur fortes; dans le midi de la France, c'est un véritable légume; dans le centre et dans le nord, il n'est guère employé que comme assaisonnement.

L'ail se multiplie par ses caïeux, que l'on plante ordinairement en février et mars, à 15 ou 16 cent. de distance, en planche ou en bordure.

Cependant, lorsqu'on veut en avoir de bonne

heure, au printemps, il faut le planter dans un sol sableux et sain, au mois d'octobre.

En juin, on réunit les feuilles et la tige en un faisceau, et on y fait un nœud de manière à arrêter la sève au profit des bulbes.

Aussitôt que les feuilles sont fanées, on arrache les bulbes, puis on les laisse sécher pendant quelques jours à l'air, ensuite, on les met en bottes, et on les suspend dans un endroit aéré et bien abrité des pluies.

L'ail aime une terre un peu forte, mais saine, les fumiers chauds, tels que ceux de cheval et de moutons, lui conviennent.

Il ne produit presque jamais de graines, du moins dans le nord de la France.

On cultive, comme l'ail ordinaire, l'ail d'Espagne ou Rocambole, qui porte à son sommet des bulbilles, qu'on plante de la même manière que les caïeux ; on cultive également l'ail d'Orient, dont l'odeur et le goût sont moins pénétrants que l'odeur et le goût de l'ail ordinaire, et dont le feuillage est presque comme celui du poireau.

Ananas, Bromelia. *(Broméliacées).*

112. Pour la culture de l'ananas, il faut avoir des châssis pour élever et préparer les œilletons à la fructification, et pour les faire fructifier, une serre

bien exposée et disposée de manière que les plantes ne soient pas trop éloignées du verre.

Cette plante se compose de racines fibreuses, de feuilles radicales, divergentes, longues de 35 à 80 centim., du centre desquelles s'élève une tige grosse, succulente, simple, droite, longue de 35 à 70 centim., terminée par un faisceau de petites feuilles appelé couronne, au-dessus duquel se développent des fleurs bleuâtres, sessiles, formant un épi que surmonte la couronne.

Le fruit de l'ananas a une forme ovale ou conique, taillé à facettes comme une pomme de pin, haut de 10 à 32 centim., selon les variétés ; de couleur ordinairement jaunâtre ou violette, à la maturité donnant une odeur suave, et une eau sucrée dans laquelle, on sent la saveur de la fraise, de la framboise, de la pêche, etc.

Il lui faut, soit en serre, soit sous châssis, une température de 25 à 30 degrés. Il a besoin d'être souvent arrosé au pied et quelquefois sur les feuilles.

Dans la culture tout artificielle, qu'on est obligé de lui donner, la terre de bruyère est celle qui lui convient le mieux.

L'ananas se multiplie par œilletons, par couronne et par graine. Ce dernier mode ne s'emploie guère que pour obtenir de nouvelles variétés.

Les œilletons se prennent sur les vieilles plantes, vers les mois de septembre et d'octobre, époque où l'on est plus sûr de réussir.

On distingue aujourd'hui plus de 50 variétés d'ananas ; mais toutes ne sont pas également bonnes.

Voici quelques-unes des principales variétés :

1° Ananas de la Martinique ou commun, le plus recherché par les confiseurs ;

2° A. comte de Paris, fruit beau et précoce ;

3° A. Cayenne à feuilles épineuses ;

4° A. Cayenne à feuilles lisses très gros et très bon ;

5° A. de la Providence, fruit très gros, bonne qualité ;

6° A. du mont Cérat, fruit très gros, tardif ;

7° A. duchesse d'Orléans, fruit en pain de sucre.

ARTICHAUT, Cynara scolymus *(Composées)*

113. Plante vivace, originaire de Barbarie et du midi de l'Europe, que son goût agréable et sa saveur délicate font généralement rechercher.

Variétés. — 1° le gros vert, dit de Laon, le plus cultivé et le plus estimé à Paris ;

2° Le gros camus de Bretagne, peu cultivé aux environs de Paris, mais beaucoup dans les provinces de l'ouest : tête large, précoce, moins bon que le premier.

3. Le violet hâtif, de moyenne grosseur, mais excellent à la poivrade ;

4° l'artichaut de Provence, à tête allongée, très hâtif, mais sensible à la gelée ; il ne convient qu'au midi de la France.

Terrain. — Les artichauts ayant de longues et grosses racines, exigent une terre profonde, meuble, fraîche et fertile ; il leur faut beaucoup d'engrais et surtout de copieux arrosements.

Multiplication. — Les artichauts se multiplient par œilletons, et rarement par graine, car celle-ci dégénère presque toujours.

Vers le 15 avril, on déchausse chaque pied d'artichaut jusqu'à la naissance de ses nouvelles pousses, ordinairement au nombre de 6 à 12 ; on fait choix des deux ou trois plus belles pour les conserver sur la souche, puis, on éclate les autres le plus près possible de la racine, de manière à leur laisser un talon, destiné à donner naissance à de nouvelles racines, si on les plante.

Cette opération doit se faire autant que possible, par un temps doux et couvert.

Chaque pied-mère donne en moyenne 5 à 6 œilletons, bons à la nouvelle plantation. Avant de planter ces œilletons, on les nettoie, on pare leur talon avec la serpette, et on raccourcit les feuilles à la longueur de 15 à 18 centim.; puis dans un terrain bien meuble et bien fumé, on les replante en échiquier, espacés de 80 centim. à 1 mèt., selon la bonté du terrain.

Quelques jardiniers plantent ensemble deux œilletons à 10 ou 12 centim. l'un de l'autre, et quand ils sont repris, ils arrachent le plus faible ; d'autres préfèrent n'en mettre qu'un, et s'il vient à périr, le remplacer de suite avec du plant qu'ils ont laissé en pépinière pour cette raison. Si l'on veut obtenir une récolte abondante l'année même de la plantation, il faut au mois de novembre, mettre les œilletons en pot dans du terreau, puis les conserver durant l'hiver, sur couche tiède recouverte de châssis.

Au commencement d'avril, les œilletons sont pourvus de racines, et on les plante en motte à la place qu'ils doivent occuper. Ils donnent en juillet, août et septembre.

Pendant que les œilletons sont séparés du pied-mère, il est bon que la plaie faite en les éclatant ou en les parant sèche un peu à l'air, sans attendre toutefois que les fanes soient tout à fait fanées.

Il faut avoir soin de laisser autour de chaque pied un petit auget, afin de concentrer sur les racines les eaux d'arrosage et de pluie.

Aussitôt après la plantation, on arrose fortement pour attacher le plant à la terre, et si le temps est sec, on continue les arrosements jusqu'à parfaite reprise ; après quoi, on donne un bon binage pour ameublir la terre, de cette façon une grande partie du plant donne du fruit à l'automne.

Soins d'hiver. — Lorsque les gelées commencent à être sérieuses, on raccourcit les grandes feuilles des artichauts, à 30 centim. environ, sans endommager le cœur, puis on les butte avec de la terre, de manière à former un cône au sommet duquel se montrent les feuilles, lesquelles ne doivent jamais être entièrement couvertes avec de la terre. Quand le froid est par trop rigoureux, on les couvre totalement avec des feuilles ou de la litière bien sèche, qu'on enlève si le temps devient doux pour leur donner de l'air et de la lumière, et qu'on remet si le froid reprend.

Lorsque les gelées ne sont plus à craindre, on les découvre définitivement.

Semis. — Les semis d'artichauts se font en février ou en mars, sur couche tiède ou sous châssis, soit en pots, soit en plein terreau ; le plant se met en place vers la fin d'avril, ou bien, on les sème en place dans les premiers jours de mai, à la même distance que les œilletons.

Durée — Un pied d'artichaut n'est guère en bon rapport que pendant 4 ans, il faut donc en faire de nouveaux la troisième année, et successivement tous les ans, afin de pouvoir remplacer ceux qui sont usés.

Rapport. — Un pied d'artichaut en bon rapport peut donner 75 centim. par année.

ASPERGE, *Asparagus officinalis (Liliacées.)*

114 Plante vivace, indigène donnant un légume excellent, employée en sirop pour calmer les palpitations du cœur; sa racine nommée griffe ou patte produit tous les ans de nouvelles tiges qui périssent à la fin de l'été.

Les asperges se multiplient au moyen de la graine qu'on sème en pépinière, sur une terre saine, bien ameublie, et légèrement amendée avec des terreaux sablonneux, en mars-avril, en lignes ou à la volée; ce semis produit du plant excellent pour l'année suivante.

Le semis d'asperge ou plutôt les griffes, se mettent en place la première ou la seconde année, selon qu'on veut avoir des sujets plus ou moins forts; celles de première année sont préférables.

Variétés. — On cultive deux variétés principales d'asperges, la commune ou asperge verte, et la grosse violette, dite de Hollande. Cette dernière a produit un grand nombre de sous-variétés, qui ont pris le nom des localités où on les cultive, tels que: l'asperge de Gand, de Marchiennes, de Besançon, de Vendôme, d'Ulm, de Pologne, etc.; célle d'Argenteuil elle-même dont les produits sont remarquablement beaux, paraît être une sous-variété de celle de Hollande améliorée par l'habileté et la persévérance des habitants de cette localité, et en particulier de M. Lhérault.

CULTURE.

Choix du terrain. — Le terrain destiné à la culture de l'asperge doit être, autant que possible, isolé des arbres frutiers, des bois et même des bosquets.

La terre doit être franche, sablonneuse, meuble, légère et débarrassée de tous obstacles pouvant nuire à la végétation des plants d'asperges.

Le terrain étant choisi et bien ameubli avec du fumier consommé, soit de cheval, soit de mouton, soit des fonds de trous à fumier, soit des marcs de raisin ou de boue de ville, appelée gadoue, mélangés par un bon labour; vers le mois de novembre, par un beau temps, on défonce à 40 centim. de profondeur le terrain destiné à l'aspergerie, puis on le laisse en repos jusqu'au printemps. Dans le cas où l'on n'aurait pas pu faire cette opération avant l'hiver, on la ferait au printemps ou au moins quinze jours avant la plantation.

Lorsque les gelées ne sont plus à craindre, on

établit, avec un cordeau, sur toute la longueur du terrain, du nord au sud, autant que possible, deux lignes espacées de 35 centim. destinées à l'emplacement du premier demi-ados, que l'on fait à l'aide d'une binette ou d'une bêche, etc., en lui donnant une forme conique et une hauteur de 15 centim.

De la base intérieure de ce demi-ados, on prendra une distance de 60 centim. espace nécessaire pour établir le premier sillon ou fond, lequel doit être profond de 8 à 10 centim. bien uni et bien nivelé; la terre qu'on retirera en le faisant, servira à former l'ados. Le deuxième ados qui sera complet devra avoir à partir du fond qui le précède, une largeur de 70 centim. et une hauteur de 30 centim.

Le deuxième fond, le 3º ados se fera de même jusqu'à ce que tout le terrain ait subi le même travail.

Les ados ou amas de terre sont destinés à recouvrir tous les ans, au printemps, les griffes d'asperge ; ces ados doivent commencer à diminuer de hauteur vers la troisième année, et successivement jusqu'à ce que l'aspergerie soit en plein rapport.

PLANTATION

L'époque de la plantation varie selon la localité ; dans les régions septentrionales de l'Afrique, elle peut être effectuée en janvier ; dans les provinces méridionales en février ; dans les départements du centre et de l'ouest de la France, en mars ; dans ceux du nord, en avril. Quoiqu'il en soit, cette plantation doit se faire de la manière suivante :

Dans le milieu de chaque tranchée au fond et sur toute la longueur du terrain préparé, comme il a été dit ci-devant, on établit des petits trous de 20 centim. de diamètre sur 11 de profondeur, distancés sur la ligne de 90 centim. et des bords de l'aspergerie de 45.

Au centre de chacun d'eux devra se trouver un petit monticule de terre de 5 centim., sur lequel on déposera le plant d'asperges, ayant soin de bien étaler les racines en tous sens et à plat, puis de les recouvrir d'un centim. de terre, d'une poignée de terreau ou d'engrais bien consommé, qu'on recouvrira de 3 centim. de terre ; et, pour préserver les jeunes pousses des accidents qui pourraient survenir, on y mettra de petits tuteurs.

Soins. — La plantation faite, les soins consistent dans des binages fréquemment renouvelés, tant pour rendre le sol perméable aux agents atmosphériques, que pour détruire les mauvaises herbes. Ces binages doivent être faits avec beaucoup de précaution et à peu de profondeur, afin de ne pas endommager les tigelles des asperges, dont la moindre blessure en entraînerait la perte.

Durant les mois d'avril et mai, on recherchera les limaces, limaçons et criocères ; craindre beaucoup que ces derniers ne déposent leurs œufs, lesquels éclosent au bout de 3 semaines, et forment des larves ou vers noirs qui rongent les tiges des asperges et les font dessécher. Les vers blancs font aussi de grands ravages aux asperges, il faut donc employer constamment les moyens connus pour les détruire.

Les ados peuvent être utilisés pendant les premières années de plantation, en y plantant des légumes peu gênants par leurs dimensions, tels que, pommes de terre quarantaine, haricots nains, salades, etc.

Autre mode de plantation.

Si le terrain est humide, on l'assainit en l'entourant de fossés, ou ce qui vaudrait mieux encore au moyen d'un drainage raisonné, puis on le fume en employant des engrais un peu pailleux ou du fumier pas trop consumé.

En enterrant le fumier, on l'enfouit à une profondeur de 30 à 40 centim. On tire ensuite des lignes au cordeau sur lesquelles, on établit des trous distancés de 90 centim. en quinconce, puis on plante les asperges à plat et sans ados, mais toujours en observant les règles ci-devant indiquées au premier mode.

Quel que soit le genre de plantation que l'on aura adopté, vers le mois d'octobre, par un temps beau et sec, on coupera les tigelles des asperges à 12 ou 15 centim. au-dessus du sol, puis on formera les ados en appropriant les fonds.

Les asperges seront ensuite légèrement fumées en mettant sur chaque pied une ou deux poignées d'engrais bien consumé que l'on recouvrira de suite par 6 ou 7 centim. de terre bien meuble, laquelle devra former sur les turions un petit monticule de forme conique. En faisant ce dernier travail, on marquera avec une petite baguette l'emplacement des griffes qui auraient manqué et que l'on devra remplacer au printemps suivant.

Plantation à la deuxième année.

Vers les mois de février-mars, selon les lieux où l'on opère, on commencera par remplacer les griffes qui ont manqué l'année précédente, et pour cela, on choisira les griffes les plus fortes qu'on plantera de la même manière que la première année. — On mettra ensuite des tuteurs au pied de chaque griffe, puis on fera des binages suivant les besoins pendant la saison, afin de débarrasser l'aspergerie des mauvaises herbes, et lorsque les tiges seront bien développées, on les attachera aux tuteurs pour les protéger contre l'action des vents qui pourraient les briser.

Au mois d'octobre, on procèdera à peu près comme l'année précédente. Va sans dire qu'il faut apporter un grand soin à la destruction des insectes.

Plantation à sa troisième année.

Vers la mi-mars, on enlèvera à chaque griffe les restes des vieilles tiges, et on formera sur chacune d'elles une butte de terre de 10 à 20 centim. suivant la force des turions.

Sur les plants les plus forts, on pourra déjà commencer à cueillir quelques asperges en se servant des doigts plutôt que d'un couteau, ce dernier pouvant endommager facilement les turions voisins, tandis qu'avec les doigts en suivant jusqu'à sa naissance l'asperge à récolter, et, soit en l'inclinant un peu, soit en lui faisant subir une légère torsion, elle se détachera sans difficulté et sans nuire à celles qui restent.

Aussitôt l'opération terminée, il faut avoir soin de reboucher le trou et de reformer la butte.

A la quatrième et à la cinquième année de plantation, la culture se fera à peu près de la même manière qu'à la troisième année.

Au commencement de mars, par un beau temps et lorsque la terre sera bien meuble, on fera des buttes de 25 à 30 centim. de hauteur sur chaque pied, suivant la force des turions, en les débarrassant des tiges laissées à dessein pour marquer les griffes faibles.

Lorsque les asperges auront été placées en lignes ou rangées régulières, on pourra facilement remplacer les tuteurs par un fil de fer bien tendu au moyen d'un raidisseur.

Pour avoir de belles asperges blanches, il faut les cueillir souvent, tous les jours ou tous les deux jours, selon le degré de la température, avant qu'elles ne soient sorties de terre, et toujours le matin ; si on veut qu'elles soient rougeâtres ou violacées, il faut les laisser croître un peu au-dessus de terre ; et enfin, si on veut en avoir de vertes, il suffit de les laisser pousser pendant quelques jours.

Une plantation d'asperges bien établie et soignée convenablement peut durer de 15 à 25 ans.

Culture forcée.

On force les asperges sur place ou sur couche ou dans une bâche, selon qu'on veut obtenir, ou des asperges blanches ou des asperges vertes, dites asperges aux petits pois.

Pour forcer les asperges sur place, on les plante et on les prépare plusieurs années d'avance sur des planches de 1 m. 33, de manière à pouvoir les couvrir avec les châssis qu'on emploie pour les melons. Ces planches doivent être séparées entre elles par des sentiers de 60 centim. que l'on creusera à autant de profondeur, pour les emplir de bon fumier de cheval et former des réchauds autour des coffres, afin de donner de la chaleur aux asperges.

Pour faire la culture des asperges vertes, dites aux petits pois, on arrache des griffes de 4 à 5 ans et même davantage, que l'on plante sur couche et sous châssis, ou dans une bâche chauffée au thermosiphon ; on doit laisser entre chaque griffe un espace de 20 centim. en tous sens.

Soins. — Les soins à donner aux asperges forcées consistent à les tenir couvertes tout le temps du forçage avec des paillassons, à remanier les réchauds tous les 15 ou 18 jours et y ajouter un peu de fumier, selon l'état de la température, afin d'entretenir une chaleur de 15 à 25 degrés sous les châssis, excepté sous l'action du soleil, dans le courant de la journée, où il sera bon de retirer les paillassons, mais dans aucun cas, on ne devra oublier de les remettre le soir.

Aubergine, *Solanum Melongena* (Solanées).

L'aubergine est originaire de l'Amérique méridionale, annuelle, à tiges rameuses, à feuilles grandes et ovales ; fruit cylindrique, charnu, violet ou jaunâtre, lequel se mange cuit.

On cultive trois variétés de ce légume :

La violette longue, la violette ronde et la panachée de la Guadeloupe.

Les maraichers du rayon de Paris sèment l'aubergine du 15 janvier au 15 février sur une couche dont la chaleur ne doit pas être au-dessous de 20 à 25 degrés et sous châssis.

Quinze jours ou trois semaines après le semis, lorsque le plant a deux feuilles, ils le repiquent en pépinière sur une seconde couche un peu moins chaude que la première, et toujours sous châssis, bien entendu.

Quelque temps après, ils le repiquent une deuxième fois avant de le mettre en place.

En mars, ils le mettent définitivement en place sur une dernière couche dont la chaleur doit être de 15 à 20 degrés, en mettant quatre pieds sous chaque panneau de 1 m. 33, et ils le privent d'air, pendant quelques jours, afin de faciliter la reprise. L'aubergine ainsi cultivée donne en juin et juillet.

Dans la culture ordinaire de l'aubergine, où l'on

n'en fait que quelques pieds, on la sème en février et mars, sur couche et sous châssis ou sous cloches, on repique ensuite chaque pied en pot séparé, qu'on couvre de cloches ou de châssis, tant que les froids sont à craindre.

En avril-mai, lorsque les froids ne sont plus à redouter, on les dépote, et on les met en place à bonne exposition, car l'aubergine aime la chaleur et l'eau. De cette façon, elle donne ses fruits en août et septembre.

Les soins consistent à arroser au besoin, à supprimer les bourgeons inutiles qui partent du collet de la plante, à pincer ceux conservés lorsqu'ils ont acquis une certaine force, afin de favoriser la fructification.

L'aubergine ne réussit bien en pleine terre que dans le midi de la France.

Les graines d'aubergine sont bonnes 6 à 7 ans.

Betterave, *beta vulgaris* (Chénopodées).

116. La betterave est un excellent légume à racines pivotantes, originaire de l'Europe méridionale. On en cultive un certain nombre de variétés dans les jardins potagers, lesquelles ont un goût savoureux et sucré, on les mange cuites, soit en salade avec de la chicorée ou de la mâche, soit en

friture, soit accommodées avec du beurre et du lait.

Dans la grande culture, la betterave joue un très grand rôle pour la nourriture du bétail et la fabrication du sucre.

Variétés comestibles. — Betterave rouge grosse ou rouge longue, rouge foncé de Whyte, rouge ronde précoce, rouge de Castelnaudary, rouge de Bassano, rouge crapaudine, jaune ronde sucrée, etc.

Variétés fourragères. — Les plus cultivées sont : B. Disette d'Allemagne, disette blanche, disette corne de bœuf, disette géante, disette Mammouth jaune ovoïde des Barres, rouge globe, jaune globe, jaune d'Allemagne à chair blanche.

Variétés blanches à sucre. — B. blanche à sucre, à collet vert, b. à collet rose, b. à collet gris, blanche à sucre de Breslau, blanche à sucre impériale, blanche à sucre améliorée par M. Vilmorin

Culture. — La betterave aime une terre douce, fraîche, profonde et bien labourée, fumée de l'année précédente. On la sème depuis la fin mars jusqu'en mai, à la volée, ou en rayons ou en pochets; on éclaircit en juin, suivant la qualité du sol et le volume de l'espèce; de manière que les plants soient à environ 40 centim. les uns des autres.

On peut aussi semer la betterave en pépinière, puis repiquer les jeunes plants lorsqu'ils ont la grosseur du petit doigt, elle réussit ordinairement bien, mais il faut avoir soin, en la repiquant, que l'extrémité de la racine ne soit pas repliée au fond du trou.

La betterave peut servir d'entre-plant aux pommes de terre hâtives ou aux salades.

Soins. — Pendant la croissance, il faut biner, sarcler et éclaircir à propos ; les arracher par un beau temps, les laisser ressuyer avant de les rentrer en cave ou dans la serre aux légumes.

Pour porte-graines, on plante en mars quelques racines bien conservées, de belle grosseur, de forme régulière ; quand la graine est mûre, on coupe les branches, et on les suspend en lieu bien sec ; cette graine se conserve pendant 3 ou 4 ans.

On prétend que 100 k. de cette racine valent **45 kgs.** de bon foin.

La betterave a été introduite dans la culture française en **1776**, et elle a été mise en honneur par M. Vilmorin.

Capucine *Grande, Tropeolum majus* (Tropéolées)

117 Plante annuelle, originaire du Pérou, à tiges succulentes, grimpantes, feuilles alternes, fleurs orange, marquées de taches pourpre.

Elle se sème en avril, à bonne exposition, au pied d'un mur, d'un arbre, d'un treillage ou dans une caisse en bois sur une fenêtre avec des ficelles tendues, pour que ses tiges y grimpent. Les fleurs de la capucine servent à orner les salades ; les graines cueillies encore vertes, se confisent dans le vinaigre et ramplacent les câpres.

La graine de capucine est bonne pendant 4 ou 5 ans.

Cardon *Cynara cardunculus* (Composées)

118 Le cardon est une plante potagère, originaire de Barbarie, à feuilles blanchâtres, épineuses ou non épineuses, selon les variétés, ressemblant beaucoup à celles de l'artichaut.

Variétés, — 1° le cardon de Tours, épineux, à côtes pleines ;

2° le cardon de Puvis, remarquable par son volume et ses feuilles terminées en fer de lance, côtes demi-pleines ;

3° le cardon à côtes larges, rouges, c'est-à-dire coloriées de rouge, belle et bonne variété.

4° le cardon d'Espagne, sans épines ;

5° le cardon plein inerme, à piquants faibles ;

Semis. — Les diverses variétés de cardon se se sèment en avril, sur couche, ou mieux en mai immédiatement en place. Ce dernier semis, le plus usité, se fait dans des trous remplis de terreau consommé, espacés d'environ 1 mètre en tous sens, où l'on met 2 ou 3 graines pour n'en conserver, dans la suite, qu'un seul pied. Dans le cas où l'on aurait à craindre les ravages des vers blancs ou des courtillières, il est bon de faire un semis supplémentaire en pots, afin de pouvoir regarnir les places vides.

Les cardons doivent être soignés à peu près comme les artichauts, mais plus fréquemment arrosés.

Blanchiment. — Vers le mois de septembre, lorsque les cardons sont assez forts, on rapproche les grandes feuilles, et on les attache en faisceau, à l'aide de liens de paille ou d'osier, puis chaque pied est empaillé avec de la grande litière sèche, et butté tout autour avec de la terre.

Au bout de trois ou quatre semaines les pétioles des feuilles sont devenus tendres et cassants, dans cet état, ils sont bons à la consommation.

Afin de ne pas s'exposer à les faire pourrir en les laissant trop longtemps emmaillotés, on ne doit procéder à cette opération que successivement et selon les besoins du consommateur.

Lorsque les gelées commencent, on arrache les pieds avec leur motte, et on les replante dans une cave ou dans la serre à légumes, afin de fournir à la provision d'hiver. Ainsi disposés, dans un endroit sain, les cardons peuvent se conserver jusqu'en mars.

Pour avoir de la graine de cardon, on s'abstient de faire blanchir quelques pieds, que l'on conserve pendant l'hiver comme les artichauts ; au printemps suivant, ils fleurissent et donnent de la graine qui peut se conserver bonne pendant 5 ou 6 ans.

Carotte *Daucus Carota* (Ombellifères).

119. Plante bisannuelle, indigène, à grosse racine charnue, fusiforme, à feuilles découpées un grand nombre de fois, à graine ovale, hérissée de poils rudes, exigeant comme toutes les racines pivotantes un sol profond, fumé de l'année précédente, ameubli par de bons labours, assez frais et de bonne qualité.

Variétés. — Carotte rouge courte à châssis, c. rouge courte de Hollande, hâtive ; c. rouge demi-longue, c. blanche longue ordinaire, c. rouge pâle de Flandre, c. rouge à collet vert, c. jaune longue, c. blanche de Breteuil, très grosse et en toupie ; c. blanche des Vosges, c. blanche à collet vert, très grosse.

Semis. — Les premiers semis ont lieu sur couche et sous châssis, en décembre et janvier ; en pleine terre, les premiers semis peuvent se faire en février, et être continués jusqu'en juillet-août ; ces derniers, couverts pendant l'hiver, peuvent rester en terre et fournir des racines excellentes pour le printemps. Le semis de carotte se fait ordinairement à la volée ou en lignes espacées de 15 à 18 centim. à raison de 100 grammes de graines par are.

Soins. — Les semis de carotte faits, on les recouvre légèrement au râteau ou avec les dents d'une fourche de fer. Dans les terres fortes, un terreautage est suffisant.

Après leur levée et pendant leur jeunesse, les carottes demandent des soins très assidus de sarclage et une éclaircie lorsqu'elles sont assez fortes. Elles doivent être, selon les variétés, à 12 ou 15 centim. de distance en tous sens.

Conservation. — La carotte résiste assez bien aux gelées, particulièrement dans les terrains sains, ce qui permet en les couvrant de litière de les laisser sur place dehors.

Toutefois le moyen le plus sûr de ne pas s'exposer à les perdre, c'est de les récolter et de les rentrer avant l'hiver, en novembre ou décembre, suivant la température.

Ayant coupé les feuilles au niveau du collet, on les place par lits dans du sable, dans une cave ou dans tout autre lieu abrité, lorsqu'on s'aperçoit que les feuilles repoussent, on recommence la coupe, puis on refait le tas comme la première fois, afin de prolonger leur conservation.

Qualité. — La carotte est un des aliments des plus sains et des plus avantageux qu'on puisse donner au bétail, de quelque espèce qu'il soit. Pour l'homme, elle est aussi un des meilleurs légumes.

Pour porte-graines, on choisit, en février-mars, les racines les plus belles et les plus franches, parmi celles qu'on a conservées, et on les plante dans une terre bien préparée, à 60 centim. de distance en les éloignant le plus possible des prés et autres terrains où naissent les carottes sauvages, afin d'éviter la dégénération.

Les semis faits avec de la graine de l'année sont sujets à monter.

La graine de carrotte conserve sa puissance germinative pendant 3 ou 4 ans.

Céleri cultivé, *Apium graveolens* (Ombellifères)

120 Plante aromatique, précieuse pour la cuisine à divers titres, comme salade, cuite avec diverses viandes, dans le pot au feu, etc ; elle est indigène, bisannuelle, à racines, fibreuses ou tubéreuses.

En général, on distingue trois sortes de céleris :

1° les céleris à côtes ou grands céleris dont on mange les pétioles ;

2° les céleris à couper qui ne produisent que des

feuilles pour aromatiser le bouillon, les soupes maigres et certains mets ;

3º les céleris-raves ou navets dont la racine grosse, tendre et charnue se mange cuite ou en salade, à l'exclusion des feuilles.

1ʳᵉ CATÉGORIE. — *Variétés*. — Céleri court hâtif, recommandable pour sa précocité ; c. turc à côtes larges et bien pleines, beaucoup cultivé par les maraîchers de Paris ; c. plein blanc gros, mais tardif ; c. gros violet de Tours ; c. plein blanc à grosses côtes serrées les unes contre les autres.

2ᵉ CATÉGORIE. — La variété adoptée le plus généralement est le c. fin de Hollande, nommé encore dans certaines contrées petit céleri ou céleri creux.

3ᵉ CATÉGORIE. — Les variétés de cette catégorie sont le céleri-rave ou céleri-navet d'Erfurt et le céleri-rave frisé ou à folioles crispées, ce dernier est d'un faible rapport.

Culture des céleris à blanchir. — Pour avoir du plant à repiquer de bonne heure, on fait les semis en janvier-février sur couche, sous châssis ou sous cloches ; la graine ne doit être que très légèrement recouverte mais fréquemment bassinée.

Lorsque le plant est assez fort, on le repique sur couche, avec le même abri pour ne le mettre en pleine terre qu'au mois d'avril, il sera bon à récolter en juillet et août.

Sous le climat de Paris, on sème en pleine terre en mars et avril, à bonne exposition, et en mai, à une exposition ombragée. Le semis doit être clair, piétiné fortement, recouvert légèrement de terreau ou d'un paillis très court et bassiné souvent à l'arrosoir à pommes. Aussitôt que le plant a deux ou trois feuilles, on éclaircit convenablement tout en continuant à lui donner beaucoup d'eau ; les jeunes céleris, ainsi soignés, sont bons à mettre en place en juin et juillet.

Le terrain qui doit les recevoir, doit être profondément bêché, bien amendé, humide plutôt que sec, disposé en planches plus ou moins larges, sur lesquelles, on trace des rayons de manière que les pieds soient de 30 à 32 centim. l'un de l'autre en tous sens. Immédiatement après la plantation, il faut arroser pour faciliter la reprise, après cela, il ne reste plus qu'à sarcler, biner et arroser assidûment jusqu'à ce que le céleri soit assez fort pour être blanchi.

Blanchiment. — Pour faire blanchir le céleri, on emploie plusieurs méthodes.

1º On le lie avec deux ou trois liens de paille ou de jonc, par un temps sec, de manière à ne laisser voir que l'extrémité des feuilles, puis on amoncelle la terre autour du pied.

2° On fait une fosse de 80 centim. de large et profonde de 40 à 50, et l'on y met trois ou quatre rangs de céleri qu'on a dû préalablement enlever avec leurs mottes, la terre qu'on a retirée en faisant la fosse sert à les butter.

3° Lorsque l'on a beaucoup de terreau, on enterre le céleri dedans et on le couvre d'une grande litière sèche que l'on retire dans les temps humides et doux.

4° Enfin, on peut les rentrer dans la serre à légumes ou dans les châssis, lorsqu'on en a suffisamment, et on ne le fait blanchir qu'au fur et à mesure des besoins, en les buttant avec du sable ou en les couvrant avec de la paille.

Porte-graines. — En novembre, on enlève en motte les pieds les plus beaux de chaque variété, on les replante à 40 ou 50 centim. de distance les uns des autres ; on les butte comme les artichauts, et on les couvre avec de la paille ou avec des feuilles, puis on les découvre au printemps, ou encore on laisse tout simplement les plus beaux pieds en pleine terre, en ayant soin de les couvrir comme il faut pendant les froids.

La graine est bonne pendant 3 ou 4 ans, seulement, elle est meilleure lorsqu'elle est nouvelle.

Culture des céleris à couper. — On les sème comme les précédents et aux mêmes époques, puis on les repique afin de favoriser le développement des drageons en touffes en augmentant les racines par le repiquage. Il est bon lorsqu'on le peut de former une petite butte autour de la touffe pour attendrir et blanchir un peu les petites côtes avant de s'en servir.

Ainsi que les grands céleris, ceux-ci ont besoin de fréquents arrosements.

Culture des céleris-raves. — On les sème aux mêmes dates que les autres céleris, on les soigne de la même façon en pépinière, on les repique de même, seulement, avant de les repiquer, on supprime toutes les petites racines latérales et les grandes feuilles, et toujours en terrain frais et profond, bien ameubli, un peu ombragé, et aussitôt repiqués, on les arrose copieusement, et l'on continue ces arrosements tous les jours jusqu'à ce que la reprise soit parfaite. A ce moment on ouvre autour de chaque pied, une sorte de bassin dans lequel, on versera dorénavant de l'eau en abondance avec le goulot de l'arrosoir.

Pendant la végétation, pour favoriser le développement des racines, on pince de temps en temps l'extrémité des grandes feuilles, en ayant soin de ménager celles du cœur.

Conservation. — On l'arrache à l'approche des froids, on coupe les feuilles, excepté celles du cœur, puis on enterre les racines dans le sable, où on les rentre dans la serre à légumes, ou dans les châssis ; par ces moyens on peut les conserver jusqu'en mars.

Pour avoir de la graine, on maintient quelques pieds en terre pendant l'hiver, en les abritant soigneusement. Au printemps, on les laisse monter à graines, et on prend la semence sur les plus belles ombelles de la tige ou des branches principales. Cette graine est bonne pendant 3 ou 4 ans.

Cerfeuil, *Scandix cerifolium* (Ombellifères).

121 Plante annuelle, indigène, employée comme assaisonnement dans les potages gras, dans les soupes maigres, dans les fournitures de salade, etc.

Pour en avoir de bonne heure, on le sème contre un mur, à chaude exposition, au printemps, et plus tard, de quinzaine en quinzaine jusqu'en septembre, ce dernier semis ne monte à graine qu'au printemps suivant.

Pendant les chaleurs, on sème à une exposition ombragée, afin qu'il monte moins vite à fleurs.

Le semis de cerfeuil se fait tantôt à la volée, tantôt en lignes, ce dernier mode est préférable parce qu'il facilite les sarclages. Le semis fait, on foule la terre, puis on la recouvre d'un paillis, en terre légère principalement, et ensuite on arrose, selon qu'il est nécessaire.

Variétés. — Cerfeuil commun, cerfeuil frisé ; ce dernier a le mérite de se distinguer parfaitement de la petite ciguë, et de prévenir les confusions dont on est si souvent victime ; il a pour défaut de se mettre très vite à graine en été.

La graine est bonne pendant 2 ou 3 ans.

Cerfeuil bulbeux ou tubéreux, *Chœraphyllum Bulbosum.* (Ombellifères).

Plante bisannuelle, à racine comestible, très succulente, d'une saveur agréable, un peu sucrée, de la grosseur d'une petite carotte, dont l'extérieur est d'un gris noirâtre et l'intérieur d'un blanc jaunâtre.

On sème le cerfeuil bulbeux dans le courant de septembre, plus tard, les graines ne lèveraient que la seconde année. Pour les terrains frais, il est préférable de faire stratifier les graines aussitôt après la récolte en les mettant dans des pots à fleurs remplis de sable très fin, et de ne faire les semis qu'en février ou mars.

La graine de cerfeuil bulbeux est bonne à récolter vers le mois de juillet.

Ses racines se conservent comme les pommes de terre et se mangent frites ou en ragoût.

Champignon cultivé, *Agaricus edulis* (Champignon).

Plante charnue, spongieuse, sans feuilles ; offrant un chapeau sessile ou pédonculé, de formes variées, en boule, en godet, en massue ou en cornes plus ou moins ramifiées, de courte durée ; aimant l'ombre vivant généralement sur les substances végétales ou animales en voie de décomposition.

Ce végétal est composé d'un grand nombre d'espèces, qui forment plutôt une classe qu'une famille, et dont les unes sont comestibles et les autres vénéneuses.

Les principales espèces comestibles sont : les agarics champêtres, couleuvré, chanterelle, boule de neige, mousseron, faux mousseron, etc. Les bolets orangé, granulé, âpre, cep, etc ; les morilles, les truffes noires et blanches, et les clavaires.

La seule qu'on cultive sur couche dans les carrières souterraines et dont la vente soit permise, sur les marchés de Paris, est l'agaric champêtre, (*agaricus campestris*).

Il est très facile de se tromper dans le choix des champignons ; on ne saurait donc jamais trop prendre de précautions, car les méprises sont très dangereuses, souvent mortelles ; les moins nuisibles se digèrent difficilement. Les meilleurs deviennent vénéneux lorsqu'ils sont trop mûrs.

En général, les champignons qu'il faut rejeter sont ceux dont l'odeur et le goût sont désagréables, ceux qui ont la chair mollasse, aqueuse ; qui ont crû dans les lieux ombragés, humides ; ceux qui se gâtent rapidement ou qui changent subitement de couleur quand on les partage.

Dans le doute, il vaut mieux soumettre les champignons suspects à la cuisson, après les avoir divisés, et ensuite, jeter l'eau dans laquelle ils ont été cuits ; ou bien de les faire macérer par tranches dans l'eau vinaigrée, car le vinaigre dissout le principe vénéneux des champignons.

Culture. — On obtient le champignon comestible en le faisant naître artificiellement sur couches de diverses manières.

La réussite de cette culture repose essentiellement sur deux choses : sur la préparation du fumier destiné à former les meules et sur la formation et la conduite de ces meules.

On prend du bon fumier de cheval, on choisit un terrain uni et sec, à l'abri des incursions de la volaille, sur lequel on met le fumier qui doit être passé à la fourche, pour en retirer la grande paille, le foin et les corps étrangers, en le mettant en tas, lequel doit être très uni, et si le temps est chaud,

7.

on le mouille abondamment. Au bout de 8 à 10 jours lorsqu'il a fermenté, tout le tas est remanié et reconstruit sur le même terrain, avec l'attention de mettre dans l'intérieur le fumier qui était sur les côtés.

Le tas établi, on le laisse encore huit à 10 jours, au bout desquels, il a pris presque autant de chaleur que la première fois. On le remanie une deuxième fois de la même manière et au bout de 5 à 6 jours le fumier a acquis, ordinairement, le degré de douceur nécessaire pour être employé à la formation des meules.

Formation des meules. — Elle se fait au printemps et en été, à l'ombre, en automne et au commencement de l'hiver, au midi ; mais le mieux en toute saison, c'est dans une cave ou tout autre lieu abrité, bien clos et obscur parce que les champignons redoutent les orages et les gelées.

On donne à la meule 55 à 65 centim. de largeur à sa base, autant d'élévation, et elle doit se terminer en dos d'âne. On l'approprie en retirant toutes les pailles qui dépassent. Les meules qui sont dehors sont ensuite couvertes avec une couverture en grande litière, appelée chemise ; celles qui sont dans un lieu obscur, n'en ont pas besoin.

Lorsque la meule est parvenue à son degré convenable de chaleur, (15 à 18 degres), il faut larder ou garnir de blanc, on nomme ainsi des galettes de fumier imprégnées de filaments blanchâtres qui constituent la plante du champignon.

Lorsque le blanc est bien pris dans la meule, on le recouvre d'un centim. environ de terre fine.

On trouve de bon blanc, quand on défait les couches à melon. Avec la main, on fait dans les flancs de la meule de petites ouvertures dirigées obliquement de bas en haut, larges de trois doigts, profondes d'autant, et on introduit dans chacune un petit morceau de blanc.

Dans les années sèches, il est bien souvent nécessaire d'arroser légèrement par-dessous la chemise, après la cueillette. Dans les années humides c'est le contraire qui a lieu, on est quelquefois obligé de remplacer la chemise, trop détrempée par les pluies.

Le produit des meules qui sont dehors dure ordinairement deux à trois mois, et dans une cave ou tout autre lieu abrité, quatre à cinq mois.

Chicorée, *Cichorium intybus* (Composées)

Plante vivace, indigène ; sa feuille naissante donne une salade analogue à celle de la petite laitue, un peu plus amère, mais très saine et fort estimée ; elle fournit des racines avec lesquelles on prépare le café chicorée, et donne une excellente salade blanche d'hiver, appelée barbe de capucin.

Cette plante a produit un grand nombre de variétés qui occupent une place importante dans les jardins potagers.

Variétés. — Chicorée sauvage ou amère de Paris, c. sauvage à grosse racine de Bruxelles, c. sauvage améliorée à larges feuilles, presque pommée, c. sauvage améliorée panachée, c. améliorée blanche frisée à feuilles luisantes, cette dernière a donné la c. de Meaux, d'Italie, rouennaise et la scarole.

Semis. — Les semis de ces différentes variétés de chicorée commencent en janvier jusqu'en avril, sur couche et sous châssis, et d'avril en août, en pleine terre, en bordure autour du jardin potager ou en rayons, espacés de 20 centim., dans un carré destiné à cette fin.

Blanchiment. — Pour faire blanchir la chicorée sauvage, on descend dans une cave de la terre légère, sablonneuse, bien saine, et l'on forme avec cette terre un carré où l'on couche, la tête en dehors, des racines de chicorée semée dans l'année, que l'on couvre d'un lit de cette même terre ; puis un deuxième lit et ainsi de suite. Les jeunes feuilles qui en sortent peuvent être coupées plusieurs fois.

Une deuxième manière de faire blanchir la chicorée, qui est semée en planches ou en lignes à distance voulue, sans la déplanter, consiste à la couvrir de 10 à 12 centim. de terre et d'une épaisseur double de feuilles.

Graines. — Pour obtenir de la graine de chicorée sauvage, il suffit de laisser monter quelques pieds du semis de l'année précédente, laquelle sera bonne à cueillir dans le courant d'août.

La durée germinative est de 5 à 6 ans.

Chicorée sauvage améliorée. — Elle a été obtenue au moyen de choix successifs de graines des individus par M. Jacquin ; elle diffère de la sauvage, par son goût et par sa forme, au lieu d'une touffe composée de feuilles écartées, elle forme une sorte de pomme.

La chicorée sauvage améliorée panachée, à feuilles de rouge, donne une excellente salade d'hiver lorsqu'elle est blanchie.

Chicorée frisée. — La chicorée frisée diffère de la chicorée sauvage par ses feuilles plus ou moins découpées, par le mode de culture. La chicorée sauvage est vivace, tandis que la chicorée frisée est annuelle.

Variétés. — Chicorée fine d'été ou d'Italie, variété hâtive, spécialement consacrée pour première saison ; c. fine de Rouen à cornes de cerf, un peu plus verte que la précédente ; c. frisée de la Passion, très vigoureuse, on peut la cultiver comme la laitue du même nom et la récolter en avril, époque où la salade est rare ; seulement, elle ne réussit pas dans tous les terrains ; c. frisé de Meaux, excellente pour les semis d'automne ; c. de Ruffec, variété de la précédente, très remarquable par sa vigueur ; c. frisée fine de Louviers toujours blanche comme la laitue à couper ; c. scarole blonde à feuilles de laitue, jaunâtre en naissant, variété un peu délicate ; c. scarole ronde, prompte à se faire, un cœur très fourni et presque pommé.

La chicorée scarole se cultive comme la chicorée frisée. La variété de scarole la plus cultivée par les maraîchers, c'est la scarole à feuilles rondes.

Semis. — La chicorée fine d'été et la chicorée de Rouen se sèment en avril et mai sur couche, à l'air libre ; elles peuvent être repiquées 25 à 30 jours après le semis. Quant aux autres, on les sème vers les mois de juin et de juillet, en pleine terre, à une exposition un peu ombragée, en ayant soin de les arroser, s'il est nécessaire, la chicorée se repique à 25 centim. dans un sens et à 40 dans l'autre.

Conservation. — Pour conserver la chicorée pendant les gelées, on la lie, et on la couvre de paillassons, ou avec de la litière bien sèche, et enfin quand le froid augmente encore, on arrache les plantes.et on les rentre dans la serre aux légumes, ou bien on les enterre à moitié dans le sable.

Graines. — Pour avoir de la graine de chicorée frisée, sous le climat de Paris, il est nécessaire de mettre les plantes en pots avant les gelées, les hiverner sous châssis; et les replanter au printemps, ou bien, ce qui est plus facile et plus simple, semer de la graine au commencement d'octobre, repiquer le plant en novembre au pied des murs, et ensuite le mettre en pleine terre au mois d'avril, la graine est bonne à récolter en septembre.

Dans le Midi on a qu'à laisser monter les chicorées sur place.

Chou, *Brassica oleracea* (Crucifères).

125. Plante bisannuelle, presque vivace, indigène, cultivée en général, ou pour ses feuilles, ou pour ses tiges, ou ses racines ou ses fleurs comestibles.

Classification. — Ce légume se divise en cinq sections savoir : 1° ch. cabus ou pommés : 2° ch. de Milan ou frisés : 3° ch. verts ou non pommés : 4. ch.-fleurs et brocolis : 5. enfin, ch. à tiges et à racines comestibles.

1. Ch. cabus ou pommés, les plus cultivés sont :

ch. d'York petit et gros ; ch hâtif en pain de sucre ; ch. cœur de bœuf petit et gros ; ch. de Saint-Denis ou de Bonneil ; ch. conique de Poméranie ; ch. pointu de Winnigstadt ; ch. d'Alsace ou ch. quintal ; ch. de Schweinfurt ; ch. de Hollande pied court ; ch. Joannet ; ch. Bacalan hâtif et tardif ; ch. de Vaugirard ; ch. de Brunswick ; ch. de Dax.

2. Choux de Milan ou pommés frisés, les plus estimés sont : ch. Milan des Vertus, gros ; ch. Milan pied court ; ch. Milan très hâtif d'Ulm ; ch. Pancalier de Touraine ; ch. Pancalier hâtif ; ch. Milan à tête longue ; ch. de Norwège ; ch. de Milan ordinaire ; ch. de Bruxelles ou à jets.

3. Choux verts ou non pommés, de la grande culture généralement. Les principales variétés sont : ch. cavalier ou à vache ; ch. cavalier rouge ; ch. vert branchu du Poitou ; ch. mœllier blanc ; ch. mœllier à tige rouge, ch. frangé ou frisé d'Écosse.

4. Enfin, ch.-fleurs et brocolis.

5. Choux à tiges et à racines comestibles qui se divisent eux-mêmes en deux espèces :

1. les ch. raves, dont la partie comestible se trouve dans la racine renflée ; variétés, ch. rave blanc, ch. rave hâtif de Vienne et violet hâtif de Vienne ;

2. les ch. navets dont la partie comestible est la

racine charnue et grosse ; variétés, ch. navet blanc ordinaire, ch, navet blanc à collet rouge et ch.-navet blanc lisse à courte feuille, cette dernière est une excellente variété potagère.

Culture. On sème pour le printemps les ch. d'York, ch. hâtif en pain de sucre et ch. cœur de bœuf ; ce semis se fait vers la fin d'août en pépinière ; ensuite, on repique le plant sur une planche bien préparée pour les recevoir, lorsqu'il a deux feuilles bien développées ; pendant cette opération on doit éliminer les plantes dégénérées, qu'on reconnaît à leur vigueur extraordinaire, ainsi que celles qui n'ont pas de cœur, c'est-à-dire d'œil terminal.

Dans les terres légères, on peut mettre les choux en place vers la fin d'octobre ; dans les terres fortes et humides, il vaut mieux attendre février et mars. Ainsi traités ces choux sont bons à récolter en mai et juin, et après, on peut planter des cardons, du céleri, des chicorées, de la romaine, des potirons, etc.

Pour l'été et l'automne, on sème les choux cœur-de-bœuf, Joannet, de Poméranie, de Saint-Denis, de Hollande pied court, gros d'Allemagne ou quintal, de Hollande tardif, de Milan pied court, de Milan ordinaire, de Milan des Vertus, et enfin de Bruxelles.

Toutes ces variétés se sèment sur la fin de mars, en pépinière, et se mettent en place sept ou huit semaines après.

Pour l'hiver, on sème les ch. de Vaugirard, de Milan ordinaire, de Milan des Vertus, de Milan à pied court et de Bruxelles. C'est dans les mois de mai et juin que doivent se faire ces semis.

Les choux verts ou non pommés se sèment généralement à deux époques, 1° de mars en mai, et produisent pendant l'hiver et à l'entrée du printemps ; 2. en juillet-août et donnent l'été suivant. Ces sortes de choux ont la propriété de mieux résister aux froids que la plupart des autres, et d'être une grande ressource pour la cuisine lorsqu'ils ont été attendris par la gelée.

La plupart des choux verts peuvent durer trois ans ; mais en général les produits ne sont bons que pendant les deux premières années.

Les choux aiment une terre forte bien labourée, bien fumée, plutôt humide que sèche. Les petites et es moyennes variétés se plantent de 40 à 50 cent. de distance en tous sens, les grosses de 70 à 90.

Conservation — Les moyens de préserver les choux des fortes gelées sont : 1° d'arracher, en novembre, tous ceux dont les pommes sont faites et les mettre en jauge dans la terre, très près l'un de l'autre en inclinant un peu la tête vers le nord.

Lorsque les grandes gelées arrivent, on les couvre de litière ou de feuilles qu'il est nécessaire de retirer dès que le temps doux revient ;

2° Couper une partie du tronc et les tourner tous vers le nord, en les laissant sur place, bien entendu ;

3° Arracher les choux lorsqu'ils sont complètement formés et les déposer sur le terrain la tête en bas, la racine en haut, et au moment des grandes gelées les mettre dans des sillons profonds, et les couvrir.

Porte-graines. — Pour obtenir de la bonne graine de choux, il faut choisir, au moment de la récolte, les plus beaux, leur couper la tête et ne conserver que le trognon, autour duquel se développent quantité de bourgeons que l'on enlève avec une portion de ce trognon, vers la fin de septembre pour les repiquer en pépinière. Au printemps, on les relève en motte, pour les planter à 60 centim. environ les uns des autres en tous sens. Dans le courant de juillet, la graine est bonne à récolter.

Chou-fleur.

126. Plante dont on mange les fleurs qui, réunies en masse charnue très serrée, forme une tête plus ou moins grosse, d'un blanc de lait et d'un goût très agréable.

Le chou-fleur diffère du chou ordinaire par ses feuilles allongées et légèrement ondulées, et par sa pomme toute composée de granulations blanches.

Variétés. — Chou-fleur tendre ou petit Salomon, hâtif, qui convient très bien pour châssis ; chou-fleur demi-dur ou gros Salomon, préféré par les maraîchers de Paris, et qu'ils cultivent comme chou-fleur de printemps, d'été ou d'automne ; ch.-fleur Lenormand à pied court, excellente variété de ch.-fleur demi-dur, seulement plus tardive, mais plus grosse ; ch.-fleur dur, plus tardif que le demi-dur ; ch.-fleur Impérial et le ch.-fleur Gambey.

Culture — Au commencement d'octobre, on sème en terre fortement terreautée les ch.-fleurs demi-durs. Lorsque le plant est bon à repiquer, on place des coffres sur le terrain destiné à le recevoir, puis on l'arrache avec beaucoup de précaution, afin de ne pas rompre les racines, et on le repique avec le doigt ou avec le plantoir, en l'enfonçant jusqu'aux cotylédons. Dans un coffre, on peut mettre 16 rangs de chacun 45 choux-fleurs. On pose les châssis dessus lorsqu'il gèle, mais il faut avoir soin de donner de l'air tous les jours.

Si le plant devenait trop fort, il faudrait le relever et le replanter immédiatement, afin de l'endurcir et retarder sa végétation. Ce plant ainsi hiverné, se met en place dans le courant de mars, à 60 centim. de distance en tous sens.

Afin d'utiliser le terrain vacant dans les intervalles des choux-fleurs, on peut y contreplanter de la laitue, de la romaine, de la chicorée, etc. On peut également semer dans le courant de janvier, sous châssis, une deuxième saison de ch.-fleur de printemps, pour les planter vers la fin d'avril, immédiatement en place.

Les choux-fleurs d'été se sèment les premiers jours de mai sur quelque vieille couche; celui qui convient le mieux pour cette saison et le seul cultivé à cette époque dans les environs de Paris c'est le ch.-fleur demi-dur. La mise en place doit avoir lieu les premiers jours de juin. Soignés convenablement, les choux-fleurs d'été donnent pendant les mois d'août-septembre.

Vers la fin de mai, il faut semer, en pleine terre, les ch.-fleurs d'automne et les repiquer en place, dans la deuxième quinzaine de juillet. On cultive à cette saison le ch.-fleur demi-dur et le chou-fleur dur, ce dernier étant plus tardif, on peut avoir par ce moyen-là, des produits qui se succèdent pendant longtemps.

On cultive aussi les choux-fleurs nains hâtifs, d'Erfurt, Impérial, Gambey, et les Lenormand.

Soins — Les ch.-fleurs réclament un terrain

bien labouré, bien fumé, hersé et nettoyé du mieux qu'il est possible ; mais surtout de fréquents arrosements, principalement quand ils commencent à pommer.

Conservation — Pour conserver les ch.-fleurs, on les arrache, on ôte toutes les feuilles, et on les met dans la serre aux légumes sur des tablettes, ou bien on les suspend la tête en bas.

La veille du jour ou on veut les manger, on coupe les bouts des trognons, et on les met tremper dans l'eau fraîche pendant quelques heures, pour les faire revenir à leur état normal, il n'est pas nécessaire de mouiller la tête.

Porte-graines — Pour obtenir de la graine de choux-fleurs, on choisit les plus beaux parmi ceux du printemps, et on les laisse monter à graines en ayant soin, comme cela se fait pour les choux ordinaires, de les pincer afin que la graine soit de meilleure qualité.

Brocoli.

127 Le chou brocoli ressemble beaucoup au chou-fleur, pour ce qui concerne la pomme, mais sa vigueur est plus forte, ses feuilles plus grandes et plus ondulées; la fructification est tout à fait analogue à celle du chou-fleur.

Variétés — Brocoli blanc hâtif, pour semis de

printemps; B, blanc Mammouth le plus remarquable de tous les brocolis anglais, tardif, se sème en mai, donne en avril l'année suivante ; brocoli violet, qui ne diffère des précédents que par la couleur de sa pomme un peu violette ; brocoli Sprouting, qui produit une quantité de petites pommes semblables à celles du ch. de Bruxelles, que l'on récolte au mois d'avril.

On sème les premiers brocolis sur la fin de mars et successivement jusque dans les premiers jours de mai, toujours, bien entendu, en commençant par les variétés les plus hâtives.

Les brocolis qui ont été semés en mars produisent en septembre ; ceux semés en avril et mai suivent l'ordre du semis, en sorte que l'on peut en avoir tout l'automne et même l'hiver.

Le brocoli est beaucoup plus rustique que le chou-fleur, il peut supporter sans souffrir quelques degrés de froid, cependant il est prudent de l'abriter en le relevant en motte, en automne, pour le replanter plus profondément dans des tranchées, afin de pouvoir les couvrir.

Chou-rave.

128 Plante dont la tige renfle immédiatement en sortant de terre, forme une boule charnue, d'où sortent de nombreuses feuilles.

Variétés principales. 1° Chou-rave blanc hâtif, 2° ch.-rave blanc ordinaire, 3° ch.-rave violet ordinaire, 4° ch.-rave violet hâtif.

On sème les choux-raves en mai et juin ; quand le plant est un peu fort, on le plante à 30 centim. dans un sens et à 40 dans l'autre

Les moyens d'avoir de bons et excellents choux-raves sont 1° de les arroser fréquemment ; 2° de les biner souvent pendant le cours de la végétation.

Les choux-raves ne craignent pas beaucoup les gelées, de sorte qu'on peut facilement, à moins de gelées extraordinaires, les laisser dehors pendant l'hiver, où ils peuvent se conserver jusqu'au printemps.

Chou-navet.

129 Le chou-navet ou rutabaga est une plante qui appartient plutôt à la grande culture qu'au jardin potager, il est doué d'une grande vigueur et résiste très bien aux froids les plus vigoureux.

Variétés. — Chou-navet ordinaire, ch. navet blanc, ch. navet blanc à collet rouge, rutabaga à collet rouge, rutabaga de Laig à collet violet.

Les choux-navets se sèment en place en mai et juin, soit en lignes, soit à la volée, et on peut se dispenser de les transplanter. Les soins consistent à éclaircir le plant, de manière que les choux se trouvent de 30 à 40 centim. les uns des autres en tous sens.

Les choux-navets craignent peu les gelées, on peut ne les arracher qu'au fur et à mesure des besoins, même durant l'hiver. Ils peuvent être semés comme deuxième récolte après le seigle, la vesce d'hiver, la pomme de terre quarantaine, etc.

Ciboule commune, *allium fistulosum* (Liliacées).

130. La ciboule commune est une plante bulbeuse, originaire de Sibérie, vivace, mais traitée comme bisannuelle ; elle se multiplie comme l'oignon par ses graines.

Les premiers semis ont lieu en février et mars, pour être repiqués en avril ou mai, en les mettant deux ensemble à 15 ou 16 centim. de distance entre les touffes ; on sème aussi du 15 au 31 juillet en place, la ciboule blanche hâtive, qui forme de grosses touffes que l'on éclate suivant les besoins, et elle dure très longtemps.

Pour conserver la ciboule commune pendant l'hiver, il faut l'arracher au commencement de décembre, la mettre en jauge et la couvrir de litière bien sèche. La ciboule est employée comme assaisonnement.

Civette ou ciboulette *Allium Schœnoprasum*
(Liliacées).

131 Plante connue sous le nom d'appétit, vivace, indigène, à feuilles gazonnantes et à fleurs stériles, que l'on emploie comme assaisonnement.

On la multiplie par la séparation des touffes, ou par caïeux que l'on divise, en février et mars, pour les planter en bordure le long des carrés de légumes. La civette est d'autant plus tendre, et pousse d'autant plus vite, qu'on la coupe plus souvent.

Pour la conserver pendant l'hiver, il faut la couper au niveau du sol, et ensuite la couvrir avec du terreau ou toute autre litière.

Concombre *Cucumis sativus* (Cucurbitacées).

132 Le concombre est ainsi nommé à l'était parait, mais à l'état vert, on le désigne sous le nom de cornichon ; plante annuelle, originaire des Indes, tiges rameuses, rampantes ; feuilles grandes ; fleurs jaunes ; fruit très long :

Variétés principales. — 1° le cornichon blanc long hâtif,

2° le corn. blanc gros de Bonneuil :

3° le corn. gros jaune ;

4° le corn. vert long anglais ;

5° le petit vert à corn. pour confire.

6° le corn. jaune hâtif de Hollande, excellent pour châssis.

On sème les concombres, en janvier, février, mars et jusqu'en mai ; ces derniers semis se font en pleine terre et sur place, tandis que les premiers se font sur couche et sous châssis.

Lorsque les graines semées sur couche et sous châssis sont bien levées, on les repique en pépinière sur une autre couche. Deux ou trois semaines après, on les repique en place sur une couche de 60 centim. d'épaisseur, laquelle doit être chargée de 20 centim. de terreau et de terre franche additionnée de crotin de cheval ; on en plante douze par coffre de 3 châssis, en ayant soin de les enfoncer jusqu'au cotylédons.

Au moment du grand soleil, on les ombre pendant 2 ou 3 jours, et la nuit, on les recouvre avec des châssis. Ces concombres ainsi cultivés sont naturellement moins vigoureux que ceux de pleine terre, il est donc nécessaire de tailler les branches latérales plus court, à la deuxième ou troisième feuille, et de ne laisser que peu de fruits.

Quant au semis de pleine terre, on les fait vers la mi-avril ; sur place dans des trous remplis de fumier et recouverts de terreau.

Le petit concombre vert à cornichons se sème en place, sur couche ou dans des rigoles bien terreautées, dans le courant de mai ; il n'a pas besoin d'être pincé. Dans les terrains humides, si on veut avoir de beaux fruits, il faut ramer les concombres à cornichons comme les haricots et les pois. Ce légume aime la chaleur et l'humidité. Les concombres se mangent crus, cuits ou confits au vinaigre.

Pour avoir de la graine, on laisse les plus beaux fruits, sur le terrain le plus tard possible, jusqu'a ce qu'ils se pourrissent.

Cette graine se conserve bonne 6 à 8 ans.

Courge *Cucurbita* (Cucurbitacées).

133 Plante annuelle, originaire des pays chauds, monoïque, rampante ou traînante, produisant des fruits souvent énormes, demandant une nourriture abondante, une grande chaleur et beaucoup d'eau.

Classement. — On classe généralement les courges cultivées comme plantes alimentaires en trois types ou espèces, savoir :

1° le potiron, dont les variétés les plus remarquables et les plus communes sont : le potiron jaune gros ; le p. blanc ; le p. vert d'Espagne ; le p. de Corfoue ; le p. turban ou giraumon ; le p. de l'Ohio ; le p. de Valparaiso ; le p. de Chypre ; le p. brodé galeux.

2° les citrouilles ou courges à la moelle : courge

des Patagons ; c. d'Italie ; c. de Virginie ; c. de Madère ou non creuse ; c. de Touraine ; patisson ou artichaut de Jérusalem, jaune, vert et aurore.

3° Courges musquées ou melonnées, espèces peu cultivées dans le nord de la France, mais beaucoup dans le midi.

Variétés. — Courge pleine de Naples ou porte-manteau, c. muscade de Provence ; c. de Barbarie.

Les calebasses ou gourdes constituent un genre voisin des courges.

Culture. — Les courges se sèment en avril sur couche et sous châssis, et se repiquent en pépinière lorsqu'elles sont assez fortes, toujours sur couche, bien entendu. Dans le courant de mai, on les met définitivement en place dans des trous pleins de fumier et recouverts d'une bonne couche de terreau ou de bonne terre, espacés de 2 ou 3 mèt. Après la reprise, on pince la 1re tige au-dessus du second œil, afin de favoriser le développement de plusieurs branches.

Comme les courges sont très sensibles au froid et aux coups de soleil, il faut les en préserver pendant leur végétation, les arroser très souvent ; lorsque les branches principales ont une longueur de 1 mèt. 50 environ, les marcotter, c'est-à-dire, les couvrir de terre de distance en distance, afin qu'elles développent des racines adventives et poussent plus vigoureusement.

Lorsque le fruit est bien noué quelques jardiniers pincent l'extrémité de la branche qui le porte, à trois ou quatre feuilles au-dessus du fruit ; l'expérience nous a prouvé que ce soin était inutile, puisque des pieds de potiron non pincés nous ont donné d'aussi beaux produits que ceux qui avaient été pincés.

Si l'on veut avoir de gros potirons, il faut n'en laisser qu'un sur chaque pied, surtout si l'on cultive le gros jaune. Quant aux autres variétés, il est plus avantageux d'en laisser plusieurs.

La durée germinative des graines de courge est de 6 à 8 ans.

Cresson de fontaine *Nasturtium officinale* (Crucifères).

Plante vivace, indigène, employée en médecine comme médicament, et en cuisine comme salade, fourniture et comme légume lorsqu'elle est cuite et préparée à la manière des épinards.

On cultive le cresson de fontaine dans des fosses nommées cressonnières, larges de 2 à 3 mètres et profondes de 30 à 50 centim., qu'on submerge à volonté par des sources naturelles ou artificielles, disposées à cette fin.

La multiplication se fait de graines au printemps, ou mieux de boutures faites en août.

Avant la plantation, il faut unir le terrain, le mouiller, s'il n'est pas assez humide, en y faisant couler l'eau des sources.

Une fois le terrain préparé, on place le cresson au fond des fosses par petites pincées à 14 centim. environ l'une de l'autre de distance ; il s'enracine très vite, et couvre bientôt le sol.

Pendant la belle saison, on peut le cueillir toutes les trois ou quatre semaines ; seulement, il est nécessaire, après chaque coupe, d'y étendre un peu de fumier de vache, et de le fouler au moyen d'une planche préparée à cette fin. Une fosse ne peut guère produire que pendant un an : après, il faut la détruire, enlever les vieilles racines, les débris de fumier, etc. et la reconstruire de nouveau avant de replanter. Le cresson vivace peut avantageusement remplacer le cresson de fontaine, dont il a tout à fait la saveur.

Il se sème au printemps, en lignes, clair, dans une terre franche, légère et humide.

La graine est bonne pendant 3 ans.

Cresson alénois *Lepidium sativum* (Crucifères).

135 Plante annuelle, à feuilles oblongues, à tige rameuse, à fleurs blanches en grappes, d'une

saveur piquante, et un peu âcre, originaire de Perse.

Variétés. — Cresson frisé, c. doré, c. à larges feuilles.

Les semis se font sur couche depuis janvier jusqu'à la fin de mars, après d'autres cultures, sans qu'il soit nécessaire de remanier les couches.

Depuis avril jusqu'en septembre, on peut semer le cresson alénois en pleine terre en lignes espacées de 20 à 25 centim. à l'ombre.

Comme il monte promptement à graine, il faut en semer tous les quinze jours si l'on veut en avoir constamment.

Les graines de cresson alénois mûrissent en juin, et peuvent se conserver pendant 4 ou 5 ans.

Echalotte — *Allium Ascalonicum* (Liliacées).

Plante à racines bulbeuses, qui tient le milieu entre l'oignon et l'ail.

On la multiplie en plantant ses bulbes ou caïeux, en planche ou en bordure, presque à fleur de terre, afin d'éviter l'humidité qui lui est très préjudiciable, à dix centim. de distance les uns des autres, et dans une terre douce, saine, substantielle et fumée de longue main.

Cette plantation se fait en février et mars, et quelquefois en octobre ou novembre, l'orsqu'on veut en avoir de bonne heure, dès le mois de juin. Pour plant, on prend les plus minces et les plus allongés, qui donnent toujours les plus beaux résultats.

La récolte de l'échalotte se fait vers la fin de juillet, excepté les pieds qu'on veut conserver pour replanter, qu'il ne faut récolter que lorsque les feuilles sont mortes, et bien les laisser sécher au soleil avant de les rentrer.

Les bulbes de l'échalotte sont employés comme assaisonnement.

Variétés. — 1º L'échalotte de Jersey, précoce, pouvant donner des graines dans le climat de Paris, 2º la grosse échalotte d'Alençon à bulbes volumineux; 3º l'échalotte commune qui a produit les deux variétés précédentes.

Estragon.— *Artemisia Dracunculus* (Composées).

137 L'estragon est une espèce de plante potagère, vivace, aromatique, originaire de Sibérie; ses feuilles et ses jeunes pousses odorantes sont employées dans la salade et pour aromatiser le vinaigre.

Culture. — On multiplie l'estragon par éclats de pieds, qu'on replante en avril ou sur la fin de juillet, à 30 centim. de distance les uns des autres.

Pour le conserver l'hiver, on coupe les tiges, et

on couvre les souches de terreau, ou bien, on lève les touffes en mottes et on les place dans des coffres à bonne exposition, ou bien encore, on place des châssis sur des planches d'estragon, disposées à dessein et entourées d'un réchaud.

Comme l'estragon trace beaucoup et envahit vite le sol, il est nécessaire de renouveler la plantation tous les trois ou quatre ans (*l'estragon ne donne pas de graines fertiles*).

Epinard. — *Spinacia oleracea* (Chénopodées).

138 Plante originaire de l'Asie septentrionale, annuelle, à feuilles comestibles, dioïque, c'est-à-dire, qui présente des pieds mâles et des pieds femelles; ces derniers seuls produisent des graines fertiles, et encore faut-il qu'ils aient été pendant leur floraison, au voisinage des pieds mâles; ceux-ci doivent être arrachés dès qu'ils commencent à jaunir et que leurs fleurs sont passées.

Variétés. On distingue deux espèces principales d'épinards, savoir: 1° ceux à graines épineuses, subdivisés en épinard commun et en épinard d'Angleterre à feuilles plus larges et plus épaisses. 2° Ceux à graines lisses, parmi lesquels, on distingue l'épinard rond ou de Hollande, l'épinard de Flandre, très beau et très productif, l'épinard d'Esquermes ou à feuilles de laitue, l'épinard blond à feuilles d'oseille, lent à monter, l'épinard monstrueux de Viroflay.

Semis. — Pour récolter en automne, on les sème à la fin d'août, pour récolter en janvier et février, en septembre. Durant la belle saison, pour en avoir continuellement, il faut en semer tous les mois, à l'ombre, autant que possible, et de préférence les variétés à graines épineuses, parce qu'on croit qu'elles réussisent mieux et montent moins vite. Hors de ce cas, les variétés à graines lisses sont préférées.

On sème les épinards en rayons, espacés de 14 à 16 centim , sur une terre bien ameublie, fumée et arrosée ou tout au moins humide.

Quelques jardiniers couvrent de paillis le sol des derniers semis d'automne, afin de préserver les racines de l'action des trop grands froids.

Une excellente méthode de cueillir et de nettoyer les épinards, consiste à les couper à quelques centim. au dessus de terre, lorsqu'on les récolte pour la première fois, ensuite, on les arrose et on les nettoie, s'ils en ont besoin. Quant aux nouvelles pousses, il faut cueillir les feuilles une à une et ménager les petites pour plus tard.

Pour se procurer de la graines d'épinard, on laisse monter une planche des premiers semis du printemps, ou mieux des semis d'automne ; elle est bonne à récolter vers le mois de juillet.

Sa faculté germinative se conserve 2 ou 3 ans.

Fève des marais. — *Faba major* (Légumineuses).

139 Plante annuelle, originaire de Perse, très rustique, à gousses longues, épaisses ; grain plat ou rond, peu cultivée dans les jardins du nord et du centre de la France, mais beaucoup dans ceux du Midi.

On sème les fèves de marais, depuis le commencement de février jusqu'à la fin d'avril, en rayons ou en touffes ; dans le premier cas, on ouvre des sillons profonds de 10 à 12 centim. distancés de 30 à 35, avec le rayonneur, et l'on y place une fève tous les 10 centim., puis l'on recouvre. Dans le second cas, on fait des trous espacés d'environ 30 centim., en tous sens, et l'on y met 3 ou 4 fèves dans chaque.

Lorsqu'on veut en avoir de bonne heure, on les sème au mois de novembre, à bonne exposition.

Soins. — Pendant le cours de leur végétation, les fèves réclament de fréquents binages, d'abondants arrosages et un rechaussement pour leur donner plus de vigueur et augmenter leur produit.

Quand les fleurs sont passées, on pince le bout des branches et de la tige, afin d'obliger la sève à redescendre et à venir apporter un supplément de nourriture au fruit.

La fleur des fèves est très recherchée des abeilles. Pour avoir de la semence et pour manger en sec, on en laisse sécher sur pied.

La durée germinative de cette semence est de 5 à 6 ans.

Le puceron est le plus redoutable ennemi des fèves, on le détruit avec de l'eau de pluie ou de rivière, dans laquelle on a fait dissoudre de 20 à 30 grammes de savon noir par litre.

Variétés. — Fève naine hâtive, f. grande blanche, f. petite blanche dite Julienne, f. de Windsor, f. toujours verte, fève longue cosse.

Fraisier. — *Fragaria* (Rosacées).

140. Plante vivace, à tiges courtes, sous-ligneuse, indigène, peu difficile sur le choix du terrain, et demandant très peu de chaleur, c'est le fruit qui mûrit le premier sous notre climat, et aussi celui qui donne le plus longtemps.

Variétés principales. — 1º Fraisier des quatre saisons ou f. des Alpes, donnant jusqu'à la fin de la belle saison ;

2º F. pricesse royale, fruit gros, rouge vif glacé, chair ferme, bonne pour forcer ;

3° f. Victoria, fruit gros, arrondi, bien fait, joli, bon, variété excellente pour forcer ;

4° f. vicomtesse Héricart de Thury, fruit moyen ou gros, de bonne qualité, fertile, rustique ;

5° f. docteur Morère, plante vigoureuse, fruit gros, chair d'un beau rose, d'excellente qualité, d'une consistance ferme, bonne pour forcer ;

6° f. Elton, fruit très gros, forme allongée, rouge un peu foncé, variété tardive ;

7° f. Marguerite Lebreton, fruit très gros, de orme allongée, rouge pâle, d'excellente qualité, hâtive ;

8° f. Jucunda, fruit gros, presque rond, rouge écarlate vermillonné, productif, tardive.

Multiplication. — Les fraisiers se multiplient de graines ou avec des filets, que l'on doit prendre sur des plants d'un an, parce que ceux qui proviennent des vieilles touffes produisent des fruits moins beaux et de moins bonne qualité.

Pour avoir de la graine de fraisier, on choisit les plus beaux fruits, on les écrase dans l'eau, on extrait les graines par le lavage, ensuite, on les fait sécher à l'ombre pendant 8 à 10 jours, et on les sème à la volée sur une planche bien terreautée et bassinée d'avance.

C'est au mois de mars qu'on fait ces semis. Lorsque le plant est un peu fort, qu'il a 4 ou 5 feuilles bien développées, on le repique sur une vieille couche..

Dans le courant de juillet, on relève tous ces plants pour les planter en pleine terre à 15 ou 20 centim. les uns des autres en tous sens, en ayant soin de les arroser pour faciliter la reprise.

Le but de tous ces repiquages est de faire développer aux jeunes fraisiers beaucoup de racines avant de les mettre définitivement en place.

La fraise des bois et la quatre saison seules à peu près se reproduisent franches par leurs graines, les autres varient beaucoup.

Les fraisiers que l'on multiplie de filets ou coulants se plantent au printemps et à l'automne à 45 centim. de distance sur la ligne, et 30 entre les rangs.

Pour simplifier l'opération et avoir du plant plus fort, on fixe préalablement en terre les filets qu'on destine à la plantation, afin de favoriser le développement des racines.

Dans le fraisier des Alpes ou des quatre saisons, on choisit les filets dont les boutons à fruits sont bien marqués.

Soins. — Pendant la première année de culture du fraisier, les soins consistent en des sarclages des binages, des arrosages et dans la suppression des filets à mesure qu'ils se développent.

Pendant la deuxième année, les soins sont les mêmes.

Le ver blanc étant le plus cruel ennemi du fraisier, on doit s'efforcer de le détruire.

Le fraisier le plus cultivé dans les jardins est celui des quatre-saisons ou de tous les mois.

Généralement, les fraisiers ne sont en plein rapport qu'à la deuxième et la troisième année.

Culture forcée. — Pour forcer les fraisiers, on lève avec leurs mottes, les premiers jours d'octobre, les plants provenant, soit de semis, soit de filets plantés en pépinière en juillet, pour les rempoter en pots ou en godets, en employant une bonne terre douce, mélangée d'un tiers de terreau environ, le tout préparé depuis 5 à 6 mois, et remué plusieurs fois pendant ce temps. Après le rempotage, on place les pots dans des coffres, de manière à pouvoir les couvrir avec des châssis ou avec des paillassons, lorsque les froids arrivent. Pour faciliter la reprise, on les arrose.

En janvier, lorsqu'on possède un thermosiphon, on prépare des coffres à l'intérieur desquels, on dispose un gradin composé de 4 tablettes sous lequel, on fait circuler les tuyaux ; puis on pose les pots sur chaque tablette, à 5 ou 6 centim. les uns des autres ; ensuite, on garnit cet intervalle avec de la mousse, qui empêchera les racines touchant les parois des pots de se dessécher. Cela fait, on donne 9 à 10 degrés de chaleur aux fraisiers et progressivement jusqu'à 18.

Les soins consistent à les nettoyer, à les arroser et à leur donner de l'air lorsqu'ils en ont besoin.

Lorsqu'on ne possède pas de thermosiphon, on traite les fraisiers comme nous l'avons indiqué ci-dessus jusqu'en janvier. Dans le courant de ce mois, on prépare une couche de 40 à 50 centim. avec du fumier neuf ou recuit mélangé de moitié feuilles, puis on place les coffres et les châssis jusqu'à ce que la couche ait jeté son feu, que l'on vérifie facilement en introduisant la main au centre de la couche, ou au moyen d'un thermomètre ; ensuite, on place les pots, et on les entoure de mousse.

Deux ou trois semaines plus tard, on élève un réchaud de fumier qui doit être renouvelé tous les 15 jours. Les soins comme ci-devant.

Ainsi traités, les fraisiers donnent dans le courant de mars.

HARICOT, — Phaseolus vulgaris (Papilionacées)

141. Plante légumineuse, annuelle, des pays chauds, à tiges naines ou grimpantes ; ne pouvant supporter la moindre gelée ; cultivée pour ses gousses et ses graines farineuses.

Cet excellent légume se divise en deux grandes

séries, savoir : les haricots volubilis ou à rames, et les haricots à tiges courtes ou sans rames, qu'on nomme aussi haricots nains.

On cultive de préférence pour manger en vert, le gris ou Bagnolet, celui de Laon, dit flageolet, le petit noir hâtif de Belgique, le nain blanc hâtif de Hollande, le flageolet noir hâtif d'Ethampes, et les haricots sans parchemin.

Les haricots à rames les plus cultivés sont : les har. de Soissons, à grain blanc ; le har. d'Alger ou har. beurre mange-tout, grain rond, tout noir, très précoce ; le har. de Prague marbré, nain, mange-tout ; le har. beurre nain.

Le haricot aime une terre douce, légère, et un peu fraiche, fumée d'avance autant que possible, car cette plante est friande d'engrais, pourvu qu'il soit bien consommé.

Sous le climat de Paris, on commence à semer les haricots en pleine terre, vers le 20 avril et successivement tous les 15 jours, si on veut en avoir continuellement de verts à manger, jusqu'au 1er d'août.

Pour récolter en sec, il faut nécessairement les semer avant la fin de mai, plus tard, ils ne mûriraient pas et se dessécheraient.

Semis. — En terre forte et humide, on sème les haricots en lignes, grain à grain dans des rayons de 5 à 6 centim. de profondeur, espacés de 30 à 40 ; en terre légère, afin d'ombrager les pieds et conserver plus d'humidité, on les sème par touffes, dans des trous disposés en échiquier, distancés de 40 à 60 centim. en tous sens, selon les variétés et les qualités du terrain. On en met dans chaque trou de 7 à 10, et on les couvre de 5 à 6 centim. de terre bien meuble.

Soins. — Lorsque les haricots sont levés, on leur donne au moins deux binages, le premier pour briser la surface de la terre et les débarrasser des mauvaises herbes ; le deuxième, pour remplir les trous ou les rayons, et rechausser légèrement les haricots.

On doit éviter de travailler les haricots lorsque les feuilles sont mouillées, parce qu'elles sont exposées à se rouiller après cette opération.

Après ces binages, on donne des rames à ceux qui en ont besoin.

En cueillant les haricots verts, on doit prendre garde de faire tomber les fleurs ; car faute de cette précaution, on pourrait voir la récolte diminuer considérablement.

Pour bien conserver les haricots destinés à la semence, on les laisse dans les gousses ou cosses jusqu'au moment de les semer.

Culture forcée. — On sème les haricots qu'on

veut forcer, dans le courant de janvier, sur couche et sous châssis, et dès qu'ils sont levés, on les repique sur des couches moins chaudes, mais toujours sous châssis, par touffes de 3 ou 4 pieds, espacés de 25 centim. environ. Ensuite, on entretient la chaleur des couches au moyen de réchauds qu'on renouvelle de temps à autre ; on donne de l'air et de la lumière progressivement lorsque le temps le permet, au moment de la floraison principalement.

Lorsque les haricots sont forts, on les visite souvent, pour ôter les feuilles mortes ou qui jaunissent, et même une partie de celles qui sont vertes lorsqu'elles sont trop nombreuses, afin de donner de l'air aux plantes, d'y laisser pénétrer les rayons solaires et empêcher, par ce moyen, les fleurs de couler.

Quand les haricots ont 25 centim. de hauteur environ et qu'ils touchent le verre, on les couche vers le haut du coffre, et on les y maintient avec des tringles de bois.

Traités ainsi les haricots donnent 7 à 8 semaines après le semis.

Quelques jardiniers ne détruisent pas les haricots aussitôt après les premiers produits, ils les nettoient avec soin, les arrosent abondamment, refont les réchauds, et obtiennent au bout de quelque temps une seconde récolte aussi abondante que la première. C'est ordinairement le haricot nain hâtif de Hollande qu'on prend pour forcer.

La durée germinative des haricots est de 2 ou 3 ans, laissés dans les gousses, ils la conservent même plus longtemps.

LAITUE, — Lactuca sativa (Composées).

142. Plante annuelle, originaire de l'Asie, à tige laiteuse, feuilles radicales, rondes ou allongées, lesquelles se mangent crues et en salade ou cuites avec de l'oseille et des petits pois.

On en cultive deux espèces principales : les laitues pommées à feuilles molles, et les laitues romaines ou chicons, de forme allongée, qu'on est souvent obligé de lier pour les faire pommer et blanchir.

Ces deux espèces se divisent elles-mêmes en un grand nombre de variétés.

1° Les principales variétés de laitues pommées sont : les laitues gotte ou gau, à graine noire et à graine blanche ; crêpe à graine blanche et à graine noire, cordon rouge, georges, de la Passion, marine, grosse blonde d'hiver, blonde paresseuse ou jaune d'été, blonde de Berlin, blonde de Versailles, palatine ou rousse, Batavia, d'Alger, et la turque.

2° Les principales variétés de laitues romaines ou chicons sont : la blonde maraîchère, la plus cultivée à Paris ; la verte maraîchère, employée pour primeur, la grise maraîchère, la verte d'hiver et la rouge d'hiver

Semis. — Les semis de laitues se font tantôt à demeure, tantôt en vue de repiquer le plant.

Dans les terres légères, le semis à demeure est préférable ; dans les terres consistantes et fraîches, le repiquage est nécessaires. Partout le repiquage est de rigueur pour les portes-graines.

Les laitues, en général, demandent une terre légère, profonde et bien ameublie.

Du 15 août au 15 septembre, on sème pour l'hiver, la laitue de la passion, la morine et la grosse blonde d'hiver pour les repiquer en octobre, à bonne exposition.

On sème en octobre, pour le printemps, la laitue crêpe à graine noire, les deux gotte et le cordon rouge, lorsqu'on a des couches ou des cloches pour les protéger du froid, mais quand on n'en a pas, on attend le mois de mars.

Les semis d'été, se font depuis mars jusqu'en juillet, échelonnés de quinzaine en quinzaine ; les races qui conviennent le mieux sont ; la laitue blonde d'été, la laitue de Versailles, la Batavia blonde, la blonde de Berlin, la palatine ou rousse et la grosse brune paresseuse.

Les laitues qu'on repique pour rester en place doivent être distancées de 25 centim. dans un sens et 40 dans l'autre.

Les soins à donner aux laitues consistent en éclaircissages, sarclages, binages, arrosages, et à enlever les feuilles pourries.

Pour avoir de la graine de laitue, il n'y a qu'à laisser monter les pieds les plus francs et les mieux pommés. Quelques jardiniers fendent en croix la pomme des laitues porte-graines, afin de vérifier l'axe.

On reconnait que la graine de laitue est mûre, lorsqu'à la place de la fleur, on aperçoit de petites aigrettes plumeuses.

Les insectes nuisibles aux laitues sont les vers blancs ou larves du hanneton, le ver gris ou ver court, les limaces, les pucerons. etc.

LENTILLE. — Ervum Lens (Papilionacées.)

143. Plante agricole et potagère, mais plutôt agricole que potagère ; l'Ecriture sainte atteste qu'elle était cultivée en Orient dès la plus haute antiquité.

La lentille est beaucoup cultivée en agriculture comme fourrage et pour ses semences farineuses ;

mais en culture maraîchère, elle l'est très peu ; les maraîchers n'en font l'objet d'aucune spéculation

Elle se plait et produit davantage dans les terrains légers, secs et sablonneux, et redoute l'humidité prolongée.

La lentille réussit mieux dans les pays chauds ou doux que dans les pays du nord ou dans les climats brumeux.

MACHE Valerianella (Valérianées)

144. Petite plante herbacée, annuelle, indigène, utile comme salade, que l'on trouve dans les champs, dans les prés et surtout dans les enclos qui avoisinent les habitations.

Sa culture est des plus simples ; on commence à en semer à la mi-août et jusqu'à la fin d'octobre, à la volée, sur une terre non labourée, mais nettoyée à la binette et au râteau, ou bien sur une terre labourée, mais alors, il faut qu'elle soit tassée après que l'on a semé. Dans les deux cas, il est bon de répandre sur le semis une légère couche de terreau si on en a, et de la tenir humide par des arrosages, si le temps est au sec, jusqu'à la levée de la graine.

On peut semer des mâches parmi d'autres cultures, telles que choux-fleurs, choux de Bruxelles, scarole déjà liée.

Les mâches semées en août sont bonnes à récolter en automne, celles semées en septembre, pendant l'hiver, enfin, celles semées en octobre, seront bonnes au printemps.

Une des principales qualités des mâches, c'est de résister aux gelées de l'hiver, et de fournir de la salade pendant cette mauvaise saison.

Principales variétés. — Mâche à feuille ronde maraîchère, mâche ronde à grosse graine de Hollande, mâche coquille à feuille ronde améliorée, mâche verte d'Ethampes, mâche d'Italie ou régence, mâche d'Italie à feuille de laitue.

La mâche d'Italie ou régence est plus tardive que les autres, ses feuilles sont plus longues, plus larges, un peu blondes, elle est fort estimée.

On sème la mâche ronde en août et septembre, et la mâche régence en octobre, cette dernière se sème clair à cause qu'elle devient très grosse ; au printemps, elle monte en graines moins vite que la mâche ronde, de sorte qu'on peut en cueillir jusqu'au 15 avril.

De préférence, semer la vieille graine.

Pour avoir de la graine, on transplante au printemps, dans un coin du jardin, quelques pieds qui fleuriront et porteront de la graine, qu'il faudra arracher, dès qu'elle commencera à jaunir, ce qui a lieu vers le mois de juin ; car, elle se détache facilement et tombe parterre.

La graine de mâche conserve sa faculté germinative pendant 5 ou 6 ans.

MELON Cucumis melo (Cucurbitacées).

145° Plante originaire de l'Asie, annuelle, tige rameuse, munie de vrilles, rampante sur terre, se ramifiant beaucoup ; feuilles alternes ; fleurs axillaires, jaunes et monoïques ; fruit ovale ou rond, cannelé ou brodé, verruqueux ou lisse, plus ou moins gros selon les variétés.

Variétés. — Elles sont classées en trois groupes principaux, les melons brodés, les melons cantaloups, les melons d'eau ou pastèques.

Les principaux melons brodés sont : 1° le melon sucrin de Tours, fruit sphérique à chair rouge ; 2° le melon sucrin à chair blanche, fondante et sucrée ; 3° le melon ananas, à chair verte, fondante, très parfumée ; 4° le melon de Honfleur, très gros, chair rouge, un peu grossière, mais juteuse ; 5° le melon Cavaillon à chair rouge ; 6° le melon muscadé des États-Unis.

Les principaux melons cantaloups sont : 1° le melon cantaloup orange, fruit rond, petit, chair rouge très parfumée, hâtif, excellent pour primeur, 2° le melon cantaloup noir des Carmes, moyenne grosseur, chair rouge, vineuse, excellent pour primeur ; 3° le melon cantaloup petit Prescott, gris, hâtif, à châssis, l'un des plus estimés pour la culture forcée ; 4° le melon cantaloup Prescott gros, fond blanc, chair de couleur orange, fondante et sucrée, le plus cultivé à Paris ; 5° le melon cantaloup Prescott fond blanc argenté, très gros ; 6° le melon cantaloup galeux, souvent très gros, chair rouge orange, fondante et sucrée, tardif.

Les melons d'eau ou pastèques, distingués particulièrement par une écorce lisse, un vert foncé et clair sont : 1° le m. d'hiver proprement dit ; 2° le m. de Malte à chair rouge et blanche ; 3° le m. de Perse ou d'Odessa.

Les melons d'eau déposés dans un endroit sec peuvent se conserver sans altération jusqu'en janvier et février.

Les melons craignent non-seulement les gelées, mais encore les brouillards et les froids humides du printemps, et voilà pourquoi leur culture naturelle n'est guère possible dans le nord de la France, où l'on est pour ainsi dire obligé de leur donner une culture tout artificielle ou forcée.

Ils se plaisent dans un sol neuf, substantiel, léger, bien meuble, bien fumé et surtout dans un mélange de terreau et de débris de couches.

Culture forcée. — Pour forcer les melons sous châssis, on prend les plus hâtifs, tels que le petit Prescott gris, le cant. orange, le cant. noir des

Carmes, que l'on sème dès les premiers jours de janvier, lorsqu'on veut faire la culture de haute primeur, sur une couche de 75 à 80 centim. d'épaisseur, moitié fumier neuf, moitié fumier recuit, laquelle doit être chargée d'un lit de terreau épais de 20 à 25 centim, et recouverte ensuite d'un châssis, puis entourée d'un bon réchaud de fumier. Cette couche, appelée couche-mère, ne doit être généralement que d'un châssis.

Lorsque la chaleur du terreau de la couche est à la température de 25 à 30 degrés centigr., on sème les graines de melon, en rayons ou à la volée, et on les recouvre légèrement de terreau, (*d'un à deux centim.*); on replace le châssis qu'on tient fermé et couvert de paillassons jusqu'à ce que les graines soient levées, ce qui a lieu 4 ou 5 jours après; dès qu'elles sont sorties de terre, on ôte les paillassons pendant le jour afin que le jeune plant jouisse de la lumière, en ayant soin de le recouvrir chaque soir avant la nuit. Quelques jours après, on commence à donner de l'air par le côté opposé au vent, lorsque le temps le permet.

Lorsque l'enveloppe qu'ont soulevée les cotylédons est tombée, on prépare une autre couche semblable à la précédente, appelée couche pépinière, assez longue pour recevoir un coffre de 2 ou 3 châssis, selon la quantité de plants que l'on veut repiquer.

7 ou 8 jours après, lorsque la couche est descendue à la température voulue, on repique les plants en les mettant à 12 centim. les uns des autres sur la ligne et 10 rangs par coffre.

Ce repiquage peut se faire de deux manières, avec les doigts, dans le terreau de la nouvelle couche, en enfonçant la tige jusqu'au près des cotylédons, ou bien aussitôt la couche faite, sans attendre que le premier coup de feu soit passé, on y enfonce des godets vides de 8 à 9 centim., qu'on emplit ensuite de terre douce mélangée de terreau par moitié, puis on ferme les châssis et on les tient couverts de paillassons, quand cela est nécessaire pendant 3 ou 4 jours, pour hâter la fermentation, et lorsque la chaleur est favorable, on repique à la main ou au plantoir, dans chaque pot, un pied de melon, on ferme le châssis comme dans le 1ᵉ cas, et on les laisse couverts de paillassons pendant 3 ou 4 jours encore, afin de faciliter la reprise du plant ; après quoi, on donne de la lumière et de l'air tous les jours, on soulève les panneaux à l'opposé du vent, au moment où le soleil fait sentir ses rayons bienfaisants.

1ʳᵉ *taille ou étêtement*. — Quels que soient la saison et le melon, tandis qu'il est encore en pépinière, et 4 ou 5 jours avant la mise en place, on lui coupe la tête à environ 15 millim. au dessus de la 2e feuille, parce que dans cet état, la plaie se cicatrise plus vite et mieux qu'après la plantation ; en même temps, on supprime les cotylédons et les boutons qu'ils peuvent avoir à leur aisselle, dans la crainte que la pourriture ne s'y mette et ne gâte la tige.

Au commencement de février, on prépare une couche de 60 centim. d'épaisseur, composée de fumier moitié neuf, moitié vieux ou de feuilles que l'on charge de 15 à 20 centim. de bonne terre, bien meuble, mêlée de terreau. Quand la chaleur est tombée au point convenable, (30 *degrés environ*, à 10 centim. dans le terreau), on prépare les trous sur le milieu de la couche, puis on va à la couche pépinière, où, si l'on a repiqué le plant, sur couche dans le terreau, on enfonce les deux mains dedans de chaque côté du plant, on le lève avec une bonne motte, et on vient le placer de suite, dans le trou qui lui est préparé, en ayant soin de l'enfoncer jusqu'aux premières feuilles ; en faisant cette plantation, on répand un peu d'eau sur chaque pied pour aider la reprise.

Si l'on a repiqué le plant en pot, on le dépote avec précaution en renversant le pot, en faisant passer la tige entre deux doigts et en frappant un petit coup sur le fond du pot; la motte et le melon en sortent aisément, et on les place dans le trou qu'on a dû préparer préalablement, on enterre le plant jusqu'à la première feuille, afin de provoquer le développement de nouvelles racines qui augmenteront la vigueur de la plante ; au moment du soleil, on ombre les panneaux, et l'on s'abstient de donner de l'air pendant quelques jours. Sept ou huit jours après, on entoure les coffres d'un bon réchaud de fumier, après cela, on les couvre de paillassons toutes les nuits, pour les préserver de l'humidité et des gelées, et on ôte soigneusement les feuilles qui pourraient occasionner la pourriture.

2me *Taille*. — La première taille ou pincement de la tige primitive, ayant fait développer deux branches latérales opposées, qui s'étendent sur la terre, on en dirige une vers le bas du coffre et l'autre vers le haut ; quand elles ont sept ou huit feuilles, ou une longueur de 33 centim. environ, on les taille au-dessus de la troisième ou quatrième feuille, selon la vigueur du pied, avec un instrument tranchant et jamais avec les ongles, c'est à ce moment là qu'il faut étendre sur la couche un bon paillis de fumier à moitié consommé, plus tard cela serait difficile.

3me *Taille*. — Les deux branches latérales coupées au dessus de la 3me ou 4me feuille, ont dû se ramifier et produire chacune 3 ou 4 branches ; lorsqu'elles ont atteint environ 33 centim. de longueur, on les taille toutes au-dessus de leur troisième feuille, sans avoir égard aux fleurs, car elles ne sont ordinairement que des fleurs mâles appelés fausses fleurs, ce n'est qu'après la troisième taille que les fleurs femelles, nommées mailles, se montrent et en quantité suffisante pour faire un choix.

4me *Taille*. — Après la 3me taille, la plante de melon donne naissance, comme nous l'avons dit ci-devant, aux fleurs femelles, lesquelles sont alors fécondées par les fleurs mâles développées primitivement. Aussitôt que ces fleurs sont nouées, c'est-à-dire que les jeunes fruits sont formés, on en choisit un des mieux faits, sur chaque branche principale, et on pince celle-ci à deux feuilles au-dessus du fruit, puis l'on supprime toutes les branches latérales qui ne portent que des fleurs mâles, et se développent au détriment des fruits.

Si l'on veut avoir de beaux melons, il ne faut en laisser qu'un ou deux au plus sur chaque pied.

Soins généraux. — Depuis la 1re taille jusqu'à la dernière, les melons demandent :

1° de l'air, toutes les fois que la température le permet ;

2° de l'eau, mais seulement après que les fruits sont noués ;

3° qu'on ôte soigneusement les vieilles feuilles grises ou jaunes.

4° qu'on espace les branches de manière à faire de la place aux fruits ;

5° qu'on garantisse le jeune fruit des rayons directs du soleil avec les feuilles environnantes.

— Les melons semés sur la fin de décembre et au commencement de janvier donnent des fruits mûrs sur la fin d'avril.

Toutes les tailles du melon s'exécutent dans un espace de huit ou quinze jours l'une de l'autre.

MELON DE DEUXIEME SAISON.

On choisit de préférence le cant. gros Prescott fond blanc et le cant. gros Prescott fond noir ; on les sème vers la mi-février sur une couche mère ; on les repique sur une couche pépinière, et 5 ou 6 jours avant de les planter à demeure, on les taille, absolument comme ceux de la 1re saison.

Comme à cette époque la température commence à être plus favorable, c'est-à-dire plus chaude, on peut faire les couches dans des tranchées de 1 mèt. de large et 30 à 40 de profondeur ; elles se font moins fortes que celles des châssis de 1re saisou : (60 centim. d'épaisseur), et elles doivent s'élever de 30 à 35 centim. au-dessus du sol.

On fait ces couches avec du fumier moitié neuf et du fumier moitié vieux bien mélangés, que l'on mouille s'il est nécessaire.

Les soins à donner aux melons de 2me saison sont les mêmes que ceux de la 1re saison.

Les melons semés en février donnent des fruits mûrs dans le mois de juin.

MELON DE TROISIEME SAISON.

Les melons de cette saison se sèment depuis la fin mars jusqu'en mai, de la même manière que les précédents, sur couche-mère, et se piquent sur couche pépinière, où ils subissent l'opération de l'étêtement ou 1re taille, avant d'être mis en place.

Cette dernière saison, se plante souvent sous cloches, sur couches sourdes, quelquefois même, on y fait les semis en place.

La taille est la même que pour les melons sous châssis.

Cette saison donne en août et septembre

MELON BRODÉ OU MARAICHER.

Le melon brodé ou maraîcher est beaucoup moins estimé, et sa culture a diminué considérablement depuis l'introduction des cantaloups ; il y a même un grand nombre de maraîchers qui en ont abandonné la culture.

Il ne se sème généralement que dans les premiers jours de mai, se repique une douzaine de jours après, et se met en place au commencement de juin.

La culture du melon brodé est plus simple que celle des cantaloups ; on peut le planter plus près, lui faire rapporter plus de fruits, et ces fruits, quoique petits et inférieurs en qualité aux autres, se vendent parfaitement, étant plus accessibles à la petite fortune.

Il y a une vingtaine d'années, les maraîchers ne cultivaient que le melon brodé, d'où lui est venu le nom de melon maraîcher.

Taille. — Le melon brodé se taille autant de fois que les cantaloups ; mais au lieu de tailler à 4, 3, 2 et 1 feuilles, on le taille toujours à deux feuilles.

Les soins sont à peu près les mêmes que ceux donnés aux cantaloups.

MELON D'EAU OU PASTÈQUE.

Le melon d'eau peut être cultivé comme le melon hâtif et comme le melon à cloches, à cette différence, qu'après 2 ou 3 tailles, on le laisse courir en liberté, sans supprimer aucun des fruits qu'il porte.

La maturité d'un melon se compte du moment où il est noué jusqu'à celui où il est bon à cueillir, cette distance est ordinairement de 40 à 50 jours.

La durée d'un melon cantaloup, en état de maturité, est de 5 à 8 jours, suivant la température de l'endroit où on le dépose, et de la quantité d'eau qu'il contient.

La durée germinative des graines de melons est de 7 à 8 ans.

146. NAVET, Brassica Napus *(Crucifères)*.

Plante potagère et agricole, indigène, annuelle et bisannuelle, dont on mange la racine, généralement recherchée à cause de sa culture facile et de son goût agréable. Dans la grande culture, les **variétés** de navets dont la racine est volumineuse jouent un grand rôle ; elles sont employées comme nourriture du bétail.

Ces variétés sont : le navet Turnep ou Rabioule, à collet vert, à collet rouge et sans collet ; le nav. Norfolk blanc, à collet vert, à collet rouge ; les raves du Limousin, d'Auvergne, hâtives et tardives ; le nav. long du Palatinat à collet rose ; et le nav. long blanc d'Alsace, à collet vert.

Dans le jardinage, on cultive surtout les variétés

dont la saveur est plus prononcée ou plus agréable, tels que : les navets longs tendres des Vertus ; le navet blanc, plat, hâtif, très tendre ; le n. de Meaux, gros et de bonne conservation ; le n. demi-long blanc des Vertus, *(race Marteau)* ; le n. jaune de Hollande ; le n. boule d'or ; le n. gris tendre de Marigny, etc.

Culture. — La culture des navets est très simple et très facile, car se sont des plantes vigoureuses et rustiques, qui croissent assez bien dans presque tous les terrains, quoiqu'ils préfèrent une terre douce et sablonneuse, et peuvent à la rigueur se passer de sarclages.

On sème les navets à la volée, depuis le commencement de mai jusqu'à la fin d'août, et autant que possible dans un moment où la terre est rafraîchie par une douce pluie ou un orage.

Quelques jardiniers, pour en avoir de très bonne heure, l'été, font des semis dès les mois de mars et d'avril, mais il est rare qu'ils réussissent, même en employant de la vieille graine, parce que ces navets sont souvent détruits par les insectes, *(l'altise, puce de terre)*, surtout si on a pas soin de les arroser souvent, ou ils montent en graines.

Pour 1re saison, au printemps, on sème les navets hâtifs, tels que : le navet long des Vertus, le navet blanc plat, le n. rouge plat, etc., et s'il survient des chaleurs, il faut les arroser souvent.

Ceux destinés à la consommation d'hiver, se sèment en juillet et août.

Le moyen de simplifier la culture des navets et de les préserver de la sécheresse, est de les semer entre les pommes de terre quarantaine et les haricots cultivés en lignes. L'ombre les protège, et ils résistent mieux à la sécheresse que ceux semés en terrain découvert.

A l'approche des grandes gelées, on arrache les navets, on leur coupe les fanes ou la tête, et, pour les conserver, on les dépose, soit dans la serre au légumes, soit dans des silos ou dans une fosse préparée à dessein, que l'on couvre avec de la paille ou de la terre bien sèche.

Dans un terrain sain, on peut, plutôt que de les arracher, les couvrir sur place avec une forte couche de terre.

Pour se procurer de la graine de navet, on relève, en automne les plus francs, on les met en jauge pendant l'hiver, et au printemps, on les replante par variété, bien éloignée, si on veut éviter l'hybridation.

Ces portes-graines sont bons à couper vers le 15 juin, puis on les fait sécher à l'ombre.

La graine de navet conserve sa faculté germinative pendant 4 ou 5 ans.

147 OIGNON, Allium cepa *(Liliacées)*.

Plante vivace par sa nature, mais cultivée comme annuelle ou bisannuelle selon le mode de culture auquel on la soumet ; elle se compose d'un bulbe charnu, plus ou moins aplati ou convexe, qui produit des racines en dessous et des feuilles engaînantes en dessus, du centre desquelles s'élève, au moment de la floraison, une hampe ou tige, destinée à porter les fleurs auxquelles succèdent les capsules qui contiennent les graines.

L'oignon est un légume excellent, très sain, d'un fréquent usage, indispensable à la cuisine du pauvre comme à celle du riche.

Le plant d'oignon est un objet de commerce fort important pour les départements de la Vendée et des Deux-Sèvres, qui en livrent aux marchands revendeurs une immense quantité :

Variétés principales. — 1° Oignon blanc, très hâtif de Nocéra ; blanc hâtif de Paris ; blanc gros tardif ; 2° oig. jaune paille des Vertus, estimé pour sa qualité, et sa bonne conservation ; 3° oig. rouge pâle de Niort ; 4° oig. blanc globe ; 5° oig. rouge vif de Mézières.

L'oignon aime une terre saine, légère, meuble et

substantielle, fumée de l'année précédente ; il craint le fumier nouveau et non fermenté. Le terreau formé de fiente de poule ou de pigeon, de crottins de mouton, de cendres de bois, de marc de raisin, est l'engrais qui convient le mieux à l'oignon.

Semis. — On sème l'oignon blanc hâtif, en pépinière, dans la première quinzaine d'août, pour le repiquer en octobre ; et sur la fin d'août pour repiquer en mars. En octobre, dans les sols légers, et en mars, dans les sols forts et froids. Les oignons se repiquent de 10 à 15 cent. de distance les uns des autres en tous sens, après avoir raccourci et rogné l'extrémité des feuilles.

Ils sont bons à récolter au commencement de mai.

Le semis d'oignon rouge de printemps se fait de la mi-février à la mi-mars, en plein carré, pour laisser mûrir en place, à la volée, à raison de 100 grammes de graine par are, sur un sol préparé à l'automne et auquel, on donne une dernière façon avant de semer.

Quand la graine est répandue, on foule fortement le terrain sous les pieds, afin de mettre la graine en contact avec la terre et la faire lever plus également.

Soins. — Pendant leur végétation les oignons réclament des arrosages, si le temps est sec, qu'on supprime dès qu'ils commencent à tourner, des binages et l'éclaircissage. Lorsqu'ils ont à peu près atteint leur grosseur, il est bon de tordre les tiges, de les coucher sur le terrain à la main ou avec le dos d'un râteau, pour faire refluer la sève vers les bulbes.

Au mois d'août, on arrache ces bulbes, on les laisse sécher sur place, si le temps est beau ; s'il pleut, on les met sur une allée bien dure et lorsqu'il sont bien secs, on les débarrasse de leurs feuilles, et on les étend dans un grenier bien sec et à l'abri des fortes gelées, ou bien, on les lie en bottes au moyen de leurs fanes tressées, et ensuite, on les suspend aux poutres du grenier.

Entre les oignons repiqués à l'automne, on peut semer quelques graines de mâches ; entre ceux semés en février-mars, quelques graines de radis ou de laitue, ou de poireaux, que l'on arrache avant qu'ils nuisent à l'oignon.

Porte-graines. — Les oignons pour graines se plantent à différentes époques.

Les blancs hâtifs, qu'on ne peut pas conserver longtemps, se plantent vers le mois de septembre, dès qu'ils commencent à pousser, ou qu'ils menacent de se pourrir.

Ceux qu'on peut conserver arrachés, on ne les plante qu'en février-mars. Les uns et les autres doivent être plantés à 40 centim. environ de distance en tous sens, chaque variété séparément.

La graine est bonne pendant 2 ou 3 ans.

148. OSEILLE, Rumex acetosa *(Polygonées)*.

Plante acidulée, plus ou moins, selon les variétés, vivace, indigène, dont on mange les feuilles cuites, et qui est fréquemment employée en cuisine pour relever le goût fade de certains légumes.

Multiplication. — Par semis et par éclat de pieds.

Par semis, au printemps ou en automne, en rayons ou à la volée, en planches ou en bordures, mais plus souvent en bordures le long des carrés et des sentiers ; et lorsque le semis est fait, on recouvre les graines d'une légère couche de terreau.

Par éclats de pieds, que l'on plante à 25 centim. les uns des autres sur la ligne. Ce mode de multiplication est employé surtout pour conserver pures certaines variétés qui dégénèrent facilement de graines, ou perpétuer l'oseille vierge qui ne donne pas de graines, *(d'où lui est venu le nom d'oseille vierge)*, parce qu'on ne cultive généralement que les individus mâles.

Variétés. — 1° l'oseille de Belleville, à feuilles larges, très productive, moins acide que l'oseille commune, beaucoup cultivée aux environs de Paris.

2° l'oseille vierge, peu acide, feuilles plus arrondies, plus larges et d'un vert plus blond que la précédente ;

3° l'oseille à feuille de laitue *(nouveauté)*.

4° l'oseille à feuilles d'épinard, connue sous le nom de patience des jardins, à saveur douce, très précoce et très productive.

Culture forcée. — Vers la fin d'octobre, on lève les touffes d'oseille qu'on désire forcer, on les met en jauge, on prépare une couche d'environ 40 centim. d'épaisseur, de manière à avoir une chaleur de 8 à 12 degrés; on la charge de 18 à 20 centim. de bon terreau, puis on plante, par coffre, dix ou 12 rangs d'oseille qu'on a dû préparer préablement. Si on craint les fortes gelées, il faut couvrir les châssis avec des paillassons, en ayant soin toutefois de leur donner de l'air le plus souvent possible.

On peut aussi forcer l'oseille sur place.

149 PANAIS, Pastinaca sativa *(Ombellifères)*

Plante indigène, à racine simple, fusiforme, pivotante, sucrée et aromatique ; à feuilles longues, à fleurs jaunes ; employée en cuisine pour donner du goût aux potages.

En agriculture, le panais est employé comme fourrage-racine, et se cultive à peu près comme la carotte fourragère.

Au potager, on ne le cultive que sur une très petite échelle, parce que son usage est très restreint à la cuisine ; cependant il est utile d'en avoir toujours un peu.

La partie comestible du panais est la racine.

Semis. — On sème les panais depuis le commencement de mars jusqu'en août, à la volée ou en rayons, en mettant 60 grammes de graines par are.

Aussitôt que les graines sont bien levées, il faut les débarrasser des mauvaises herbes et les éclaircir ; les panais doivent être clairs parce que leurs racines deviennent grosses et leurs feuilles grandes.

Ils ne craignent nullement la gelée, on peut sans inconvénient les laisser dehors pendant l'hiver.

La durée germinative de la graine est 1 ou 2 ans au plus.

150 PERSIL Apium petroselinum. *(Ombefillères).*

Plante bisannuelle, originaire de Sardaigne, à racine pivotante, à feuilles radicales, opposées, employées comme condiment en cuisine, à fleurs blanchâtres, en ombelle.

La graine de persil, qui met ordinairement un

mois pour lever, se sème depuis février jusqu'en août, en rayons, sur une planche ou en bordure, dans une terre bien meuble et substantielle.

Pour conserver le persil pendant l'hiver et ne pas en manquer, il faut le couvrir dans les temps de neige et de gelées ; soit avec de bons paillassons, soit avec des feuilles ou toute autre litière ; ou bien, en semer au mois d'août dans des pots qu'on rentre dans l'orangerie, ou dans une serre, ou sous châssis, à l'approche des grands froids.

Variétés. — Le persil commun, le persil frisé, le persil nain très frisé, et le persil grosse racine, ce dernier a un peu d'analogie avec le céleri-rave ; on le sème très clair, en mars et avril. A l'automne, on l'arrache pour le mettre dans le sable à la cave, et le conserver pour l'hiver. Les feuilles servent aux mêmes usages que le persil ordinaire, et sa racine se mange comme le céleri-rave, seulement, elle n'est pas très bonne.

La graine de persil est bonne pendant 4 ou 5 ans.

151   PIMENT Capsicum *(Solanées)*.

Plante originaire des Indes, annuelle, à feuilles oblongues, à fruit très piquant, très excitant et employé comme condiment en cuisine.

Variétés. — Piment rouge long, appelé poivre long, poivre de Guinée, Corail à gros fruit ; les maraîchers ne cultivent que lui : p. jaune long ; p. de Cayenne long, étroit ; p. rond ; p. doux d'Espagne ; le p. du Chili ; p. cerise et p. tomate. Le p. de Cayenne et le p. cerise sont les variétés qui mûrissent le mieux en France.

On sème le piment en mars sur couche et sous châssis, et lorsqu'il est bien levé, qu'il a 4 ou 5 feuilles, on le repique en pépinière, sur une nouvelle couche, et toujours sous châssis, bien entendu ; on ne doit le replanter qu'en mai en pleine terre, ou mieux, sur de vieilles couches, à l'air libre, et à bonne exposition : il demande beaucoup d'eau.

Les fruits mûrissent successivement depuis le mois d'août jusqu'aux froids.

Pour avoir de la bonne graine de piment, il faut les laisser sur pied jusqu'à complète maturité.

La durée germinative est de 4 ans.

152 PIMPRENELLE, (*petite*) Poterium sanguisorba *(Rosacées.)*

Plante indigène, vivace, à feuilles composées, radicales, employées dans les fournitures de salades, et comme assaisonnement en cuisine. La pimprenelle est peu importante pour le potager, mais c'est une bonne nourriture pour les lapins domestiques.

Elle n'est pas difficile sur le choix du terrain,

elle vient et réussit partout, seulement, si on veut avoir ses feuilles fraîches, il faut la semer à l'ombre ou à demi-ombre.

La pimprenelle se sème ordinairement dans le courant d'avril, en bordures ou en planches, ou en plein carré, puis on la recouvre de quelques millim. de terre, on met par-dessus un mince paillis et on arrose au besoin. Elle se multiplie également par éclats de pied. La graine est bonne pendant 3 ans.

153 POIREAU ou porreau Allium porrum.
(Liliacées).

Plante bisannuelle, orriginaire de la Suisse, à feuilles engaînantes, en lame d'épée, longues, étroites et pointues, ayant pour base un plateau produisant des racines simples en dessous.

Usage. — On mange la partie blanche de la tige.

Variétés. — 1º Poireau gros court de Rouen, devenant ordinairement très gros ; 2º p. long d'hiver (de Paris) ; 3º p. jaune long du Poitou, remarquable par sa grosseur et par son feuillage vert blond ; 4º p. monstrueux de Carentan, court, mais très gros, atteignant parfois 25 à 30 centim. de circonférence.

Le poireau demande une terre substantielle et bien amendée avec du bon fumier, de préférence celui de cheval, et de mouton. Le marc de raisin, la cendre de lessive, le noir animal, le guano activent beaucoup sa végétation.

Semis. — On sème le poireau à différentes époques ; en septembre, en janvier, en mars et en juillet.

On sème du poireau court, du 10 au 20 septembre, sur un terrain préparé, mais comme il ne doit pas être repiqué, il est essentiel de semer fort clair, de manière que chaque graine se trouve à 4 ou 5 centim. l'une de l'autre, *(175 grammes environ de graine par are)*, le semis fait, on herse avec la fourche pour enterrer la graine et briser les mottes ; ensuite, on foule fortement le terrain. Cela fait, on peut semer quelques graines de mâche, donner un dernier coup de râteau, pour les enterrer et égaliser la surface du sol ; après quoi, on met une légère épaisseur de terreau. Si la saison est sèche, on mouille pour faciliter la levée. Si après la levée, le plant est trop dru, il faut l'éclaircir.

Durant l'hiver, les mâches sont récoltées et le poireau, quoique n'ayant pas beaucoup de blanc, est recherché comme primeur, et se vend parfaitement, au commencement de mai.

On sème du poireau les premiers jours de janvier sur couche et sous châssis, et vers la fin de février ou dans les premiers jours de mars ; on le replante en pleine terre à bonne exposition, lorsqu'il est assez fort, et que le beau temps est arrivé ; il est ordinairement bon à récolter dans le mois de juin.

On sème du poireau en pleine terre en février-mars, on le repique en planches, ou dans d'autres cultures ou en plein carré, vers la fin d'avril, lorsque le plant a la grosseur d'un tuyau de plume.

On sème encore des poireaux pendant le mois de juillet, on le repique en place, en septembre pour récolter pendant l'hiver et au printemps.

En repiquant les poireaux, on les espace ordinairement de 12 à 16 cent. en tous sens, après avoir coupé préablement l'extrémité des feuilles et des racines. Si l'on veut obtenir des poireaux très blancs, il faut les repiquer profond, à 10 ou 12 centim, et les butter lorsqu'ils grandissent.

Soins. — Les poireaux pendant leur végétation demandent des sarclages et des arrosements, si le temps est sec.

Quelques jardiniers pour faire grossir la tige du poireau, coupent 2 ou 3 fois les feuilles ; cette pratique contraire à la théorie paraît justifiée par l'expérience.

Pour prolonger la jouissance du poireau, au printemps, il faut les arracher et les replanter près à près dans des tranchées.

Porte-graines. — Pour avoir de la graine de poireau, on choisit, en mars, les pieds les plus gros et les plus vigoureux, et on les laisse monter en place, ou bien, on les arrache et on les replante ailleurs. Le premier cas est préférable. La graine de poireau est bonne pendant deux ans.

154   POIRÉE ou bette, Beta. *(Chénopodées)*

Plante indigène, bisannuelle, à racine pivotante, à feuilles larges, employées en cuisine pour corriger l'acidité de l'oseille, ou mangées comme les épinards.

Variétés. — 1º La poirée ou bette verte commune de Paris et la blonde commune de Lyon ;

2º Carde blanche frisée, c. rouge du Brésil, c. jaune (nouvelle). Cette dernière est remarquable par sa vigueur, ses feuilles larges et ornementales et par ses qualités comestibles.

Les pétioles des feuilles de la poirée à **cardes, cuits à l'eau salée, et assaisonnés à la sauce blanche, comme les cardons, sont excellents.**

Culture. — La poirée ou bette se sème depuis avril jusqu'en août, en bordures ou en planches ; lorsqu'elle est levée, on éclaircit le plant de manière qu'il se trouve de 15 à 20 centim. de distance sur la ligne. Si on veut avoir toujours des feuilles, il faut les couper souvent, et arroser fréquemment les pieds.

Pour n'en pas manquer pendant l'hiver, on relève quelques pieds en motte, et on les replante sur couche et sous châssis, ou bien, on pose des coffres et des panneaux sur des planches disposées à cet effet

On sème la poirée à cardes à deux époques différentes : en mars, pour la conserver pendant l'hiver, et en août pour le printemps.

Pendant les grandes gelées, on les butte avec de la terre comme les artichauts, puis on les couvre avec de la litière.

On doit semer clair, et même éclaircir au besoin, afin d'espacer les pieds de 40 à 50 centim. environ.

La poirée à cardes ne donne sa graine que la seconde année. Cette graine est bonne pendant 4 à 5 ans.

155   POIS, Pisum sativum, *(Papilionacées)*.

Plante annuelle, originaire d'Europe, à tige naine ou grimpante, cultivée pour son grain, dans les variétés à parchemin qu'on mange vert ou sec, et dans les variétés sans parchemin ou mange-tout, dont on mange la cosse avec les grains, surtout à l'état vert.

Variétés. — Pois à écosser, à rames, par ordre de précocité :

Pois caractacus, p. Ringleader, p. prince Albert p. Kentish invicta, p. Daniel Obourke, p. Michaux de Hollande, p. Michaux de Ruelle, p. Mi-Michaux ordinaire de Paris, p. de Clamart hâtif *(nouveau)*, p. de Clamart tardif, p. d'Auvergne, p. serpette, p. remontant, blanc et vert (nouveau).

Pois ridés à rames.

Pois Alpha de Laxton, p. ridé de Knight sucré, p. ridé vert Champion, p. ridé grand vert Mammouth.

Pois à écosser, nains.

Pois nain très hâtif à châssis ; p. très nain de Bretagne, p. nain de Hollande hâtif, p. nain hâtif Bishop à longue cosse, p. nain vert gros, p. ridé nain blanc hâtif, p. ridé nain vert hâtif.

Pois sans parchemin ou mange-tout, à rames. —

Pois corne de bélier, p. géant à très large cosse, p. à fleur et à cosse blanche, p. à cosse violette, p. brethon nain, p. nain gris.

Culture. — Les pois peuvent venir en tout terrain, mais ils préfèrent un sol meuble, calcaire, léger, neuf, et une fumure ancienne.

En pleine terre, on sème les pois du 15 novembre au 15 décembre, à bonne exposition, puis successivement, en février-mars jusqu'en juillet pour manger en vert ; mais pour récolter en sec, c'est-à-dire mûrs, il faut semer en mars-avril.

Les pois se sèment en touffes ou en rayons, suivant que le terrain est sec ou humide.

Dans un terrain sec, il est préférable de semer en touffes en faisant des trous profonds de 5 centim. espacés de 40 à 45, si les pois sont à rames ; de 25 à 30 s'ils sont nains, et on y met 6 à 8 grains dans chaque trou.

Dans un terrain humide, il vaut mieux semer en rayons, qu'on espace entre eux de 30 à 40 centim., selon l'espèce (nains ou à rames), sur des planches, et 3 lignes par planche seulement, si ce sont des pois à rames.

Lorsque les pois sont bien levés, qu'ils ont 3 ou 4 centim., de hauteur, on leur donne un bon binage ; lorsqu'ils ont de 12 à 15 centim. de hauteur, on donne un second binage, puis, s'ils sont à rames, on les rame, en mettant un rang de rames de chaque côté du rang qui est au milieu de la planche, par ce moyen, 2 lignes de rames suffisent pour 3 rangs de pois.

On doit éviter de semer des pois deux années de suite dans le même terrain.

Porte-graines. — On laisse mûrir à part une petite planche, et lorsqu'ils sont mûrs, on les arrache, on les met en bottes, puis on les suspend dans un lieu sec, où ils conservent leur faculté germinative 4 à 5 ans.

Culture forcée. — Les pois pour forcer se sèment, en pépinière, en novembre, à bonne exposition.

Dans le courant de décembre, on place les coffres qu'on destine à recevoir la plantation, du dedans desquels, on enlève un bon fer de bêche de terre, de manière à avoir de 40 à 45 centim. de profondeur, et cette terre est déposée dans les sentiers pour servir à accoter les coffres. Cela fait, on prépare le terrain des coffres par un labour et un coup de râteau, on trace dans chaque coffre 4 rayons profonds de 7 à 8 centim. en ayant soin de les maintenir un peu dans le haut du coffre, à cause de l'humidité de la partie du bas.

Lorsque les pois ont 8 ou 10 centim. de haut, on les déplante avec précaution, afin de ne point endommager les racines, puis on les repique par 2 ou 3 pieds ensemble, à 18 ou 20 centim. de distance sur la ligne, et les touffes en quinconce. Durant les froids, on couvre les châssis la nuit avec des paillassons, et le jour, on donne de l'air, toutes les fois que la température extérieure le permet.

Lorsque les pois ont de 20 à 25 centim. on les couche vers le haut du coffre, et pour les maintenir, on couvre le bas de la tige d'un peu de terre.

Quand ils fleurissent, on pince les tiges, au-dessus de la 4me feuille, afin d'activer la fructification ;

si la sécheresse se fait sentir, il faut les bassiner.

Ainsi traités, les pois commencent à donner les premiers jours d'avril.

Pour forcer, on prend les pois très nains à châssis.

Les pois repiqués poussent moins en tige et fructifient plus et plus vite que ceux semés en place et non repiqués.

157. POMME DE TERRE, — Solanum tuberosum *(Solanées.)*

Plante originaire du Pérou, potagère et agricole, à racine tuberculeuse, longue ou ronde, excellente à manger ; elle occupe le premier rang parmi les aliments les plus sains, les plus savoureux, les plus certains du riche et du pauvre.

C'est Parmentier, né à Montdidier, *(Somme)*, qui a fait connaître et propager la culture de la pomme de terre en France, malgré tous les obstacles et tous les préjugés qu'il a rencontrés.

La pomme de terre aime un sol calcaire, sablonneux, schisteux, et la réunion de ces trois éléments lui convient parfaitement.

Elle exige un terrain bien préparé, bien fumé et d'avance autant que possible.

Les terres qui conviennent peu à la pomme de terre sont :

Les terres compactes, argileuses, et marécageuses, en un mot, toutes celles qui sont humides.

Multiplication. — Par le moyen de tubercules qu'on met en terre, et par la graine.

Les tubercules qui conviennent le mieux pour la plantation sont ceux qui sont de moyenne grosseur, que l'on plante sans les diviser. L'expérience a démontré que les tubercules non divisés donnent de meilleurs résultats que ceux qu'on divise.

Si on était obligé de diviser les pommes de terre, il faudrait les couper dans le sens de leur longueur, afin de conserver à chaque portion une partie de la couronne d'yeux, et dans ce cas, le faire, autant que possible, quelque temps avant de les planter.

Pour forcer, on plante les premières pommes de terre dans le courant de janvier, sur couche et sous châssis.

Pour cet effet, on fait une couche de 40 à 50 centim. d'épaisseur, on la charge de 20 cent. de bonne terre, après l'avoir entourée d'un bon réchaud de fumier. On met 4 rangs par coffre, et les pommes de terre de 20 à 30 centim. de distance sur la ligne.

La nuit, on couvre les châssis avec des paillassons. Lorsque les tiges touchent les vitraux, il faut relever les coffres ou coucher les tiges et les fixer en terre.

En pleine terre, à bonne exposition, on plante les pommes de terre en février ; en plein champ, depuis le mois de mars jusqu'en mai.

La distance des pommes de terre varie, selon la nature du sol et la vigueur de la variété qu'on cultive, les primeurs se plantent ordinairement de 30 à 40 centim. en tous sens ; dans les champs, on les plante de 60 à 80.

Lorsque les pommes de terre sont bien levées, il faut les biner, même plusieurs fois, si cela est nécessaire ; puis arrivées à la moitié de leur développement, les butter.

On croit le buttage utile dans les terres légères et sèches ; et inutile dans les terres fortes et humides.

En moyenne dans la grande culture, la pomme de terre donne, dans les environs de Paris, de 200 à 250 hectolitres par hectare.

L'hectolitre de pomme de terre pèse 65 kilogs, et se vend, la longue, 6 à 8 francs les 100 kilogs ; et la ronde, 4 à 6 francs.

On conserve la pomme de terre majolin de première saison en la plaçant dans des espèces de caisses en planches, hautes d'environ 10 centim., et larges, plus ou moins, selon l'emplacement dont on peut disposer. Autant que possible, on n'y met qu'une seule couche.

11.

Pour conserver les pommes de terre ordinaires de 2ᵐᵉ saison, il faut d'abord les récolter bien mûres, par un temps sec, les descendre dans la cave avant les gelées, les changer de place de temps en temps ; ainsi traitées, ces pommes de terre peuvent, dans une cave bien saine et privée d'air, se conserver jusqu'en mars, sans qu'il soit nécessaire de les éborgner, opération toujours nuisible surtout à la marjolin.

Variétés. — Les plus cultivées, les plus productives et les meilleures sont :

1º Pomme de terre marjolin, jaune, allongée très hâtive, très bonne ;

2º p. jaune longue de Hollande, excellente, demi-hâtive, très productive, très bonne ;

3º Marjolin têtard, jaune, grosse et productive demi-hâte, excellente variété ;

4º p. royal kidney, (dite anglaise), longue, hâtive, très bonne, très productive ;

5º p. à feuilles d'ortie, jaune, longue, aussi hâtive, que la m'arjolin, mais plus productive, très bonne.

6º p. Magnum bonum, jaune oblongue, arrondie, demi-hâtive très productive de bonne qualité ;

7º p. saucisse, rouge vif, grosse, longue, plate, chair jaune, productive, tardive ; très bonne.

8° p. balle de farine, rouge, ronde, très grosse, très productive, d'assez bonne qualité ;

9° p. rognon rose, longue, grosse, productive, de bonne garde ; assez bonne.

10° p. Chardon, jaune, ronde, grosse, tardive, très productive, qualité moyenne ;

156. PISSENLIT — Dent de lion, Taraxacum dens leonis *(Composées).*

Plante vivace, très commune dans les prés, fournissant une excellente salade ; mais, semée et cultivée, elle est plus belle et de meilleure qualité.

Pour se procurer de la graine de pissenlit, si on ne veut pas en acheter on cherche dans les prés les plus beaux pieds, à larges feuilles et dont le cœur soit bien formé ; on surveille la fleur, la graine, et aussitôt la maturité, on la récolte et on la conserve jusqu'en avril ou mai, époque où elle doit être semée ; ce semis se fait à la volée ou en lignes distancées de 50 à 60 centim., les unes des autres.

Le terrain doit être léger, convenablement fumé avec du compost ou du fumier bien pourri légèrement mouillé et piétiné avant et après le semis.

Quand les plantes sont un peu développées, on les sarcle, on les éclaircit et on les arrose, si elles en ont besoin.

Dès le mois de septembre, on peut en faire blanchir, ce qui n'empêche pas les pieds qui ont fourni une récolte, d'en donner une deuxième à l'entrée de l'hiver et même au commencement du printemps.

Pour les faire blanchir en automne, on les recouvre, sur place, de 10 à 15 centim. de terre légère, de sable ou de terreau ou de feuilles mortes, etc; 15 jours ou 3 semaines après, lorsque leurs feuilles percent la couverture, on les coupe sur le collet de la racine.

Pour faire plusieurs coupes, et en avoir tout l'hiver de blancs, on arrache les pieds, et on les replante dans de la terre légère et dans une cave.

Variétés. — 1° Celle dite à cœur plein, la plus tendre et la meilleure qui existe; 2° celle à cœur plein et très frisée, également bonne.

La maison Vilmorin Andrieux fournit des graines de ces deux variétés de pissenlit.

158. POURPIER portulaca oleracea *(Portulacées).*

Plante originaire du midi de la France, annuelle, tiges rameuses, feuilles en forme de coin, fleurs jaunâtres, graine très fine et noire.

Ses tiges et ses feuilles tendres, charnues, succulentes, douces et rafraîchissantes, se mangent cuites assaisonnées au jus, à la manière de la laitue.

Le pourpier est fort peu cultivé, aux environs de Paris, parce qu'il n'est guère lucratif. Dans le Midi où il s'en fait une grande consommation, il l'est beaucoup plus.

Le pourpier craint surtout la gelée, et c'est pour cela qu'on ne doit commencer à le semer, en pleine terre, qu'en mai, et ensuite, pendant tout l'été.

Pour avoir de la graine, on en laisse monter une partie en liberté, de celui du printemps.

La durée de la faculté germinative est de 6 à 7 ans.

159. RADIS — Raphanus sativus *(Crucifères)*.

Plante annuelle, qu'on dit originaire de la Chine ; à racine simple, charnue, pivotante, fusiforme ou arrondie, blanche, rose, violette ou noire, elle est seule comestible, se mange crue, et excite l'appétit par son goût piquant.

Variétés. — 1° Radis rond, rose, hâtif ;

2° r. demi-long, rose, hâtif ;

3° r. demi-long, rose à bout blanc, très hâtif, excellent pour les semis sur couche ;

4° r. rond blanc, pareil au radis rond rose, sauf la couleur, hâtif ;

5° r. jaune d'été, qui convient très bien pour les semis d'été ;

6° r. noir gros, qui doit être semé de bonne heure

pour qu'il puisse acquérir son développement complet;

7° r. rose de Chine, moins gros que le précédent, moins longtemps à venir, bon pour la dernière saison ;

8° les r. écarlate, ronds, demi-longs, hâtifs.

On sème des radis toute l'année sur couche ou en pleine terre.

Sur couche et sous châssis, de décembre à mars, entre d'autres récoltes ; en pleine terre, pendant toute la belle saison. Le semis se fait à la volée entre les choux, les salades, les carottes, etc.

La végétation du radis s'accomplit dans le court espace d'un mois, et quelquefois moins, surtout s'il est confié à une terre bien préparée. --

Le radis demande beaucoup d'eau ; il est donc nécessaire de l'arroser souvent, surtout pendant les chaleurs, afin de le conserver tendre et qu'il ne soit pas trop piquant.

Lorsqu'on sème des radis en pleine terre, si l'on veut qu'ils soient bien ronds et bien faits, il faut piétiner fortement le terrain avant de les semer, surtout si la terre est légère.

Pour avoir de la graine de radis, il suffit d'en laisser monter sur place, ou, ce qui est préférable de les semer en septembre, de les mettre en jauge avant les gelées, et de les replanter en mars-avril à 40 ou 50 centim. de distance en tous sens, ou encore d'en semer sur couche et sous châssis en janvier ; on les replantera en pleine terre lorqu'ils seront bons à récolter et que le beau temps sera arrivé.

RAVES.

La culture est exactement pareille à celle du radis.

160. RAIPONCE, — Campanula rapunculus.
(Campanulacées)

Plante indigène, bisannuelle, à racine simple, fusiforme, pivotante, charnue; à feuilles radicales, ovales, lancéolées, à tige droite, rameuse, munie de fleurs bleuâtres.

Les parties comestibles de la raiponce sont la racine et les feuilles, que l'on mange en salade.

Semis. — On la sème en juin et juillet lorsqu'on veut en avoir de grosses racines en hiver, si l'on tient plus aux feuilles qu'aux racines, on ne la sème qu'en septembre.

Dans les deux cas, on sème à la volée, clair, en planches, en plein carré, ou en lignes entre d'autres récoltes. Comme la graine est très fine, il faut la mêler avec un peu de terre bien sèche ou du sable fin, sans cela, on sème dru et inégal ; le semis fait, on herse avec une fourche ou avec un râteau, on met une légère couche de terreau, puis on foule légèrement le terrain pour que la graine touche la terre de toutes parts, et enfin, on arrose au besoin.

Pendant les gelées, on couvre la raiponce avec de la litière, qu'on soulève lorsqu'on veut en récolter, et que l'on ôte dès qu'il ne gèle plus.

Elle se consomme depuis la fin de décembre jusqu'à ce qu'elle monte en graines, au printemps.

On récolte la graine de raiponce dans le courant de juillet, sur des plants semés de l'année précédente, qu'on a laissés monter sur place.

Cette graine se conserve bonne pendant 4 ou 5 ans.

161   SALSIFIS, — tragopogon porrifolium
(Composées).

Plante bisannuelle, indigène, à racine pivotante, longue et fusiforme, d'un blanc jaunâtre, moins grosse que celle de la scorsonère ; elle se mange cuite à l'eau, ou frite, ou associée au poulet.

On sème le salsifis en mars, avril et mai, à la volée ou en lignes ; si le temps est sec, on bassine assidûment le semis afin de favoriser la levée des graines, qui est un peu capricieuse ; lorsque le plant est trop dru, on l'éclaircit, puis on le bine au fur et à mesure qu'il en a besoin.

Il demande une terre légère et bien ameublie

par des labourages prefonds, et fumée de l'année précédente.

On peut commencer à récolter les racines du salsifis en octobre, et successivement jusqu'au printemps. Si on craint les gelées, il faut le couvrir sur place ou bien l'arracher et le mettre en jauge.

Pour avoir de la graine de salsifis, on en laisse monter sur place, ou ce qui est préférable, on choisit en automne les plus belles racines, pour les replanter en mars ou avril.

La graine se récolte en juillet, le matin autant que possible, et à la main pour ne pas en perdre.

La durée germinative est d'un an ou deux ans au plus.

162 SCORSONÈRE d'Espagne — Scorsonera hispanica *(Composées)*.

Plante vivace, connue et recherchée sous le nom de salsisfis noir, à racine pivotante et fort longue, employée comme celle du salsifis ; ses jeunes feuilles se mangent en salade lorsqu'elles sont encore tendres.

Les semis de la scorsonère se font vers la fin mars ou en août, à la volée ou en rayons. Afin d'utiliser le terrain, on peut y mettre entre, de la mâche ou des épinards.

Les semis faits, les soins de la scorsonère consistent à éclaircir le plant, à le sarcler et à supprimer les fleurs à mesure qu'elles paraissent, afin de refouler la sève vers les racines.

La scorsonère diffère du salsifis en ce qu'on ne la mange ordinairement que la seconde année.

Pour avoir de la graine, les procédés sont à peu près les mêmes que ceux du salsifis.

163. SCOLYME D'ESPAGNE. — Scolymus hispanicus, *(Composées)*.

Plante vivace ou trisannuelle, croissant à l'état sauvage, et ayant par ses feuilles épineuses toute l'apparence du chardon.

Les provençaux la ramassent dans les champs, la fendent en deux parties pour enlever le cœur qui est ligneux, et ensuite, ils la mangent sous le nom de cardouille.

Les essais de culture, faits aux environs de Paris, ont prouvé que l'on peut avoir la racine du scolyme entièrement tendre, en la cultivant dans un terrain schisteux, léger, profond et fumé de l'année précédente.

On sème le scolyme en lignes ou à la volée, et on recouvre légèrement la graine avec un râteau.

Lorsque les plantes ont 5 ou 6 centim., on les sarcle, et on les éclaircit de manière qu'elles soient de 35 à 40 centim. de distance les unes des autres.

Les racines sont bonnes à prendre les premiers ours de novembre, vers l'approche des gelées.

La graine de semence ne doit se prendre que sur les pieds qui montent la seconde année.

164 THYM — Thymus vulgaris *(Labiées)*

Petit arbuste que l'on emploie fréquemment comme bordure dans le potager, et comme assaisonnement dans un grand nombre de préparations culinaires.

Il se multiplie de graines qu'on sème en terre douce en avril, ou bien, ce qui est bien plus expéditif et préférable, par éclats de pieds, que l'on replante en automne ou au printemps.

Le thym peut être taillé comme le buis.

Pour avoir de la graine, on le coupe un peu avant sa maturité, puis on le fait sécher à l'ombre.

165 TOMATE — Solanum Lycopersicum *(Solanées)*.

Plante annuelle, originaire du Mexique, à tige rameuse, diffuse, s'élevant à un mètre de hauteur, au moyen de tuteur, munie de feuilles ailées et de fleurs disposées en grappes simples, auxquelles succèdent des fruits de forme bizarre, succulents, assez gros, verts d'abord et d'un rouge vif à l'époque de la maturité ; ils sont la seule partie comestible de cette plante.

Variété. — 1° Tomate rouge grosse hâtive ; 2° t. rouge grosse ; 3° t. jaune, grosse ; 4° t. à tige roide ou monstrueuse ; 5° t. rouge, naine hâtive, productive ; 6° t. jaune ronde grosse et petite ; t. cerise ; 7° t. naine, à fruit panaché ; 8° t. poire.

Culture. — Pour avoir des tomates de primeur, on les sème en décembre-janvier ; sur couche chaude et sous châssis ; lorsque le plant est assez fort, on le repique en pépinière sur couche un peu moins chaude que celle du semis, plusieurs fois même si cela est nécessaire pour modérer sa grande tendance à pousser en feuilles.

Vers la fin d'avril, on met ces tomates élevées en pépinière sous châssis, en place, sur une couche de 50 centim. d'épaisseur de fumier et de 20 centim. de bonne terre mélangée de terreau, dont la chaleur est de 20 à 25 degrés ; ou bien, on les contreplante entre les haricots de 1re saison ou dans d'autres récoltes qui doivent bientôt être enlevées, on plante 4 pieds de tomates sous chaque châssis ; puis on couvre la nuit avec des paillassons, le jour on donne de l'air au moment du soleil, et on bassine au besoin.

Lorsque les tomates sont un peu développées, on

fait choix de deux branches sur chaque pied, que l'on attache horizontalement à de petits piquets ou à des fils de fer, afin qu'elles ne touchent pas la surface inférieure des panneaux.

Dès que les branches conservées sont bien garnies de fleurs, on pince leur extrémité, on supprime tous les bourgeons qui apparaissent, on exhausse les coffres, selon le besoin ; quand le fruit commence à rougir, on ôte toutes les feuilles qui le recouvrent, afin d'avancer la maturité. Ainsi traitées, ces tomates sont bonnes à récolter au commencement d'avril.

Les tomates destinées à la pleine terre doivent être semées en février-mars, sur couche et sous châssis, puis repiquées également sur couche, et enfin relevées en motte pour être plantées définitivement en pleine terre, dans le commencement de mai, lorsque les gelées ne sont plus à craindre, distancées les unes des autres d'environ 80 centim. en tous sens.

Lorsque les tomates sont bien reprises, on ne doit leur donner de l'eau que modérément, afin d'éviter une trop grande végétation, ce n'est que quand les fruits sont bien noués, qu'il faut les arroser abondamment.

Lorsqu'elles sont un peu développées, on choisit 3 ou 4 branches sur chaque pied, qu'on attache à un tuteur ou on les palisse, soit le long d'un mur, soit sur un petit trillage en bois ou en fil de fer, afin de soutenir la plante, de donner de l'air aux fruits, et de les faire jouir des rayons solaires, puis on supprime tous les bourgeons qui se développent à l'aisselle des feuilles.

Au lieu de 3 ou 4 branches, certains jardiniers n'en gardent qu'une sur chaque pied, qu'ils attachent à un tuteur ou à un treillage quelconque, alors, ils plantent les pieds plus près les uns des autres, ils croient, parce moyen, que le fruit mûrit plus sûrement et qu'il devient plus beau.

Pincement. — Le pincement se fait de différentes façons : les uns le font lorsque les plantes sont garnies de 5 ou 6 beau bouquets de fleurs, au-dessus du dernier bouquet ; d'autres commencent ce pincement aussitôt qu'il y a un bouquet de fleurs bien formé, et au fur et à mesure qu'un bouquet de fleurs apparaît, ils pincent le bourgeon qui le porte au-dessus de ce bouquet, et successivement jusqu'à ce qu'ils aient 5 ou 6 beaux bouquets de fruits.

Dans le cas où l'on aurait conservé 3 ou 4 branches sur un même pied, il ne faudrait pas garder plus de 2 ou 3 bouquets, au plus de fleurs, sur chacune d'elles.

Un bon moyen d'avancer et de favoriser la maturité des tomates c'est de supprimer les feuilles lorsqu'elles commencent à se colorer.

Les tomates aiment une terre douce, légère, mais substantielle ; elles aiment aussi une bonne exposition, et beaucoup d'air sur la fin de la saison.

Pour préserver les tomates des gelées, on suspend les branches chargées de fruits, dans la serre, ou bien, on les étend sous châssis où elles achèvent de mûrir.

Pour se procurer de la graine de tomate, on laisse pourrir quelques fruits, ensuite, on lave les graines, et on les met sécher à l'ombre.

Elles peuvent se conserver 3 ou 4 ans.

166. TOPINAMBOUR — hélianthus tuberosus,
(Composées).

Plante tuberculeuse, originaire du Brésil, cultivée comme la pomme de terre, seulement elle veut être plantée en février-mars. Ce légume est plutôt du domaine de la grande culture que de celui de la culture potagère.

Une fois qu'un terrain est ensemencé de ce tubercule, il en produit indéfiniment, car les petits morceaux qui s'en échappent à la récolte repoussent sans cesse, seulement, il s'amoindrit d'année en année, il vaut donc mieux le replanter tous les ans.

La culture du topinambourg est aussi simple que celle de la pomme de terre, la plupart des terrains et des climats lui conviennent, en sorte qu'il peut être relégué dans la partie du potager la moins bonne, étant doué d'une rusticité peu commune.

Bien que le topinambour convienne plutôt à la nourriture des animaux qu'à celle de l'homme, un bon nombre de personnes, et dans ce nombre plusieurs cuisiniers compétents, affirment qu'il mérite d'avoir une place au potager.

La récolte ne se fait que pendant le courant de l'hiver, au fur et à mesure des besoins, car ce tubercule, une fois à l'air se flétrit très vite et perd sa valeur.

CONSERVATION DES GRAINES.

Après avoir récolté les graines, on les met au soleil pour achever la dessication et enlever l'humidité. Quand elles sont bien sèches, il faut les nettoyer et les réunir par espèce et par variété, dans des poches, bien étiquetées, et les disposer dans des tiroirs à l'abri du froid, de l'humidité, de la chaleur trop forte, et hors de la portée des insectes.

L'étiquette qu'on met sur les graines doit faire

connaître le nom de l'espèce, le nom de la variété, la couleur du tubercule ou du fruit, et l'année de la récolte. Cette dernière indication est la plus essentielle, car toutes les graines ne conservent pas, pendant le même espace de temps, leur faculté germinative.

Les graines doivent être récoltées au milieu du jour et par un temps sec. On reconnaît l'époque de la maturité à la dessiccation des capsules, ou à l'état des semences devenues dures.

ARBORICULTURE FRUITIÈRE.

167 Avant de se livrer à la culture des arbres, il est nécessaire de se procurer des outils.

Ces outils sont la bêche pour labourer la terre, ouvrir des fosses et les recouvrir lorsque les arbres sont plantés ; la serpette et le sécateur, pour la taille ; la scie égohine pour les grosses branches ; le greffoir, pour lever les écussons et préparer les rameaux à greffer ; le fendoir, pour fendre les sujets destinés à recevoir les greffons, quand il sont trop gros pour être fendus avec la serpette.

168 **Fruits de table**.

Division. — Les fruits de table peuvent être divisés en quatre groupes principaux :

1° Fruits à noyaux, tels que : le pêcher, l'amandier, l'abricotier, le prunier, le cerisier ;

2° fruits à pepins, tels que : le coignassier, le poirier, le pommier, le néflier, l'oranger ;

3° fruits en baies, tels que : la vigne, le framboisier, le groseillier, le mûrier, le figuier ;

4° fruits en chatons, tels que : le châtaignier, le noyer, le noisetier.

Chaque espèce a produit une quantité de variétés.

Dans les poires et les pommes, on en compte plusieurs mille.

169 *Classement.* — On classe ordinairement les arbres fruitiers d'après la forme qu'on leur donne.

Les principales classes sont :

1° Les arbres en plein-vent, ceux dont la tige et les branches s'élèvent à volonté, sans abri, sans d'autre direction que celle que leur donne la nature ;

2° les arbres en espaliers, ceux qui sont plantés le long des murs, et qui ont les branches attachées à un treillage quelconque ;

3° les arbres en contre-espaliers, ceux qui sont plantés le long des carrés de légumes, et qui ressemblent à un espalier par leur forme ;

4° les arbres à basses tiges ou nains, ceux qui sont greffés tout près de terre dans les pépinières ;

5° enfin, ceux qu'on dispose en éventail, en vase ou gobelet, en pyramide ou boule, qui prennent le nom que cette forme rappelle.

MULTIPLICATION DES ARBRES.

Moyen naturel.

170. *Semis*. — Le semis des arbres fruitiers est rarement lucratif, surtout pour les fruits à pepins ; ce procédé est susceptible de beaucoup de mauvaises chances à courir ; on obtient fort peu souvent quelque variété de mérite.

Il n'y a guère que des hommes de goût, d'initiative et pouvant s'imposer des sacrifices pour supporter des déceptions, qui puissent pratiquer les semis.

La multiplication par semis se fait par le moyen de graines qui se développent ordinairement dans des organes spéciaux, appelés fleurs et fruits.

171. **Germination.** — La germination est l'acte par lequel l'embryon d'une graine quitte son état latent, se développe et se transforme en un végétal semblable à celui dont il descend.

Pour qu'une graine soit propre à germer, il faut qu'elle ait été fécondée, qu'elle soit parvenue à maturité ou à peu près, ce qu'on reconnait lorsque le fruit qui renferme la graine a acquis tout son développement et se détache facilement de l'arbre.

La germination exige indispensablement le concours de trois agents : l'air, la chaleur, l'eau et le placement de la graine dans un milieu quelconque, celui qui lui convient le mieux est la terre.

172 Influence de l'air. — Des espériences ont démontré qu'une graine reste inerte et ne germe pas, si elle est privée du contact de l'air. Voilà pourquoi une graine enfouie trop profondément dans la terre, peut se conserver un temps infini sans germer.

L'air agit sur les graines par l'oxygène qui diminue le carbone en donnant naissance á l'acide carbonique ; celui-ci se dègage, favorise le développement de la nouvelle plante ; l'azote augmente, la fécule et l'albumine de la graine se transforment en partie en gomme et en sucre.

173 Influence de la chaleur. — La chaleur est indispensable à la germination ; c'est elle qui stimule les propriétés vitales de l'embryon, accélère le gonflement de la graine et favorise le principe de la vie végétale.

Aucune plante ne peut germer dans un milieu où la température est à zéro ou au dessous de zéro.

Sous l'influence d'une température trop élevée, à 45 ou 50 degrés, l'eau s'évapore promptement, la terre devient aride, les graines se dessèchent, perdent leur principe de vie et ne germent pas ; celle qui leur convient le mieux est de 15 à 30 degrés.

Le degré de chaleur le plus favorable à la germination varie suivant les espèces et suivant les pays.

174. — **Influence de l'eau**. — L'eau est aussi nécessaire à la germination que l'air et la chaleur ; c'est elle qui ramollit les enveloppes de la graine, pénètre dans son intérieur, la gonfle au point d'en doubler quelquefois son volume ; et dissout les substances solubles qui doivent servir de première nourriture à l'embryon.

175. — **Avantages du semis**. — Le semis ou mode de multiplication naturelle a pour avantages : 1º de donner des sujets pour greffer ; 2º de donner de nouvelles variétés, de reproduire exactement certaines espèces, certaines races et certaines variétés.

Les noyaux, les pépins ou les graines des arbres fruitiers ne germent pas avec la même facilité ; il y en a qui emploient plusieurs mois, et souvent des années, suivant l'épaisseur de leur enveloppe.

Pour éviter que ces graines se perdissent ou fussent dévorées par les animaux ou les insectes, en restant trop longtemps en terre, on a trouvé le moyen de les faire germer à l'abri de tout accident, ce moyen c'est la stratification.

176, — Stratification des graines. — La stratification est une opération qui a pour but de hâter la germination des graines, principalement de celles à enveloppe dure, telles que les noyaux ; elle se pratique généralement aussitôt après la récolte des graines.

On dispose à cet effet, soit en pleine terre, soit au fond d'une caisse ou d'un vase de terre, un lit de sable frais ou de terre graveleuse ; sur ce lit, on place une couche de noyaux, pépins ou graines, selon l'espèce à stratifier, on recouvre la couche de graines avec du sable, et l'on continue alternativement, un lit de graines et un lit de sable, jusqu'à ce que la caisse ou le vase soit plein ; puis on enterre le tout au pied d'un mur au midi, ou on le porte dans une cave en ayant bien soin de le garantir des insectes et des rats.

Il est nécessaire de visiter ces semis de temps en temps, afin de s'assurer qu'ils ne sont pas mangés par les insectes et qu'ils ne souffrent pas de la sécheresse, dans ce cas, on les arroserait.

Au printemps, lorsque le beau temps est arrivé, on extrait ces graines, ainsi stratifiées, et on les sème définitivement en place.

MULTIPLICATION ARTIFICIELLE

DES ARBRES FRUITIERS.

Par le greffage, le marcottage et le bouturage.

177. — La greffe ou greffon est une portion vivante d'un végétal que l'on implante sur un autre végétal, également vivant, qu'on nomme sujet, où elle s'identifie et y croît comme sur son pied naturel.

La reprise ou le collage de la greffe au sujet s'opère par le contact intime des canaux conducteurs de la sève ; celle-ci, puisée par les racines du sujet dans le sol, est transmise à la plante par le conduit circulaire placé entre le liber et l'aubier, dans les plantes ligneuses ; elle pénètre dans la greffe par le conduit analogue de la portion du végétal implantée sur le sujet.

Le greffage est le mode de multiplication le plus rapide, le plus avantageux, et par conséquent le plus suivi. Tout bien considéré, il n'est qu'un bouturage fait dans le bois vivant.

178. — **Conditions de réussite.** — Les con-

ditions nécessaires pour la réussite de la greffe sont :

1º De faire coïncider parfaitement les vaisseaux séveux du sujet avec ceux de la greffe ;

2º de faire en sorte qu'il y ait une analogie suffisante entre le sujet et la greffe ; ils doivent être du même genre, ou tout du moins de la même famille ; plus la parenté est proche, moins la nature est contrariée, et plus le succès est assuré ;

3º de maintenir les greffes dans une position fixe sur le sujet pendant tout le temps de la reprise, en se servant pour cela de diverses ligatures ;

4º de préserver de l'action de l'air les plaies occasionnées par la greffe, en les couvrant avec du mastic à greffer, ou de l'onguent de Saint-Fiacre.

179. — Avantages du greffage. — Le greffage a pour avantages :

1º d'augmenter la qualité des fruits et de hâter l'époque de leur maturité.

2º de changer la nature d'un végétal en modifiant le bois, le feuillage, la floraison ou la fructification ;

3º d'obtenir sur les parties de l'arbuste qui en était privé des branches, des fleurs et des fruits ;

4º de faire croître dans un sol quelconque une espèce qui n'y viendrait pas franche de pied, il suffit pour cela de la greffer sur une espèce qui s'accommode de la nature du terrain ;

5° de restaurer les arbres épuisés et défectueux ;

6° de propager et de conserver un grand nombre de variétés de plantes ligneuses ou herbacées d'utilité ou d'agrément

7° enfin, d'avancer de plusieurs années la fructification des arbres.

180 **Désavantages du greffage.** — Les arbres greffés ont pour désavantages, assez souvent, de vivre moins longtemps que s'ils étaient sur franc de pied, et d'être ordinairement moins vigoureux.

181 **Différents modes de greffage.**

1° la greffe en fente, à œil poussant ;

2° la greffe en écusson, a œil dormant et à œil poussant ;

3° la greffe en couronne ;

4° la greffe par approche ;

5° la greffe en flûte.

182 **Greffe en fente**. (fig. 1) Elle consiste à couper le sujet en travers, à le fendre, et dans la fente que l'on tient ouverte par un coin, à y insérer un petit rameau, taillé préalablement en forme de coin et garni de deux ou trois bons boutons.

Il faut observer sur cette manière de greffer :

1º Que l'aubier et le liber de la greffe coïncident parfaitement avec l'aubier et le liber du sujet, pour que le cambium des deux parties soit en contact direct.

2º que les plantes que l'on unit soient d'une même espèce ou d'un même genre, ou tout au moins d'une même famille naturelle ;

3º que les parties unies aient une force végétative à peu près égale, et que la végétation s'accomplisse à la même époque ;

4º que le rameau soit bien sain, de l'année, ou tout au plus de deux ans ;

5º que le rameau soit coupé quelque temps avant l'opération, afin que la végétation de la greffe soit en retard sur celle du sujet ;

6º enfin, que toutes les parties entamées soient bien recouvertes d'un enduit quelconque.

La greffe en fente se pratique à toute hauteur sur l'arbre, mais plus ordinairement à 12 ou 15 centimètres au-dessus de terre.

Époque. — C'est généralement à la sortie de l'hiver que se fait la greffe en fente, dans le courant de mars et au commencement d'avril. On commence par les arbres qui végètent les premiers, et on finit par ceux qui végètent les derniers.

On peut encore faire cette greffe sur la fin de l'automne et même en décembre; pourvu qu'il ne gèle pas ; il reste au sujet assez de sève en mouvement pour souder la greffe, et dans ce dernier cas, elle n'en pousse que mieux au printemps suivant. La greffe en fente faite à la sortie de l'hiver est préférable et c'est la plus usitée.

Greffe en écusson (fig. 2). Elle consiste à enlever avec un petit couteau, nommé greffoir, un œil bien conformé, sain, robuste, de bonne qualité, (car le greffon vicié propage son mal) sur une branche dont on veut multiplier l'espèce ; cette branche doit être en sève comme le sujet sur lequel on greffe, afin que l'enlèvement de cet œil se fasse sans déchirement.

Pour que cet œil soit bon, il faut qu'il soit plein ; il peut être, selon le besoin, à bois ou à fruit.

Il doit être pris sur un rameau de l'année précédente, si on greffe au printemps, et sur un de l'année, si on greffe l'été.

La greffe en écusson s'opère de deux manières : 1° Par inoculation, ou sous l'écorce du sujet ; 2° par placage, ou à la place d'une partie d'écorce enlevée sur le sujet.

Elle se fait à deux époques différentes de l'année 1° au printemps, à la moitié de la sève, lorsqu'on veut faire végéter la greffe de suite, c'est l'écussonage à œil poussant ; 2º dans le courant de l'été, (Juillet, Août et Septembre), lorsque la greffe ne doit pousser qu'au printemps de l'année suivante, c'est l'écussonage à œil dormant.

Ce dernier mode est préférable, et c'est le plus employé.

L'époque exacte de l'écussonage à œil dormant dépend de l'état de la sève des sujets, les uns plus tôt, les autres plus tard, selon que la végétation s'arrête de bonne heure, ou se prolonge jusqu'en septembre.

Pour exécuter la greffe en écusson, on pratique sur l'écorce du jeune sujet deux incisions en forme de T. Puis sur le rameau à greffer, on enlève un œil en faisant passer dessous la lame du greffoir de manière à ne pas endommager le corculum ou germe de l'œil, condition essentielle du succès. — Cela fait, on taille l'écusson en ovale allongée, et on l'introduit promptement dans l'incision du sujet, en ouvrant les bords de la plaie avec la spatule du greffoir ; puis on referme bien cette plaie en la liant avec un lien de jonc ou un fil de laine. La reprise se fait ordinairement en 8 ou 10 jours.

184. *Greffe en couronne.* (fig. 3). La greffe en couronne est celle qui participe à la fois à la greffe en fente et à la greffe en écusson ; elle est d'un bon emploi pour un grand nombre d'arbres et d'arbus-

tes de divers genres ; on l'applique surtout aux grosses branches et aux gros sujets dont le bois dur se cicatriserait difficilement, s'il était fendu ; aussi s'en sert-on, comme l'on dit vulgairement, pour rajeunir les vieux arbres du verger.

La greffe en couronne se pratique au printemps, aussitôt que l'écorce se détache facilement de l'aubier, et pendant tout le cours de la végétation.

Pour effectuer cette greffe, on commence par scier le tronc de l'arbre à la hauteur voulue et à rafraîchir avec la serpette le bois et l'écorce meurtris par la scie ; puis on soulève doucement l'écorce avec un coin de bois ou avec la spatule du greffoir, et l'on insère le greffon entre l'aubier et le liber du sujet. Ce greffon a dû préalablement être coupé avant l'ascension de la sève et ensuite taillé en biseau plat, dit bec-de-flûte, sur un seul côté, et en ménageant un petit cran à la partie supérieure du biseau, afin de pouvoir asseoir ce greffon sur le sujet.

Cela fait, on ligature et on mastique par-dessus, soit avec de l'onguent de S.-Fiacre, soit avec de la cire à greffer, froide ou chaude.

Ce que nous venons de dire d'un seul greffon peut s'appliquer, bien entendu, à tous ceux qu'on destinera à mettre sur un même sujet.

185. Greffe par approche (fig. 4). Le greffage

par approche est le plus ancien de tous ; la bonté du Créateur nous en a fourni, de temps immémorial, des exemples nombreux dans les forêts, dans les haies, où l'on rencontre des arbres unis entre eux ; d'abord usés par le frottement, et ensuite solidement soudés, par suite de leur contact intime.

La greffe par approche consiste à unir deux individus par leurs tiges ou par leurs rameaux, et les laisser vivre de leurs propres organes jusqu'à parfaite union ; puis après une année au moins de végétation, lorsque la liaison est assurée, à séparer le pied-mère de l'un de ces deux sujets.

Cette greffe se pratique depuis mars jusqu'en septembre ; elle commence avec la sève et finit avec elle.

Le greffon et le sujet peuvent être à l'état ligneux ou à l'état herbacé, l'opération est toujours la même.

Dans le greffage par approche, on n'effeuille pas le greffon comme dans les autres greffes, par ce que le greffon n'est pas séparé de l'arbre-mère.

Pour fixer les tiges et les branches greffées par approche dans une position aussi invariable que possible, on emploie des liens, des supports, des tuteurs et des crochets.

Lorsqu'on s'aperçoit que la ligature pénètre dans l'écorce du sujet, il faut l'enlever et en placer une nouvelle, si le collage n'est pas encore achevé.

186. *Greffe en flûte.* (fig. 5). La greffe en flûte ou sifflet est peu usitée par les pépiniéristes ; ils ne l'emploient guère que pour multiplier les variétés du noyer, du châtaignier, du figuier, du mûrier, du cerisier.

Le greffon est une portion d'écorce de forme tubulaire, ayant au moins un bourgeon vers le milieu de sa longueur, que l'on rapporte sur le sujet à la place d'un anneau d'écorce de même dimension et détaché au même moment.

Quelquefois, on n'enlève pas l'écorce du sujet, on se contente de la découper de haut en bas par de petites lanières, que l'on rabat ensuite sur l'anneau de la greffe, et on les maintient ainsi avec une ligature de laine, comme pour la greffe en écusson.

La greffe en flûte se fait au printemps, aux premières évolutions de la sève, ou vers la fin de l'été, avant le ralentissement de la végétation.

Les sujets jeunes et vigoureux se prêtent toujours mieux au greffage en flûte, que ceux qui sont vieux ou endurcis.

MARCOTTAGE.

187. La marcotte est une branche ou un rameau de végétal que l'on couche en terre dans une rigo-

le rapprochée de la souche, et que l'on y fixe à l'aide de crochets en bois, afin de lui faire développer des racines, avant de la séparer de son pied-mère.

Si la branche à marcotter appartient à une espèce d'arbre à bois dur, dont les tissus vasculaires soient excessivement serrés, on pratique dans la partie de la branche qui doit être recourbée en terre, des incisions ou une entaille horizontale au-dessus des nœuds, afin de faciliter le développement des racines.

La partie de la branche ou du rameau qui est hors de terre, doit être taillée sur le 2me ou 3me bourgeon.

Au bout d'un an ou de dix-huit mois, lorsque la marcotte a développé une quantité suffisante de racines pour tirer directement du sol la substance nécessaire à son alimentation, on la sèvre en la détachant de son pied-mère.

Ce sevrage s'opère ordinairement sur la fin de novembre, quand la marcotte a été faite en pleine terre.

La marcotte appliquée à la vigne se nomme provignage.

Dans les pépinières, on marcotte fréquemment les coignassiers pour obtenir des sujets destinés à recevoir des greffes de poirier. Pour cet effet, on scie la tige du coignassier tout près de terre, et lorsqu'il est sorti des pousses au-dessous de la partie coupée, on recouvre cette souche avec de la terre légère ; les jeunes coignassiers s'enracinent, et au bout d'un an environ, on peut les détacher et les mettre en pépinière.

Cette manière de procéder se nomme marcottage par cépée. Les pommiers doucin et paradis se marcottent de la même manière que le coignassier.

Époque. — On peut marcotter toute l'année pourvu que le sujet soit en végétation. Cependant, il y aura toujours plus d'avantage à le faire au printemps, un peu avant le premier mouvement de la sève, car alors la marcotte recevra l'influence de toute la végétation de l'été, et développera beaucoup de racines.

En général, il ne faut marcotter que les rameaux âgés de deux ans au plus, et autant que possible, les plus vigoureux, car le bois jeune et vigoureux ayant une écorce tendre développe plus facilement des racines.

Bouturage.

188. On appelle bouture une partie de végétal qui, détachée complètement de son pied-mère est mise en terre pour y développer des racines.

La différence qui existe entre le marcottage et le

bouturage consiste en ce que la marcotte reste attachée à son pied-mère, et en reçoit son alimentation pendant la formation des racines ; tandis que la bouture en est détachée complétement, avant l'opération, pour être livrée à elle-même.

Le mode de multiplication par boutures est plus prompt que le marcottage; aussi est-il d'une grande importance en horticulture, principalement pour les espèces de bois riches en tissu cellulaire ou tendre, tels que le saule, le peuplier, le platane, la vigne, le cassis, le groseiller, l'osier, etc. ; dont la reprise des boutures est bien plus facile que celle des bois durs et secs.

Certains vignerons font ramollir au contact de l'eau, la partie des sarments de vigne destinée à mettre en terre, lorsque ces sarments sont employés comme boutures.

En général, pour faire des boutures, on prend des branches de l'année précédente, les mieux nourries et les plus vigoureuses, autant que possible.

Avec le bouturage, dans la culture des plantes exotiques et délicates, on parvient par la chaleur, l'humidité et l'absence de lumière, à multiplier les végétaux les plus grêles et les plus délicats. Les moyens qu'on emploie aujourd'hui sont tellement puissants que l'on peut facilement parvenir à renouveler un végétal, avec une seule de ses feuilles ou un seul de ses drageons.

Époque. — L'époque la plus convenable pour effectuer les boutures à l'air libre est celle ou la végétation est en repos, c'est-à-dire, de novembre en avril. Cependant dans un sol léger, exposé aux sécheresses du printemps, il vaut mieux faire les boutures à l'automne.

Dans un sol compacte et humide, c'est le contraire, il vaut mieux opérer au printemps.

Les boutures des plantes à feuilles persistantes doivent être faites à la fin de l'été, lorsque les bourgeons de l'année, (que l'on doit prendre de préférence,) sont suffisamment aoûtés.

Différentes manières de bouturer.

189. *Par rameaux ligneux dégarnis de feuilles.* — Pour cela, on prend des rameaux de bois de l'année bien aoûtés, on les coupe par tronçons de 15 à 30 centimètres de long, selon les espèces, de manière qu'il y ait cinq ou six yeux sur chaque tronçon; la partie inférieure doit être coupée horizontalement et immédiatement au-dessous d'un œil, avec un instrument bien tranchant, puis on les repique avec un plantoir, ou avec un rayonneur, en laissant 2 ou 3 bons yeux au-dessus du sol.

Bouture à talon. — Cette bouture consiste à

couper la branche en enlevant avec elle l'empâtement, ou une partie de l'empâtement qui l'unissait à la tige principale ; cet empâtement renferme beaucoup de tissu cellulaire qui tient lieu de bourrelet, et favorise le développement des radicules. Ce mode de multiplication convient à presque tous les végétaux.

Bouture en Crossette. — Certains végétaux à tiges sarmenteuses, tels que la vigne, le groseillier et quelques variétés de rosier, produisent plus promptement des racines sur le bois âgé de 2 ou 3 ans, que sur celui âgé d'un an seulement.

Pour faire la bouture en crossette, on réserve à la partie inférieure du rameau une portion de branche qui lui a donné naissance.

La longueur de ce rameau varie depuis 30 cent. jusqu'à 1 mètre, et celle de la portion de la branche depuis 5 cent. jusqu'à 50.

Pour planter les boutures en crossette, on creuse de petites rigoles, profondes de 15 à 20 centimètres, dans lesquelles on couche les boutures sur un angle d'environ 40 degrés, et de manière qu'il n'y ait que deux ou trois bons yeux de la partie supérieure qui soit hors de terre. Ce genre de bouture ne s'emploie guère que pour la vigne en pleine terre.

Bouture par plançon. — Pour faire cette bouture, on prend une branche jeune, droite, on la coupe de 1 à 2 mètres de longueur, on la débarrasse de toutes ses ramifications, on la taille à sa base en forme de biseau ou de triangle, et ensuite on l'enfonce en terre à la profondeur de 40 à 50 cent., dans un trou fait avec un pieu en fer ou en bois.

Ce mode de multiplication ne sert généralement que pour les saules et les peupliers.

Bouture par tronçon. — On effectue cette bouture en coupant les tiges par petits tronçons longs de 3 ou 4 cent., munis chacun d'un bouton, on les plante en rigole en terre légère, ou en pots, ou en terrines dont on a soin de garnir le fond avec une couche de tessons, puis on les recouvre d'un cent. de terre, et on entretient le sol humide.

Ce mode de multiplication s'emploie avec avantage pour les dracena, les yucca et quelques aroidées, qui n'émettent au sommet de leur tige qu'un seul bourgeon terminal.

Repiquage.

190. Quel que soit le moyen que l'on ait employé pour obtenir des sujets d'arbres fruitiers ; qu'ils aient été semés à la volée, ou en rayons, ou qu'ils proviennent de drageons ; au bout d'un an ou deux, dès que l'on s'aperçoit qu'ils se nuisent mutuellement, étant presque toujours trop serrés, que le bois des jeunes plants présente assez de consistance

pour être transplanté, on s'occupe de les repiquer en pépinière, pour hâter leur développement et les disposer à recevoir les greffes, qui opéreront leur transformation.

Le repiquage comprend nécessairement trois opérations différentes : la déplantation, la préparation ou l'habillage, et la transplantation.

La déplantation, et non l'arrachage, car ce dernier indique que l'opération est faite avec violence et sans soins, s'effectue en creusant au moyen de la bêche ou de la pioche à l'une des extrémités de la planche du semis, une tranchée dont la profondeur dépasse un peu l'extrémité inférieure des racines, de sorte qu'en minant de proche en proche, on soulève les jeunes plants sans leur faire de meurtrissure ni d'éclatement aux racines ; ou bien, si les plants sont éloignés les uns des autres, en dégarnissant d'abord tout au tour, et en les soulevant ensuite sans briser les racines ; et si on était obligé d'en couper quelques-unes, le faire avec précaution.

L'habillage. — L'habillage des jeunes plants consiste à couper avec un instrument bien tranchant l'extrémité du pivot ou racine perpendiculaire de chaque plant, et celle de ses racines qui ont été brisées ou qui sont desséchées.

Ces deux opérations ont pour but, la première de

faire ramifier la racine principale, et la seconde de favoriser la cicatrisation des plaies.

Transplantation. — La transplantation doit se faire le plus tôt possible, après la déplantation.

Pour cela, on ouvre au moyen de la bêche, une rigole dont la profondeur et la largeur doivent être proportionnées à la longeur et à la grosseur des racines, puis on y place, à la main, chaque plant, en les appuyant contre la terre d'un des côtés, et en disposant convenablement les racines au fond de cette rigole.

La distance entre chaque plant dépend de la nature des sujets que l'on veut transplanter.

Les arbres à fruits, un espace de 50 cent. environ est suffisant ; pour les arbres forestiers, ils doivent être distancés de 70 à 80 cent.

Epoque. — L'époque du repiquage varie selon qu'il s'agit d'espèces d'arbres à feuilles persistantes ou d'espèces à feuilles caduques.

Les premières ont une végétation continue et conservent leurs feuilles pendant l'hiver ; si on les déplantait au moment où cette végétation est moins active, il en résulterait une suspension complète, et par suite, la mort de l'arbre.

L'expérience a démontré que deux époques leur étaient convenables : au mois de septembre et vers la mi-avril. Au mois de septembre, il y a encore assez de végétation pour résister, au moins en partie, à la transplantation et opérer la reprise des arbres transplantés, avant que l'hiver arrive ; vers la mi-avril, la végétation est si active que l'interruption occasionnée par la transplantation n'est pas assez longue pour que les arbres en souffrent.

Pour les secondes, on doit toujours exécuter le repiquage à l'automne, aussitôt la chute des feuilles. Alors les jeunes plants prennent possession du sol, développent des racines pendant l'hiver, et résistent beaucoup mieux aux sécheresses du printemps que s'ils venaient d'être plantés. Il n'y a exception que pour les sols compactes et humides, où il est préférable de planter en mars lorsque le terrain est bien égoutté, et qu'on n'a plus à craindre que les racines ne se pourrissent.

But du repiquage. — Le repiquage a pour but de favoriser le développement de la tige, de forcer les racines à se ramifier davantage, à produire du chevelu, et à venir ainsi en aide à la reprise de l'arbre qu'on plantera à demeure plus tard.

Plantation à demeure. (fig. 6).

191 La bonne réussite des arbres fruitiers qu'on plante à demeure dépend, en grande partie, des soins qu'on apporte à leur plantation.

La première opération à faire pour obtenir cette

bonne réussite, c'est le défoncement du sol, (*condition nécessaire*), qu'on fait à plus ou moins de profondeur, selon la nature du terrain, celle des sujets à planter, et suivant la force des arbres.

Lorsqu'on veut planter toute une plate-bande à neuf, le long d'un mur ou d'un carré du jardin, ou d'une allée, on la défonce entièrement, afin de bien mélanger les différentes couches du sol.

Si le terrain est libre, on fait ce défoncement un mois ou deux avant la plantation, afin de soumettre la terre ramenée à la superficie, aux influences de l'air qui la rendront plus végétale, et avoir le temps de régler la surface du sol, afin de pouvoir planter les arbres d'une façon plus régulière.

Le défoncement opéré, les trous sont bientôt faits, car alors, il suffit qu'ils soient assez profonds et assez larges pour y placer convenablement les racines des arbres.

Après la préparation du terrain et des trous destinés à recevoir les arbres, il s'agira de pourvoir à la déplantation des arbres, à l'habillage et à la plantation à demeure, en procédant à peu près comme pour le repiquage.

Lorsque les arbres sont déplantés, on les laisse le moins longtemps possible à l'air, surtout s'ils sont exposés au soleil ou à la gelée.

Si on ne plante pas immédiatement les jeunes

sujets, il faut les mettre en jauge, car l'action de l'air dessécherait rapidement les racines, ce qui nuirait singulièrement à la reprise ; pour cet effet, si les arbres sont liés en paquets, on les délie, puis on les place dans une tranchée peu profonde, les uns à côté des autres sans entremêler les racines ; puis on les recouvre de terre sans la tasser, en assez grande quantité pour que les racines soient entièrement couvertes et que les arbres se tiennent parfaitement debout.

Si le jeune plant était destiné à voyager pendant quelque jours, il faudrait le mettre par petits paquets de 50 ou 100, selon la grosseur, et ensuite tremper les racines dans un mélange liquide de bouse de vache et de terre glaise, puis les emballer soigneusement en enveloppant les racines avec de la mousse fraîche recouverte de paille, afin de les garantir de l'influence de l'air.

Si après un long trajet et par un temps de hâle, les sujets qui parviennent avaient les racines un peu desséchées, il serait utile de les mettre tremper pendant quelques heures dans l'eau ou dans une bouillie composée de terre glaise et de bouse de vache.

Ceux qui auraient l'écorce ridée, devraient être couchés horizontalement dans un fossé, entièrement recouverts de 10 cent. de terre, et mouillés copieusement, pendant 10 ou 15 jours, pour faire revenir le bois à son état normal.

Si on recevait des arbres par un temps de forte gelée, il ne faudrait pas les déballer, mais se contenter de les abriter du froid, soit dans une cave, soit dans tout autre endroit où la gelée ne pénètre pas, et attendre un temps propice pour les planter.

Epoque. — On plante à l'automne et au printemps, mais plutôt à l'automne, dès que la végétation a cessé, ce qui a lieu pour nos climats sur la fin d'octobre, alors les jeunes racines se forment et se développent pendant l'hiver et poussent avec plus de vigueur que ceux plantés après l'hiver.

La plantation du printemps n'est réellement admissible que dans les sols très argileux, froids et humides et dans ceux sujets à être submergés pendant l'hiver.

La plantation doit se faire autant que possible par un temps doux, ni trop sec, ni trop humide.

Pour planter convenablement, il faut être deux personnes; l'une tient l'arbre dans la position indiquée, de la main gauche, et occupe la droite à étendre la terre que la seconde personne jette, soit avec la pelle, soit avec la bêche sur les racines.

On doit éviter avec grand soin de laisser des

vides dessous et entre les racines, sans secouer l'arbre, car cela dérangerait les racines, amoncélerait et souvent pourrait en rompre quelques-unes.

Lorsque le trou est comblé, on foule légèrement le sol au tour du pied, afin de consolider et asseoir l'arbre.

La profondeur varie selon la nature du sol et celle du sujet. Dans un sol léger et brûlant, on plantera un peu plus profondément que dans un sol humide et froid, où il est nécessaire de tenir les racines le plus près possible de la surface, afin que l'air y arrive, et qu'elles ne soient pas exposées à se pourrir.

Toutefois on doit observer : 1° que la greffe soit au moins à 5 ou 6 cent. hors de terre, précaution essentielle pour ne pas enterrer les greffes, lorsqu'on nivelle le terrain, et ne pas donner lieu aux arbres de s'affranchir ; 2° que l'arbre soit aligné avec ses voisins, pour cela, si les arbres doivent être plantés en ligne, on en place d'abord un à chaque extrémité de cette ligne, puis on aligne les autres sur ces deux premiers jalons.

Si l'on plante en espalier contre un mur, on doit le faire de manière que la tige soit éloignée de ce mur de 12 à 18 cent., afin qu'elle puisse grossir, l'extrémité seulement doit le toucher par l'inclinaison qu'on lui fait prendre ; on distribue les racines à droite et à gauche, pour les empêcher de rencontrer les fondations du mur. Lorsque le tassement du sol est effectué, on fixe le jeune arbre au treillage.

Lorsqu'on plante tardivement, en avril par exemple, il faut mouiller les racines des arbres pour que la terre s'y attache immédiatement, et verser, après la plantation, un arrosoir d'eau au pied de chaque arbre, pour aider le tassement du terrain et bien faire pénétrer la terre dans les interstices des racines.

Paillis et soins. — Au printemps, lorsque la plantation est terminée, à moins que le sol ne soit par trop humide, on met au pied des arbres nouvellement plantés un bon paillis, afin d'y maintenir la fraîcheur ; puis durant l'été, on donnera des binages et des arrosages suivant les besoins.

S'il arrivait que l'on soit obligé de transplanter un arbre pendant le cours de la végétation, alors qu'il est couvert de feuilles, il faudrait supprimer ces dernières en conservant leur pétiole, destiné à protéger les yeux et les boutons ; puis ensuite barbouiller l'arbre d'un mélange de terre et de bouse de vache, afin de le préserver des hâles et des ardeurs brûlantes du soleil, qui pourraient causer sa perte.

192 Distance à mettre entre les arbres.

Elle dépend : 1º de la nature des arbres ; 2º de celle du terrain ; 3º de la forme qu'on veut leur faire prendre ; 4º de la hauteur des murs.

Les arbres à haute tige ou plein-vent, (*poiriers ou pommiers*), dans un grand jardin ou dans un verger, doivent être distancés de 10 à 15 mèt., suivant leur nature et celle du terrain ; il faut que l'air et la lumière puissent circuler librement.

Les arbres sous forme de pyramide se plantent à 3 ou 4 mèt., suivant la qualité du terrain et la nature des arbres, et de 1^m. à $1^m,50$ du bord des allées. Entre les poiriers pyramides, on peut planter des poiriers fuseaux, des pommiers sur paradis, des groseilliers ou des rosiers à hautes tiges ; entre les espaliers et les contre-espaliers plantés à 4 ou 5 mèt. de distance, on peut planter également des arbres fruitiers intermédiaires qui rempliront promptement les vides, donneront des fruits et lorsque l'espace deviendra trop étroit, on les déplantera, et on les plantera ailleurs.

Les pêchers sous la forme carrée, dans un bon terrain, doivent être plantés à 8 mèt. les uns des autres ; sous la forme palmette à branches horizontales de 5 à 8 mèt. ; sous la forme à branches verticales, on les plantera toujours de manière à pouvoir mettre, suivant la nature du terrain et la hauteur des murs, de 50 à 60 cent. d'écartement entre les branches charpentières.

Les poiriers en palmette horizontale seront distancés de 4 à 5 mét. ; à branches verticales, ils seront plantés de manière à pouvoir distancer les branches charpentières les unes des autres de 25 à 30 cent. suivant la vigueur de l'arbre et la nature du sol.

193 *Des murs.* — La hauteur des murs qui convient le mieux aux espaliers de pêchers, poiriers, abricotiers, cerisiers et pruniers, est de 2 mètres 50 à 3 mèt.

Les meilleurs murs sont ceux de clôture ou de refend ; ceux qui soutiennent des terres ne sont pas très bons ; ils sont trop chauds en été et trop humides en hiver ; cependant avec quelques précautions, on peut les utiliser, en laissant un intervalle de 8 à 10 cent. entre le mur et le treillage, où l'air et la lumière circulent librement, et diminuent la chaleur en été et l'humidité pendant l'hiver.

Treillages. — Les arbres en espalier et en contre-espalier nécessitent indispensablement un palissage quelconque. Ce palissage peut se faire de deux manières : à la loque, c'est-à-dire, en clouant contre le mur les branches envoloppées d'une languette de drap ou de cuir ; ou sur un treillage quelconque. Le palissage à la loque n'est possible que lorsqu'on a des murs recouverts d'une bonne couche de plâtre, où l'on peut enfoncer des clous.

Les treillages peuvent être construits en fil de fer ou en bois. En fil de fer, ils coûtent plus cher qu'en bois, seulement ils ont pour avantage de durer plus longtemps, d'être plus faciles à tenir propres, et d'empêcher par le fait, les insectes de se multiplier et de dévorer les arbres.

Chaperon. — Le chaperon est une saillie ou bord du petit toit qui couvre les murs, faite en tuile ou en zinc, de 18 à 28 cent., en raison de la hauteur du mur et de son exposition, destinée à rejeter les eaux au delà du pied de l'arbre, à le protéger contre les gelées et le refroidissement subit pendant la nuit.

Auvents. — Les auvents sont des abris mobiles, qu'on met sur des supports de fer ou de bois, scellés au haut des murs, à 10 cent. au-dessous du chaperon.

Ces auvents peuvent être faits avec de la paille de seigle et deux traverses en bois, ou en planches de bois léger, renfoncées par des traverses clouées.

En paille, ils doivent avoir de 40 à 50 cent. de largeur et deux mèt. environ de longueur, pour que le maniement en soit facile. En bois, les planches ayant beaucoup plus de résistance que la paille, ils peuvent avoir de 3 à 5 mètres de longueur. —

On met les auvents en place au moment où les arbres vont commencer à fleurir, et on les laisse jusqu'à ce que le fruit soit noué et même plus tard, si le mauvais temps était à craindre.

Quand on a un mur garni d'un treillage, les supports scellés dans le mur peuvent être remplacés par des sortes de potences accrochées et solidement liées à ce treillage, avec des liens d'osier ou de fil de fer.

PRINCIPES GÉNÉRAUX.

DE LA SÈVE ET DE LA TAILLE DES ARBRES FRUITIERS.

1er Principe. — La sève partant des racines tend toujours à s'élever verticalement.

2me P. — Lorsque la sève afflue à l'extrémité des rameaux, elle fait développer le bourgeon terminal avec plus de vigueur que les bourgeons latéraux.

3me P. — Plus la sève est entravée dans sa circulation, plus elle produit de rameaux ou de boutons à fleurs, car un bouton à bois peut se transformer en bouton à fruit.

4me P. — Plus il y a de feuilles sur un arbre, mieux il se nourrit, et plus il produit d'yeux et de bourgeons, qui attirent d'autant plus de sève qu'ils sont en plus grand nombre.

5me P. — La sève se porte toujours avec plus d'abondance où les feuilles et les ramifications sont plus nombreuses, plus hautes et plus redressées. —

6me P. — L'équilibre et l'égale répartition de la

sève d'un arbre contribuent considérablement à sa vigueur et à sa conservation.

Principes de la taille. — 1ᵉʳ Principe. — Comme c'est l'air et la lumière qui font fructifier un arbre, on dispose toute sa charpente de façon que ces deux principes de végétation, lui parviennent et le visitent dans toutes ses parties.

2ᵐᵉ P. — Il faut que l'arbre, n'importe sous quelle forme, qu'il soit élevé, n'ait de bois que celui qui est nécessaire à la formation de sa charpente.

3ᵐᵉ P. — Que toutes les branches de l'arbre ne soient garnies que de productions fruitières, au nombre de 6, la lambourde (fig. 7), la bourse (fig. 8), le dard (fig. 9), la brindille (fig. 10), le bouton à fleurs (fig. 11), et celui à bois (fig. 12).

4ᵐᵉ P. — Avant de tailler un arbre, il faut en considérer l'ensemble, étudier sa nature, ses dispositions et la vigueur plus ou moins grande de sa végétation.

Plus la végétation est forte, moins il faut retrancher de bois à la taille, c'est ce qu'on appelle la taille longue. Plus elle est faible, plus nous devons supprimer de bois ; c'est ce qu'on nomme la taille courte.

L'arbre dont la végétation est par trop vigoureuse, ne donne que du bois et très difficilement du fruit ; celui au contraire dont la végétation est languissante et faible donne beaucoup de fruits et pas assez de bois pour les nourrir.

La taille affaiblissant toujours plus ou moins la santé des arbres, selon que les amputations sont plus nombreuses et portent sur de plus gros rameaux ; il serait donc à désirer que l'on pût les conduire, au moins en partie, sans l'emploi de la serpette et du sécateur ; et pour cet effet, au lieu d'attendre qu'un rameau inutile se développe, on supprime le bourgeon qui doit le produire. Cette opération se nomme ébourgeonnage.

199 Taille proprement dite et opérations générales.

Le taille est une opération par laquelle, on supprime, en totalité ou en partie, quelques-unes des parties des végétaux auxquels on l'applique. On en distingue de deux sortes : la taille en sec ou d'hiver, et la taille en vert ou d'été, que l'on pratique à différentes époques de l'année, selon les climats et les différentes espèces d'arbres.

Époque. — La taille en sec ou d'hiver, peut s'exécuter pendant tout le temps du repos de la végétation, c'est-à-dire depuis le commencement de novembre jusque vers la fin de mars ; mais, en général, le moment le plus favorable est le mois de février, après les fortes gelées.

Cette taille comprend : le dépalissage, le rapprochement, le ravalement, le récépage, les incisions, les entailles, l'arcure, le chaulage et le palissage d'hiver.

Dépalissage. — Le dépalissage est une opération qui consiste à détacher les branches ou les rameaux, des supports auxquels on les avait fixés, pour qu'ils soient plus faciles à tailler.

La Coupe. (fig. 16) — La coupe est une opération qui consiste à enlever en entier ou en partie les branches ou les rameaux sur lesquels on exécute la taille ; il faut toujours couper à 3 ou 4 millim. au-dessus d'un œil et même de 8 à 10 pour les espèces de bois tendre.

L'Eborgnage. — L'éborgnage consiste à casser ou à couper, avant leur développement en bourgeons, les yeux regardés, soit comme inutiles, soit comme mal placés, et utiliser ainsi une partie de la sève, qui eût été perdue, si l'on avait laissé ces bourgeons se développer.

Rapprochement. — Le rapprochement est une opération qui consiste à tailler sur le bois des années antérieures, tout proche du centre de l'arbre, afin de lui rendre de la vigueur, en concentrant la sève au bénifice d'un plus petit nombre de branches.

Cette taille s'établit, soit près des coudes, soit

sur les nodosités, pour exciter les yeux latents et adventifs à se développer. Le rapprochement se pratique ordinairement sur des arbres languissants ou défectueux.

Ravalement. (fig 15) — Le ravalement, en termes d'arboriculture, consiste à couper une branche à son point d'insertion, sur une autre branche, et à en opérer la suppression complète, afin d'obtenir de nouveaux bourgeons capables de refaire une nouvelle charpente. On l'applique généralement aux arbres mal faits.

Recépage. — C'est une opération qui consiste à couper tout l'arbre près du collet, afin de reconstituer entièrement une nouvelle charpente.

Le recépage peut être appliqué à presque toutes les essences fruitières, à la vigne surtout.

S'il arrivait que les plaies soient fortes, lors de l'opération, il faudrait les recouvrir avec de la cire à greffer ou d'onguent de Saint-Fiacre.

200 *Incisions.* (fig. 14) — Les incisions sont des fentes que l'on fait avec la serpette ou avec le greffoir dans les diverses parties de l'écorce des végétaux ; elles se pratiquent : 1° transversalement au-dessous des yeux, à 3 ou 4 millim. environ, afin d'interrompre les canaux de la sève, et empêcher celle-ci de faire prendre aux branches tout l'accroissement dont elles sont susceptibles ; 2° longi-

tudinalement, sur les parties où l'écorce endurcie comprime les canaux de la sève ; elle s'opère en fendant, avec la pointe de la serpette ou du greffoir, en longueur l'écorce trop dure et trop coriace ; 3° annulairement, en enlevant un morceau d'écorce circulaire dont la longueur varie selon le diamètre de la branche, elle a pour objet de faire mettre à fruit la partie qui lui est supérieure et de faire délopper du bois à la partie inférieure.

L'incision annulaire ne s'applique guère qu'à la vigne de treille.

201 *Entaille.* (fig. 17) — L'entaille ou cran est une coupe partielle faite transversalement jusqu'à l'aubier en entamant un peu ce dernier ; dans le but d'arrêter ou de modérer le cours de la sève sur certains points et la faire refluer sur certains autres. Elle se pratique au dessous d'une branche ou d'un œil, pour l'empêcher de prendre un grand accroissement ; au-dessus, au contraire, pour le faire développer.

202 *Arcure.* (fig. 20) — L'arcure est une opération qui consiste à courber, en forme d'arc ou de demi-cercle, des rameaux et même des branches, l'extrémité vers le sol dans le but de les faire mettre à fruit. Le mouvement de la sève étant ralenti, par suite de cette courbure, ne fait plus développer

que des dards et des brindilles qui forment bientôt des boutons à fruits.

203 *Chaulage*. — Le chaulage est une opération qui consiste à enduire les arbres ou certaines de leurs parties avec un lait de chaux, pour en faire disparaître, soit les mousses, soit les insectes. L'époque la plus favorable pour ce travail est celle du repos de la végétation, c'est-à-dire depuis la chute des feuilles jusqu'en février, mais toujours avant le gonflement des yeux.

204 *Palissage d'hiver*. — Le palissage d'hiver, ou en sec, ou dressage, se fait après la taille; il consiste à attacher contre un mur, contre un treillage ou contre tout autre support, les diverses parties d'un arbre, soit pour leur donner une direction, soit pour les maintenir, soit pour les affaiblir, avec du jonc ou de l'osier de grosseur différente, suivant la force des branches ; ou bien, si l'on palisse à la loque, avec un morceau de drap, dans lequel, on place la branche sans trop la serrer, et dont on fixe ensuite les extrémités au mur avec un clou.

En attachant les branches de charpente, il faut éviter de leur faire faire des coudes trop prononcés, qui seraient des points d'arrêt pour la sève et l'empêcheraient de circuler librement dans toute leur étendue.

Les petites branches ou rameaux à fruits du pêcher doivent former avec la branche de charpente, un angle aigu et présenter la forme d'une arête de poisson.

205 *Taille en vert ou d'été.* — Elle se pratique sur tous les arbres, mais principalement sur le pêcher. Par cette taille, on supprime tout ce qui est devenu inutile à partir du moment où la végétation a commencé; elle comprend: l'ébourgeonnage, le pincement, la torsion, le cassement, la taille en vert, la taille d'août, l'évrillement, le palissage d'été, la suppression des fruits trop nombreux, l'effeuillement.

206 *Ebourgeonnage.* — L'ébourgeonnage est l'une des opérations les plus importantes à la formation de tous les arbres, surtout du pêcher et de la vigne; il consiste à enlever tous les bourgeons inutiles qui feraient confusion et absorberaient une partie de la sève, afin d'en faire profiter ceux qui doivent rester.

207 *Pincement.* (fig. 18) — Le pincement est une opération qui consiste à supprimer la partie supérieure et herbacée d'un bourgeon, soit avec les ongles, soit avec le greffoir, soit avec la serpette. Il a pour effet de faire passer la sève dans les bourgeons voisins, de leur donner de la force, de les faire développer à bois, et de mettre à fruit les parties pincées. Sur le pêcher, il doit être plus suivi

que sur les arbres fruitiers à pepins, à cause des bourgeons de remplacement.

Dans le poirier et le pommier, tout bourgeon non destiné à la charpente, peut être pincé à 3, 4, 5 ou 6 feuilles, lorsqu'il a atteint une longueur de 15 à 20 cent., plus tard, on devra le tailler à la moitié de cette longueur.

Pour le pêcher, le bourgeon mixte se pince à 30 cent. environ ou à 8 feuilles.

208 *Torsion*. (fig. 13) — La torsion consiste à tordre un peu la partie supérieure des bourgeons, sans en faire la suppression, afin de contrarier la sève et de la refouler vers la base et y faire pousser des petits yeux destinés à être rameaux ou boutons à fleurs, les années suivantes. La torsion remplace le pincement lorsqu'on a négligé de l'opérer, et que les bourgeons, devenus presque ligneux ne pourraient être pincés convenablement.

209. *Cassement*. — Le cassement se pratique spécialement sur les arbres à fruits à pepins ; il consiste dans la rupture complète du rameau dont on veut arrêter l'élongation, et refouler la sève dans les parties restantes.

Le cassement s'exécute suivant la nature des arbres, depuis le commencement de juillet jusque vers la fin d'août.

210. *Taille en vert*. — Ainsi nommée parce

qu'elle se pratique pendant la végétation et lorsque les végétaux sont couverts de feuilles. Elle a pour but de régulariser les diverses parties de l'arbre. On l'emploie dans les cas suivants : 1° lorsque sur le pêcher, on a taillé long une branche à fruit, et que le fruit n'a pas noué, alors on se rapproche sur le 2ᵐᵉ bourgeon de la base ; 2° quand une branche ou un rameau prennent trop de force, il est souvent utile de les rabattre sur un œil ou un bourgeon, et l'on destine ce dernier à les prolonger ; 3° pour rabattre un bourgeon pincé qui aurait émis plusieurs faux bourgeons après le pincement, c'est sur le plus inférieur que l'opération se fait.

211 *Taille d'Août*. — La taille d'août se fait sur les arbres à fruits à pepins lorsque la sève de juillet et d'août se ralentit ; elle consiste à supprimer à 3 ou 4 feuilles la plus grande partie des bourgeons qui ont été conservés lors du pincement, afin d'éviter le développement des boutons à fruits ; de plus elle dispose les yeux qui restent sur la partie taillée à donner de petits dards l'année suivante.

212 *L'évrillement*. — C'est une opération spéciale à la vigne ; elles consiste à ôter toutes les vrilles qui existent auprès des grappes et qui, en général vivent aux dépens de celles-ci. Cette suppression facilite le palissage, fait jouir les raisins

et les bourgeons de toute la sève absorbée inutilement par ces vrilles.

213 *Palissage d'été*. — Le palissage d'été, nommé palissage en vert, s'applique uniquement aux arbres en espalier et en contre-espalier. Il se pratique pendant tout le cours de la végétation, et consiste à étaler et à fixer sur un treillage en fer, une palissade en bois, ou même directement sur le mur, les bourgeons nés du printemps, d'une façon symétrique, de manière qu'ils ne se gênent pas entre eux et que la lumière y arrive également sur toutes les parties de l'arbre.

L'époque varie, suivant la force des bourgeons; ceux qui croissent avec trop de vigueur doivent être palissés plus tôt, serrés plus fortement que ceux qui sont faibles et peu vigoureux; ces derniers au contraire seront laissés libres ou attachés de manière qu'ils puissent pousser à l'aise.

Le moment le plus propice est celui où les bourgeons commencent à être un peu ligneux, car avant cette époque, ils casseraient sous les doigts, et plus tard, on leur donnerait difficilement la position qui leur est distinée

On se sert dans le palissage sur treillage ou palissade, de liens de jonc, de chanvre ou de tout autre produit flexible et doué d'une certaine résistance, et lorsqu'on palisse contre un mur ou à la loque, d'un petit morceau de drap comme il a été dit ci-devant.

On doit veiller attentivement à ce que les liens ne soient pas serrés au point de former dans la suite, sur les bourgeons, des étranglements et des bourrelets.

214 *Suppression des fruits*. — La suppression des fruits appelée aussi éclaircie, consiste à enlever ceux qui sont de trop sur les arbres fruitiers, qui nuiraient à la beauté des autres, à l'accroissement des bourgeons et à l'équilibre de l'arbre.

Cette suppression peut se faire sur tous les arbres ; mais c'est surtout à la vigne et au pêcher qu'elle est utile.

Elle s'effectue vers le mois de mai et de juin, en deux fois.

215 *L'effeuillage*. — L'effeuillage est une opération qui consiste à enlever à un arbre ou à une de ses parties, un certain nombre de feuilles, soit pour donner plus d'air au fruit dans le but de hâter sa maturité, soit pour le faire colorer davantage et lui donner de la qualité.

Seulement, pour faire cette suppression, il est nécessaire que le fruit soit arrivé à peu près à sa grosseur, autrement il pourrait jaunir et tomber, ou tout au moins être arrêté dans son grossissement. C'est principalement sur la vigne et sur le pêcher que se pratique l'effeuillage.

216. **Principes de la taille**

On doit tailler court les branches fortes, afin qu'elles attirent moins de sève et que l'on puisse en faire jouir les branches faibles ; les branches faibles, au contraire, on, leur donnera une taille allongée dans le but de faciliter leur équilibre avec les autres.

Pour bien constituer les branches inférieures d'un arbre, on les favorise par une taille allongée et on taille court, au contraire, les branches supérieures que la sève alimente toujours de préférence.

En formant la charpente d'un arbre, on doit éviter les coudes et les nodosités et choisir, par conséquent, les yeux les plus propres à rendre une branche droite et effilée ; on doit éviter également les bifurcations qui nuisent à l'équilibre et contrarient la sève.

La base fondamentale de la taille des rameaux à fruits et qui s'applique à tous les arbres, quelles qu'en soient la nature et la forme est : 1° qu'il ne faut jamais fatiguer un jeune arbre par une fructification précipitée ou trop abondante ; 2° qu'il faut mettre plutôt à fruit les arbres vigoureux, et retarder ceux qui sont faibles et languissants.

Tous les arbres ne doivent pas être taillés de la même manière ; dans les uns, il faut tempérer la sève indocile qui pousse abondamment des branches à bois, sans donner des fruits ; dans les autres, il faut donner l'essor à la sève qui s'épuise dans les bourgeons et laisse l'arbre chétif ; pour le pêcher, il faut renouveler chaque année les branches fruitières, par un rameau de remplacement ; pour le poirier, le pommier,... il suffit de les conserver dans un état de santé favorable à leur rapport et à leur durée.

L'aire de la coupe doit toujours être opposée à l'œil pour permettre à l'eau ou à la sève de s'écouler sans lui porter préjudice, et être faite en biseau arrondi.

On tient d'une main le rameau qu'on veut tailler en mettant le pouce au-dessous de l'œil comme point d'appui : et de l'autre, on fait glisser obliquement la serpette afin de couper net.

La partie restée entre l'œil et l'aire se nomme onglet, laquelle se dessèche dans les espèces à bois tendre, telle que la vigne, etc...

On appelle œil éventé, celui où la coupe a été faite très près à dessein, afin d'éviter son trop grand développement.

On doit supprimer avec soin dans l'arbre qu'on taille tous les chicots, les branches mortes, et raser soigneusement, avec la serpette, toutes les plaies que fait la scie ; il faut aussi avoir soin de creuser jusqu'au vif toutes les parties chancreuses.

217. *But de la taille.* — On taille un arbre 1° pour lui donner et lui conserver une forme régulière et gracieuse en répartissant également la sève entre toutes ses parties ; 2° pour le faire fructifier, s'il n'y est pas naturellement disposé et régulariser cette fructification ; 3° pour le maintenir en bon état de fructification ; 4° pour obtenir des fruits plus gros, de meilleure qualité et plus hâtifs.

Moyens d'équilibre.

Les moyens d'équilibrer la végétation d'un arbre sont :

1° Tailler très court les rameaux de la partie forte, et très long ceux de la partie faible.

2° Incliner la partie forte et redresser la partie faible.

3° Supprimer le plus tôt possible sur la partie forte les bourgeons inutiles, et pratiquer cette suppression le plus tard possible, sur la partie faible.

4° Palisser très près du treillage et de très bonne

heure, les bourgeons de la partie forte, et très tard ceux de la partie faible.

5º Supprimer sur le côté fort un certain nombre de feuilles.

6º Laisser sur la partie forte le plus de fruits possible et les supprimer tous sur la partie faible.

7º Éloigner du mur le côté faible et y maintenir le côté fort.

8º Couvrir le côté fort de manière à le priver de la lumière ; planter au-dessous ou à côté de la partie faible un sauvageon et le greffer par approche.

219. *Moyens de mettre un arbre à fruits.* —

1º Tailler très long le prolongement des branches de la charpente, et alors les yeux de l'extrémité forment des bourgeons à bois, ceux au-dessous des brindilles et les inférieures des lambourdes.

2º Arquer les branches de la charpente de façon qu'une partie de leur longueur soit dirigée vers le sol, ce qui diminue la vigueur et détermine la mise à fruit.

3º appliquer les incisions et les entailles destinées à diminuer la vigueur.

4º Pratiquer très tardivement la taille d'hiver,

lorsque déjà les bourgeons ont atteint une longueur de 3 ou 4 cent.

5° Déchausser le pied de l'arbre au printemps, puis mutiler en les coupant un peu, une partie des racines et même en supprimer quelques-unes au besoin et replacer ensuite la terre.

6° Transplanter les arbres à la fin de l'automne, en les déplantant avec grand soin, de façon à leur conserver toutes leurs racines.

220. *Moyens d'obtenir de gros fruits.* — 1° Greffer les arbres sur des espèces de sujets dont la vigueur soit modérée ; les poiriers sur coignassier, les pommiers sur paradis, etc.

2° A la taille ne laisser sur l'arbre que les rameaux nécessaires à l'accroissement symétrique de la charpente ou à la formation des rameaux à fruits.

3° Ne laisser sur l'arbre qu'un nombre de fruits proportionné à sa vigueur.

4° Placer sous les fruits pendant leur développement un support destiné à les empêcher de tendre ou de tordre leur pédoncule ou queue.

5° Tailler les branches très courtes dès que les boutons à fleurs sont formés.

6° Placer les fruits sous l'ombre des feuilles pendant tout le temps de leur accroissement, parce que la chaleur trop vive durcit les tissus et leur fait perdre leur élasticité.

7° Mutiler les bourgeons qui ne sont pas nécessaires à l'accroissenment de la charpente de l'arbre.

8° Maintenir les lambourdes trés courtes et le plus près possible de la branche-mère.

Formes différentes et principes.

Les formes auxquelles, on assujettit les arbres sont : la pyramide ou cône, le fuseau ou colonne, le plein-vent ou haute tige, le vase ou gobelet, le cardon oblique, le cordon vertical, le cordon horizontal, le buisson au cépée, le contre-espalier, et l'espalier qui comprend des éventails de toutes sortes, tels que, la palmette simple, la palmette double, la palmette à branches courbes, la forme carrée, la lyre, la forme verrier.

Pyramide. (fig 24)

La pyramide se compose d'une tige verticale garnie depuis le sommet jusqu'à 30 cent. au-dessus du sol de branches latérales, dont la longueur croit à mesure qu'elles se rapprochent de la base de l'arbre ; il doit exister entre les branches un intervalle de 20 à 25 cent. pour que la lumière puisse y pénétrer facilement.

Les pyramides doivent être plantées de 3 à 4 mét. de distance les unes des autres, afin que la lumière et l'air y circulent également sur toute leur circonférence.

Le diamètre d'une pyramide doit être d'un tiers environ de la longueur totale de l'arbre.

Première taille (fig. 21). Pour la première taille de la pyramide, on choisit, sur la tige du jeune scion, à 50 cent. environ, à partir du sol, un œil bien constitué, et on taille au-dessus ; cette première taille est destinée à provoquer le développement des premières branches latérales, qui doivent naître sur le pourtour de la tige à partir de 30 cent. du sol environ, je dis environ parce qu'on ne doit pas être rigoureux pour cette distance, car souvent il faut prendre les branches où elles se trouvent.

Pour avoir des branches vigoureuses, il ne faut pas en faire développer plus de 5 ou 6 à la fois, sur celle qui constitue la tige.

Le bouton terminal doit être ordinairement dirigé du côté opposé à la greffe, afin de conserver à la tige une direction verticale.

Soins. — Pendant la végétation, il faut veiller à ce que les bourgeons conservent entre eux le même degré de vigueur et observer, autant que cela est possible, que les branches latérales alternent entre elles, afin d'éviter la confusion.

Deuxième taille (fig. 22). Au printemps de la deuxième année, on taille la flèche ou tige, à environ 40 cent. au-dessus du point où elle avait été coupée l'année précédente, afin qu'elle développe une nouvelle série de 5 ou 6 branches. Quant aux branches latérales déjà obtenues, on les taille à peu près au tiers de leur longueur, près d'un œil placé en dessous, afin d'éloigner leur prolongement du centre de l'arbre, et laisser passage à l'air et à la lumière.

Lorsqu'une branche se rapproche trop du centre de l'arbre, on l'éloigne au moyen d'un arc-boutant. Si une autre était trop inclinée ou jetée sur ses voisines, on la ramènerait par une bribe en osier qui la tiendrait en respect.

Si l'on avait un vide à remplir, à droite ou à gauche, il faudrait tailler sur l'œil placé du côté de ce vide, ou bien y placer un écusson.

Les principes des 3ᵉ (fig. 23) 4ᵉ 5ᵉ 6ᵉ années de la taille sont à peu près les mêmes pour la direction des pyramides que ceux pratiqués à la première et à la deuxième taille. Lorsque les boutons manquent sur la tige, on peut en obtenir au moyen de la greffe.

Une pyramide doit présenter la figure d'un cône dont le pourtour de la base égale la hauteur.

Pyramide à ailes (fig. 25). La pyramide à ailes ne diffère de la pyramide ordinaire que par la disposition des branches, lesquelles sont disposées les unes au-dessus des autres sur 4 ou 5 rangs laissant entre elles un large intervalle libre.

Pour obtenir cette forme, on fixe le long de la tige de l'arbre, un fort tuteur au sommet duquel, on attache autant de fils de fer qu'il y a de rangées de branches superposées. Ces mêmes fils sont tendus obliquement et fixés en terre à une distance de 1 mèt. environ du pied de l'arbre.

A mesure que les branches apparaissent, on les attache à ces mêmes fils de fer.

Fuseau ou colonne.   (fig. 26)

L'arbre en forme de fuseau se compose d'une tige verticale qui peut s'élever jusqu'à 8 mèt. de hauteur, si la nature du sol et la vigueur de cet arbre le lui permettent ; cette tige doit être garnie de lambourdes, de rameaux, de brindilles, de dards, et de boutons à fruits, de la base au sommet.

La taille de ces productions fruitières ou branches latérales doit être faite sur des yeux peu apparents ou sur des rides, afin d'obtenir des pousses moins fortes ; quant à la tige, on l'allonge autant que le permet la vigueur de l'arbre. Le fuseau n'a pas l'apparence bien gracieuse, mais il présente néanmoins beaucoup d'avantages qu'on ne saurait s'empêcher de préconiser : conduite facile, productions nombreuses et peu de prise au vent ; exige peu de soins, espace restreint, ce qui permet de réunir un grand nombre de variétés sur une petite surface, et d'y récolter promptement des fruits relativement plus nombreux et d'autant plus beaux qu'ils jouissent de plus d'air et de soleil.

Les fuseaux se plantent ordinairement à une distance de 1 mèt. 50 centim. à 2 mèt.

Plein-vent ou haute tige. (fig. 27)

Le plein-vent ou haute tige, est un arbre qu'on laisse venir sur une seule tige à une hauteur de 2 mèt. environ au-dessus du sol, qu'on taille ensuite en supprimant le canal médullaire, comme si on voulait former un gobelet, afin de faire sortir un certain nombre de branches latérales, qu'on taillera à leur tour, pour obtenir des bifurcations et former ainsi une tête à l'arbre.

Après ces opérations, on se contente de supprimer les gourmands qui sortent du milieu de l'arbre et tendent à reformer la tige centrale.

Le plein-vent est une forme applicable à toutes

les essences d'arbres, mais il convient particulièrement pour la plantation des vergers et des bordures le long des chemins.

Vase ou gobelet. (fig. 28)

Le vase ou gobelet est une forme de plein air, composé de 5 ou 6 branches bifurquées partant circulairement du sommet du tronc d'une tige principale qui a été rabattue.

Pour former le vase, on opère ainsi : à la première taille, on rabat le jeune sujet à 25 ou 30 cent. du sol, suivant la position locale de l'arbre; à la 2° taille, on choisit 5 ou 6 beaux rameaux placés régulièrement autour du jeune tronc, on leur fait prendre une inclinaison de 45 degrés, et lorsqu'ils ont acquis une longueur de 50 à 80 cent. suivant l'évasement qu'on veut donner au gobelet, on les dirige verticalement; puis ils sont taillés à leur tour et se bifurquent.

Pour obtenir un vase bien régulier, qui ait en bas le même diamètre qu'en haut, des cercles et des baguettes sont nécessaires.

Durant la végétation, on doit veiller à ce que l'intérieur soit bien évidé, et supprimer soigneusement toutes les branches inutiles qui poussent à l'intérieur.

Le vase occupe autant de place qu'une pyramide

et rapporte moins de fruits, aussi est-il à peu près abandonné. Il a cependant quelques avantages ; il porte de très beaux fruits, qui ne sont pas ballottés par le vent, et sont faciles à cueillir ; enfin, l'air et la lumière pénètrent parfaitement dans l'intérieur.

Cordon oblique. (fig. 29)

Le cordon oblique est une forme simple et facile à obtenir, fort en usage depuis quelques années, pour garnir promptement les murs de nos jardins. Il convient à tous les arbres que l'on cultive ordinairement en espalier.

Pour former le cordon oblique, on plante des jeunes scions d'un an de greffe, n'ayant qu'une tige simple, très près les uns des autres, à 60 cent. pour le poirier ou pour le pommier, et à 90 pour le pêcher, en leur donnant tout de suite la position inclinée de 45 degrés, de manière qu'ils soient obliques : ils devront conserver cette position tout le temps de leur existence.

La taille doit être faite chaque année d'après leur vigueur, mais toujours au moins à la moitié de la longueur totale de la tige principale, tout en conservant, à droites et à gauche de petites branches ou productions fruitières.

Le cordon oblique par suite de son inclinaison

couvre un espace plus grand que le cordon vertical.

On établit quelquefois le cordon oblique en cordon double ; dans ce cas, les sujets sont plantés à 1 mét. environ de distance, et rabattus à 30 cent. au-dessus du sol ; sur ces sujets ainsi coupés, on prend deux bourgeons que l'on dirige en forme d'U incliné de 45 degrés, en leur donnant un écartement de 30 à 40 cent. Cette forme économise les sujets et donne aux racines plus de place pour se développer.

Cordon vertical. (fig. 30)

Le cordon vertical ressemble en tout point au cordon oblique, si ce n'est qu'au lieu d'être incliné, il est dressé verticalement sur l'espalier, le long d'un mur.

La plantation et les diverses opérations de la taille s'opèrent d'une façon tout à fait analogue à celle du cordon oblique.

La forme en cordon vertical est particulièrement appliquée pour la culture du poirier et de la vigne.

L'espacement à donner pour le poirier est de 30 à 40 cent. et pour la vigne de 60 à 70, suivant la hauteur du mur et la nature du terrain.

Cordon horizontal. (fig. 31)

La forme du cordon horizontal est une de celles qui conviennent le mieux au pommier pour les raisons suivantes : 1° elle va très bien aux variétés peu vigoureuses, les branches étant peu nombreuses ; 2° elle est très productive et les fruits deviennent fort beaux ; 3° elle ne tient presque pas de place sur les plates-bandes, et peut servir avec avantage à border les allées.

Pour obtenir des cordons horizontaux, on plante de préférence des scions d'un an de greffe, sur paradis pour le pommier, et sur coignassier pour le poirier, à 3 ou 4 mèt. de distance ; plus tard lorsqu ils se seront allongés, il deviendra nécessaire de porter cet écartement à 6 mèt. en enlevant un arbre sur deux, qu'on utilisera en les plantant ailleurs.

Lorsque la plantation est faite et que la séve s'est mise en mouvement, on courbe doucement la tige ou tronc du jeune arbre en l'amortissant à l'endroit du coude avec les mains, afin d'éviter une rupture ; ensuite, on la palisse sur un fil de fer horizontal placé à une hauteur de 35 cent. au-dessus du sol, pour que les fleurs soient moins sujettes à l'humidité et à la gelée, que les pluies en tombant sur le sol ne fassent pas jaillir de terre sur les fruits, et enfin, que les binages et les ratissages soient plus faciles à exécuter.

Les soins à donner au cordon horizontal consistent à allonger chaque année, la branche ou les branches-mères et à faire en sorte que celles-ci se garnissant promptement, dans toute leur étendue, de productions fruitières. Dans beaucoup de cas la taille doit se borner à rafraîchir les extrémités et à supprimer la partie surabondante de ces productions.

Le cordon horizontal ou à la Thomery est employé de préférence pour la vigne. Il se compose d'une tige verticale plus ou moins élevée, suivant la hauteur du mur et l'étage où on veut l'établir, et de deux branches prenant naissance à droite et à gauche de cette tige, qu'on dirige horizontalement, par le palissage, sur un fil de fer.

Pour couvrir entièrement un mur ou un treillage avec de la vigne élevée en cordons horizontaux superposés, on met entre eux une distance de 50 à 60 cent.

Le même pied ou cep ne doit pas porter plusieurs cordons superposés, car la sève des racines agissant principalement sur le cordon le plus élévé, ceux du dessous resteraient languissants.

Buisson ou Cépée. (fig. 32)

Le buisson ou cépée est une plante dont la tige principale manque, soit qu'elle ait été rabattue, soit que naturellement elle soit courte ; sur le pourtour de laquelle se développent en nombre plus ou moins grand de bourgeons qui prennent toutes les directions, et forment, lorsqu'il s'agit d'un arbre, un buisson ou un arbrisseau, et quand il s'agit de plantes herbacées, une touffe.

Cette forme s'applique spécialement aux plantes privées de tige, telles que : le figuier, le framboisier, le groseillier épineux.

230 *Contre-espaliers*. — On nomme ainsi des arbres plantés en plein air, le long de treillages ou de supports quelconques, de la tige desquels partent à droite et à gauche des branches latérales, que l'on attage à ces treillages ou à ces supports.

231 *Espaliers* - On nomme espaliers des arbres fruitiers plantés près d'un mur et soumis à la taille, desquels sortent à droite et à gauche des branches que l'on étend et que l'on fixe, soit sur ce mur, soit sur un treillage.

L'espalier convient à tous les arbres ; mais plus spécialement à ceux dont la maturité des fruits ne serait pas assurée en plein air.

Parmi les arbres dressés en espalier, ou en contre-espalier, les formes les plus généralement adoptées sont: La forme en V, la forme en éventail, la forme carrée, la palmette simple, la palmette double ou à deux tiges, dite encore en U, la forme Verrier, la forme en lyre, la forme Cossonnet.

232 *La forme en V* (fig. 33). — Pour obtenir la forme en V, on rabat la première année, la tige principale du jeune scion, sur deux yeux; à 25 cent. environ du sol. Pendant la végétation, ces deux yeux produisent deux bourgeons qui sont dirigés obliquement de manière à former un V. La 2e année, ils ont produit deux branches-mères qui sont taillées, selon leur vigueur, court ou long, sur un œil situé par devant, destiné à prolonger la branche-mère, tandis que ceux placés à droite et à gauche, ou en dessous donneront des branches inférieures ou sous-mères qu'on taillera à leur tour.

La 3e, la 4e et les années suivantes, on continuera la taille d'une manière à peu près analogue, toujours en conservant une direction plus ou moins oblique, suivant les branches et leur position.

233 *Forme en éventail* (fig. 34) — L'éventail diffère de la forme en V en ce qu'au lieu de ne laisser que deux branches-mères, on en conserve 5 ou 6 qu'on palisse en les plaçant le plus parallèlement que possible et à égale distance l'une de l'autre. Les inférieures s'abaissent graduellement

aux premières tailles jusqu'à ce qu'elles se trouvent dans une position à peu près horizontale, et toutes les autres sont également taillées et placées, selon le besoin des branches de bifurcation, pour remplir les intervalles.

234 *Forme carrée* (fig. 35). Cette forme consiste en une tige très courte (15 à 18 cent. de la greffe), d'où part à droite et à gauche une branche de charpente, dite branche-mère, laquelle porte en dessous et en dessus des branches sous-mères. Cette forme ne s'applique guère qu'au pêcher, nous en parlerons en parlant du pêcher.

235 *Palmette simple* (fig. 36). — Cette forme consiste en une tige verticale portant à droite et à gauche des branches latérales, plus ou moins horizontales ou obliques.

Pour obtenir la palmette simple, on taille le jeune arbre à 30 cent. environ du sol au dessus du 3e ou 5e œil. Durant la végétation, il peut se développer 3 ou 5 bourgeons, mais il ne faut garder que les 3 mieux disposés pour établir les deux premières branches et le prolongement de l'axe. Le plus élevé, pris sur le devant destiné à continuer la tige sera attaché verticalement; les deux aures, pris régulièrement un de chaque côté, seront palissés obliquement; s'ils ne poussaient pas également, on inclinerait le fort et on redresserait le faible.

A la deuxième année, on raccourcit les deux rameaux ou branches latérales du tiers à la moitié de leur longueur, selon leur vigueur ; lorsqu'elles manquent de vigueur, on les taille plus courtes, afin de bien constituer la base.

Quant au rameau vertical ou tige, on le taillera sur un œil placé de manière à pouvoir continuer la tige, et établir une seconde série de branches latérales à 25 ou 30 cent. de la précédente.

Si les yeux étaient mal placés, une légère torsion au rameau les ramènerait à bonne place; ou bien, si un accident quelconque les avait annulés, on y remédierait par la greffe en écusson.

Pour les tailles suivantes, on procédera d'une façon à peu près analogue.

236. *Palmette double horizontale.* (fig. 37) Cette forme se compose de deux tiges faisant office de branches-mères, chargées de porter des étages de branches latérales horizontales, l'une à droite l'autre à gauche.

Pour obtenir cette forme, on plante les sujets de 4 à 8 mètr. de distance, suivant leur vigueur et la hauteur des murs.

Première taille. La taille qui suit la plantation se fait de 15 à 20 cent. du sol, au-dessus de deux bons yeux placés à droite et à gauche, destinés à donner les deux tiges verticales. Pendant le cours de la végétation, on les dirige en forme d'U ou de fer à cheval, en leur donnant un écartement, pour le poirier, de 25 cent. et pour le pêcher de 45 à 50 cent.

Deuxième taille. — La deuxième taille se fait à 40 ou 50 cent. environ du sol, sur chacun des deux rameaux obtenus la première année, au-dessus de deux yeux combinés, l'un pour continuer le prolongement vertical, et l'autre pour faire la première branche latérale horizontale.

Troisième taille. — Les deux premières branches latérales obtenues sur chaque tige, par la 2ᵉ taille, pourront être laissées à l'œil terminal, si cet œil est bien constitué, et si ces branches sont d'égale force. Le rameau vertical sera taillé de 25 à 45 cent. environ au-dessus de la première branche sous-mère s'il s'agit du poirier, et de 40 à 50 s'il s'agit du pêcher, toujours au-dessus de deux bons yeux, bien entendu, comme à la deuxième taille.

La 4ᵉ, 5ᵉ et 6ᵉ taille se pratiqueront d'une manière à peu près semblable.

237 *Forme Verrier* (fig. 38). Depuis quelques années, un grand perfectionnement a été apporté à la direction des palmettes. Ce perfectionnement consiste à redresser verticalement l'extrémité des branches horizontales; c'est ce qu'on a appelé palmette Verrier, du nom du jardinier qui l'a, non pas

inventée, mais appliquée le premier en grand et tellement préconisée, que ses nombreux élèves, reconnaissants de tant de services rendus, ont imposé a ce système le nom de leur maître.

La direction verticale, en attirant la sève aux extrémités des branches, neutralise les malheureux effets de la direction horizontale.

Les principes de taille et de formation de la palmette Verrier, simple ou double sont à peu près les mêmes que ceux de la palmette simple et de la palmette double horizontale (fig. 37).

Sauf qu'il faut relever l'extrémité des branches, lorsqu'elles sont arrivées au point déterminé et mettre un intervalle de 2 ans entre l'obtention du 1er et du 2e étage des branches latérales.

238 *Forme en lyre* (fig. 39). — La forme en lyre ne diffère de la palmette double, que par les courbures qu'on impose aux branches tiges, et que l'on obtient par le moyen du palissage. En général, on ne doit pas donner de suite, aux branches latérales, des palmettes horizontales, la position qu'elles doivent avoir indéfiniment ; mais on doit leur imposer la forme oblique d'abord, puis lorsqu'elles sont à peu près constituées, les baisser graduellement jusqu'à la place qu'elles doivent occuper.

Le fruit provenant de l'espalier est plus beau et

plus gros que l'autre, parce que les branches de la charpente étant plus régulièrement espacées reçoivent plus d'air et de lumière.

Forme Cossonnet (fig. 40) — Cette forme se compose d'arbres, ayant alternativement, les uns, les branches palissées obliquement, sur un angle de 45 degrés, finissant toutes en haut du mur ou du contre-espalier, et les autres, les ont palissées horizontalement, garnissant la moitié inférieure de l'espalier ou du contre-espalier. Ces derniers pourront, dans la suite, si la végétation est vigoureuse, en redressant les branches à la Verrier, garnir tout l'espalier ou contre-espalier. Cette palmette garnit promptement un mur, sans avoir recours à une plantation d'arbres rapprochés, bien loin de là, il faut qu'ils soient plantés à 3 ou 4 mètres les uns des autres, suivant la hauteur du mur ou du contre-espalier. Cette forme, s'obtient, en tous points, comme la palmette simple, sauf l'obliquité.

Fruits à noyaux.

Abricotier, amandier, cerisier, pêcher, prunier.

239. **Abricotier.** — armeniaca (*rosacées*)

On croit généralement que l'abricotier est originaire de l'Arménie. Cet arbre est de moyenne grandeur, à racines pivotantes ; il fleurit en février-mars, avant d'être feuillé.

On le greffe ordinairement en écusson à œil dormant, sur l'amandier, sur le prunier noir de Damas, et quelquefois sur franc ; il se cultive en plein-vent et y produit des fruits de meilleure qualité et plus agréables que ceux venus sur des espaliers ; mais étant très sensible au mauvais temps, et sa floraison des plus précoces, il en résulte que dans les jardins non abrités, ses fruits réussissent rarement, à cause des gelées printanières. Dans ce cas, il est nécessaire d'avoir recours à l'espalier, quoique donnant des abricots beaucoup moins savoureux que ceux du plein-vent.

Les espaliers convenablement abrités donnent presque toujours des fruits. L'abricotier pourrait encore être cultivé avec avantage en contre-espalier sur lequel, on placerait un abri au moment du danger ; ses fruits auraient alors les mêmes qualités qu'en plein-vent.

La plupart des variétés de l'abricotier se reproduisent naturellement de semis sans le secours de la greffe.

Sol. — L'abricotier n'est pas difficile sur la qualité du sol, pourvu qu'il soit bien ameubli, pas trop argileux, ni humide, parce qu'il aime la chaleur, et que les sols argileux et humides sont généralement froids.

Sa plantation se fait à l'automne dans les terrains secs et légers, et au printemps, dans ceux qui sont frais et humides.

Formes. — Toutes les formes de l'espalier et du contre-espalier conviennent à l'abricotier, mais nous conseillons les moyennes, et le candélabre en particulier ; cet arbre pousse avec trop de vigueur pour être soumis aux petites formes, et sa vie est trop courte pour qu'on prenne la peine de le soumettre aux grandes formes.

Comme tous les abres à fruits à noyaux, l'abricotier donne son fruit sur les rameaux de l'année précédente, et ces rameaux ne fructifient qu'une seule fois, après, ils s'allongent et se dégarnissent dans la partie qui a porté les fruits.

Taille. — L'abricotier pousse vigoureusement dans les premières années, c'est pour cela qu'il faut le tailler long dans toutes ses diverses parties, pour donner à la sève des issues suffisantes, et éviter la gomme, maladie à laquelle cet arbre est sujet.

Les principes de l'équilibre, de l'ébourgeonnement et du pincement de l'abricotier en espalier sont à peu près les mêmes que ceux du pêcher.

La facilité avec laquelle, on obtient des bourgeons nouveaux, par le raccourcissement des branches, rend même la taille plus facile que celle du pêcher.

On doit soumettre à une taille régulière les abricotiers élevés en plein-vent, afin de répartir plus également la sève dans toutes les branches et obtenir des fruits plus gros et d'une maturité plus régulière.

Variétés. — Les meilleures variétés d'abricots sont :

Abricot Musch de Turquie. Maturité, fin juillet.
A. gros hâtif de la Saint-Jean. Maturité, fin juillet.
A. commun. Maturité, fin juillet.
A. Beaugé. Maturité, commencement de septembre
A. rouge précoce. Maturité juillet.
A. Pourret. Maturité mi-août.
A. Pêche. Maturité fin d'août.
A. Royal. Maturité mi-août.
A. de Versailles. Maturité fin d'août.
A. de Noor. Maturité fin de septembre.

Amandier — *amygdalus* (rosacées)

240. L'amandier est originaire d'Asie, de moyenne grandeur, à racines pivotantes ; sa culture présente peu d'intérêt dans les régions froides ; il n'y a guère que dans le midi de la France, où les aman-

des sont recherchées pour divers usages et font l'objet d'une spéculation importante.

Il se cultive en plein air et en espalier : en plein air, dans les régions où la température est trop variable, on ne peut guère compter sur son produit, parce que sa floraison précoce est souvent surprise par les dernières gelées du printemps ; l'espalier lui est donc indispensable ; dans ce dernier cas, on le cultive aux mêmes expositions que le pêcher, surtout en vue de la production des amandes vertes ; alors on le soumet à des formes et à un mode de taille en rapport avec ses besoins.

L'amandier est souvent cultivé, dans les jardins comme arbre d'agrément à cause de ses fleurs printanières qui paraissent même avant les feuilles

Il se greffe sur amandier sauvage de semis et sur prunier sauvageon ; sur amandier, il aime des terrains marneux, calcaires et crayeux, sur prunier, des terres argileuses et siliceuses.

Par graine, l'amandier se reproduit rarement semblable à lui-même.

Les pépiniéristes sèment des amandes pour obtenir des sujets sur lesquels, ils greffent le pêcher ; ils prennent de préférence celles qui sont amères, qui ne sont point attaquées par les animaux rongeurs.

Variétés. — Elles peuvent comprendre trois divisions :

1º Amandes douces à coque dure, à coque tendre, grosse ou princesse, sultane, pistache à petits fruits et à coque demi-tendre.

2º Amandes amères, petites, moyennes et grosses, à coque plus ou moins dure.

3º Amande pêche, que l'on dit être un hybride du pêcher et de l'amandier.

241. **Cerisier.** — cerasus (rosacées).

Le cerisier proprement dit, est originaire de Cérasonte en Natolie, (Asie), il a donné lieu à toutes les variétés plus ou moins acides et à chair molle ; le merisier est originaire d'Europe, il a produit les guignes, puis les bigarreaux, etc...

Usage. La cerise est sans contredit l'un des fruits les plus excellents et des plus utiles ; 1º pour consommer à l'état frais ; 2º pour conserver sous forme de confiture dans l'eau-de-vie ou desséchées comme les pruneaux ; 3º pour faire diverses liqueurs, telles que, kirsch wasser, ratafia de cerises, le vin de cerises.

Climat et Sol. Le cerisier s'accommode facilement du climat de toutes les contrées de la France; seulement, il redoute plus l'humidité que la sécheresse et préfère les terrains légers, de consistance moyenne et un peu calcaires.

Exposition. — Toutes les expositions lui conviennent : au levant et au midi, les cerises mûrissent de très bonne heure ; au nord, elles mûrissent bien plus tard, ce qui fournit des récoltes successives à une consommation prolongée.

Multiplication. — Les cerisiers se multiplient au moyen de la greffe, sur des sujets venus de noyaux, lesquels sont au nombre de 3 : le merisier, le prunier de Sainte-Lucie ou Mahaleb et le cerisier franc, qu'on obtient en faisant stratifier leurs divers noyaux que l'on sème ensuite, comme nous l'avons dit à l'article de la stratification.

Le merisier pousse vigoureusement ; on l'emploie exclusivement pour former les arbres à haute tige ; le prunier de Ste-Lucie ou Mahaleb est moins vigoureux que le merisier, il est préféré pour les arbres à basse tige, pyramides, vases et espaliers ; le cerisier franc tient le milieu par sa vigueur entre les deux sujets précédents, il est rarement employé.

Formes. — Les formes généralement adoptées pour le cerisier sont, dans le jardin fruitier, pour les espaliers et les contre-espaliers de hauteur ordinaire, (2 à 3 mèt.) : la palmette Verrier, la palmette cossonnet, à tige simple et à branches opposées, le candélabre à branches obliques, et l'éventail pour les hauts murs, la forme d'U simple et double et le cordon vertical, pour le plein air le vase ; la pyramide ; pour les vergers, la haute-tige.

En espalier, on cultive la cerise anglaise hâtive, et l'Impératrice Eugénie, en contre-espalier, l'anglaise hâtive, la Royale tardive, la Morello de Charmeux et la cerise du Nord ; pour les pyramides et la haute tige, on cultive les variétés suivantes : la Montmorency à bois divergent et la Reine-Hortense qui n'aiment pas la taille, les bigarreautiers, les guigniers et les variétés précitées ci-devant.

Taille. — Les rameaux du prolongement du cerisier destinés à fournir les branches de la charpente seront taillés long, et même parfois, pas du tout, surtout pour les formes palmettes, afin que les rameaux à fruits soient moins vigoureux et par là plus fertiles ; sur les formes verticales, on pourra les tailler à peu près au tiers de la partie supérieure du rameau ; plutôt moins que plus.

Pincement. — Le premier pincement se fait en général, sur le cerisier, lorsque les bourgeons ont atteint 10 ou 12 cent. de longueur, de manière à ne laisser qu'une longueur de 4 ou 8 centim., suivant que les boutons sont plus ou moins rapprochés de leur empâtement.

A la taille en sec, si le rameau qui a donné le fruit est pourvu d'un remplacement, on le taille immédiatement au-dessus de ce remplacement, dans le cas où il en serait privé, on le rabattrait sur deux ou trois bouquets à fruits.

Variétés. — Les principales variétés de cerises sont :

Aigle noir. — Fruit gros, bon. Maturité fin juin, très fertile pour espalier au midi ou au couchant.

Guignier à gros fruit noir luisant. — Fruit gros, très sucré, chair rouge. Maturité fin juin.

Guigne royale. — Fruit gros, bon. Maturité fin juin.

Guigne marbrée. — Fruit gros ou très gros. Maturité fin juillet.

G. à fruit rouge tardif. — Maturité septembre et octobre.

Cerise Elton. — Fruit assez gros, jaune à l'ombre, rose au soleil, bon. Maturité fin mai. Arbre vigoureux et fertile.

Bigarreau monstrueux de Mézel. — Fruit gros ou très gros, ovale, légèrement aplati sur les deux côtés, chair rose, sucrée, très bonne. Maturité fin juin.

Bigarreau à gros fruit. — Fruit gros, noirâtre, très bon. Maturité première quinzaine de juillet.

Bigarreau Napoléon. — Fruit très gros, en cœur, rose vif, chair succulente, sucrée, douce. Maturité fin juin.

Bigarreau commun. — Fruit gros, marbré de rouge du côté du soleil, pâle, tiqueté de points rouges à l'ombre. Maturité commencement de juillet.

Cerise royale. — Fruit gros, chair rouge, très douce, peau d'un rouge tenant sur le brun. Maturité commencement de juin.

Cerise rouge de Mai. — Fruit assez gros, rouge noirâtre, chair tendre, jus sucré, très bon. Maturité fin mai.

Cerise Lemercier. — Fruit assez gros, arrondi, rouge foncé, chair rougeâtre, eau abondante, sucrée, acidulée. Maturité mi-août.

Griotte douce royale. — Fruit gros, très aplati aux extrémités, rouge, noir, chair rouge foncé, excellente, d'un goût acidulé. Maturité mi-juillet.

Cerise Reine Hortense. — Fruit gros ou très gros, rose-foncé, doux, de 1re qualité. Maturité fin juin. Arbre vigoureux, peu fertile. Exigeant l'espalier dans le nord.

Cerise Impératrice Eugénie. — Fruit gros, rouge foncé, un peu doux, acidulé, bon. Matuité 1e quinzaine de juin.

Cerise anglaise hâtive. — Fruit gros, rond, jus sucré, acidulé, bon. Maturité 1re quinzaine de juin.

Cerise belle de Chatenay. — Fruit gros, rouge

clair, doux acidulé, bon. Maturité juillet et août. Variété obtenue à Sceaux en 1795 ; assez fertile.

Cerise anglaise tardive. — Fruit gros, ovale, arrondi, chair jaune pâle parfumée. Maturité 15 août.

Admirable de Soissons. — Fruit gros ou très gros, rouge-clair, de première qualité. Maturité fin juillet. Variété estimée et recommandée par les connaisseurs.

Cerise de Montmorency. — Fruit assez gros, peau rouge, chair blanche, un peu acide, sucrée, très bonne. Maturité commencement de juillet. Variété assez fertile.

Cerise de la Toussaint. — Fruit moyen, rond, peau dure, chair blanche. Maturité d'août à novembre. Cette variété est cultivée plutôt pour fantaisie que pour la table, bien que ses fruits soient encore agréables en compote.

242 **Pêcher** — *Persica* (rosacées)

Le pêcher est originaire de Perse ou de la Chine, où il croît spontanément et peut, dans ces pays, atteindre une hauteur de 7 à 8 mèt. Laissé en liberté il forme une tête arrondie, peut couvrir, devenu adulte, une surface de 20 à 25 mèt carrés, seulement ses fruits sont très petits, mais son existence dure longtemps.

Sol. — Le pêcher aime une terre douce, profonde, substantielle, perméable à l'air et de consistance moyenne, mais plutôt légère que forte.

Exposition. — Les expositions qui conviennent le mieux au pêcher sont celles de l'est et de l'ouest. Celle du nord est trop froide, et celle du midi est généralement trop chaude.

Le pêcher craint les amputations, les incisions, la taille sur le vieux bois, la surabondance d'humidité du sol, les gelées du printemps, les coups de soleil de l'exposition du midi ; il est sujet à la gomme, au chancre, à la cloque, au blanc des racines, ce qui lui arrive surtout lorsqu'il est greffé sur amandier, aux pucerons, etc...

Multiplication. — C'est par la greffe que l'on multiplie le pêcher, et trois sortes de plants sont employés à cet effet : le prunier, l'amandier et le pêcher obtenu de semis.

Greffé sur prunier, le pêcher s'accommode assez facilement de tous les sols, ses racines étant peu pivotantes ; dans les terrains argileux, il souffre moins que sur l'amandier.

Les pruniers qu'on choisit de préférence comme sujets, sont le petit Damas noir et le Myrobolan, ce dernier est plus vigoureux que l'autre, les greffes y prennent avec une grande facilité, il ne drageonne presque pas, seulement les arbres ne paraissent pas avoir une longue durée et sont sujets à prendre une teinte rouge, ce qui porte à croire qu'ils sont maladifs. Somme toute, le petit Damas noir est préférable, selon nous.

Greffé sur amandier, le sujet est très vigoureux, pivote et convient au terrain profond, exempt toutefois d'humité surabondante, car ses racines pourrissent facilement lorsqu'elles sont submergées.

L'amandier doux à coque dure, est le meilleur sujet pour greffer toutes les espèces ; il croît avec vigueur dans les terres sèches et calcaires, il est moins sujet à la gomme, à la cloque, à la perte de ses branches, que les autres.

Greffé sur franc, le pêcher est peu employé ; il végète cependant avec vigueur, mais il se met à fruit difficilement, vit peu de temps et donne des récoltes peu abondantes.

Epoques. — On greffe sur le prunier depuis la mi-juillet jusqu'à la fin de septembre ; sur amandier et sur pêcher de la mi-août à la fin septembre, ces greffes se font en écusson et à œil dormant le plus ordinairement.

Plantation et époque. — Sous le climat de Paris, on plante généralement le pêcher en espalier, de préférence à tout autre endroit. Cette plantation s'opère vers le mois de novembre ou au mois de mars.

Au mois de novembre dans les terrains secs et légers ; au mois de mars dans les terrains froids et humides, où les racines seraient exposées à se pourrir, si elles restaient trop longtemps sans végéter.

Classement. — Le nombre des variétés de pêches s'élève à plus de 150, lesquelles peuvent être classées en 4 groupes :

1er *Groupe* — Pêches proprement dites, peau couverte de duvet, à chair fondante et quittant le noyau.

2e *Groupe.* — Pêches peau duveteuse, chair ferme, attachée ou adhérente au noyau.

3e *Groupe.* — Pêches lisses, chair fondante, quittant le noyau.

4e *Groupe.* — Brugnons, peau lisse, chair ferme, attachée au noyau.

Principales variétés :

Grosse mignonne hâtive. — Fruit gros. Maturité première quinzaine d'août. Arbre fertile, vigueur moyenne.

Belle Bausse. — Fruit très gros, chair fondante, parfumée, très bonne. Maturité première quinzaine de septembre. Arbre très fertile.

Pêche de Malte Belle de Paris. — Fruit moyen, chair blanche, fine, d'un parfum musqué très agréable. Maturité fin d'août et commencement de septembre.

Bonouvrier. — Fruit gros, plus large que haut, chair fondante, parfumée. Maturité commencement d'octobre. Arbre productif.

Galande Grosse noire de Montreuil. — Fruit gros, rond ou un peu plus large que haut ; peau rouge pourpre, presque noire du côté du soleil ; eau sucrée, vineuse, d'une saveur très agréable. Maturité deuxième quinzaine d'août. Arbre très fertile.

Bourdine. — Fruit gros ou très gros, presque rond, peau rouge, foncé du côté du soleil, chair blanche près de la peau, eau vineuse, sucrée. Maturité 15 septembre.

Téton de Vénus. — Fruit gros ou très gros, un peu large, eau très abondante, sucrée, très agréable. Maturité, dernière quinzaine de septembre.

Chevreuse tardive. — Fruit assez gros, peau pourprée du côté du soleil ; chair blanche succulente, eau très abondante. Maturité dernière quinzaine de septembre.

Reine des Vergers. — Fruit très gros, plus haut que large ; peau épaisse, couverte de longs poils, chair très bonne, de 1re qualité. Maturité fin août et commencement de septembre.

Brugon violet musqué. — Fruit moyen, presque rond, peau rouge violet du côté du soleil, du côté de l'ombre, d'un blanc jaunâtre ; eau sucrée, vineuse, d'une saveur agréable. Maturité fin septembre.

243 Principes et taille du pêcher.

On distingue deux sortes de branches dans le pêcher : les branches charpentières et les petites branches ou branches à fruits, dans ces dernières sont compris les coursonnes, les bouquets, les rameaux et les ramilles qui garnissent les branches charpentières dans toute leur étendue.

Les branches de la charpente du pêcher doivent être taillées longues autant que la végétation et la forme le permettent, afin de procurer à la sève des issues suffisantes pour arriver à une bonne formation.

Dans cette formation, il faut éviter avec soin les coudes non exigés par la forme.

Pendant la végétation, on doit suivre attentivement le développement de l'œil de taille destiné à donner le prolongement, et si l'on s'apercevait qu'il est languissant, on reviendrait, sur un bon bourgeon antérieur placé en devant, qu'on traiterait comme bourgeon de prolongement. Un des points les plus importants à observer dans l'établissement de la charpente, c'est de former les branches latérales ou horizontales avant les verticales.

On doit mettre entre les branches de la charpente du pêcher, un intervalle de 50 à 60 cent. environ, afin que le palissage et l'équilibre de l'arbre soient plus faciles à exécuter. Cette distance peut varier en plus ou en moins, selon que l'arbre est plus ou moins vigoureux.

Les petites branches ou rameaux doivent se trouver en dessus et en dessous des branches charpentières, jamais en avant ni en arrière, à moins qu'il n'y ait nécessité pour remplir un vide.

Les petites branches ou rameaux du pêcher doivent être distancées de 15 à 20 cent. les unes des autres, afin d'éviter la confusion, et pour que le fruit puisse jouir de l'air.

Boutons. — Il y a sur le pêcher des boutons simples, doubles, triples et quadruples ; le simple est presque toujours un bouton à bois ; les doubles sont généralement l'un à bois, l'autre à fleurs ; dans les triples deux sont à fleurs, l'autre à bois, c'est celui du milieu ; quant aux quadruples, ils sont tous les 4 à fleurs.

Gourmand. — Le gourmand est un rameau d'une vigueur extraordinaire qui naît le plus ordinairement près des coudes, sur le dessus des branches charpentières : on le reconnaît à son empâtement considérable et à sa croissance rapide ; quelquefois, il atteint plus de 2 mèt. de longueur presque tous ses yeux partent en faux-bourgeons. Il est quelquefois utile pour restaurer un vieil arbre.

Rameau chiffon. — Le rameau chiffon est un rameau grêle, petit, dont les yeux sont simples et ordinairement à fruits à l'exception de l'œil terminal, qui est à bois, et quelquefois un ou deux de sa base qui sont à bois également, ce qui le met alors dans de bonnes conditions.

Ce rameau se voit surtout sur les arbres mal soignés, mal ébourgeonnés, et chez lesquels la lumière manque, parce que les branches n'ont pas été convenablement espacées.

Traitement. — Lorsque le rameau chiffon porte des yeux à bois à sa base, et qu'on a besoin de rameau de remplacement, on le rabat sur ces yeux à bois, et on obtient par ce moyen, le remplacement désiré. Si on n'a pas besoin de rameau de remplacement, ou bien encore, si le rameau chiffon ne possède pas des yeux à bois à sa base, on lui laisse rapporter un ou deux fruits, après quoi, on le supprime.

Le rameau chiffon est pour le pêcher et l'abricotier, ce que la brindille est pour le poirier et pour le pommier.

Coursonnes. — Les branches coursonnes sont placées entre les branches de charpente et les rameaux à fruits, et servent de soutien à ces derniers ; elles sont formées par l'accumulation des tailles successives. On doit éviter soigneusement l'allongement des coursonnes, et chercher à les renouveler, soit en partie, soit entièrement chaque fois que l'occasion s'en présentera ; de plus, elles doivent être tenues aussi courtes que possible.

Pour cela, on profite de quelque bouton qu'on voit se développer à la partie la plus inférieure des coursonnes ; on taille immédiatement au-dessus de ce bouton ; en supprimant les anciennes tailles et les crochets. Ce bouton se développe, et on le traite commel es autres coursonnes.

Rameau à bouquet. — Le rameau à bouquet dans le pêcher offre une véritable rosette de boutons, dont un seul, ordinairement, l'œil du centre, est à bois, on le trouve particulièrement sur le vieux bois des arbres à fruits à noyaux ; il ne dure que très peu de temps, notamment sur le pêcher.

Ce rameau produit ordinairement de beaux fruits, mais rarement, il peut donner à la fois des fruits et un bourgeon de remplacement, n'ayant presque jamais d'yeux à son empâtement.

Bourgeons anticipés — On appelle bourgeons anticipés ou faux-bourgeons des productions qui se développent sur les pousses de l'année ; ils sont, sur le pêcher, aptes à porter du fruit l'année d'après leur formation, mais ils ont généralement l'inconvénient d'avoir leurs premiers yeux trop éloignés de leur point d'insertion, ce qui fait qu'ils ne peuvent fournir de rameaux de remplacement assez rapproché de la branche de charpente, défaut qu'il faut éviter à tout prix.

Pour y arriver, c'est-à-dire pour maintenir les yeux stipulaires près de la base, on coupe le faux-bourgeon à une feuille au-dessus de ses stipulaires, il repart un deuxième faux-bourgeon, on le coupe de la même manière, un troisième repart, on répète la même opération et autant qu'elle est nécessaire.

Deux autres procédés peuvent être employés pour modérer la vigueur des bourgeons anticipés, et provoquer la formation des yeux vers la base ; le premier consiste à pincer l'extrémité des feuilles du faux-bourgeon, le deuxième à le fendre en deux parties à sa base, en le perçant de part en part avec la pointe d'un canif ou d'un petit greffoir, afin d'arrêter momentanément la végétation et faire former un œil de chaque côté de la base du bourgeon. A la taille, on supprime le rameau anticipé, en le coupant sur ses deux yeux qu'on vient d'obtenir.

1re *Taille du pêcher*. — Contrairement à tous les autres arbres, le pêcher doit être taillé ou rabattu, la première année de sa plantation, de 25 à 30 cent. de la greffe, afin de ne pas s'exposer à perdre les yeux de la base. On surveille ensuite le développement des yeux placés sur cette longueur, et quand ils on atteint le degré suffisant de croissance, on en garde le nombre voulu, des mieux placés, et on leur fait prendre par le palissage, le commencement de la forme imposée à l'arbre.

C'est ordinairement sur la fin de l'hiver qu'on fait la taille du pêcher, c'est-à-dire du commencement de février à la fin de mars. Alors, au premier mouvement de la sève, on peut bien distinguer, sur cet arbre, le bouton des yeux. On doit toujours commencer cette taille par l'extrémité supérieure des branches charpentières, afin d'être à même en descendant de remplir les vides.

Le point capital de la taille du pêcher est l'art de savoir renouveler le rameau à fruit chaque année, basé, sur le développement de l'œil qui se trouve le plus près de son talon.

Taille du rameau à bois. — La taille du rameau à bois doit être proportionnée à la vigueur de l'arbre sur lequel on l'opère ; trop courte, elle donnerait naissance à des gourmands ; trop longue, elle mettrait tout à fruit, arrêterait le développement de l'arbre et l'épuiserait.

L'effet de la taille des rameaux à bois doit être de donner une grande vigueur à l'œil sur lequel on taille ou on coupe, et aux boutons inférieurs une force qui varie selon leur distance du bouton terminal combiné.

Taille des rameaux à fruits. — Tous les rameaux à fruits doivent être taillés à une longueur qui dépend de leur position et de leur vigueur ; s'ils sont placés sur le dessus des branches charpentières, on les taille plus court, s'ils sont placés en dessous, on les taille plus long relativement à la force des branches.

Les rameaux faibles ne sont pas destinés à donner du fruit, par conséquent, on les taille sur un ou deux yeux à bois dans le seul but d'obtenir le rameau de remplacement.

Les rameaux plus forts sont taillés sur 3 ou 4 boutons à fruit, dans le but de leur faire produire quelques fruits.

Si le bourgeon de remplacement était languissant et faible, il ne faudrait pas hésiter à retrancher un ou deux bourgeons, sans ménager le fruit, afin de lui donner de la vigueur ; si au contraire, il poussait trop fort, on l'affaiblirait en le palissant de bonne heure, et en le serrant un peu fort, si cela ne suffisait pas, on le pincerait, on le taillerait même en vert au besoin.

Le moyen d'obtenir beaucoup de fruits sans fatiguer un arbre, consiste dans l'art d'entretenir, le long de l'arête de chacune des branches charpentières, des productions assez jeunes pour qu'elles puissent donner du fruit, pour cela, il est nécessaire de les renouveler tous les ans.

Moyens de combler les vides. — Pour combler les vides qui se font sur les branches charpentières du pêcher, soit par l'absence de rameaux à fruits, soit par la perte de quelque bourgeon de remplacement, on peut employer les moyens suivants.

1° Moyen. — On choisit immédiatement au-dessous du vide un rameau que l'on couche le long de la branche et sur lequel, on réserve les bourgeons nécessaires pour combler tous les vides existants.

2e Moyen. — On peut employer la greffe par approche en vert, sur la partie dénudée de la branche charpentière.

3e Moyen. — Un troisième moyen de combler des vides qui se font entre les branches charpentières est d'y placer des greffes en écusson.

244 **Ebourgeonnement**.

L'ébourgeonnement consiste à supprimer tous les bourgeons et faux-bourgeons nuisibles ou inutiles, placés devant ou derrière, dans le but de concentrer la sève, de favoriser la croissance des bourgeons qu'on conserve, d'avoir un espace suffisant pour les palisser avec ordre et symétrie. Cet ébourgeonnement doit se faire en deux opérations distinctes :

La première suit la taille en sec et s'opère aussitôt que les bourgeons ont atteint une longueur de 3 à 5 centim. et qu'on peut reconnaître ceux inutiles et ceux surabondants. C'est ordinairement vers le le mois de mai, qu'on fait ce premier ébourgeonnement ; plus tôt ou plus tard, selon que la végétation est plus ou moins précoce.

La deuxième se pratique successivement selon les phases de la végétation ultérieure, avec la serpette ou le sécateur.

245 **Pincement.**

Le pincement consiste à supprimer l'extrémité herbacée des bourgeons conservés lors de l'ébourgeonnement, il doit se faire dès qu'ils ont atteint 20 à 25 cent. ; s'ils sont en dessus de la branche ou à la partie inférieure du pêcher, on attend qu'ils aient acquis une longueur de 30 à 35 cent.

En général, on applique le pincement à toutes les pousses qui menaceraient de désorganiser la charpente, en s'allongeant au-delà de la mesure de rigueur.

Il se fait avec les ongles du pouce et de l'index.

Le but du pincement est de ralentir le développement de certains bourgeons qui poussent trop vigoureusement et dont la végétation deviendrait prépondérante, et de favoriser la croissance de certains autres moins vigoureux, en refoulant à leur profit une partie de la sève. Le pincement est indispensable au pêcher en espalier, surtout sur les parties supérieures, où la sève se porte toujours de préférence.

Epoque. — Le pincement n'a pas d'époque de fixe, il est commandé par l'état de la végétation de chaque arbre : aussi doit-il se faire successivement à différentes époques, depuis le commencement de mai jusqu'en septembre.

Le pincement et l'ébourgeonnement diffèrent en ce sens que, l'un est la suppression totale du bourgeon, c'est l'ébourgeonnage ; tandis que l'autre n'est que la suspension momentanée de l'essor de la sève, c'est le pincement.

Taille en vert. — Cette taille est ainsi nommée, parce qu'elle se fait au moment où le pêcher est garni de feuilles vertes.

En général, elle a pour but de réparer les mauvais résultats de la taille d'hiver, ceux du pincement, les oublis de l'ébourgeonnage et de concentrer la sève dans le pêcher.

La taille en vert du pêcher se nomme encore rapprochement en vert, taille de mai, taille d'été ;

elle n'a point d'époque fixe, on la pratique selon les besoins.

On fait succéder, chaque année, à la branche qui a fructifié, le rameau mixte préparé pour le remplacer.

Restauration. — Le pêcher repoussant sur le vieux bois est donc susceptible de rapprochement.

Il émet alors de nouveaux jets qui servent à reconstituer une nouvelle charpente ; seulement le succès n'est à peu près sûr qu'autant que l'arbre n'est pas trop âgé.

246 **Palissage d'été.**

Ce palissage s'applique spécialement aux arbres en espalier et en contre-espalier, il consiste à étaler et à fixer avec ordre les bourgeons nés au printemps, sur un treillage en fer ou une palissade en bois ou même directement sur le mur, dans le but de distribuer une lumière égale sur toutes les parties de l'arbre et de donner à la charpente une bonne direction.

Epoque. — Le palissage en vert ou d'été, ayant pour but d'égaliser l'action de la végétation sur tout l'ensemble de l'arbre, c'est naturellement la vigueur et la longueur des bourgeons qui en terminent l'époque ; en dehors de ces raisons, le moment le plus propice est celui où les bourgeons commencent à être un peu ligneux, plus tôt, ils se casseraient sous les doigts, plus tard, l'inclinaison désirable deviendrait difficile.

247 Formes qu'on peut donner au pêcher.

Le pêcher se prêtant facilement à toutes les formes, on lui donne donc les suivantes :

1º Forme en palmette simple, qui consiste dans une tige verticale, d'où sortent de chaque côté, des branches charpentières ;

2º forme carrée, qui consiste en une tige très courte, d'où part, de chaque coté, une branche de charpente dite branche-mère ;

3º forme en U, qu'on peut considérer comme palmette à deux tiges ; son défaut est de laisser faibles les branches du bas ;

4º forme en palmette Verrier, qui consiste dans une seule tige de chaque côté de laquelle sortent des branches charpentières, d'abord horizontales, ensuite verticales ;

5º la forme oblique, qui consiste à planter des pêchers d'un an, avec une tige simple, très près les unes des autres, (80 centim. environ) et à leur donner de suite une inclinaison de 45º, de manière qu'ils soient obliques;

4º forme carrée. — Pour effectuer la première taille de la forme carrée, on choisit à 12 ou 15 centim. de l'insertion de la greffe, deux bons yeux, opposés autant que possible, et on taille au-dessus. Ces deux yeux sont destinés à constituer les deux branches-mères, lesquelles seront dirigées sans coude, un peu obliquement, formant un angle de 70 à 75 degrés.

Il est essentiel de les surveiller pendant le cours de la végétation, afin de maintenir l'équilibre parfait et un développement égal.

Deuxième taille. — A la deuxième taille, on rabat les deux rameaux obtenus par la première, sur deux yeux placés l'un dessus ou devant de ce rameau, et l'autre en dessous; le premier est destiné à son prolongement, et le second à la formation d'une branche secondaire inférieure, qui doit être prise le plus près possible du tronc, afin qu'elle puisse recevoir une grande quantité de sève et prendre un bon accroissement.

Troisième taille. — Si l'arbre est vigoureux, on taille le prolongement des deux branches-mères et des deux sous-mères inférieures à 1 mèt. environ de leur insertion, seulement, on laisse quelques yeux de plus sur les sous-mères, afin qu'elles attirent davantage de sève à elles. Au contraire, si l'arbre était peu vigoureux, on les rabattrait à 50 cent. environ, et on mettrait deux ans pour obtenir les branches secondaires.

Les tailles qui suivent s'opèrent à peu près de la même manière.

Quant aux branches secondaires supérieures, on les forme lorsqu'il est temps, avec des branches à fruits, qu'on peut laisser dans toute leur longueur.

248 Maladies, accidents, insectes et animaux qui nuisent au pêcher.

1° *La cloque*, qui attaque les bourgeons et les feuilles naissantes ; elle paraît avoir pour cause les brusques variations de la température, les pluies froides et les vents arides. De là, la nécessité des paillassons et des auvents, comme moyens préservatifs ; de plus, dès qu'on s'en aperçoit, il faut retrancher ce qui est atteint.

2° *La gomme* ou *glu*, extravation des sucs, qui forment des dépôts entre l'écorce et le bois. Cette maladie est produite, tantôt par une végétation fougueuse, tantôt par un excès d'engrais ou toute autre cause inconnue. Elle se manifeste surtout au printemps. Aussitôt qu'on s'aperçoit de cette maladie, il faut attaquer le mal avec la serpette et enlever la gomme partout où elle se trouve, en taillant jusqu'au vif toutes les parties qui en sont atteintes.

3° *Le blanc*, meunier ou lèpre, espèce de moisissure blanchâtre qui commence à se montrer à l'extrémité des pousses, gagne les petites branches et même les fruits auxquels, elle cause des taches qui les rendent amers. Le moyen de détruire le blanc est d'y saupoudrer de la fleur de soufre à la main ou avec un soufflet ; on renouvelle cette opération tous les 8 jours. Le blanc se déclare vers le mois de juin jusqu'en août.

4° *Du rouge*. C'est une affection particulière au pêcher ; il paraît sur le jeune bois par une teinte rougeâtre, qui augmente progressivement et donne la mort en 3 ou 4 ans. On prétend guérir cette maladie en transplantant le pêcher dans un sol très favorable et richement amendé et en rafraîchissant fortement les racines.

5° *de la gelée*, le soin le plus important et presque l'unique à donner aux fleurs saisies par la gelée, est d'empêcher que le soleil levant ne vienne les frapper, avant qu'elles soient dégelées.

Les insectes et les animaux nuisibles qui sont :

1° *le kermès* ou *punaise*. Le moyen de le détruire, c'est de tailler de bonne heure, de brosser fortement les parties qui en sont atteintes, ainsi que le mur contre lequel l'arbre est dressé ; enfin, en mai, s'il en reste encore, on écrase soigneusement les mères et leur progéniture, dont l'éclosion a ordinairement lieu vers la fin de ce mois

2° *les pucerons*. — Aussitôt qu'on remarque quelques feuilles crispées, on les froisse sous les doigts ; si l'extrémité d'un bourgeon en est attaquée, on coupe toute la partie envahie, et on la broie sous les pieds, afin de n'en laisser échapper aucun ; si on ne veut pas arracher les feuilles ni couper les bourgeons, on y fait des aspersions fréquentes d'eau de suie ou de fortes décoctions de tabac.

Lorsqu'on n'a qu'un petit nombre d'arbres à débarrasser, on les trempe dans un vase plein de cette eau ; ou bien, on fait des fumigations, en brûlant du tabac à fumer, humide :

1° *Les fourmis*. — Le premier procédé pour les détruire est de placer, le soir au pied de l'arbre, une planche saupoudrée de sucre râpé, celui-ci recouvert d'une mince couche de coton non filé ; une multitude de fourmis attirées par le sucre s'y embarrassent.

Le deuxième procédé, c'est de suspendre aux branches des bouteilles remplies d'eau miellée, où elles viennent se noyer.

Le troisième, c'est de bouleverser les fourmilières partout où l'on en trouve.

4° *Limaces et limaçons*. — Pour les détruire, il

faut les chercher le matin avant l'évaporation de la rosée, ou le soir après le coucher du soleil, ou pendant le temps de la pluie.

Tigre sur feuilles ou grise, et tigre sur bois. — L'un et l'autre apparaissent aux expositions chaudes du midi et du levant dans les temps de sécheresse principalement.

Pour détruire le tigre sur feuilles, on emploie de la fleur de souffre qu'on répand sur toutes les parties envahies, au moyen d'un soufflet ; on peut encore les détruire en bassinant fortement avec la pompe à main, les feuilles, et principalement les revers, avec de l'eau très froide, dans laquelle on a battu du savon noir ; pour détruire le tigre sur bois, on mêle avec de l'eau un peu de chaux et de la fleur de souffre, on en fait une espèce de peinture dont on badigeonne tout l'arbre, lorsqu'il est taillé, au mois de février, si l'insecte n'est pas détruit la première fois, on répète l'opération l'année suivante et jusqu'à parfaite destruction.

6° *Rats, Souris, Loirs et Mulots.* — Ces animaux mangent les pêches dès qu'elles commencent à mûrir. On les détruit avec un appât auquel, on a mêlé de la noix vomique, ou avec de la pâte phosphorée dont on forme de petites tartines qu'on pose sur les murs, sur les chaperons, dans les trous, tous endroits où les animaux domestiques ne peuvent atteindre.

7° *Taupes*. — Les taupes bouleversent la terre et éventent souvent les racines du pêcher par leurs galeries souterraines. On les prend facilement avec des pièges qu'on doit toujours avoir à sa disposition.

249 **Pêcher en plein-vent.**

Le pêcher en plein-vent réussirait assez bien, sous notre climat, si l'on pouvait le garantir des gelées, des pluies froides et continuelles du printemps, qui lui causent les plus grands dommages. Aussi, la récolte est-elle très incertaine, elle ne se produit abondamment que sur les arbres jeunes.

Il croit assez vigoureusement dans les terrains volcaniques, et ses fruits acquièrent un parfum très agréable.

Non soumis à la taille, ses branches se dégarnissent successivement et ne donnent des bourgeons verts qu'à leur extrémité, en sorte que l'intérieur de l'arbre est presque entièrement dénudé et les fruits se trouvent relégués à l'extrémité des bourgeons, où ils n'acquièrent ni le volume, ni la saveur qu'ils acquerraient, s'ils étaient plus rapprochés des branches principales.

On doit donc appliquer la taille au pêcher en

plein-vent ; elle consiste en un simple raccourcissement des branches qui ont porté du fruit. Cette taille lui fera émettre chaque année de nouveaux bourgeons qui resteront placés près des branches principales et donneront des fruits plus volumineux et de meilleure qualité.

250 **Prunier** — *prunus* (rosacées).

Le prunier est originaire de l'Asie et de diverses contrées de l'Europe : arbre de moyenne grandeur, dont les racines traçantes poussent des rejetons de tous côtés ; son écorce est brune ou cendrée, ses feuilles alternes et velues en dessous, ses fleurs blanches, paraissent en mars ; son fruit offre de grandes ressources et fait la richesse de certains départements, tels que les départements du Lot, Lot-et-Garonne, Basses-Alpes, Var, Indre-et-Loire.

Le prunier ne veut pas de petites formes, c'est à haute tige qu'il faut le cultiver de préférence, quoique certaines variétés fassent d'assez jolies pyramides, et se prêtent assez bien à toutes les formes de l'espalier.

Sol. — Le prunier n'est pas difficile sur la qualité du terrain, pas plus que sur l'orientation ; il vient partout pourvu que le sol ne soit pas trop glaiseux, ni trop humide, ni trop sablonneux.

Cependant une terre légère, un peu fraîche sans trop de profondeur, à cause de ses racines traçantes, convient particulièrement au prunier.

Greffe. — Le prunier se greffe sur lui-même, mais il y a des variétés qui doivent être préférées pour servir de sujets, telles sont : le Damas rouge, le Saint-Julien, le Myrobolan, et la cerisette venus de noyaux.

Epoque. — La greffe se pratique à deux époques : au printemps en fente et en écusson, pendant l'été ; l'année suivante, on rabat la greffe à 4 ou 5 yeux.

Le moment le plus favorable pour mettre le prunier en place, est l'année qui suit la première pousse de la greffe, afin de ménager les racines. Cette précaution est nécessaire pour toute espèce d'arbre.

On n'a pas à craindre pour le prunier que la greffe se trouve enterrée, puisqu'elle est de la même espèce que le sujet, l'affranchissement ne nuirait en rien.

Les principes de la formation des formes et du pincement sont à peu près semblables à ceux du pêcher.

Variétés. — Les meilleures variétés de prunes sont :

Prune Coés. — Fruit gros, jaune d'or, tiqueté de pourpre, chair sucrée, première qualité. Maturité fin septembre ;

Prune Damas de Naugerou — Fruit gros, d'un violet clair, presque rond, chair verte, ferme, remplie d'eau sucrée. Maturité, fin d'août.

Prune Decaisne. — Fruit gros, très arrondi aux deux bouts, chair d'un vert jaunâtre, d'une saveur fine et agréable. Maturité, fin septembre.

Prune de Montfort. — Fruit assez gros, ovale, violet, noir du côté du soleil, pâle du côté opposé. Maturité, fin août.

Prune impériale de Milan. — Fruit moyen, ovale violet tirant sur le noir, chair fine, première qualité. Maturité, septembre.

Prune Mirabelle. — Fruit petit, rond, un peu allongé, chair jaune, ferme, remplie à sa maturité d'une eau sucrée, très bonne. Maturité 15 août.

Prune Monsieur. — Fruit gros, presque rond, violet sur toute sa surface, chair jaune, qualité variable. Maturité, fin juillet.

Prune Monsieur jaune — Fruit moyen ou assez gros, ovale arrondi, chair jaune, abricoté, très bonne, première qualité. Maturité commencement d'août.

Prune Reine Victoria. — Fruit gros, ovale, arrondi, un peu aplati aux deux bouts, chair jaune d'or, très sucrée, et d'un parfum agréable. Maturité fin août

Prune Reine Claude Dauphine — Fruit gros, rond, chair jaune verdâtre, fine, fondante, pleine d'une eau sucrée, excellente. Maturité août, arbre vigoureux.

Prune Reine-Claude de Bavay. — Fruit gros,

ovale, arrondi, vert jaunâtre, tiqueté violet, chair juteuse, sucrée, très bonne. Maturité dernière quinzaine de septembre.

Prune Sainte-Catherine. — Fruit assez gros, allongé, chair jaune fondante, excellente. Maturité 15 septembre.

Prune Saint-Étienne. — Fruit blanc, première qualité, moyen. Maturité commencement de septemre.

FRUITS à PEPINS.

Cognassier, Néflier, Oranger, Poirier, Pommier

251 **Cognassier.** — *Cydonia* (rosacées)

Le cognassier est originaire de l'Europe méridionale ; il présente les caractères suivants : sa hauteur de 3 à 4 mèt. son écorce est brune, se détachant par plaques ; ses feuilles ovales, arrondies, velues en dessus, à pétiole court ; fleurs grandes, d'un blanc mêlé de rose.

Le cognassier se cultive ordinairement en pleinvent et pour son fruit, qui est employé pour les conserves et les gelées en confitures, aussi saines qu'estimées. Les fruits dans le cognassier viennent à l'extrémité des petits bourgeons, produits par les brindilles de l'année précédente. Il se cultive encore en pépinière pour en obtenir par marcottes ou boutures des jeunes sujets pour le poirier.

Variétés. — Le cognassier commun présente trois variétés : l'une à petits fruits, mal formés, qui parait être le type sauvage ; on ne le cultive guère que pour avoir des sujets pour greffer ; 2° le cognassier de la Chine à fruit pyriforme, d'un beau rouge, d'une odeur suave, très gros ; 3° le cognassier du Portugal, arbre grand, fruit volumineux, plus allongé que les précédents en forme de tonneau. C'est ce dernier qui est le plus cultivé dans notre climat.

Multiplication. — Le cognassier se multiplie par le semis, le marcottage en cépée, par bouturage, au moyen de rameaux munis d'un talon, pour donner des sujets propres à recevoir la greffe des poiriers ; et par la greffe en écusson sur le cognassier commun.

Le cognassier planté en plein-vent et laissé à lui-même ne doit pas être soumis à la taille, si l'on veut qu'il donne beaucoup de fruits.

252 **Néflier**. — *Mespilus* (rosacées).

Arbre originaire de l'Europe centrale, de moyenne grandeur ; à tronc et rameaux tortueux, pourvus de fortes épines, lesquelles disparaissent par la culture ; son fruit, aigre, âpre avant sa parfaite maturité, s'améliore sur la paille, devient doux blet et mangeable.

Le néflier se multiplie par greffe en fente et en écusson sur le néflier des bois, sur l'aubépine ou sur l'azérolier ; rarement, on le multiplie par semis parce que les pepins sont deux ans à lever. Il ne se taille qu'un peu dans sa jeunesse.

Le bois du néflier est très dur et très résistant, aussi est-il recherché pour faire des bâtons et des manches de fouet.

253 Oranger. — *aurantium* (aurantiacées)

L'oranger est un arbre qui pousse spontanément dans plusieurs contrées de l'Asie, de la Chine, des îles Mariannes de l'océan Pacifique, où il s'élève à une hauteur de 6 à 8 mèt.

Il ne peut être cultivé en pleine terre que dans les pays chauds ; il ne saurait franchir le 42e ou 43e degrés de latitude, plus vers le nord, il ne peut résister au froid et ne vit que dans l'orangerie.

L'oranger est un arbre à bois dur, à cime arrondie de taille moyenne, à rameaux anguleux, feuilles oblongues, persistantes, lancéolées ; fleurs blanches, très odorantes : fruit composé d'une baie charnue, de couleur jaune à sa maturité.

Le fruit de l'oranger (nommé vulgairement orange), est délicieux à manger à l'état cru, et peut servir à diverses préparations alimentaires; ses fleurs et ses feuilles sont également recherchées pour divers usages.

Multiplication. — On multiplie l'oranger par semis pour l'oranger franc ; par greffe en écusson ou celle en fente pour les autres, c'est-à-dire sur des sujets venus de pepins de citron, qu'on sème en février, mars et avril, sur une couche à panneaux, ayant de 15° à 18° de chaleur, en terrines ou en pots remplis de terreau.

Soignés convenablement, ils sont bons pour la plupart, à greffer l'année d'après le semis.

254 **Poirier.** — *pyrus* (rosacées)

Le poirier a été trouvé à l'état sauvage, dans les parties tempérées de l'Asie, de l'Afrique et de l'Europe. — Les caractères botaniques du poirier sont : tronc de grandeur moyenne, écorce noirâtre, rameaux un peu épineux, surtout dans le type sauvage ; feuilles un peu velues dans leur jeunesse, luisantes, ovales, plus ou moins arrondies, suivant les variétés ; fleurs blanches, composées de 5 pétales réguliers et de vingt étamines environ, ayant leur point d'insertion sur le calice persistant, et de cinq styles libres ; **fruit à mésocarpe charnu,** à endocarpe cartilagineux contenant des graines à pepins distribuées dans cinq loges.

Multiplication. — La voie des semis serait trop longue et trop incertaine pour multiplier les bonnes et nombreuses variétés de poires ; c'est pourquoi, on a recours à la greffe le plus habituellement, qu'on fait sur le cognassier et sur poirier sauvageon ou sur le franc venu de semis.

Les modes de greffe qu'on emploie le plus souvent sont : la greffe en écusson à œil dormant, qui convient particulièrement aux jeunes sujets ; la greffe en fente et la greffe en couronne à œil poussant, employées sur des sujets plus âgés, sur lesquels l'écusson n'a pas réussi ; celle en couronne ne s'emploie guère que sur de vieux arbres qu'on veut rajeunir.

Le cognassier doit être écussonné en pied, assez près du sol, et sur du jeune plant, car l'écusson se soude mal au sauvageon trop gros ou trop vieux de cognassier.

L'étêtage du sujet écussonné se fait après l'hiver, dans le courant de mars ; en même temps qu'on enlève la ligature de l'écusson. En avril, à la montée de la sève, beaucoup de pépiniéristes, lorsque la greffe n'a pas réussi, regreffent les cognassiers en placage avec lanières, en employant des rameaux conservés au nord.

Le sujet du poirier franc peut être écussonné l'année même de sa plantation. Greffé sur cognassier, le poirier réussit parfaitement dans les sols argilo-silicieux, l'orsqu'ils ont une certaine profondeur, et aussi dans ceux de nature schisteuse ; il fructifie plus tôt, donne de plus beaux fruits, et de meilleure qualité que sur franc.

Greffé sur franc, le poirier produit des arbres plus grands, plus vigoureux, et de plus longue durée ; mais il fructifie plus tard, et ses fruits sont généralement moins beaux et moins savoureux que sur cognassier.

En général, on préfère le franc pour les terrains secs et peu fertiles, et aussi dans les terrains riches et substantiels pour quelques variétés peu vigoureuses, afin de les forcer à se développer à bois.

Semis. — Les semis du poirier se pratiquent avec les pepins de poires qu'on sème à l'entrée du printemps, dans une terre bien meuble, soit à la volée, soit en rayons. Il serait préférable, aussitôt les fruits mûrs, de les faire stratifier, en pots, en terrines ou en caisses dans le sable et ensuite de les semer définitivement au printemps.

Lorsque le jeune plant est fort, on le met en pépinière vers la fin de l'automne dans les terres sablonneuses, et en février ou mars dans les terres humides ou argileuses. Dans les deux cas, il est bon de retrancher le pivot, pour forcer le jeune plant à prendre des racines latérales.

Le moyen d'obtenir promptement du fruit avec le jeune semis, c'est de couper la 2ᵉ année, l'extrémité de la tige, et de la greffer en fente sur un sujet sain et vigoureux.

Exposition. — Le levant et le couchant sont préférables pour les poires précoces et pour les poires d'été ; quant aux poires d'hiver, c'est le midi qu'il leur faut.

On appelle poires d'automne, celles qui sont bonnes à manger en septembre, octobre et novembre ; poires d'hiver, celles qui sont bonnes à manger durant l'hiver.

Le poirier obéissant parfaitement à la taille, il est facile d'obtenir des rameaux à bois, plus ou moins développés, suivant la longueur laissée aux branches taillées.

En taillant court, on obtient beaucoup de bois ; en taillant long, on arrive à obtenir promptement la formation des lambourdes ou des branches fruitières.

Lorsqu'on soumet le poirier à une forme quelconque, et il et indispensable de sacrifier les fruits pendant quelques années, est n'avoir que des branches à bois destinées à former la charpente.

Pour une plantation de poiriers, on doit prendre de préférence des greffes d'un an, ayant un jet bien vigoureux, aux jeunes arbres qui ont deux ou trois ans de greffe ; ces derniers sont souvent dégarnis dans le bas de la tige, et on obtient difficilement, par la taille des branches assez basses et assez vigoureuses, pour empêcher la sève de se porter aux extrémités de l'arbre.

Une fructification prématurée épuise un arbre et nuit presque toujours à sa vigueur future.

Le poirier se prête facilement à toutes les formes connues en arboriculture fruitière, mais celles auxquelles on le soumet le plus souvent sont : la haute tige, la pyramide, le fuseau, la palmette, le cordon et l'éventail.

Nous les avons décrites en parlant des formes, ci-devant.

256 **Maladies du poirier.**

L'ulcère, le chancre, la chlorose ou jaunisse, les mousses et lichens, la lisette ou charançon.

L'ulcère. — C'est une maladie causée le plus souvent par les mutilations, il laisse couler un liquide noir et âcre qui détériore les parties vivantes qui l'entourent, fait pourrir le bois et amène quelquefois la mort de l'arbre.

L'ulcère a pour cause ordinaire une mauvaise coupe, faite avec un instrument qui a meurtri et déchiré le corps ligneux.

Le remède consiste à enlever jusqu'au vif les parties malades, avec une serpette bien tranchante, et les frotter avec des feuilles d'oseille, et recouvrir ensuite la plaie avec de la cire à greffer ou avec de la terre franche, de manière à empêcher l'eau d'y pénétrer.

Le chancre. — Le chancre est une désorganisation de l'écorce qui se boursoufle d'abord, puis se déchire et laisse suinter une sorte de liquide gluant.

Tous les arbres, et principalement le poirier et le pommier y sont sujets ; sa présence annonce une mauvaise santé ou l'épuisement de l'arbre ; quelquefois le chancre provient d'accidents, comme coups, meurtrissures à la suite de la grêle, ou d'un brusque changement de température, ou de la suppression de grosses branches détruisant l'équilibre de la sève entre les parties souterraines et les parties aériennes.

Il est fréquent dans les terrains très secs et brûlants, ainsi que dans ceux très humides et froids.

Pour le détruire, on gratte l'écorce et le bois jusqu'au vif, et on recouvre la plaie avec du mastic ou de la terre franche ; ou bien, si la branche attaquée est peu considérable, on la supprime au-dessous de la partie malade.

Mais, si un arbre est envahi par de nombreux chancres, le mieux est de le remplacer, car il en guérira difficilement. Eviter de prendre des greffes sur ces arbres malades ; ils peuvent communiquer eur maladie aux nouveaux.

La chlorose ou jaunisse. — C'est une affection ou maladie qui atteint tous les arbres, mais plus particulièrement le poirier. Ses feuilles jaunissent, ses bourgeons s'étiolent et cessent de croître, deviennent languissants, et souvent se dessèchent à leur extrémité.

Elle a pour cause bien des circonstances : soit le défaut de sympathie entre l'arbre et le sujet sur lequel il est greffé, dans ce cas, le remède est d'inciser longitudinalement le sujet et le bourrelet de la greffe sur plusieurs points, afin de faciliter le passage de la sève ; soit une plantation trop profonde, dans un terrain froid et humide, le moyen de remédier à ce mal et de sauver l'arbre, c'est de l'arracher et de le transplanter moins profond et dans un sol plus sain ; soit l'appauvrissement et l'épuisement du sol ; on y remédie en y mettant des engrais et en rapportant de la terre neuve ; soit la répétition trop grande des tailles, le remède c'est de cesser ces mutilations ; soit l'état maladif des racines, lesquelles souffrent ou d'une trop grande sécheresse ou d'une humidité excessive, ou sont rongées par les vers blancs ; pour remédier à ce mal, on arrose les feuilles et les bourgeons du sujet malade avec une eau dans laquelle, on a ménagé 1 ou 2 grammes de sulfate de fer par litre.

Mousses et lichens. — Ces plantes parasites se développent très souvent sur les poiriers cultivés à l'air libre dans les terrains pauvres, maigres,, ou sur des arbres âgés à écorce rugueuse et négligée.

Il est important de débarrasser la tige et les branches des arbres de ces mousses et lichens, qui entravent les fonctions de la sève dans l'écorce et servent d'asile à une foule d'insectes nuisibles. Pour cela, il faut, en hiver, profiter de l'humidité de l'air, pour les faire tomber à l'aide d'émoussoirs ou petits balais de bouleau qu'on peut faire soi-même.

Si le temps était trop sec, on mouillerait préalablement les arbres avec une pompe à main.

Le moyen par excellence, c'est de badigeonner la tige et les branches par un lait de chaux vive.

Lisette ou charançon. — C'est un insecte qui coupe les bourgeons ou mange les yeux des greffes au moment où ils vont se développer, et cause des ravages très préjudiciables aux arbres.

Le moyen de le détruire, c'est de lui faire une

chasse assidue, matin et soir, ou de bassiner les bourgeons qui en sont atteints avec de l'eau de tabac.

Le tigre ou grise. — Voir maladies du pêcher au 5°.

PRINCIPALES VARIÉTÉS DE POIRES

NOMS DES VARIÉTÉS.	MATURITÉ	FERTILITÉ.
Doyenné de Juillet.	Juillet.	Très fertile.
Citron des Carmes.	Juillet.	Très fertile.
Epargne.	Juillet Août.	Très fertile.
Beurré Giffard.	Fin Juillet.	Fertile.
Mgr des Hons.	Août.	Très fertile.
Bergamotte d'été.	Août-Sept.	Très fertile.
Boutoc.	Août-Sept.	Très fertile.
Madame Treyve.	Septembre.	Très fertile.
Beurré d'Amanlis.	Septembre.	Très fertile.
Monsallard.	eptembre.	Très fertile.
Bon chr. Willam.	Septembre.	Très fertile.
Doyenné Roussoch.	Septembre.	Très fertile.
Sénateur Vaïsse.	Septembre.	Très fertile.
Rousselet de Reims.	Septembre.	Fertile.
Bon chr. de Bruxelles.	Septembre.	Fertile.
Beurré d'Albret.	Septembre.	Très fertile.
Beurré Hardy.	Septembre.	Fertile.
Fondante des bois.	Septembre.	Fertile.
Jalousie de Fontenay.	Septembre.	Très fertile.
Beurré Lesbre.	Septembre.	Fertile.
Bonne d'Ezée.	Septembre.	Fertile.

ET ÉPOQUE DE MATURITÉ.

VIGUEUR.	GROSSEUR.	QUALITÉ.
Moyenne.	Petit.	Bon.
Moyenne.	Petit.	Assez Bon.
Très vigoureux.	Moyenne.	Bon.
Moyenne.	Moyenne.	Très bon.
Moyenne.	Moyenne.	Bon.
Moyenne.	Moyenne.	Bon.
Moyenne.	Moyenne.	Très bon.
Vigoureux	Gros.	Très bon.
Très vigoureux.	Moyenne.	Très bon.
Moyenne.	Moyenne.	Très bon.
Très vigoureux.	Gros.	Très bon.
Très vigoureux.	Très gros.	Très bon.
Moyenne.	Assez gros.	Bon.
Moyenne.	Petit.	Assez bon.
Très vigoureux.	Gros.	Assez bon.
Moyenne.	Moyenne.	Très bon.
Très vigoureux.	Assez gros.	Très bon.
Moyenne.	Gros.	Bon.
Moyenne.	Assez gros.	Bon.
Moyenne.	Moyenne.	Bon.
Très vigoureux.	Gros.	Assez bon.

NOMS DES VARIÉTÉS.	MATURITÉ.	FERTILITÉ.
Beau présent d'Artois.	Septembre.	Très fertile.
Beurré d'Angleterre.	Septembre.	Très fertile.
Doyenné blanc.	Fin Sept.	Très fertile.
Beurré Benoit	Septembre.	Fertile.
Beurré Curtet.	Octobre.	Fertile.
Héleine Grégoire.	Octobre.	Très fertile.
Louise bonne d'Avranches.	Sept.-Oct.	Très fertile.
Beurré superflu.	Sept.-Oct.	Fertile.
Fondante de Charneux.	Octobre.	Assez fertile
Beurré de Ghélin.	Octobre.	Fertile.
Beurré gris d'Ambroise.	Sept.-Oct.	Fertile.
Beurré Dumont.	Fin d'Oct.	Fertile.
Marie Louise Delcourt.	Oct.-Nov.	Fertile.
Sucrée de Montluçon.	Oct.-Nov.	Très fertile.
Saint Michel Archange.	Octobre.	Très fertile.
Doyenné du Comice.	Oct.-Nov.	Fertile.
Peurré d'Apremont.	Octobre.	Fertile.

VIGUEUR.	GROSSEUR.	QUALITÉ.
Moyenne.	Assez gros.	Bon.
Très vigoureux.	Moyenne.	Assez bon.
Moyenne.	Moyenne.	Assez bon
Moyenne.	Moyenne.	Bon cuit.
Moyenne.	Moyenne.	Assez bon.
Moyenne.	Asssez gros.	Très bon.
Très vigoureux.	Moyenne.	Très bon.
Vigoureux.	Assez gros.	Très bon.
Vigoureux.	Assez gros.	Bon.
Vigoureux.	Assez gros.	Très bon.
Vigoureux.	Assez gros.	Très bon.
Vigoureux.	Moyenne.	Bon.
Vigoureux.	Assez gros.	Très bon.
Vigoureux.	Moyenne.	Très bon.
Vigoureux.	Gros.	Très bon.
Vigoureux.	Moyenne.	Bon.
Vigoureux.	Assez gros.	Très bon.
Vigoureux.	Gros.	Très bon.

NOMS DES VARIÉTÉS.	MATURITÉ	FERTILITÉ.
Baronne de Mello.	Oct.-Nov.	Très fertile.
Duchesse d'Angoulème.	Oct.-Nov.	Très fertile.
Soldat Laboureur.	Nov.-Déc.	Fertile.
Beurré Clairgeau.	Octobre.	Très fertile.
Beurré Bachelier.	Novembre.	Fertile.
Nouveau Poiteau.	Octobre.	Fertile.
Bergamotte Crassanne.	Novembre.	Fertile.
Van Mons Léon Leclerc.	Novembre.	Fertile.
Nec plus Meuris.	Novembre.	Fertile.
Fondante de Panisel.	Nov.-Déc.	Très fertile.
Beurré six.	Novembre.	Très fertile.
Beurré diel.	Novembre.	Très fertile.
Figue d'Alençon.	Décembre.	Fertile.
Franc Réal.	Nov.-Déc.	Très fertile.
Triomphe de Jodoigne.	Décembre.	Fertile.
Grand soleil.	Décembre.	Fertile.
Sœur Grégoire.	Décembre.	Fertile.
Beurré d'Ardenpont.	Décembre.	Très fertile.
Passe Colmar.	Décembre.	Très fertile.
Nouvelle Fulvie.	Décembre.	Très fertile.
Beurré Sterckmans.	Décembre.	Très fertile.

VIGUEUR.	GROSSEUR.	QUALITÉ.
Très vigoureux.	Moyenne.	Très bon.
Très vigoureux.	Très gros.	Très bon.
Très vigoureux.	Moyenne.	Très bon.
Peu vigoureux.	Très gros.	Bon.
Vigoureux.	Gros.	Très bon.
Très vigoureux.	Gros.	Très bon.
Vigoureux.	Assez gros.	Bon.
Vigoureux.	Gros.	Très bon.
Vigoureux.	Assez gros.	Très bon.
Vigoureux.	Assez gros.	Très bon.
Vigoureux.	Gros.	Bon.
Très vigoureux.	Gros.	Très bon.
Vigoureux.	Gros.	Bon.
Vigoureux.	Assez gros.	Très bon cuit.
Très vigoureux.	Gros.	Assez bon.
Vigoureux.	Moyenne.	Bon.
Vigoureux.	Assez gros.	Très bon.
Très vigoureux.	Assez gros.	Très bon.
Vigoureux.	Gros.	Très bon.
Vigoureux.	Assez gros.	Très bon.
Très vigoureux.	Moyenne.	Très bon.

NOMS DES VARIÉTÉS.	MATURITÉ.	FERTILITÉ.
Colmar d'Aremberg.	Nov.-Déc.	Très fertile.
Beurré Luizet.	Nov.-Déc.	Fertile.
Beurré de Luçon.	Décembre.	Fertile.
Orpheline d'Enghien.	Décembre.	Très fertile.
Royale d'hiver.	Janvier.	Fertile.
Passe Crassane.	Janvier.	Très fertile.
St.-Germain d'hiver.	Fév.-Mars.	Fertile.
Bon chrét. de Rance.	Janv.-Fév.	Très fertile.
Broom Parck.	Janv.-Mars.	Fertile.
Joséphine de Malines.	Janv.-Fév.	Très fertile.
Doyenné Jamin.	Janv.-Fév.	Fertile.
Doyenné d'Alençon.	janvier.	Fertile.
Doyenné d'hiver.	Janv.-Mars.	Très fertile.
Bergamotte Espéren.	Janv.-Fév.	Très fertile.
Fortunée Roisselot.	Mars.	Fertile.
Gendron.	Janv.-Fév.	Fertile.
Beurré Bretonneau.	Avril.	Fertile.
Olivier de Serres.	Fév.-Mars.	Très fertile.
Marie Benoit.	Janv.-Févr.	Fertile.
Marie Guise.	Janv.-Févr.	Assez fertile.
Maréchal Vaillant.	Janv.-Mars.	Fertile.
Madame Hutin.	Janv.-Mars.	Très fertile.
Madame Millet.	Avril.	Très fertile.
La Quintynie.	Fév.-Avril.	Fertile.

VIGUEUR.	GROSSEUR.	QUALITÉ.
Trés vigoureux.	Gros.	Bon.
Vigoureux.	Gros.	Bon.
Vigoureux.	Moyenne.	Bon.
Très vigoureux.	Moyenne.	Bon.
Vigoureux.	Assez gros.	Bon.
Vigoureux.	Assez gros.	Très bon.
Assez vigoureux	Moyenne.	Très bon.
Très vigoureux.	Assez gros.	Bon.
Très vigoureux.	Assez gros.	Assez bon.
Vigoureux.	Assez gros.	Trés bon.
Vigoureux.	Assez gros.	Assez bon.
Vigoureux.	Moyenne.	Très bon.
Vigoureux.	Gros.	Très bon.
Très vigoureux.	Moyenne.	Très bon.
Vigoureux.	Moyenne.	Bon.
Vigoureux.	Gros.	Assez bon.
Très vigoureux.	Moyenne.	Assez bon.
Très vigoureux.	Moyenne.	Très bon.
Vigoureux.	Assez gros.	Très bon.
Très vigoureux.	Assez gros.	Bon.
Assez vigoureux	Assez gros.	Bon.
Très vigoureux.	Assez gros.	Bon.
Assez vigoureux	Moyenne.	Assez bon.
Vigoureux.	Moyenne.	Bon.

NOMS DES VARIÉTÉS.	MATURITÉ.	FERTILITÉ.
Duchesse de Mouchy.	Avril-Mai.	Fertile.
Doyenné Goubault.	Janvier.	Fertile.
Colmar des Invalides.	Janv-février	Assez fertile.
Colmar de Lahaut.	Mars.	Fertile.
Bon chrétien d'hiver.	Mars.	Fertile.
Beurré Perrault.	Mars.	Fertile.
Besi mai.	Avril.	Très fertile.
Colmar de Mars.	Mars.	Fertile.
Duchesse d'hiver.	Mars.	Fertile.
Messire Jean.	Novembre.	Très fertile.
Martin sec.	Déc.- Janv.	Fertile.
Catillac.	Mars.	Très fertile.
Bon chrétien d'Espagne.	Novembre.	Fertile.
Van Marum.	Octobre.	Fertile.
Belle Angevine.	Mars.	Fertile.
Poire de Tonneau.	Mars.	Fertile.
Giles ô Giles.	Novembre.	Fertile.

VIGUEUR.	GROSSEUR.	QUALITÉ.
Assez vigoureux.	Assez gros.	Assez bon.
Assez vigoureux.	Moyenne.	Assez bon.
Très vigoureux.	Gros.	Bon cuit.
Vigoureux.	Assez gros.	Assez bon.
Vigoureux.	Assez gros.	Bon cuit.
Vigoureux.	Moyenne.	Bon.
Vigcureux.	Assez gros.	Assez bon.
Assez vigoureux.	Assez gros.	Assez bon.
Vigoureux.	Assez gros.	Assez bon.
Vigoureux.	Moyenne.	Bon cuit.
Vigoureux.	Petit.	Bon cuit.
Très vigoureux.	Gros.	Très bon cui
Vigoureux.	Assez gros.	Bon cuit.
Assez vigoureux.	Très gros.	Bon cuit.
Vigoureux.	Très gros.	Bon cuit.
Vigoureux.	Gros.	As. bon cuit.
Très vigoureux.	Gros.	Bon cuit.

257 **Pommier**. — *Malus* (rosacées).

Le pommier, comme le poirier, a été trouvé à l'état sauvage dans les parties tempérées de l'Asie, de l'Afrique et de l'Europe.

Cet arbre se distingue par sa hauteur, atteignant de 10 à 12 mètres dans certaines variétés ; par une tête arrondie à rameaux presque étalés lorsqu'il se développe librement, par ses feuilles alternes, ovales et velues en dessous ; par ses fleurs blanches plus ou moins marquées de couleur rose et disposées par bouquets ; par son fruit charnu, contenant un petit nombre de graines distribuées dans 5 loges.

Multiplication. — On multiplie le pommier par la greffe, soit sur le pommier sauvageon ou sur franc provenant de semences de pommier cultivé, lorsqu'on veut avoir de grands arbres pour élever en plein-vent ; soit sur le pommier doucin pour former des pyramides, des palmettes, etc. ; soit enfin sur le pommier paradis, quand les arbres doivent rester nains et être dirigés par la taille, en buissons ou en cordons. Ces dernières formes produisent beaucoup, mais durent peu de temps comparativement aux deux autres.

Les sujets sur lesquels on greffe le pommier pour plein-vent et haute tige doivent être âgés de 5 à 8 ans. Le genre de greffe généralement adopté pour les hautes tiges, est celui de la greffe en fente, que l'on fait au printemps à une hauteur de 2 mèt. environ, afin de mettre la tête des arbres hors de la portée de la dent des animaux.

Les greffes sur pommier doucin et paradis, pour basse tige, doivent être faites tout près de terre, sur du jeune plant, de préférence au vieux rendurci. Le mode de greffe que l'on emploie généralement est celui de l'écussonnage, que l'on peut faire dès la première année de la plantation des sujets. Lors de cette plantation, on enlève tous les rejets souterrains qui se trouvent sur les racines.

L'origine du doucin et du paradis est inconnue ; mais on les soupçonne beaucoup être venus du nord, car l'un et l'autre semblent constitués pour vivre sous les climats peu favorisés de la chaleur ; leurs racines n'ont jamais souffert au contact des gelées.

Greffé sur paradis, le pommier demande une terre forte, franche et un peu humide ou fraîche ; sur doucin, il aimerait les mêmes terrains, mais donnerait peu de fruit à cause de sa trop grande végétation, il faut donc le planter dans des terrains légers et secs ; sur franc, il vient généralement sur toutes les terres, tout en préférant celles qui sont humides.

La fructification du pommier est plus prompte sur paradis et sur doucin que sur franc.

On divise les pommiers en deux séries : l'une donnant des pommes pour table, et l'autre des pommes pour cidre.

Le pommier croît très bien à toutes les expositions, même privé de soleil, où aucun arbre ne pourrait produire.

Il peut être dirigé sous toutes les formes, dont les plus usitées sont : la haute tige, les cépées ou buissons, le vase ou gobelet, les cordons horizontaux ou obliques, la pyramide et le fuseau, ces deux dernières formes lui sont moins favorables, et il y réussit moins bien que le poirier.

Sur la question de la taille, le pommier est moins endurant que le poirier, il redoute les mutilations, il faut donc éviter de lui faire trop sentir la serpette ou le sécateur.

Il est plus spécialement cultivé en pleint-vent et à haute tige qu'en espalier, et c'est aussi sous cette forme qu'il produit le plus.

La culture et la taille du pommier sont à peu près semblables à celles du poirier ; seulement, cet arbre est généralement moins vigoureux et développe plus fortement ses branches inférieures.

Les fruits sont moins estimés, mais très abondants, se conservent facilement, et sont employés pour fruits de table, pour la fermentation du cidre, du vinaigre, etc...

258 — Maladies du pommier.

Le pommier est sujet aux mêmes maladies que le poirier, il peut être ravagé par les mêmes insectes ; mais il a un ennemi particulier qui se propage avec une grande rapidité : c'est le puceron lanigère, ainsi appelé à cause du duvet blanc et laineux qui e recouvre.

Ce puceron attaque les jeunes rameaux dont il absorbe la sève, occasionne une espèce de tumeur osseuse qui rend les branches languissantes et finit quelquefois par faire périr tout l'arbre.

Pendant l'hiver, il s'introduit sous l'écorce, ou se cache en terre autour du collet et de la racine.

Pour le détruire, on déchausse l'arbre pendant l'hiver à une profondeur de 20 à 25 centimètres, on y met autour du pivot du collet une peltée de chaux en poudre qu'on recouvre de terre. Au printemps, lorsque l'insecte veut remonter, il en est empêché par cette chaux qui le tue.

Ou bien, on bassine fortement les parties atteintes de l'arbre, avec de l'eau savonneuse, dans laquelle on a mis un verre d'alcool pour 10 lit. d'eau.

Un simple bassinage ne suffirait pas, il faut le répéter deux ou trois fois pour se délivrer de ce fléau.

Enfin, le pétrole et le tabac sont aussi employés avec succès.

PRINCIPALES VARIÉTÉS DE POMMES

Noms des Variétés.	Maturité.	Fertilité.
Api rose.	Mars.	Très fertile.
Api noir.	Mars.	Id.
Api fin.	Déc. à mai.	Id.
Blenheim pippin.	Nov. à mars	Fertile.
Belle Dubois.	Novembre.	Id.
Borowitsky.	Août.	Id.
Calville blanc.	Déc. à mai.	Très fertile.
Calville St-Sauvur.	Novembre.	Id.
Cellini.	Automne.	Id.
D'argent.	Fin hiver.	Fertile.
D'Eve.	Automne.	Très-fertile.
Doux d'argent.	Hiver.	Id.
Fenouillet gris.	Id.	Id.
Fenouillet gros.	Id.	Fertile.
Grand Alexandre.	Automne.	Très fertile.
Grand Richard.	Id.	Fertile.
Joséphine.	Id.	Id.
Ménagère.	Id.	Id.
Pigeon blanc.	Hiver.	Très fertile.
Rambour d'hiver.	Id.	Assez fertile.

ET ÉPOQUE DE MATURITÉ.

Vigueur.	Grosseur.	Qualité.
Moyenne.	Petit.	Bon.
Id.	Id.	Assez bon.
Id.	Id.	Id.
Grande.	Gros.	Bon.
Moyenne.	Très gros.	Assez bon.
Id.	Gros.	Bon.
Id.	Id.	Très bon.
Id.	Id.	Bon.
Id.	Assez gros.	Id.
Id	Id.	Assez bon.
Grande.	Gros.	Assez bon.
Moyenne.	Assez gros.	Très bon.
Id.	Petit.	Id.
Id.	Moyenne.	Bon.
Grande.	Très gros.	Id.
Id.	Gros.	Id.
Moyenne.	Très gros.	Assez bon.
Id.	Id.	Passable.
Id.	Moyen, petit.	Bon.
Très vigoureux.	Gros.	Assez bon.

NOMS DES VARIÉTÉS.	MATURITÉ.	FERTILITÉ.
Reinettes des Reinettes.	Fin août.	Très fertile.
Reinette de Hollande.	Hiver.	Fertile.
Reinette du Canada.	Id.	Très fertile.
Reinette grise.	Fin automne	Id.
Reinette dorée.	Déc. janvier.	Id.
Reinette franche.	Hiver.	Fertile.

VIGUEUR.	GROSSEUR.	QUALITÉ.
Moyenne.	Assez gros.	Très bon.
Id.	Moyenne.	Bon.
Très vigoureux.	Gros, très gros	Très bon.
Moyenne.	Gros.	Id.
Id.	Moyenne.	Bon.
Id.	Moyenne.	Très bon.

Fruits en baies.

260 *Figuier, Framboisier, Groseillier, Vigne.*

Figuier, — *ficus*, (artocarpées).

Le figuier est un arbre qui appartient au climat du Midi ; là, on le rencontre à l'état sauvage à peu près abandonné à lui-même, où il s'élève à une hauteur de 6 à 8 mètres et donne dans ces pays chauds 2 récoltes chaque année, l'une en juillet et l'autre en octobre ; son fruit forme un objet de commerce considérable.

Il existe un grand nombre de variétés de figuiers, mais deux seulement sont propres au nord de la France. La blanche ronde d'Argenteuil, dite de deux saisons, la plus cultivée aux environs de Paris, et la violette de la Frette, moins hâtive que la première, mais d'une qualité un peu supérieure.

Les années bien chaudes, on peut, sur la figue blanche, faire une récolte en juillet et l'autre en octobre.

Multiplication. On multiplie le figuier au moyen des semis, des marcottes, des drageons, des boutures et de la greffe.

Avec les semis, on le multiplie rarement à cause

de la difficulté que l'on trouve à se procurer de la bonne semence.

Les marcottes sont d'un usage plus fréquent, on emploie des rameaux d'un à deux ans.

Les drageons sont le mode de multiplication le plus simple et le plus usité, on les enlève à l'âge de deux ans du pied du figuier, pour les planter à demeure en automne.

Les boutures se font à l'automne, avec des rameaux vigoureux, nés depuis le printemps, longs de 25 à 30 centim. ; à la base desquels, on conserve une portion de vieux bois.

La greffe ne s'emploie guère que pour changer la nature des figuiers ; toutes les sortes de greffes réussissent, mais les plus usitées sont la greffe en fente simple, en couronne et en sifflet.

Pour préserver le figuier du froid de l'hiver, on l'empaille, ou on couche contre terre les tiges que l'on recouvre de 10 à 15 centim. de terre légère. Au mois de mars, on les rend à l'air et à la lumière.

Pour bien faire fructifier la figue blanche, il faut éborgner l'œil terminal de chaque rameau, ainsi qu'une partie de ceux qui accompagnent les jeunes fruits, n'en réserver seulement que deux à la base et un à la partie supérieure du rameau. Ce dernier servira d'appel de sève, et à continuer la branche de charpente, et lorsqu'il sera bien développé en bourgeon, on le pincera à quelques feuilles. Les deux conservés à la base donneront deux bourgeons : l'inférieur, c'est-à-dire, le plus près de la base, fournira plus tard le bourgeon de remplacement ; et l'autre sera pincé à trois ou quatre feuilles et donnera la 2me récolte de fruits à l'automne.

Quant à la figue violette, que quelques personnes préfèrent à la blanche, on n'éborgne aucun œil jusqu'au mois de juin, à ce moment-là, on supprime tous les bourgeons, sauf deux : l'un placé à la base pour servir de rameau de remplacement, et l'autre, qui est terminal, sera pincé à 10 ou 12 cent.

Framboisier. — *fragaria* (rosacées.)

Le framboisier est un arbrisseau traçant que l'on trouve dans les bois à l'état sauvage ; il vient partout, pourvu que le sol ne soit pas trop sec et trop brûlant, tout en préférant néanmoins un sol frais, substantiel et un peu pierreux ; il aime un air vif, et de préférence l'exposition du nord.

Son fruit vient sur le bois qui a poussé l'année précédente, lequel meurt à la seconde année, après avoir fructifié, mais il est remplacé par de nombreux rejetons qui sortent des racines et qui donneront la prochaine récolte de fruits.

Il est quelques variétés qui rapportent une récolte à l'automne, sur le jeune bois de l'année, sans que cela empêche ce jeune bois de fructifier l'été suivant à l'époque habituelle, en juin.

On appelle ces variétés bifères ou remontantes, ou des quatre-saisons.

Taille. — A l'automne, les tiges qui ont fructifié se dessèchent et meurent ; en février, on les supprime complètement et en même temps, on taille à 80 cent. environ les jeunes pousses qui se sont développées l'année précédente, lesquelles fructifieront et seront ensuite remplacées par de nouveaux drageons. .

Il ne faut conserver sur chaque touffe, que de 4 à 6 tiges ; les plus faibles, les plus mal placées sont supprimées.

Après la taille, on fixe les tiges conservées à de petits tuteurs, ou sur des fils de fer, si c'est planté en lignes.

Pendant l'hiver, on donne au framboisier un léger labour, avec la fourche, afin de ne pas nuire aux racines qui sont très rapprochées de la surface du sol, en même temps, on enfouit du fumier bien consommé, préalablement répandu sur le terrain.

Au printemps et pendant l'été, on fait des binages, suivant les besoins, afin de détruire les mauvaises herbes et les rejetons inutiles qui apparaissent au loin sur les racines;

Variétés. — 1° Framboisier jaune d'Anvers, frui gros, très parfumé, 1re qualité.

2° Fr. Hornet, fruit rouge, très gros, très beau ; plant très vigoureux.

3° Fr. Merveille des quatre-saisons ou de tous les mois, fruit rouge, petit, se succédant jusqu'aux gelées.

4° Fr. Surpasse Falstoff, fruit rouge, excellent.

5° Fr, de Fontenay, fruit gros, rond, un peu conique.

262 **Groseillier** — *grossularia* (grossulariées.

Le groseillier est un arbrisseau qui s'accommode assez bien de tous les climats de la France ; quoiqu'il préfère cependant la température du centre. Dans le Midi, le fruit saisi par la chaleur devient moins gros et contient moins de suc ; dans le Nord, il est plus acidulé. Il prospère assez bien dans tous les terrains ; néanmoins, ceux qui lui conviennent particulièrement sont ceux de consistance moyenne et un peu frais.

Il y a deux genres de groseilliers ; le groseillier à grappes et le groseillier épineux ou à maquereau.

Le groseillier à grappes forme 3 variétés, à fruit rouge, à fruit blanc et à fruits noirs, dit cassis.

Caractères. — 1° Groseillier à grappes, tiges élevées de 1 à 2 mètres, très rameuses ; écorce brune, feuilles un peu cordiformes ; fleurs petites, en grappes pendantes ;

2° Groseillier cassis, tiges également élevées, arbrisseau exhalant une odeur forte et pénétrante ; feuilles un peu grandes, velues, fruits gros, velus, noirs dans le type.

3° Groseillier épineux, arbrisseau s'élevant à 1 mèt. environ, rameaux garnis d'aiguillons réunis deux ou trois ensemble ; feuilles petites, un peu arrondies, verdâtres, fruits ovales ou arrondis suivant les variétés.

Multiplication. — Les groseilliers se multiplient au moyen de marcottes, et surtout de boutures, que l'on prend sur des pieds vigoureux et donnant de beaux fruits.

La multiplication faite avec des éclats et des rejetons provenant de cépée épuisée, est un procédé vicieux, car ils se ressentent toujours d l'état languissant du pied-mère.

Les boutures se font vers le mois de janvier ; et, au bout de deux ans, vers la même époque, on les met définitivement en place.

Formes. — On donne aux groseilliers la forme en vase, en cépée, en pyramides, en espalier et en contre-espalier, pourvu qu'ils aient peu de hauteur.

La forme en cépée a cet avantage sur les autres formes, qu'elle permet de remplacer le vieux bois épuisé, au moyen de jeunes pousses partant du collet ou des racines,

Plantation. — Quand on veut donner au groseillier la forme en espalier, en contre-espalier, en pyramide ou en vase à haute tige, on ne plante qu'un jeune sujet à chaque endroit ; mais si c'est pour en former des cépées ou des vases à basses tiges, il faut mettre trois ou quatre jeunes plants à chaque place, de 15 à 16 cent. environ les uns des autres, en triangle ou en carré, suivant qu'on en met 3 ou 4.

Taille. — Le groseillier, comme les arbres à noyaux ne donne son fruit que sur les petits rameaux d'un an, qu'on taille chaque année à trois ou quatre yeux. En même temps que l'on opère cette taille, on supprime le bois qui fait confusion sur l'arbre, de préférence les vieilles branches, afin de permettre à l'air et à la lumière de circuler librement à l'intérieur de la plante. — Les branches à fruits du groseillier épineux s'épuisent en 4 ou 5 ans, il faut donc les renouveler par le recépage.

Variétés à grappes à fruit rouge.

Groseillier rouge ordinaire ; groseillier cerise, fruit très gros et très agréable au goût ; gr. de Hollande, fertile, grappes bien fournies, longues, chair rouge clair, un peu acide, bonne ; gr. Chenonceaux, fruit moyen bon; gr. Fertile de Palluau, très fertile, grappes assez grosses, bonne qualité ; gr. de Verrières, fruit bon, assez gros ; gr. La Versaillaise, fertile, vigoureux, belles grappes, longues.

Variétés à grappes blanches.

Gr. blanche ordinaire, fruit assez gros, bon ; gr. de Hollande, très fertile, gros grain, grappes longues, bonne qualité ; gr. Gondoin, fruit moyen, grappes grosses ; gr. Transparente, beau fruit, doux.

Variétés de Cassis.

Groseillier à gros fruit noir, dit de Naples ; gr. Bank-up, noir, ; gr. cassissier ordinaire ; gr. épineux à gros fruit rouge, blanc, vert, jaune.

Distances auxquelles on plante les groseilliers.

  Groseilliers à grappes 1ᵐ 25
   id. cassis. 1ᵐ 60
   id. épineux. 1ᵐ 10

263. **Mûrier noir.** — *Morus nigra*. (Morées).

Arbre à rameaux ouverts et tortueux, à cime arrondie ; de 6 à 8 m. d'élévation ; cultivé en pleinvent et à haute tige dans le midi de la France, où ses fruits acquièrent une saveur assez agréable.

Dans les contrées du centre et du nord, il est presque toujours relégué dans les basses-cours où il trouve ordinairement à la fois un terrain mêlé de décombres qui lui est favorable, et un abri contre les mauvais vents du nord.

Ses fruits mûrissent rarement bien, à moins d'une bonne exposition contre un mûr ; sont légèrement acidulés et raffraichissants ; ils sont recherchés et mangés avec avidité par la volaille, depuis juillet jusqu'en septembre

Multiplication. Le mûrier noir se multiplie au moyen de la semence, des boutures, des marcottes par la greffe en flûte et en écusson que l'on fait sur des sujets de mûrier blanc. Comme l'arbre est toujours élevé en plein-vent, la greffe doit être placée de $1^m 5$ à 2^m de hauteur.

Mûrier blanc. — (Morus alba). Est principalement cultivé dans le midi de la France pour ses feuilles qui servent de nourriture aux vers à soie. On le cultive en arbre tige, demi-tige ou en un vase nain. Il est taillé tous les deux ans, en rabattant toutes les jeunes pousses sur les vieilles branches.

264. **Vigne**. *Vitis*. (Ampélidées).

La vigne est un grand arbrisseau à tiges sarmenteuses, pourvues de vrilles qui s'attachent à tous les objets à leur portée. La culture remonte, dit-on, aux temps les plus reculés. L'Écriture sainte nous dit que Noël planta la vigne.

Ses caractères botaniques sont : tronc sarmenteux irrégulier, pouvant s'élever à une grande hauteur ; feuilles alternes, lobées, dentées et velues plus ou moins, suivant les variétés, munies d'un pétiole ferme ; vrilles rameuses opposées aux feuilles ; fleurs en grappes ; fruit formant une baie succulente, selon les variétés.

On croit que la vigne est originaire des contrées chaudes de l'Asie, comme la plupart de nos végétaux alimentaires les plus utiles.

Cultivée en plein-vent, en France, la vigne ne mûrit suffisamment son fruit que dans le Midi et dans le Centre ; dans les régions plus froides du nord et de l'ouest, ses produits sont à peu près nuls, à moins d'être cultivée en treille contre les murs exposés au soleil, où elle donne alors un excellent fruit de table.

Sols. — Presque tous les sols conviennent à la vigne, mais c'est surtout dans une terre profonde, légère, mélangée de gravier et à sous-sol perméable à l'eau, où elle déploie toute sa force de croissance et donne des produits abondants.

Exposition. — Les expositions qui conviennent le mieux à la vigne sont : le sud, le sud-est et l'est. Elle réussit mal à l'ouest et au nord, et redoute les vallées étroites, le voisinage des marais et des bois élevés.

Plantation. — La plantation de la vigne se fait avant l'hiver ou au printemps, selon que le terrain est sec ou humide : dans un terrain sec et léger, on peut planter avant l'hiver, parce qu'alors, il n'y a pas à craindre que les racines se pourrissent ; mais dans un terrain humide et froid, il vaut mieux ne planter qu'au printemps, à ce moment-là, il n'y a plus à redouter la pourriture, la végétation se mettant en mouvement de suite.

Multiplication. — On multiplie la vigne par boutures, crossettes, marcottes, greffes et semis.

La bouture est un sarment de l'année, long d'au moins 40 cent. bien sain et bien vigoureux. La coupe de ce sarment doit être faite à 1 cent. au-dessous d'un nœud.

La bouture par crossette est un sarment portant à sa partie inférieure une portion de bois de 2 ans, elle est fort en usage, surtout dans les pépinières.

La marcotte, appelée couchage ou provignage se pratique beaucoup dans les jardins pour multiplier les treilles le long des murs ; elle consiste à pratiquer, au printemps, une petite rigole au pied du cep, profonde de 20 à 25 cent· environ, à y coucher le sarment et le recouvrir de bonne terre pour qu'il y prenne des racines.

La greffe ne s'emploie que pour propager une espèce, changer la qualité du cep, éprouver promptement la valeur d'un plant de semis, rajeunir une vieille vigne, et pour remplacer des coursons qui ont disparu. Elle se pratique vers le mois d'avril, lorsque la sève est en mouvement.

Le semis se fait avec les graines ou pepins de raisin ; c'est encore un mode de multiplication de la vigne, mais qui est peu usité à cause de l'incertitude du résultat. Le plus souvent, on obtient que des variétés inférieures à celle qui a produit la semence ; de plus, le fruit se fait attendre au moins 5 ou 6 ans.

Ramifications. — La tige de la vigne est généralement nommée cep, surtout lorsqu'il s'agit de pieds cultivés en plein champ ou en plein jardin ; ses ramifications sont appelées cordons ou branches, coursons et sarments ou rameaux lesquels sont chargés de gros boutons nommés bourres.

Ces boutons garnis de duvet, se développent en bourgeons mixtes, munis à la fois de feuilles, de vrilles ou crochets et de grappes de raisin.

A la base de chaque œil ou bouton principal, il y a un ou deux sous-yeux qui se développent quelquefois, surtout quand le principal disparaît.

Formes. — On donne à la vigne la forme de palmette, (fig. 17.) qui consiste en une tige verticale avec des coursons latéraux ; la forme à cordons verticaux et obliques, (fig. 18,) qui consiste à provoquer sur le cep, le développement d'un ou de plusieurs sarments que l'on prolonge par degré, et à en faire par le palissage, des cordons verticaux ou obliques.

A la taille, on y forme des coursons de distance en distance qui donneront naissance à des branches à fruits ; — la forme de la treille à la Thomery, (F. 19) qui se compose de tiges verticales ou montants, et de tiges horizontales ou cordons ; — la forme de T, (F. 20) qui consiste en une tige simple et en deux cordons horizontaux.

Taille. — La taille est nécessaire à la vigne aussi bien qu'aux autres arbres fruitiers

L'époque la plus convenable pour tailler la vigne est, sous la latitude de Paris, dans les jardins, les mois de février et de mars ; après les grands froids et avant l'ascension de la sève. **Dans le Midi,** on la taille en novembre et décembre.

Le bois de la vigne étant spongieux, l'onglet se desséchant, dans une assez grande proportion, il importe donc d'éloigner la coupe de l'œil à 1 cent. et même davantage lorsqu'on taille tard et que la vigne est en pleurs. L'onglet est rabattu l'année suivante,

De ce que la vigne a une grande propension à pousser, on pourrait croire qu'on doit tailler le sarment de prolongement très long ; c'est tout le contraire, il faut le tailler très court, sans cela la sève se porterait aux extrémités et négligerait les yeux de la base, et l'on aurait inévitablement des vides. Le sarment destiné à l'élongation du cep ou des cordons doit donc être taillé court, à 4 ou 5 yeux au plus, afin qu'il prenne plus d'accroissement en diamètre et laisse arriver une plus abondante sève dans les branches à fruit au bénéfice des grappes.

En général, la vigne ne donne son fruit que sur les pousses qui naissent sur le bois de l'année précédente, la taille doit donc être basée là-dessus. Comme dans le pêcher la branche à fruit dans la vigne demande à être renouvelée tous les ans ; ainsi le sarment à tailler est rabattu sur le 2e œil, y compris celui du talon, comme bourgeon de remplacement sur lequel on taillera l'année d'après, et le plus éloigné de ce point, comme portant ordinairement les grappes, lequel disparaîtra ensuite complètement à la taille de l'année suivante, car il ne doit plus donner de fruits.

Quoiqu'on n'ait laissé à la taille que deux yeux ou coursons, il arrive souvent, quand la vigne es jeune surtout, qu'il en produit un plus grand nombre.

Au premier ébourgeonnement que l'on fera dès que les pousses des yeux de la taille, auront de 10 à 15 cent de longueur et que l'on pourra apercevoir les grappes, on ne conservera que les deux bourgeons qui seront les mieux constitués et les mieux placés, et on supprimera tous ceux qui sortent du vieux bois, à moins qu'ils ne se trouvent dans le voisinage d'un courson, et ne soient utiles pour son renouvellement.

Palissage. Lorsque les bourgeons ont atteint une longueur de 40 à 50 cent., il est indispensable de les palisser, au fur et à mesure de leur élongation, en commençant par les plus forts et en laissant aux faibles toute la liberté de grossir et de grandir ; ils ne sont palissés que successivement à mesure qu'ils grandissent.

Le plus ordinairement, on attache ces bourgeons avec du jonc, à des fils de fer placés parrallèlement ou à des perches, en prenant la précaution de ne pas trop les serrer ; car ils sont fragiles et se détachent facilement de leur coursonne.

En faisant le palissage, on supprime soigneusement, tous les faux-bourgeons, ainsi que les vrilles qui absorberaient inutilement la sève.

Pincement. — Vers la fin de mai, quand les

bourgeons sont arrivés à la limite qui leur est assignée, on les pince à 2 ou 3 feuilles au-dessus de la 2ᵉ grappe.

Ce pincement doit se faire avant la floraison ou immédiatement après, jamais pendant que la vigne est en fleur. Il a pour effet, en arrêtant les bourgeons dans leur longueur, de concentrer la sève vers la base, de les faire grossir et de donner plus de nourriture aux grappes. Il ne faut laisser que deux grappes sur chaque bourgeon, et même sur les vignes âgées, ou sur celles qui sont peu vigoureuses, une seule, tout en pinçant à la même longueur.

Quant aux petits bourgeons qui se développent sur les principaux, et auxquels on donne le nom d'entre-cœurs, ils doivent être pincés au-dessus de la première feuille seulement, afin de ne pas provoquer le développement de l'œil situé à la base du bourgeon proprement dit.

Soufrage. — Dès le début de la végétation ou au moins avant que la vigne soit en fleur, si l'on ne veut pas la voir envahie par l'oïdium, il faut faire un soufrage préventif. Cette opération doit toujours se faire par un beau temps après avoir préalablement fait chauffer le soufre au soleil ou auprès du feu ; si elle se faisait par un temps pluvieux, le soufre serait lavé et perdrait ses propriétés bienfaisantes, alors on serait obligé de recommencer ce travail.

Cisellement de la grappe. — Une des opérations des plus importantes pour obtenir de bon et beau raisin, que malheureusement on néglige trop souvent, c'est l'éclaircie ou cisellement des grains, qui consiste à en diminuer le nombre, sur la grappe, lorsqu'ils sont à peu près gros comme un petit pois. Ce cisellement se fait avec des ciseaux à lames bien effilées et à pointes émoussées, pour ne pas endommager les grains qui restent, il doit être fait avec intelligence ; on enlève d'abord tous les grains avortés, puis les petits et enfin ceux qui sont trop serrés.

Cette opération est indispensable si l'on veut avoir de beaux fruits ; elle contribue à faire grossir les grains, et en facilite la maturité.

Effeuillage. — L'effeuillage de la vigne consiste dans la suppression d'une partie des feuilles qui recouvrent les grappes, et les empêchent de recevoir l'action du soleil, afin de donner au raisin plus de couleur et de transparence.

Cette opération ne doit se faire que petit à petit, afin de ne pas trop saisir le fruit.

Pour préserver les grappes de raisin des attaques des mouches et des oiseaux, et les conserver longtemps sur la treille, on les enferme, quelques jours avant leur maturité, dans des sacs en papier, ou mieux de crin.

La production d'une treille de vigne bien soignée peut durer plus de 50 ans. Cependant, il arrive un moment où la végétation devient languissante, les coursons se dessèchent, et les tiges elles-mêmes finissent par périr. Quand cet état de décrépitude se manifeste, un rajeunissement devient nécessaire,

Rajeunissement. — Pour rajeunir une vigne, si le cep est encore vigoureux, on coupe toutes les tiges à 20 cent. environ au-dessus du sol. Cette opération concentre l'action de la sève sur ce point, et y fait sortir un bon nombre de bourgeons ; pendant l'été, on ne conserve que le sarment le plus vigoureux de tous ceux qui sortent sur le vieux bois, et pour lui faire acquérir plus de vigueur, on enlève la terre jusqu'aux racines, qu'on a bien soin de ménager, et on la remplace par d'autre terre bien amendée.

Si au lieu d'un cep, on voulait en avoir deux, on conserverait deux sarments ; au printemps suivant, on les coucherait en changeant également la terre, et on les amènerait ensuite à la place où l'on a besoin de tiges verticales.

265   *Récolte et conservation du raisin.*

La récolte du raisin ne doit se faire que lorsqu'il est parfaitement mûr : plus on le retarde, plus le raisin est savoureux, en évitant toutefois les premières gelées d'automne auxquelles il est assez sensible.

Cette récolte doit s'effectuer par un temps sec. Chaque grappe doit être prise par le pédoncule et détachée, au moyen du sécateur ou de la serpette, etc.

Pour garder au fruitier, on doit prendre de préférence les grappes qui ont mûri sans que le soleil leur ait donné trop de couleur.

Les moyens de conserver le raisin sont :

1º de le choisir sur des contre-espaliers ;

2º de prendre les grappes qui ont été ciselées et dont les grains sont les plus gros et moins serrés ;

3º de le cueillir un peu avant complète maturité ;

4º de le mettre sur une espèce de grillage couvert d'une légère couche de paille entièrement sèche ;

5º de le visiter souvent et enlever avec des ciseaux les grains qui commencent à s'altérer ;

6º couper les sarments munis de leurs grappes, et plonger l'extrémité dans une fiole remplie à moitié d'eau dans laquelle, on a mis une pincée de poudre de charbon.

266 Dommages, maladies, animaux et insectes nuisibles à la vigne.

Par dommages de la vigne, on entend les intempéries des saisons, telles que : les gelées d'automne, d'hiver et de printemps, qui font périr ses jeunes pousses lorsqu'elles les atteignent.

Des abris ménagés le long des cordons de vigne peuvent la garantir des gelées ; seulement, il faut être exact à les enlever dès qu'il ne gèle plus, car leur présence prolongée nuirait à la végétation du cep.

Les coulures, occasionnées par les pluies froides et continues, et un temps froid au moment de la floraison, ou des changements subits de température.

Les maladies sont : l'oïdium, la lèpre, le blanc ou meunier.

L'oïdium est une espèce de moisissure qui durcit l'épiderme des grains, lui fait prendre une teinte fauve, et fait corrompre ces derniers avant de mûrir. C'est la maladie la plus à redouter pour la vigne ; ses ravages sont très fréquents malheureusement.

Le remède est l'emploi de la fleur de soufre, que

'on projette sur les parties malades, au moyen d'un soufflet dont le bec se termine par une pomme d'arrosoir qui disperse la poudre de soufre sur les parties malades. Cette opération doit se faire par un temps sec et une température élevée.

Le blanc ou meunier est une maladie qui se présente sous forme de poussière ou de réseau blanchâtre, attaquant les feuilles, les bourgeons et les fruits. Cette maladie est encore connue sous le nom de meunier, à cause de l'aspect farineux que présentent les parties qui en sont attaquées ; sa marche rapide et son aspect galeux lui ont aussi valu le nom de lèpre. Le remède est encore la fleur de soufre.

Les animaux nuisibles sont : les oiseaux et particulièrement les moineaux, les merles, les grives, les gros becs qui sont les plus grands ennemis des treilles ; les loirs, les rats, les mulots, les taupes, tc...

Les insectes tels que les limaces, les limaçons, la punaise, la chenille, les mouches, les frelons, es guêpes, le phylloxera.

267   Voici quelques-unes des meilleures variétés de raisin de table, par ordre de maturité.

Vert de Madère, grappe assez longue, grains ronds, chair sucrée, délicieuse. Maturité fin juillet.

Précoce blanc, grappe moyenne, grains moyens ou petits, serrés, sucrés. Mat. fin juillet.

Précoce de Saumur, grappe allongée, grains ronds, écartés, d'un blanc doré, pulpe sucrée. Mat. fin juillet, commencement d'août,

Précoce musqué, grappe allongée, moyenne, grains moyens, ronds blancs, très sucré. Mat. fin juillet, commencement d'août.

Morillon hâtif, grappe petite, courte, grains petits, d'un violet noir, très serrés, peu sucrés, acidulés. Mat. fin juillet, 1re quinzaine d'août.

Madeleine royale, un des meilleurs raisins, très hâtif, grains blancs non sujets à couler, chair fine et sucrée. Mat. avant le chasselas de Fontainebleau ;

Chasselas de Négrepont, grappe forte, grains moyens, d'un joli rose vif, plant productif. Mat. fin d'août.

Chasselas rose de Falloux, grappe grosse, longue, grains gros, très bons, variété vigoureuse et fertile : Mat. commencement de septembre.

Chasselas bifère, grappe grosse, allongée, grains gros, jaunes, peu serrés, très bons et très beaux. Mat. septembre.

Chasselas supérieur, grappe courte, moyenne, grains ronds, gros, d'un joli rose frais, de toute 1re qualité. mat. fin d'août.

Chass. doré de Fontainebleau, grappe moyenne, allongée, grains assez gros, ronds, d'un jaune clair ou doré, très bons, plant vigoureux et fertile, mat. commencement de septembre.

Chasselas Cioutat, grappe moyenne, grains moyens, arrondis, d'un blanc jaunâtre, bons. Mat. septembre, plant fertile vigueur moyenne.

Muscat noir, grappe moyenne, grains ovales, noirs, assez serrés, goût musqué et sucré ; plant fertile, vigueur moyenne. Mat. fin juillet à fin août, suivant la région où il est cultivé.

Chasselas musqué, grappe moyenne, grains ronds, blanchâtres, pressés l'un sur l'autre, pleins d'un jus sucré et musqué, plant assez fertile. Mat. fin août et septembre, suivant les contrées.

Frankenthal, grappe grosse longue, rameuse, énorme parfois, grains gros, ronds, et quelquefois ovoïdes, d'un violet noir, chair parfumée, sucrée ; plant fertile et vigoureux. Mat. septembre et octobre.

Noir d'Espagne, grappe forte, formée de grains ovales, chair sucrée et excellente ; réclame une bonne exposition chaude sous le climat de Paris. Mat. fin septembre.

Chass. de Montauban, grappe assez allongée, grains moyens, fermes, dorés, d'une saveur très agréable. Mat. fin septembre.

Muscat rouge de Madère, grappe moyenne, grains ronds, d'un joli rose, raisin sucré, bien parfumé et musqué, plant d'une fertilité moyenne. Maturité fin septembre.

Muscat d'Alexandrie, grappe grosse, longue,

grains gros aussi, ovoïdes sucrés musqués, excellents, d'un blanc jaunâtre. Cette variété ne mûrit pas au nord de la France, à moins d'être cultivée sous verre.

Pineau gris, grappe petite, grains petits, ovoïdes, gris ou violets très sucrés, très bons, plant assez vigoureux très fertile. Maturité fin septembre.

Distances auxquelles on plante ordinairement la vigne.

Pour cordons horizontaux, un seul étage... 3 mèt.
                             deux étages superposés.. 1, 50
                             trois   «   «   1
                             quatre «   «   0, 75
                             cinq   «   «   0, 60
                             six   «   «   0, 50

Pour cep ou tige verticale ou oblique avec coursons.   0, 70

Pour palmette ordinaire.   1 m.

268   **Fruits en chatons.**

Châtaignier, noyer, noisetier.

Châtaignier commun. — *Fagus castanea* (cupulifères.)

Cet arbre est originaire du midi de l'Europe, de moyenne grandeur, à racines pivotantes, croît à l'état sauvage dans tous les bois.

Sol. — Le châtaignier aime une terre argilo-siliceuse, schisteuse ou granitique, en pente; il réussit mal dans un sol gras et frais, ainsi que dans les sols calcaires.

Multiplication. — On multiplie les diverses variétés de châtaigniers par la greffe en écusson et celle en flûte, que l'on fait sur des sujets de châtaignier obtenus de semis.

A l'automne, on choisit les plus belles châtaignes, et on les fait stratifier jusqu'en mars; à cette époque, on les plante en pépinière dans une terre bien ameublie, mais non fumée, à 40 cent. environ de distance, et à 7 ou 8 cent. de profondeur.

Après cette plantation, on donne au terrain les soins dont il a besoin; labours, binages, engrais, etc... jusqu'à ce que les jeunes plants aient acquis une hauteur de 2 m. 50 environ, et à leur base un diamètre de 4 à 5 cent.

A ce moment-là, on les plante à demeure, en les espaçant de 15 à 20 mèt. les uns des autres, puis on les greffe à 2 m. d'élévation, en écusson ou en flûte. En faisant les différentes plantations du châtaignier, il faut conserver soigneusement le pivot, qui est une longue racine. Les plus grosses châtaignes se nomment marrons.

269. Noyer commun. — *Juglans regia*
(Juglandées.)

Originaire de Perse, introduit en Europe par les Romains, devient très grand dans les terrains calcaires, et offre de grands avantages : son bois est précieux pour la menuiserie et la sculpture ; son fruit fournit une excellente huile que l'on consomme soit en cuisine, soit dans l'industrie.

Climat et Sol. — Le noyer aime un terrain peu calcaire, pierreux, sec et léger. Il craint les hivers rigoureux, ainsi que les gelées tardives du printemps, qui font périr les fleurs et les jeunes bourgeons.

Multiplication. — Le noyer se multiplie de semence et par les greffes, que l'on fait surtout sur des sujets venus de semis, lesquels donnent des arbres fertiles, qui se mettent promptement à fruit.

Variétés. — Les meilleures variétés de noyers sont :

1º Le noyer à gros fruit ou noix de jauge ;

2º Le noyer à gros fruit long, coque tendre, variété très fertile ;

3º Le noyer à coque tendre, fruit oblong, se conservant longtemps et une des plus estimées ;

4º Le noyer fertile, arbre venant vite, et produisant des fruits dès les premières années de sa plantation.

270 Noisetier commun. — *Corylus evellana* (cupulifères.)

Le noisetier a été trouvé en Europe, particulièrement dans les parties méridionales ; son type sauvage croît à peu près partout, surtout dans les bois des terrains montagneux, où il donne un fruit petit, mais excellent.

On distingue deux sortes de noisetiers : le noisetier avelinier, que l'on trouve surtout à l'état sauvage, et le noisetier franc ou noisetier tubulé.

Le noisetier avelinier est un arbre de 3 à 5 mèt., ses rameaux sont flexibles et couverts de poils grisâtres dans leur jeunesse ; ses feuilles à la base sont cordiformes et arrondies, portées sur un long pétiole, ses fleurs s'épanouissent en janvier et février ; son fruit composé d'une noix ovale plus ou moins ronde ou allongée. Le noisetier franc ou tubulé a les mêmes caractères que le précédent, seulement, un gros involucre tubuleux enveloppe ses fruits, lesquels sont un peu plus allongés que ceux du noisetier avelinier.

Multiplication. — Le noisetier se multiplie au moyen de semis, de drageons ou de marcottes et de la greffe.

Il vient à peu près dans tous les terrains, mais il préfère ceux qui sont frais et légers, et redoute, à la fois, la sécheresse et la compacité du sol.

Cet arbre fait partie du jardin fruitier et du jardin d'agrément, et lorsqu'il est cultivé d'une manière convenable, ses produits sont assez abondants.

Il supporte la taille ; ses fruits se développent comme ceux du cognassier. On lui applique donc la même taille qu'au cognassier. Cette taille se fait en mars, au moment où les chatons ou fleurs mâles et les aigrettes rouges ou fleurs femelles sont visibles, de façon à pouvoir en conserver une suffisante quantité, et avoir des fruits plus beaux. Le noisetier s'élève ordinairement en buissons ou en touffes.

271 **Récolte et conservation des fruits.**

La récolte des fruits est un travail des plus importants, le point capital consiste à observer e à saisir le moment opportun.

Le sol, l'exposition et la température de l'année ont une influence remarquable sur l'époque de la maturité des fruits.

Les fruits cueillis trop tôt se rident et perdent une partie de leur qualité : trop tard, la fermentation de la maturité est commencée et le fruit se conserve mal.

Les principaux fruits de garde sont ; les poires, les pommes, les noix, les marrons, etc..

Les poires qui mûrissent en été ou en automne, doivent être cueillies 8 ou 10 jours avant leur maturité absolue, c'est-à-dire avant le moment où elles se détachent elles-mêmes des arbres.

Celles qui ne mûrissent qu'en hiver, doivent être cueillies dès qu'elles ont acquis tout leur développement, et avant la cessation complète de la végétation, c'est-à-dire de la fin de septembre à la fin d'octobre, suivant les variétés, les années et le climat.

Le moment favorable de la journée pour la cueillette des fruits, est depuis midi jusqu'à 4 heures, par un temps sec et un ciel découvert.

La meilleure méthode de récolter les fruits, c'est de les détacher un par un à la main, en tâchant de ne leur faire éprouver aucune pression, car chacune des foulures détermine une tache brune qui donne lieu à la pourriture.

Lorsqu'on est obligé de récolter les fruits par un temps pluvieux, il ne faut pas les essuyer, car le frottement les dépouille de la fleur qui les recouvre, qui contribue à leur conservation. Le mieux à faire est de les étendre sur de la paille bien sèche dans une chambre bien saine.

Il est bon de ne mettre au fruitier les fruits d'hiver, qu'après les avoir laissés ressuer pendant quelques jours dans une pièce bien aérée et éliminé tous ceux qui sont piqués, tachés ou meurtris, lesquels ne sont pas de garde.

On ne doit pas mélanger indifféremment toutes les espèces, à cause de la différence de maturité et de la surveillance plus facile, lorsqu'elles sont séparées.

Les fruits durs d'hiver, tels que : les amandes, les châtaignes, les noix et les noisettes, doivent être récoltés, dès qu'ils commencent à tomber de l'arbre.

272 Conditions d'un bon fruitier.

Un fruitier peut être situé n'importe où, pourvu qu'il soit sain et à l'abri de la chaleur et du froid, et surtout des variations de température, qui contribuent beaucoup à la décomposition rapide des fruits. Cependant un rez-de-chaussée sec, exposé au nord et impénétrable à la gelée, de 70 à 90 cent. au-dessous du sol serait préférable.

Les conditions importantes sont : 1° qu'il y ait une température à peu près égale, de 6 à 8 degrés centigrades au-dessus de zéro.

2° que la lumière n'y pénètre que bien faiblement.

3° que l'air y soit plutôt sec qu'humide et exempt de courants ;

4° qu'on évite d'y faire du feu à moins qu'on veuille avancer la maturité des fruits ;

5° que les fruits soient distancés autant que possible afin d'éviter la pression ;

6° qu'on renouvelle l'air de temps en temps, par un jour sec et doux, en le faisant arriver d'une pièce voisine, si cela est possible.

7° qu'on ne tolère point dans le voisinage des dépôts de matières qui pourraient entrer en fermentation et vicier l'air ;

8° qu'on tienne le fruitier dans une grande propreté, tant pour les tablettes que pour les murs et le parquet ;

9° enfin, qu'on surveille très activement les fruits.

273 **Division des fruits.**

On divise les fruits en deux classes : 1° en fruits aqueux et 2° en fruits non aqueux. Par fruits aqueux, on entend ceux qui renferment beaucoup d'eau et de sucre, qui se divisent eux-mêmes, 1° en fruits en baies, tels que : le raisin, la figue, la groseille, la framboise, etc...; 2° fruits à **pepins**, tels que : la poire, la pomme, le coing, l'orange ; 3° fruits à noyaux, tels que : la prune, la cerise, la pêche, l'abricot, etc...

Par fruits non aqueux, on entend ceux qui, selon leur nature, contiennent de l'huile, de la farine ou du sucre ; ils se divisent : 1° en fruits oléagineux ; tels que : l'olive, l'amande, la noix, la noisette, etc..; 2° en fruits farineux, tels que : la châtaigne, le gland doux, etc..; 3° en fruits sucrés, cette série n'offre en France que le caroulier, qui produit de longues gousses d'un goût sucré et agréable.

274 **Durée des végétaux.**

Les végétaux ont une durée plus ou moins longue, selon leur nature, leur espèce et leur destination.

Les uns sont annuels, ce sont ceux qui germent, se développent, fructifient et meurent la même année. Toutes les céréales sont de ce nombre.

D'autres sont bisannuels, ce sont ceux qui meurent la deuxième année, comme le céleri, la carotte, etc.

Enfin, ceux qui sont trisannuels, c'est-à-dire qui durent 3 ans.

Par plantes vivaces, on entend celles dont la tige peut mourir tous les ans, mais dont la racine vit plusieurs années ; telles que les prairies naturelles, le sainfoin, les artichauts, etc... Les végétaux ligneux sont de ce nombre.

275 **Arbres à produits industriels**.

Par arbres à produits industriels, on entend ceux dont les fruits servent à former quelques branches de l'industrie et du commerce, tels que :
1º la vigne dont le fruit connu sous le nom de raisin est principalement employé pour faire du vin, du vinaigre et de l'eau-de-vie ; sec, il est préparé pour le commerce sous le nom de raisin de caisse ;

2º Le pommier et le poirier de Normandie, de Bretagne, etc.. dont les fruits servent à fabriquer le cidre, liquide qui forme la boisson des habitants de l'ouest de la France, comme la bière fait celle de ceux du nord.

3º Les châtaigniers du Limousin et les marronniers de Lyon, qui donnent un fruit d'une odeur agréable et font une branche de commerce d'épicerie.

4º Les cerisiers des Vosges, du nord-est, et de la Haute-Saône, qui donnent des kirschs qui rivalissent avec ceux de la Forêt-Noire.

5º Le figuier, l'amandier et le noisetier de Provence qui donnent des fruits qui font aussi une riche partie du commerce des comestibles ;

6° L'olivier employé à la fabrication de l'huile, dite d'olive, la plus estimée de toutes les huiles ;

7° Le mûrier cultivé pour ses feuilles qui servent de nourriture aux vers à soie, et pour son fruit qui figure quelquefois au dessert en Belgique et en Allemagne. Les mûres passent pour nourrissantes et rafraîchissantes ; les bestiaux en sont avides.

8° L'oranger qui fournit un très beau fruit et très séduisant, qui fait aussi une branche du commerce de l'épicerie ;

9° Le citronnier qui donne également un fruit qui est souvent employé dans la préparation des aliments, et dans la médecine pour les limonades rafraîchissantes.

Extraits des travaux à faire chaque mois de l'année dans les Jardins, les serres et l'orangerie.

JANVIER.

Jardin potager. — En plein air, dans le potager, on peut faire les défoncements, amener sur le terrain le fumier et les engrais destinés à y être enterrés, et faire les gros labours ; donner de l'air aux artichauts et ouvrir les fosses des asperges, lorsqu'on veut en planter. Si on ne peut travailler dehors, faire des paillassons et mettre les outils en état ; on peut planter l'ail commun, semer des carottes hâtives, le cerfeuil bulbeux (graines stratifiées,) les fèves de marais, de l'oignon, du panais, du persil, des poireaux, des pois Prince-Albert, Michaux de Hollande, caractacus, et autres variétés hâtives, des pommes de terre hâtives, etc...

Culture forcée.

Sur couche, sous cloches, bâches, châssis ou en serres.

Par culture forcée, on entend les produits obtenus par le moyen de la chaleur artificielle : sur couche, sous cloches, bâches, châssis ou en serres.

On sème en janvier, sous châssis ou sous cloches, la carotte rouge très courte à châssis, le céleri à couper, du cerfeuil commun et frisé, de la chicorée frisée fine d'été ou d'Italie, la chicorée sauvage améliorée pour couper jeune, le chou hâtif d'Etampes, d'York, cœur de bœuf, de Saint-Denis, Quintal, de Milan hâtif et tardif, choux-fleurs tendres et demi-durs, épinards des haricots flageolet de Hollande, d'Etampes, à feuille gaufrée, noir de Belgique, laitues de printemps, crêpes, gottes, à bord rouge, romaine blonde maraîchère, et la verte maraîchère ; melon cant. prescott hâtif à châssis, cant. noir des Carmes, cant. orange ; oignons hâtifs, oseille *(chauffée)*, persil, poireau gros court de Rouen, de Carentan, pois Prince-Albert, michaux, Léopold, caractacus, Daniel, pomme de terre marjolin, marjolin-Têtard, à feuille d'ortie, radis hâtif, tomate rouge naine hâtive.

Jardin fruitier.

S'il survient un dégel, en janvier, il faut en profiter pour débarrasser l'écorce des vieux arbres des mousses et des lichens et continuer la taille d'hiver commencée le mois précédent. En nettoyant les arbres, il faut apporter un soin spécial à la recherche des anneaux d'œufs de chenille qui se trouvent ordinairement autour des rameaux d'un ou deux ans. On sème ou l'on stratifie, suivant les espèces, si le temps le permet, les noyaux, les pepins des amandes, les graines à coque dure qui doivent séjourner longtemps en terre avant de lever. Les graines des plantes rares ou délicates doivent être semées également durant ce mois, mais alors en pots ou en terrines et sous châssis ou en serre.

Les principales espèces qui peuvent être semées ou stratifiées sont: Abricotiers, amandiers, cerisiers, châtaigniers, cognassiers, cornouillers, maronnier d'Inde, néfliers *(ne germent souvent qu'à la deuxième année)*, noyers, pêchers pistachiers, poiriers, pommiers, pruniers, vignes.

Jardin d'agrément.

Un jardin d'agrément est celui qui ne donne

aucun produit lucratif, il est uniquement pour plaire, pour récréer, et pour faire jouir de sa verdure et de ses fleurs.

Dans le jardin d'agrément, pendant le mois de janvier, on détruit les gazons usés ou défectueux en les labourant profondément à la bêche ; on relève les allées effondrées ou trop humides ; on fait provision de terre normale ou franche, de terre de bruyère, de sable, etc... Dans les terres qui ne sont pas trop humides, on peut planter toute espèce d'arbres *(les arbres verts exceptés)*. On plante également dans le mois de janvier, les anémones, les renoncules, les oignons de jacinthes, de tulipes, etc...

On peut semer en pots ou en terrines sur couche ou en serre : l'acanthe à large feuille, les balisiers anna, les bégonias, le chrysanthème frutescent *(anthémis)*, le chrysantème vivace d'Inde, le chrysanthème vivace du Japon, des coleus, des dahlias, des gloxinias, la pervenche de Madagascar, le Wigandier, etc...

On peut semer en plein air lorsque le temps le permet : la centaurée barbeau *(bleuet)*, le coquelicot, la julienne de Mahon *(bonne exposition)*, les pavots doubles, grands et nains, les pieds d'alouette annuels, les pois de senteur, les thlaspis annuels *(ces deux derniers à bonne exposition)*.

Orangerie et serres.

L'orangerie est un local particulièrement réservé à la conservation de certaines plantes durant l'hiver. — Les soins qu'elle exige sont des plus simples, il suffit de la préserver des gelées et de lui donner de l'air tant qu'il ne fait pas trop froid.

Une serre est un local où les plantes végètent en toute saison ; elle doit donner la plus grande quantité possible de lumière. La serre tempérée doit être maintenue presque toujours de 6 à 10 degrés centigrades ; plus de chaleur mettrait en végétation les plantes qui ne doivent pousser qu'au printemps ; moins, ces plantes languiraient et périraient peut-être.

Soins. — La serre exige que les arrosements soient faits avec intelligence en ayant toujours égard à la nature des plantes et à leur état de vigueur. Le moment le plus convenable pour arroser est de 9 heures à 11 heures du matin. Enfin, elle exige qu'on renouvelle souvent l'air, et le plus possible pendant qu'il fait soleil ; si son atmosphère était trop humide, il faudrait la sécher en faisant un peu de feu.

FÉVRIER.

Jardin potager.

Plein air. — On doit faire en plein air, les pois, les fèves de marais, et mettre en place les laitues de printemps préparées sous cloche. On doit semer de l'oignon, des carottes, des choux cabus et de Milan, rouges, de la ciboule commune, de la ciboulette, des échalottes *(bulbes)*, des épinards, fraisiers remontants et non remontants *(plants)*, des laitues pommées de printemps, pommées d'été et d'automne, des romaines hâtives, des oignons divers, des panais, de l'oseille (*éclats*), du persil, de la pimprenelle, des poireaux, des pois nains, à demi rames et à rames, pommes de terre hâtives (*bonne exposition*). Vers la fin du mois, on plante les griffes d'asperges.

Culture forcée. — Sur couches chaudes, on sème des melons, des concombres, des aubergines ; sur couches tièdes, du céleri, des choux, des laitues, des poireaux, etc...

Jardin fruitier.

Au jardin fruitier, on termine la taille des pommiers et des poiriers, ainsi que celle de la vigne qui doit être finie entièrement pendant ce mois ; plus tard, il en découlerait des pleurs. On rabat la tête des framboisiers pour les faire ramifier et obtenir une fructification plus abondante. Après la taille, on fait un labour général.

On choisit les greffes qui doivent être appliquées dans le courant de mars et d'avril. Les arbres fruitiers en espalier sont dépalissés et nettoyés à l'aide d une brosse, sur leurs deux surfaces, afin de déloger les larves des insectes qui s'y trouvent sous l'écorce ; puis on chaule ceux qui en ont besoin. Durant ce mois, on peut semer presque toutes les graines d'arbres fruitiers.

Jardin d'agrément.

Au jardin d'agrément, on visite les arbres et les arbrisseaux pour les nettoyer de leur bois mort, supprimer les branches nuisibles ou mal placées ; cela fait, on laboure les bosquets et les massifs à la houe fourchue plutôt qu'avec la bêche.

On garnit les massifs et les plates-bandes de plantes fleurissant dans les mois suivants, tels que : le silène, le myosotis, la ravenelle, les œillets de poète, la primevère, les campanules, les héliantes vivaces, les aconits, les phlox vivaces, et dans les endroits ombragés du muguet et des anémones.

Ce mois est très convenable pour la plantation

des arbres verts, ainsi que pour les arbres et les arbustes de terre de bruyère.

Vers la mi-février, on sème sur couche, et préférablement en terrines ou en pots, les balisiers, le cinéraire-maritime, les coréopsis annuels ; les giroflées quarantaines, les pétunias, les verveines en bordures ou en potelets, giroflée de Mahon, pieds d'alouette, pavots et coquelicots.

Serres et orangerie. — Les soins sont à peu près les mêmes que dans le mois de janvier.

MARS.

Jardin potager.

Plein air. — On doit terminer les labours, enterrer tous les fumiers et les engrais, replanter ou resemer les bordures de toute espèce, mettre en erre les porte-graines, de tous les légumes racines, en ayant soin d'éloigner les diverses variétés d'un même genre pour éviter l'hybridation.

On sème les diverses sortes de pois, de fèves de marais, de romaines, plusieurs espèces de laitues, chicorée sauvage, cerfeuil, persil, oignons, poireaux, ciboule, carottes, épinards, raves et radis et la plupart des légumes de pleine terre. On plante les pommes de terre hâtives.

Vers le 15, on débute et on découvre les artichauts ; à la fin du mois, on les œilletonne, en ne laissant à chaque pied que le plus fort bourgeon radical.

Pour créer ou remplacer des artichauts, on prend les œilletons qui présentent le meilleur talon, et non les plus forts, dont la reprise serait difficile. Ou plante des choux-fleurs semés en septembre, hivernés sous châssis ou en ados. On sème les choux pommés, tels que les Milan, Nantais, Saint-Denis, Quintal, etc...

Culture forcée. — Les travaux de la culture forcée consistent à entretenir la chaleur des couches sur lesquelles sont plantés les melons, les concombres de la première saison, entremêlés de laitues, les choux-fleurs, la chicorée etc..., à replanter pour la deuxième saison des melons, des choux-fleurs, des laitues, etc....

Jardin fruitier.

Au jardin fruitier, on termine la taille de tous les arbres, à l'exception de ceux dont la croissance est trop vigoureuse et que l'on veut affaiblir, afin de les rendre productifs.

On fait le dépallissage à sec des branches de charpente. On applique les toiles qui doivent servir d'abri pour la fleuraison des arbres fruitiers, contre les gelées blanches et les giboulées. — C'est le bon moment de planter la vigne, ses racines étant susceptibles de pourrir pendant l'hiver.

Jardin d'agrément.

Au jardin d'agrément, on taille les rosiers greffés, dès les premiers jours de mars ; on visite les tubercules de dahlia et on retranche les parties pourries ou endommagées pendant l'hivernage. — On met en place les œillets de poète, les ravenelles, les silènes, les myosotis, les mufliers, les juliennes de Mahon, et toutes les plantes annuelles semées en automne à bonne exposition.

Sur couche tiède, on sème les reines-marguerites, les balsamines, les giroflées-quarantaines, le pétunia hybride, le zinnia élégant et la variété à fleur double, le périlla de Nankin, le cinéraire-maritime, l'amarante à feuilles rouges, les verveines. — Les gazons usés doivent être renouvelés.

Orangerie et serres.

Dans l'orangerie et les serres, il est quelquefois nécessaire d'ombrer avec des toiles ou des claies, pour éviter aux plantes l'effet brûlant des coups de soleil. Les camellias sont dans toute leur beauté ; la floraison terminée, on les taille, pour empêcher l'arbuste de se dégarnir.

AVRIL.

Jardin potager.

Au jardin potager, on soigne les semis et les plantations déjà effectués. — On ratisse et on sarcle les mauvaises herbes qui poussent dans les planches de légumes.

On éclaircit les carottes et les oignons, pour faciliter leur accroissement.

On visite attentivement les semis de choux, laitues, poireaux et salsifis pour les garantir des insectes, tels que : les limaces, l'araignée, les larves, etc...

On peut rechausser les pommes de terre plantées de bonne heure, et continuer d'en semer.

On sème les navets précoces, on fait les premiers semis de scorsonère ou salsifis noir, qui auraient pourri, si on les avait semés plus tôt, à cause de l'humidité du sol.

On rame les premiers pois.

Vers la fin du mois, on peut commencer à semer des haricots flageolet, bagnolet ou gris, noir de Belgique et le haricot Duclos, tous précoces.

On sème également les cardons d'Espagne non épineux, les cardons de Tours à côtes très pleines mais épineuses, la betterave rouge pour salade; le céleri rave et le céleri turc.

Culture forcée. — Dans la culture forcée, il y a à mettre en place, sur couche, les derniers melons, à tailler pour la deuxième fois ceux qu'on avait plantés au commencement de mars.

De plus, on sème des tomates et les diverses cucurbitacées, connues sous le nom de courges, potirons, et bonnet Turc ; les concombres longs et à cornichons. On met également en place les patates élevées sur couche.

Jardin fruitier.

On finit de tailler les arbres fruitiers vigoureux, qu'on avait laissés les derniers en vue de les affaiblir.

La taille du pêcher doit être terminée dans la première quinzaine d'avril.

On greffe en fente et en couronne les arbres fruitiers à pépins.

On commence à régler la marche de la végétation par le pincement dès que les bourgeons ont de 10 à 15 centim. en supprimant ceux qui sont inutiles, nuisibles ou mal placés.

Jardin d'agrément.

Il faut donner des sarclages et des arrosages aux

massifs de fleurs et continuer les semis de plantes annuelles. On plante les différentes espèces de glayeuls, les tigridias, les lis tigrés, les anémones pour fleurir au mois d'août. On sème en pleine terre ou en pépinière, les plantes annuelles rustiques, telles que : belle-de-nuit, belle-de-jour, l'anthémis d'Arabie, la capucine brune et écarlate à tige grimpante, les volubilis variés, les capucines naines pour bordure, le collinsia bricolor, le chrysanthème à carène, l'œillet de la Chine, l'œillet d'Inde, le souci à fleur double, le thlaspi blanc et le violet, la reine-Marguerite et le zinna élégant.

Orangerie et serres.

On rempote les plantes de l'orangerie et des serres, afin de donner aux nouvelles racines qui vont se développer une terre riche et bien aérée, en commençant par celles qui entrent les premières en végétation, ou qui souffrent par le manque de nourriture.

MAI.

Jardin potager.

Pleine terre. — On continue comme dans le mois précédent, de sarcler, d'éclaircir et de biner les jeunes semis faits antérieurement, de repiquer les laitues, choux, oignons, poireaux. etc..

On pince les fèves de marais lorsqu'elles entrent en fleurs.

On sème encore des carottes hâtives et tardives, des chicorées frisées, principalement la chicorée d'été ou d'Italie, celle de Meaux frisée, lente à monter.

Les concombres, les courges et les potirons se sèment en place au commencement de ce mois.

Vers le 15, on met en place, à bonne exposition les tomates, les aubergines, les potirons et les concombres semés en avril sur couche.

On plante les dernières pommes de terre.

On sème également, en pleine terre, les cardons et le basilic.

On met les paillassons, devenus inutiles pour le moment, sous le hangar, sur des pièces de bois qui les préservent du contact de la terre, toujours plus ou moins humide.

On recommande de les saupoudrer avec de la cendre tamisée, afin d'en éloigner les souris et les autres petits rongeurs. — Pendant ce mois, le jardinier doit presque toujours avoir l'arrosoir à la main, sans négliger le reste, bien entendu. Vers la fin du mois, on sème tous les haricots, dont on veut récolter la graine en sec.

Jardin fruitier.

Il faut continuer l'ébourgeonnement commencé le mois dernier sur tous les yeux qui se développent et qui sont reconnus inutiles.

Cette opération ne saurait être fixée que par le bourgeon lui-même. Pour le poirier, c'est à la longueur de 8 à 12 cent., le cerisier et le prunier de 6 à 8, le pêcher de 15 à 25, qu'il doivent être opérés. Si une branche à fruit du pêcher n'a conservé aucune pêche, il convient de la rabattre de suite sur la branche de remplacement afin que cette dernière prenne plus de force.

Vers la fin du mois, il faut supprimer des pêches aux pêchers qui en ont de trop, sans attendre que l'arbre soit fatigué par un excès de production.

Le jardinier vigilant doit suivre attentivement les arbres fruitiers et surtout le pêcher, afin de les préserver du puceron et de la cloque, qui s'attachent principalement aux jeunes pousses. Il faut également surveiller les greffes en fentes que l'on a faites le mois précédent.

Jardin d'agrément.

Ce mois est un des plus beaux de l'année, par la couleur tendre de ses feuilles naissantes et la floraison des arbres ; tout doit être tenu dans un état de parfaite propreté : binages, râtissages, etc...

On doit orner les massifs avec les plantes annuelles ou vivaces, semées ou multipliées les mois précédents : tels que, géraniums, dahlias, cannas, pâquerettes, agératums, matricaires, et à la fin du mois, les coleus et les achyranthes.

On met en place les balsamines, les reines-marguerites, les coréopsis, les glayeuls, les belles de jour, les lavathères, les fuchsias, les pélargoniums, etc...

Orangerie et serres.

Pendant ce mois les serres et les orangeries demandent beaucoup plus de soins que durant les mois passés, à cause de la température plus élevée de la saison.

Il faut les protéger des rayons brûlants du soleil, soit par des claies, soit par une peinture au blanc d'Espagne sur les carreaux.

Vers le 20 mai, on met à l'air libre tous les arbres et arbustes d'orangerie : tels que, l'oranger, le myrte, le grenadier, le laurier rose, etc... Les orangers et grenadiers sont taillés, selon leur besoin ; s'il est nécessaire.

L'orangerie et les serres débarrassées, on fait toutes les réparations dont elles ont besoin.

S'il y avait des plantes souffrantes, on les mettrait dans la serre tempérée qui servirait d'infirmerie.

La serre chaude peut remplir le même but, pour les plantes de serre tempérée.

JUIN.

Jardin potager.

Plein air. — Les travaux du jardin potager, pendant ce mois, sont à peu près les mêmes que pendant le mois précédent : arrosages, binages, râtissages et sarclages.

On continue à repiquer des choux, des laitues des poireaux, du céleri ; on met en place les citrouilles, les concombres, cardons, tomates, et autres plantes élevées sur couche. On sème des pois, des haricots pour succéder aux premiers faits.

Les pois qu'on sème à ce moment-là sont : le pois d'Auvergne, Michaux de Ruelle, Clamart, Victoria.

On sème vers la fin de juin de la graine de ciboule et de poireau pour obtenir du plant qui sera repiqué à la fin de l'été et qui passera l'hiver en pleine terre.

On sème également, en plein air, de la graine de choux-fleurs, et de toute espèce de choux, de scarole, de chicorée de Meaux, et un peu de raiponce et de radis noir, ainsi que les laitues paresseuses, la romaine blonde qu'on laisse sur place ordinairement.

On récolte les fraises et les pois, qui exigent des soins particuliers pour ne pas endommager les fleurs et les fruits à demi mûrs.

Vers la fin de juin, on récolte la graine de cresson alénois, de cerfeuil, de mâches et de navets.

Les châssis et les paillassons doivent être à proximité des couches à melons, afin qu'en un tour de main, à l'approche d'une nuée d'orage, on puisse s'en servir pour les couvrir.

La grêle est mortelle pour les melons.

Jardin fruitier.

Pendant la seconde quinzaine de juin, on fait aux arbres fruitiers, en espalier, la taille d'été accompagnée d'un palissage général.

En juin, on supprime de la vigne, tous les bourgeons inutiles.

Les grappes étant visibles, bien entendu, on ne doit conserver avec les bourgeons fructifères, que ceux qui serviront de remplacement à la taille prochaine. Un peu avant la floraison, il faut soufrer la vigne pour empêcher le développement de l'oïdium, cette opération se répète lorsque les grains sont tout à fait formés. Au 15 juin les fruits étant assurés contre les gelées tardives ou contre les vers qui les attaquent, on peut en faire, sans crainte l'éclaircie.

S'il s'agit de l'espalier, on ôte ceux qui sont mal placés ; de plein air, ceux qui sont les plus éloignés de la branche de charpente.

Il faut observer toutefois, d'en laisser davantage à la partie supérieure que dans la partie inférieure de l'arbre.

C'est vers cette époque que le puceron lanigère apparait sur le pommier, on le détruit en lessivant la place attaquée avec une forte dissolution de cendres, ou avec du pétrole et du tabac.

Jardin d'agrément.

On doit surveiller la bonne tenue des plantes et leur mettre des tuteurs aussitôt qu'elles en ont besoin.

Tous les jours le jardinier doit faire sa ronde, et retrancher les roses flétries qui nuiraient aux autres et à l'ornementation du jardin.

Une opération importante dans le parterre, c'est la levée des oignons de tulipes et de jacinthes, des griffes d'anémones et de renoncules ; on choisi pour cela une belle journée.

C'est principalement dans ce mois que l'on sème toutes les plantes vivaces et bisannuelles, dont un bon nombre fleurissent l'année suivante, telles que : l'alysse ou corbeille d'or, la benoite écarlate, la campanule pyramidale blanche.

On taille les forsythia, les lilas, les ribes et autres arbustes dont la floraison vient d'avoir lieu.

On continue de repiquer les plantes annuelles, telles que ; zinnias, reines-Marguerites, pétunias, balsamines, tagetes, etc...

Orangerie et serres.

Il ne reste plus dans l'orangerie que quelques plantes un peu souffrantes, qu'il faut bassiner fréquemment pour les remettre en végétation. Ces bassinages doivent se faire le soir, et avec de l'eau à la température du local.

Ce mois est excellent pour le rempotage des plantes de serre chaude.

JUILLET.

Ce mois est regardé par les patriciens comme le dernier de l'année horticole.

Les semis et les opérations qui vont être faits

dans les mois suivants ne devant guère donner leur production que l'année suivante.

jardin potager.

Le potager réclame, pendant ce mois, les arrosages, les râtissages, et les sarclages autant que la nécessité se fait sentir. Il faut terminer le repiquage du céleri à demeure. On plante encore des choux de Bruxelle, des choux-fleurs demi-durs pour l'automne et l'hiver, et des Brocolis pour le printemps.

On repique les laitues paresseuses, les chicorées et du poirau.

On tord ou on abat les tiges des oignons.

On sème les dernières chicorées et scaroles, des carottes courtes et demi-longues; du persil, du cerfeuil, des radis des et raves, des haricots précoces pour les manger en vert, des navets précoces et le navet Freuneuse, des pois précoces ; enfin des scorsonnères qui seront bons à manger l'été suivant.

jardin fruitier.

On continue le pincement, le palissage de la vigne et du pêcher ; on attache les bourgeons de prolongement au fur et à mesure, qu'ils se développent.

Vers la fin du mois on commence l'écussonage à œil dormant du prunier, dont la végétation cesse de bonne heure.

Les pêches précoces de la Madeleine, sont bonnes à récolter vers la fin de juillet; les poires d'Epargne, le doyenné de juillet, le citron des Carmes et le beurré Giffard sont bonnes à cueillir vers les derniers jours du mois également.

Les cerises, les prunes et les abricots donnent abondamment. Les pêches qui mûrissent, le mois suivant, ont besoin d'être découvertes, par l'enlèvement d'une partie des feuilles qui les cachent.

Jardin d'agrément.

On doit empêcher la terre de se dessécher, par le moyen de paillis faits avec de la mousse ou du fumier court.

On sème à la fin de juillet, de la graine de pensées, dans une position ombragée, pour avoir du plant capable de supporter l'hivernage, et de donner au printemps une riche floraison.

Les tiges des dahlias doivent être attachées à de solides tuteurs.

A la fin du mois, on commence le marcottage des œillets et le greffage à œil dormant des rosiers, les églantiers étant préparés, bien entendu. Les belles de jour, les lavathères et plusieurs autres plantes, dont la floraison est épuisée, sont remplacées par d'autres.

Orangerie et Serres.

Il y a guère dans l'orangerie que les végétau des contrées tropicales, qui réclament les mêmes soins que les mois précédents.

On profite de ce mois pour faire soigner la peinture et le vitrage des serres et des châssis.

On met les fourneaux en bon état.

AOUT.

Jardin potager.

On utilise le terrain où était les premiers melons, alors débarrassé, en y plantant des choux-fleurs demi-durs, des chicorées et des scaroles; on plante également ces deux derniers légumes en plein carré, vers la fin du mois d'août; on sème les choux d'York hâtifs, les choux cœur-de-bœuf qui devront être repiqués en pépinière, pour être mis en place au printemps; l'oignon blanc se sème à la fin de ce mois, pour être repiqué en octobre. On arrache les pommes de terre au fur et à mesure de leur maturité, on les rentre dans des celliers bien secs lorsqu'elles sont suffisamment séchées sur e sol.

C'est le meilleur moment pour refaire les plantations de fraisiers qui doivent être renouvelés tous les trois ans, si on veut les conserver en bon état de production.

C'est dans ce mois, que lorsqu'on possède un filet d'eau vive, on peut établir une cressonnière.

On visite souvent les plantes laissées pour porte-graines, pour les tuteurer, les abriter et les recueillir, s'il y a lieu.

Jardin fruitier.

Il est quelquefois nécessaire, dans les grandes chaleurs, de donner de temps en temps un demi-seau d'eau, le soir, sur les racines du pêcher en espalier.

On récolte avec précaution, les pêches, les abricots, les prunes et les poires précoces.

On continue la greffe en écusson, tant que le mouvement de la sève n'est pas arrêté.

Les ligatures du mois précédent doivent être desserrées.

On fait l'épamprement de la vigne, qui consiste à découvrir les grappes, en supprimant petit à petit les feuilles qui les recouvrent.

Jardin d'agrément.

Au jardin d'agrément, on plante comme plantes

bulbeuses, les fritilaires ou couronne impériale, des muscaris odorantes, des perce-neige des scilles.

On commence la multiplication des plantes à bannettes, qui devront passer l'hiver dans la serre ou sous châssis.

A cette époque, on plante les lis blancs, pendant qu'ils sont en repos.

Une opération des plus importantes, c'est le marcottage des œillets dont la floraison est épuisée ; les tiges florales sont retranchées au niveau du sol, et les pousses de l'année sont marcottées, en cercle, autour de la plante ; on arrose deux fois par jour tant qu'il ne pleut pas.

On doit s'occuper de la récolte des graines des plantes d'ornement.

Orangerie et serres.

On remprote les primevères de la Chine, les cinéraires hybrides, les calcéolaires semés précédemment.

On met en pots, par quatre ou cinq oignons dans chacun, les ixias, les sparaxis, les triteleia uniflora qui devront rester tout l'hiver sous châssis.

La terre la plus convenable aux plantes bulbeuses est celle qui se compose en parties égales, de terre franche, de terre de bruyère, et de terreau de feuilles.

Il faut préparer les serres pendant ce mois pour la rentrée des plantes qui aura lieu le mois prochain.

SEPTEMBRE.

Jardin potager

On rentre l'oignon, on récolte les porte-graines qui sont en état de maturité ; on sème les choux-fleurs, petit et gros Salomon, le demi-dur et le dur, pour être repiqués en ados ou sous châssis pour passer l'hiver et être livrés à la pleine terre au printemps.

Dans la dernière quinzaine de septembre, on sème de la graine de poireau, dont le plant ne doit pas être repiqué, par ce moyen, on aura des poireaux jusqu'en juin de l'année suivante.

On pince les choux de Bruxelles, pour favoriser le grossissement des petites pommes formées dans les aisselles des feuilles.

Vers le quinze du mois, les cardons et les céleris sont empaillés pour les faire blanchir.

A la fin du mois, on arrache les carottes et on les met en silos pour passer l'hiver.

Jardin fruitier.

On continue le pincement des bourgeons qui se développent outre mesure, et on termine le palissage des pêchers. On écussonne le pêcher, opération que la trop grande végétation avait empêché de faire plus tôt, dans la crainte de faire développer les yeux.

Pour préserver les raisins des oiseaux et des mouches, on met les plus belles grappes dans des sacs de crin.

Si l'on a posé des écussons dans le mois précédent, il est nécessaire de desserrer les liens.

On cueille les dernières prunes ainsi que quelques variétés de poires, telles que : le beurré d'Amanlis, le bon chrétien William, la Louise bonne d'Avranches, etc.

Jardin d'agrément.

Le mois de septembre est le dernier mois des splendeurs du jardin d'agrément, il est dépouillé de sa parure d'été ; c'est le tour de la floraison d'automne dont les dahlias sont toujours la partie la plus brillante ; on met en place pour les accompagner, dans les compartiments du parterre, les ageratums du Mexique, les verveines, les véroniques d'Henderson et les autres plantes automnales ; on y joint les résédas et l'héliotrope, qui parfument le parterre de leur odeur.

On mettra en pots tous les oignons destinés à être chauffés pendant l'hiver, tels que ceux de jacinthes, passetouts, crocus, tulipes, narcisses de Constantinople.

On sème les graminées fines pour gazon, surtout dans les terrains arides et secs.

Orangerie et serres.

Les gelées blanches commencent pendant les nuits de la seconde quinzaine de septembre sous le climat de Paris; il faut rentrer successivement dans les serres les plantes les plus délicates, tout en laissant les vitrages des serres ouverts, le plus longtemps possible, pour que les plantes ne passent pas trop brusquement de l'air extérieur à l'atmosphère concentrée de l'intérieur.

On cesse de faire les arrosages le soir, on les fera dorénavant le matin. Si on veut faire avancer la floraison des camelias, on les rentre.

OCTOBRE.

Jardin potager.

Il faut préparer les coffres et les châssis, et les mettre en état de reprendre leur service ; on doit aussi faire provision de paillassons.

Les asperges et les artichauts ont besoin d'être disposés pour l'hivernage.

Les premiers jours d'octobre, on coupe les tiges

des asperges au niveau du sol; on récolte les baies remplies de graines mûres; que l'on peut utiliser par la multiplication par semis.

On fait les derniers semis de mâches et de cerfeuil ainsi que les derniers semis d'épinards, sur les vieilles couches à melons.

On repique en pleine terre les choux et l'oignon blanc semés le mois précédent.

Dans la première quinzaine, on sème sur ados la graine de laitue petite noire et la graine de romaine verte; lorsque le plant montre ses premières feuilles, on dispose sur toute la longueur de l'ados deux ou trois rangs de cloches.

A la fin du mois, on rentre dans la cave aux légumes, les produits nécessaires pour l'hiver, tels que: carottes, navets, chicorées, scaroles, céleri, pommes de terre, potirons, etc...

Jardin fruitier.

Tous les travaux du jardin fruitier consistent à peu près dans la récolte des fruits qui doit se faire pendant ce mois, lorsqu'ils ont acquis leur entier développement, et avant la cessation complète de la végétation.

Jardin d'agrément

On continue les travaux de propreté et l'on

exécute les dernières plantations de chrysanthèmes et de roses de Noël. Dès que les gelées commencent, on arrache les dahlias, et on met à l'abri les tubercules que le moindre froid peut endommager sérieusement.

Orangerie et serres.

Dans la première quinzaine d'octobre, même plus tôt si la température l'exige, on doit rentrer toutes les plantes de l'orangerie : orangers, citronniers, myrtes, aralias et tant d'autres. On les y dispose avec goût et suivant le degré de végétation.

NOVEMBRE

Jardin potager.

Au fur et à mesure que l'on dépouille la terre de ses produits, il faut lui donner un gros labour, pour permettre aux pluies et aux gelées de pénétrer dans le sol. Par un beau jour de temps sec, on butte les artichauts et l'on dispose de la litière ou ce qui est préférable, des feuilles pour les couvrir lors des grands froids.

On finit de butter le céleri, on plante, à bonne exposition, des laitues d'hiver, telles que laitues de la passion, morine, gotte, etc...

On poursuit avec activité les labours et les défoncements, afin que le terrain soit disponible pour la fin de Novembre, pour y planter des choux d'York, de cœur-de-bœuf, ou le conique de Poméranie. On sème sur couches des pois hâtifs qui seront repiqués dans le courant de décembre (sur couche bien entendu. L'oseille se plante sur couche et sous châssis, vers le milieu de novembre et successivement jusqu'à la fin de février.

Il ne faut pas négliger la culture forcée du persil, toujours cher et recherché tout l'hiver.

C'est le moment de faire des champignons.

En novembre, les paillassons doivent être étendus, le soir sur les cloches et sur les châssis.

On rentre dans la cave les légumes verts, tels que : choux, céleri, cardons, navets, salsifis, salades diverses, etc...

Jardin fruitier.

En novembre, trois opérations appellent l'attention du jardinier : le défoncement, la plantation et la taille.

On profite d'un beau temps pour ouvrir les trous et changer la terre qui a nourri le sujet précédent, lorsqu'on veut remplacer les arbres morts et défectueux. La taille des arbres fruitiers doit se commencer par les espèces à floraison précoce ; il faut s'abstenir de tailler les jours de pluie, de neige et de fortes gelées.

Quand on craint les gelées, on doit rassembler toutes les branches des figuiers, à l'aide de cordes et les envelopper de litière sèche : ou bien, on creuse de petites tranchées au pied des arbres où on les maintient avec des crochets en bois ; puis on les recouvre d'une épaisseur de terre suffisante pour les préserver de la gelée.

jardin d'agrément

On doit nettoyer les massifs en arrachant les plantes qui ont terminé les saisons, tout en continuant de former des bannettes de chrysanthèmes qui font l'ornement de l'automne.

On met en place les plantes vivaces ou bisannuelles qui doivent fleurir au printemps, telles que : myosotis, silènes, les giroflées ravenelles, etc...

Le mois de novembre est le plus favorable à la plantation des arbres et arbustes d'ornement.

A l'exception des arbustes de terre de bruyère et les conifères que les rigueurs de l'hiver feraient souffrir.

On plante des perce-neige et des hellébores, roses d'hiver qui fleurissent en décembre et janvier, quelques buissons de mahonias, etc.,

Orangerie et serres.

Il faut que toutes les plantes de l'orangerie soient rentrées. Les serres sont complètement garnies de tous les végétaux qu'elles doivent abriter l'hiver.

Ces plantes exigent une activité constante de la part du jardinier.

Chaque jour on doit veiller à ce que la température se maintienne, dans l'orangerie et dans la serre froide, de 3 à 8 degrés.

Tant que l'air extérieur n'est pas froid, il faut en donner tous les jours à l'orangerie et à la serre froide.

DÉCEMBRE.

Jardin potager.

On met les choux en garde contre les fortes gelées

On transporte les fumiers et on laboure les terres, afin que les gelées et les vents secs les rendent friables et propices à la culture du printemps.

On doit surveiller la serre aux légumes et enlever tout ce qui pourrait lui donner de l'humidité et engendrer la pourriture.

Sur couche, on fait les premiers semis de carottes

hâtives, courtes et demi-longues, dans lesquelles, on mélange un peu de graine de radis.

Il faut donner de l'air aux légumes, lorsque le temps le permet, sans cela ils ne manqueraient pas de s'étioler.

Jardin fruitier.

Les travaux sont les mêmes que le mois précédent, s'il ne gèle pas, on peut tailler les arbres à fruits à pepins des espèces tardives. — Les arbres fruitiers de toute espèce peuvent être plantés en décembre, lorsqu'il fait beau temps.

On visite souvent le fruitier pour prendre les fruits mûrs et retirer ceux qui se gâtent.

Jardin d'agrément.

On continue les terrassements, et on profite des gelées pour charrier les terres labourées.

C'est le moment de faire des paillassons, de visiter les tuteurs et les étiquettes en bois que l'on peint au blanc de céruse, en ayant soin de mettre plus d'essence que d'huile, afin que le crayon prenne plus facilement.

On épluche les graines et on les met dans des sacs qu'on étiquette. On visite les massifs et on enlève les bois morts. On élague les arbres trop touffus, suivant la forme qu'on désire leur donner.

On tond les haies et les avenues. Quand il n'y a plus rien à faire dans les bosquets, on laboure pour enterrer les feuilles mortes. Il ne faut pas laisser fondre la neige sous l'action du soleil, sur les arbustes à feuilles persistantes, car cela suffit pour les brûler

Orangerie et serres.

Il faut donner de l'air régulièrement et maintenir la température égale autant que possible, soit au moyen du feu, soit au moyen des couvertures. Si la chaleur artificielle a fait multiplier la petite araignée rouge, le puceron et les autres insectes ennemis des plantes de serre, on fait quelques fumigations de tabac.

VOCABULAIRE.

DE QUELQUES TERMES RELATIFS A L'HORTICULTURE

A caule. — sans tige, ou peu apparente, ou très courte.

A cide carbonique: air que l'on exhale en respirant, il est composé de carbone et d'oxygène

Adhérent : organe ou corps soudé à un autre.

Adventif : œil invisible, inattendu, accidentel, qui se développe sur des tiges ou sur des racines.

Aérien : en dehors du sol.

Affranchi : greffon enterré ayant émis des racines, vivant sans l'aide du sujet.

Aisselle: point où naît le bourgeon, à la base supérieure de la feuille.

Albumen : partie de la graine qui entoure ordinairement l'embryon et lui sert de première nourriture.

Alterne : feuilles disposées une à une autour de la tige et non en face.

Amendement : substance qui est propre à changer la nature d'un terrain.

Anticipé : qui se développe avant l'époque fixée par la nau re.

Appel : œil d'appel, qui attire la sève vers lui.

Aqueux : qui contient beauconp d'eau, fruit aqueux.

Aubier : couche ligneuse, la plus jeune, placée entre l'écorce et le bois parfait.

Bifurcation : fourche produite par le développement de deux bourgeons, ou de deux branches.

Biseau : coupe oblique, simulant le bec d'un sifflet.

Bois parfait : portion solide de la tige, la plus dure et la plus rapprochée du centre.

Bourrelet : renflement ou saillie, produit par une accumulation de sève.

Bourse : point où étaient attachés les fruits, les fleurs.

Branche : ramification qui a plus de deux ans d'existence.

Branches-mères : celles qui prennent naissance sur le tronc de l'arbre qu'elles divisent en deux.

Branches sous-mères : celles qui prennent naissance sur les branches-mères.

Branches charpentières : celles qui constituent la forme et tout l'ensemble de l'arbre.

Branches latérales : celles qui naissent sur le pourtour d'une tige, d'une pyramide.

D'HORTICULTURE.

Branches de remplacement : des rameaux sur lesquels, on rabat pour obtenir des fruits l'année suivante.

Branche fruitière : des rameaux simples ou bifurqués, placés sur les branches de charpente déjà à fruits ou pouvant le devenir.

Brindille : petit rameau grêle, flexible et allongé.

Caduc : se dit des feuilles qui se séparent de l'arbre chaque année vers l'automne.

Caïeux : petits bulbes autour du bulbe principal et qui servent à la multiplication.

Cambium : sève modifiée, épaissie et élaborée, c'est du bois en voie de formation ou en herbe.

Carbone : principe combustible, qui constitue un des principes des êtres organisés.

Caulescent : muni d'une tige.

Charnu : mou comme la chair.

Châssis : cadres vitrés, faits en bois ou en fer.

Chlorophylle : matière verte contenue dans les cellules, et qui donnent la couleur verte aux feuilles.

Coffre : caisse en bois, sans fond, couverte de panneaux vitrés.

Cortical : qui appartient à l'écorce.

Courson : branche maintenue très courte par des tailles successives.

Dard : petit rameau court, terminé par un œil destiné à produire le fruit.

Déchausser . retirer la terre qui entoure le pied d'une plante.

Dégénéré : qui a perdu ses qualités, abatardi.

Diaphragme: membrane mince qui sépare une cavité en plusieurs.

Divergent: qui s'éloigne de la tige centrale.

Drageons : pousses des arbres qui sortent de terre autour du tronc.

Eboucter : couper l'extrémité des rameaux.

Egrain : plant d'arbre qui provient de graine.

Elaboré : sève qui a été purifiée dans les feuilles.

Empâtement : renflement ou volume qu'offre une branche ou un rameau à son insertion.

Epiderme : petite pellicule mince qui couvre la surface de l'écorce des plantes.

Entre-nœud ou mérithalle : portion d'un végétal comprise entre deux feuilles ou deux nœuds.

Florifère : branche ou rameau qui porte beaucoup de fleurs.

Franc : un végétal obtenu de graine ou de bouture, non greffé.

Fructifère : qui porte beaucoup de fruits.

Fumigation : faire de la fumée en brûlant des feuilles de tabac pour détruire les pucerons.

Fusiforme: c'est-à-dire ayant la forme d'un fuseau.

Futaie : bois de grands arbres âgés, grandes forêts.

Gemmule: petites feuilles situées entre les cotylédons.

Germination : développement des graines.

Godet : espèce de petit pot à fleur.

Gourmand : bourgeon qui prend un développement considérable.

Greffoir : espèce de petit couteau à lame ventrue et garni d'une spatule à l'autre extrémité.

Hâtif : plante qui croît, fleurit et mûrit vite.

Hybride : produit d'une plante fécondée avec une autre espèce,

Indigène : originaire d'un pays, d'une contrée.

Involucre : réunion d'organes foliacés, autour d'un pédoncule, formant une sorte de collerette comme dans les ombellifères.

Jauge : tranchée ouverte dans le sol, soit pour commencer à labourer, soit pour y mettre des plantes provisoirement.

Labié : en forme de lèvres.

Lambourde: rameau ou branche courte destiné à porter du fruit.

Latent: s'emploie pour désigner des yeux peu apparents, et qui restent stationnaires.

Liber : partie la plus interne de l'écorce, qui s'applique immédiatement sur l'aubier.

Ligneux : qui a la consistance du bois.

Massif : agglomération de plantes formant un ensemble agréable.

Médulaire : espèce d'étui qui contient la moelle.

Mésophylle : partie charnue du tissu d'une feuille.

Nervures : systèmes fibreux, vasculaires des feuilles.

Niveler : rendre un terrain plat, uni.

Nodosités : nœuds, productions noueuses sur les tiges, les branches.

Nutritif : qui nourrit, qui est propre à nourrir.

Œilleton : bourgeon naissant à la base d'une plante qu'on prend pour la multiplication.

Oïdium : maladie de la vigne.

Onglet : reste d'une branche coupée au-dessus d'une greffe, ou d'un œil.

Onguent : mastic à greffer, ou bouillie formée de terre ou de bouse; pour garantir les plaies des arbres.

Ovale : graine rudimentaire, contenue dans l'ovaire.

Ovaire : partie du pistil où sont attachées les graines.

Parasites : plantes qui vivent aux dépens d'autres dont elles tirent leur nourriture.

Parenchyme : masse de tissus cellulaires.

Pédicelle : support d'une fleur.

Pédoncule : support du fruit, d'une fleur, etc.

Pelouse : terrain entièrement couvert de gazon.

Pépinière : lieu consacré à l'éducation des végétaux, qui doivent plus tard prendre place ailleurs.

Pepins : nom donné à des sortes de graines recouvertes d'une enveloppe cartilagineuse, venant de fruit, pomme, poire, etc...

Périanthe : enveloppe extérieure des organes floraux.

Perméable : qui peut être traversé par un fluide, sous-sol qui laisse pénétrer l'eau.

Persistant : qui ne tombe pas, ou qui dure plus longtemps que d'autres.

Pétale : chacune des parties qui composent la corole d'une fleur.

Pétiole : queue d'une feuille.

Pollen : poussière ou matière granuleuse contenue dans les loges de l'anthère, destinée à accomplir la fécondation.

Pomologie : science qui a pour objet l'étude des fruits comestibles.

Pores : petits trous invisibles à l'œil nu, nombreux dans toutes les parties des corps organisés.

Quenouille : forme allongée donnée en arboriculture à certains arbres fruitiers.

Quinconce: disposition de plants d'arbres ou de toute autre plante dans laquelle les individus de la 2e ligne sont placés entre ceux de la 1e et non en face.

Radicelles: petites racines ou ramifications qui partent des plus grosses, quelquefois on les désigne aussi sous le nom de chevelu.

Rejet: pousse née le plus souvent d'un arbre dont la tige a été coupée près de la base.

Remanier: travail exécuté pour le moins une 2e fois, changer une plante de place, la nettoyer.

Remblayer: apporter des terres pour combler des vides, pour consolider, pour niveler, etc...

Remontant: se dit des plantes qui donnent des fleurs plusieurs fois dans la même année.

Rempoter: empoter de nouveau, dans la pratique, on dit presque toujours rempoter, même lorsqu'on fait ce travail pour la 1e fois.

Rhizome: bourgeon souterrain qui s'étend à peu près horizontalement.

Rudiment: nom donné aux diverses parties des végétaux lorsqu'elles sont encore dans leur 1er développement et à peine visibles.

Sauvageon: tout végétal qui vient spontanément à l'état sauvage, c'est-à-dire qui n'est pas le résultat du travail de l'homme.

Scion: production jeune, tendre et flexible d'un

arbre, âgé d'un an au plus, ramifié plus ou moins.

Sécateur : instrument tranchant en acier, fait en forme de ciseau, muni d'un ressort qui le fait ouvrir de soi-même.

Sessile : se dit d'une feuille dépourvue de pétiole, d'une fleur sans pédoncule.

Silique : fruit capsulaire, déhiscent, beaucoup plus long que large.

Spores : organes reproducteurs des végétaux cryptogames.

Stipulaires : boutons de petite apparence qui se forment de chaque côté d'un œil.

Stomates : sortes de petits trous, visibles seulement à l'aide du microscope.

Stratification : opération qui a pour but de conserver et même de hâter la germination des graines.

Surgreffer : greffer de nouveau, sur un rameau issu d'une première greffe.

Terreau : substance généralement noire, formée de la décomposition des corps organiques ou par les détritus des plantes.

Terrines : sortes de vases pour les fleurs, de diverses dimensions.

Tessons : débris de pots à fleurs, ou des morceaux de plâtre, qu'on met au fond des pots perforés.

Tigelle : partie de l'embryon destinée à devenir la tige.

Torsion : opération qui consiste à tordre un peu la partie supérieure de certains bourgeons, afin de contrarier la sève.

Treilles : on nomme ainsi une vigne qui est fixée le long d'un mur ou d'un treillage, auquel les bourgeons sont attachés.

Type : modèle, en horticulture, plante renfermant tous les caractères essentiels de la série à laquelle elle appartient.

Uniflore : qui n'a ou ne porte qu'une seule fleur.

Utricule : première forme des éléments organiques, ou petit corps formant une sorte de sac.

Verticille : on donne ce nom à différents organes disposés autour d'un axe, ou sur un point commun à une égale hauteur, et qui forment une sorte d'anneau.

TABLE DES MATIÈRES.

                                      Pages.

Chapitre Ier. — Sol, définition. — Différents sols. — Sols sablonneux. — Sols argileux. — Sols calcaires. — Sols humifères. — Alluvions ou limons. — Définitions supplémentaires. — Origine et répartition géologiques des terrains......................... 5

Chapitre II. Amendements et engrais. — Amendements. — La chaux. — Phosphate de chaux. — Marne. — Plâtre. — Composts. — Cendres. — Engrais d'origine organique.................................. 21

Chapitre III. Botanique. — Organisation générale des végétaux. — Parties constitutives. — Leurs diverses fonctions. — Organes de la nutrition. — Tissus cellulaire, fibreux, vasculaire, leur composition chimique. — Organes de la nutrition. — La tige, sa composition chimique. — Tiges souterraines, bulbes et tubercules. — Principales tiges souterraines. — Le bourgeon.............. 33

Chapitre IV. Feuilles, définition, classification, disposition, forme, durée, milieu de végétation, fonctions. — Définition. — Classification. — Nutrition. — La sève — Accroissement des végétaux. — Organes de la reproduction. — Inflorescence. — Fleurs hermaphrodites, unisexuelles, nues. — Plantes monoïques, dioïques, polygames.....   41

Chapitre V. — Fruit. — Classification des fruits. — Fruits secs indéhiscents. — Fruits secs déhiscents. — Graine. — Composition de l'embryon..................   54

Jardin potager. — Définition. — Défoncement, labours, hersages. — Semis, repiquage, sarclage, binage et arrosage. — Engrais, couches, thermosiphon, réchauds, ados. — Différentes serres, chaudes, tempérées, froides, mobiles. — Bâches. — Châssis. — Coffres. — Cloches. — Paillis. — Assolement........................   61

Plantes potagères. — **Définition, division, usage.** — Cultures spéciales. Ail. — Ananas — Artichaut. — Asperge. — Culture. — Plantation. — Autre mode de plantation. — Plantation à sa 2ᵉ année. — Plantation à sa 3ᵉ année. — Culture forcée. — Aubergine. — Betterave. — Capucine grande. Cardon. — Carotte. — Céleri. — Cerfeuil.

— Cerfeuil bulbeux. — Champignons. — Chicorée. — Chou. — Chou-fleur. Brocoli. Chou-rave. — Chou-navet. — Ciboule commune. — Civette ou ciboulette. — Concombre. — Courge. — Cresson de fontaine. — Cresson alénois. — Echalotte. — Estragon. — Epinard. — Fève des marais. — Fraisier. — Haricot. — Laitue Lentille, Mâche. — Melon 1re saison. — Melon 2e saison. — Melon 3e saison. — Melon brodé ou maraîcher. — Melon d'eau ou pastèque. — Navet. — Oignon. — Oseille. — Panais. — Persil. — Piment. — Pimprenelle. — Poireau — Poirée ou bette. — Pois. — Pomme de terre. — Pissenlit. — Pourpier. — Radis. — Raiponce. — Salsifis. — Scorsonère. — Thym. — Tomate — Topinambour........................ 82

ARBORICULTURE FRUITIERE.

Chapitre Ier. — Fruits de table, division. — Classement. — Multiplication des arbres. — Semis. — Germination. — Influence de l'air. — Influence de la chaleur. — Influence de l'eau. — Avantages du semis. — Stratification des graines. — Multiplication artificielle des arbres fruitiers par la greffe, le marcottage et le bouturage. — Conditions de réussite. — Avantages du greffage. — Désavantages du greffage. — Différents modes de greflage. — Greffe en fente. — — Greffe en écusson. — Greffe en couronne. — Greffe par approche. — Greffe en flûte. — Marcottage. — Bouturage. — Différentes manières de bouturer. Repiquage. — Plantation à demeure. — Distance à mettre entre les arbres. — Des murs. — Treillages. — Chaperon. — Auvents...... 207

CHAPITRE II. — Principes généraux de la sève et de la taille des arbres fruitiers. — Taille proprement dite et opérations générales. — Dépalissage, coupe, éborgnage, rapprochement, ravalement, recépage, incisions, entaille, arcure, chaulage, palissage, taille en vert ou d'été, ébourgeonnage, pincement, torsion, cassement, taille en vert, taille d'août, évrillement palissage d'été, suppression des fruits, effeuillage. — Principes de la taille. — Moyens d'équilibre. — Moyens de mettre un arbre à fruits. — Moyens d'obtenir de gros fruits. — Formes différentes et principes. — Pyramide. — Fuseau ou colonne. — Plein-vent ou haute tige. — Vase ou gobelet. — Cordon oblique. — Cordon vertical. — Cordon ho zontal. — Buisson ou cépée. — Contre-es-

paliers. — Espaliers. — Forme en V. —
Forme en éventail. — Forme carrée. — Palmette simple. — Palmette double horizontale. — Forme Verrier. — Forme en lyre. 241

Chapitre III. — Fruits à noyaux. — Abricotier. — Amandier. — Cerisier. — Pêcher. — Principes et taille du pêcher, ébourgeonnement, pincement, palissage d'été, formes qu'on peut donner au pêcher. — Maladies, accidents, insectes et animaux qui peuvent nuire au pêcher. — Pêcher en plein-vent......................... 271

Chapitre IV. — Fruits à pepins. — Cognassier. — Néflier. — Oranger. — Poirier, sa culture. — Principales variétés de poires. — Maladies du poirier. — Pommier, sa culture. — Maladies. — Principales variétés de pommes................ 310

Chapitre V. — Fruits en baies. — Figuier. Framboisier. — Groseillier. — Mûrier noir. — Vigne. — Récolte et conservation du raisin. Dommages, maladies, animaux et insectes nuisibles à la vigne. — Principales variétés de raisin de table...... 340

Chapitre VI. — Fruits en chatons. — Châtaignier commun. — Noyer commun —

Noisetier commun. — Récolte et conservation des fruits . — Conditions d'un bon fruitier. — Division des fruits. — Durée des végétaux — Arbres à produits industriels...................................... 363

CHAPITRE VII. — Notes et extraits des travaux à faire chaque mois dans les jardins, les serres et l'orangerie.

  Janvier................ 375
  Février............... 380
  Mars................. 382
  Avril................. 385
  Mai.................. 387
  Juin.................. 391
  Juillet................ 394
  Août................. 397
  Septembre............ 400
  Octobre.............. 402
  Novembre............ 404
  Décembre............ 407

CHAPITRE VIII. — Vocabulaire de quelques termes relatifs à l'horticulture................ 411

FIN DE LA TABLE DES MATIÈRES

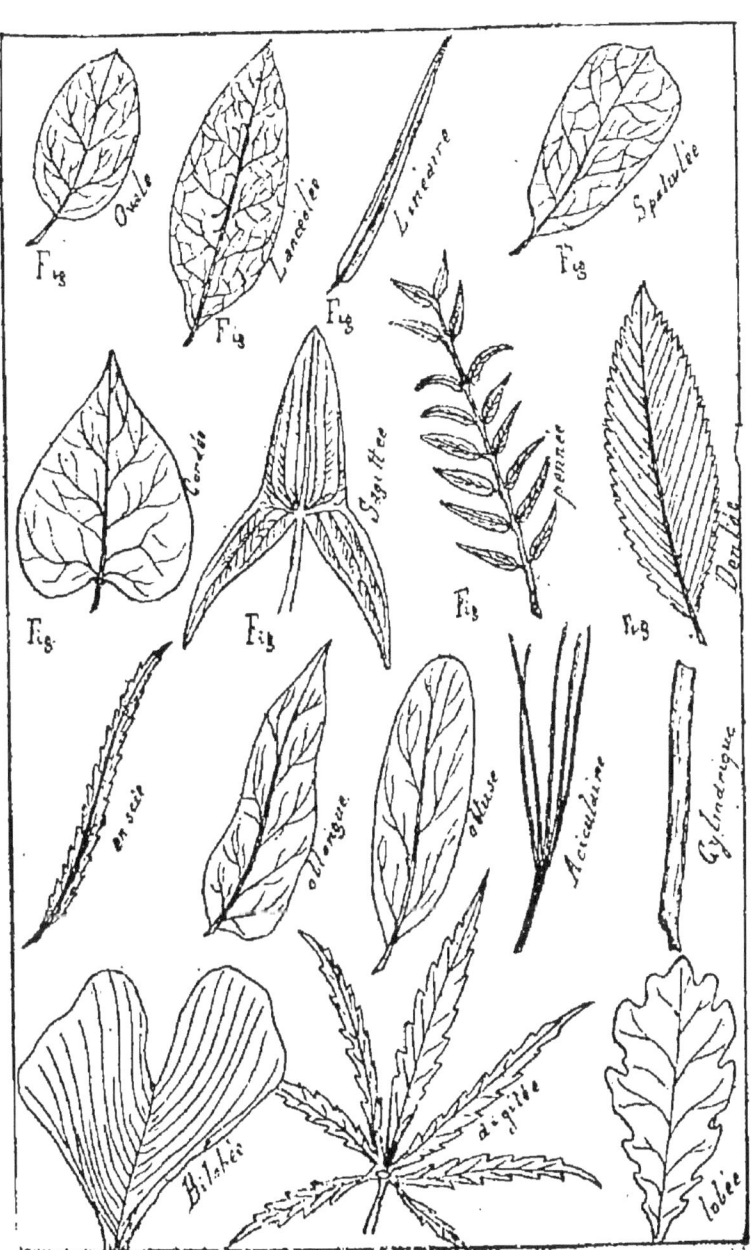

Fig. 39. *Feuilles*

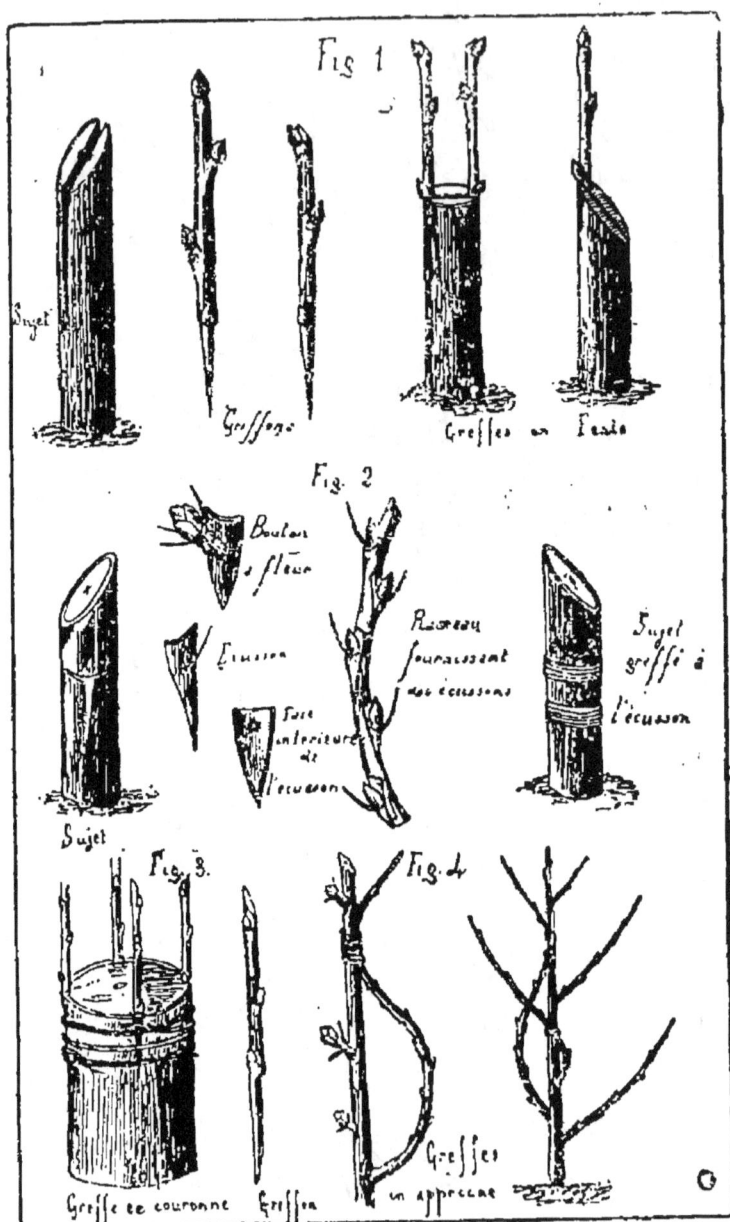

D'HORTICULTURE 429

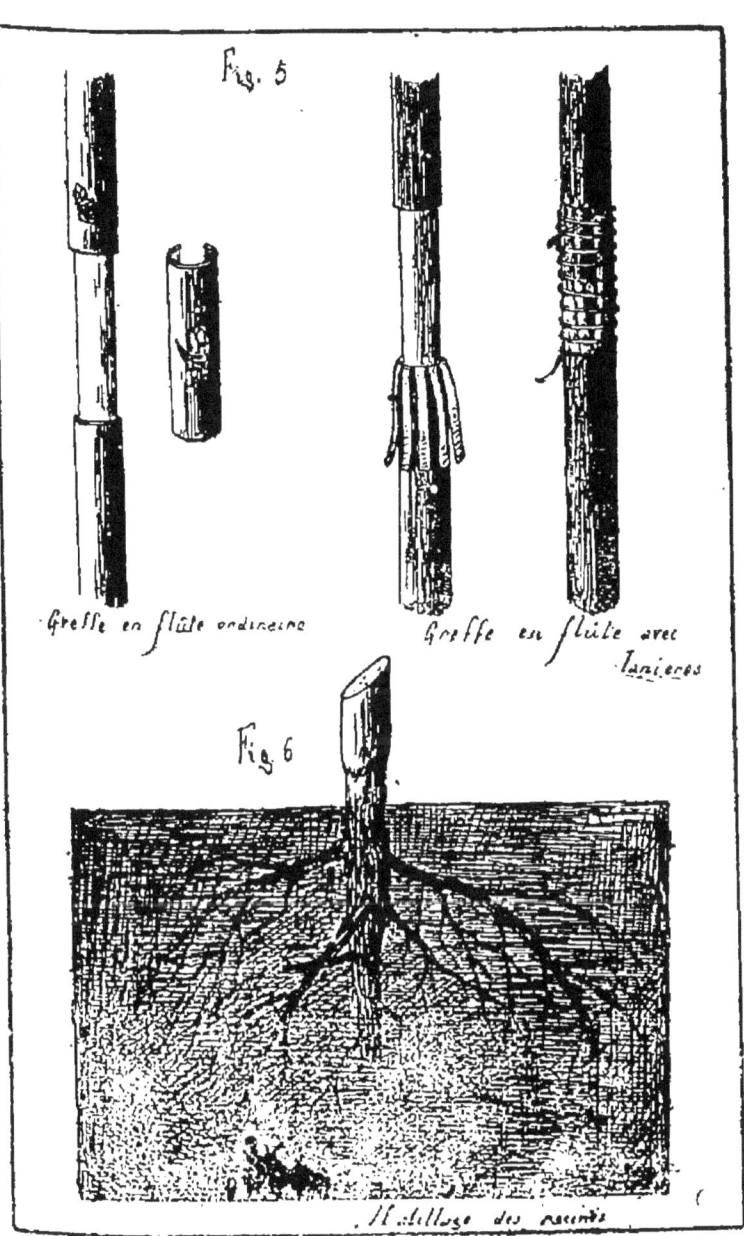

Fig. 5

Greffe en flûte ordinaire.   Greffe en flûte avec lanières.

Fig. 6

Habillage des racines.

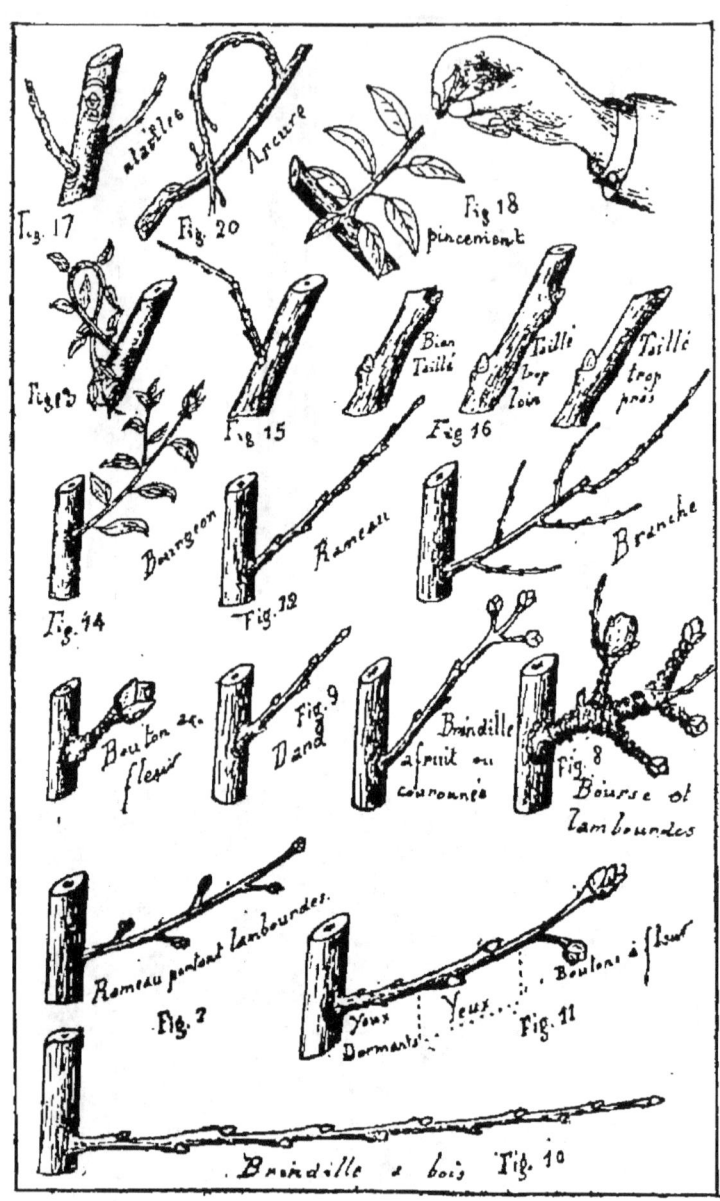

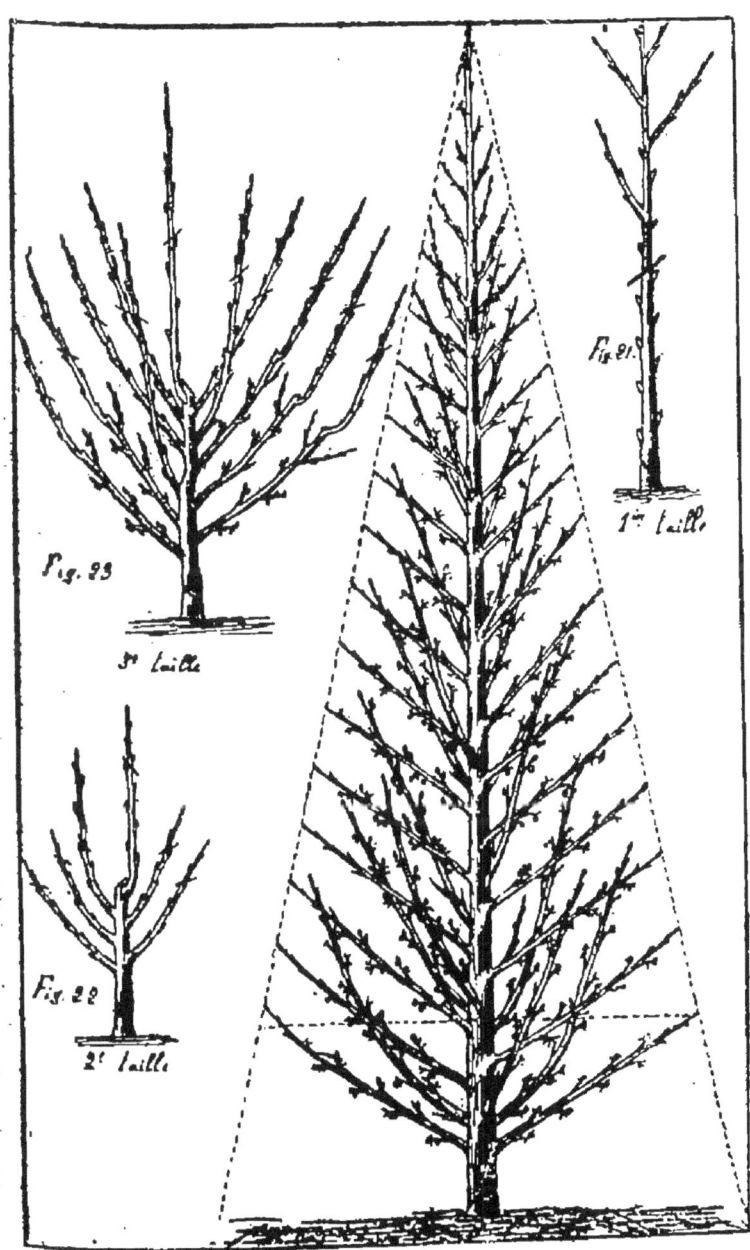

Fig. 24. *Pyramide formée.*

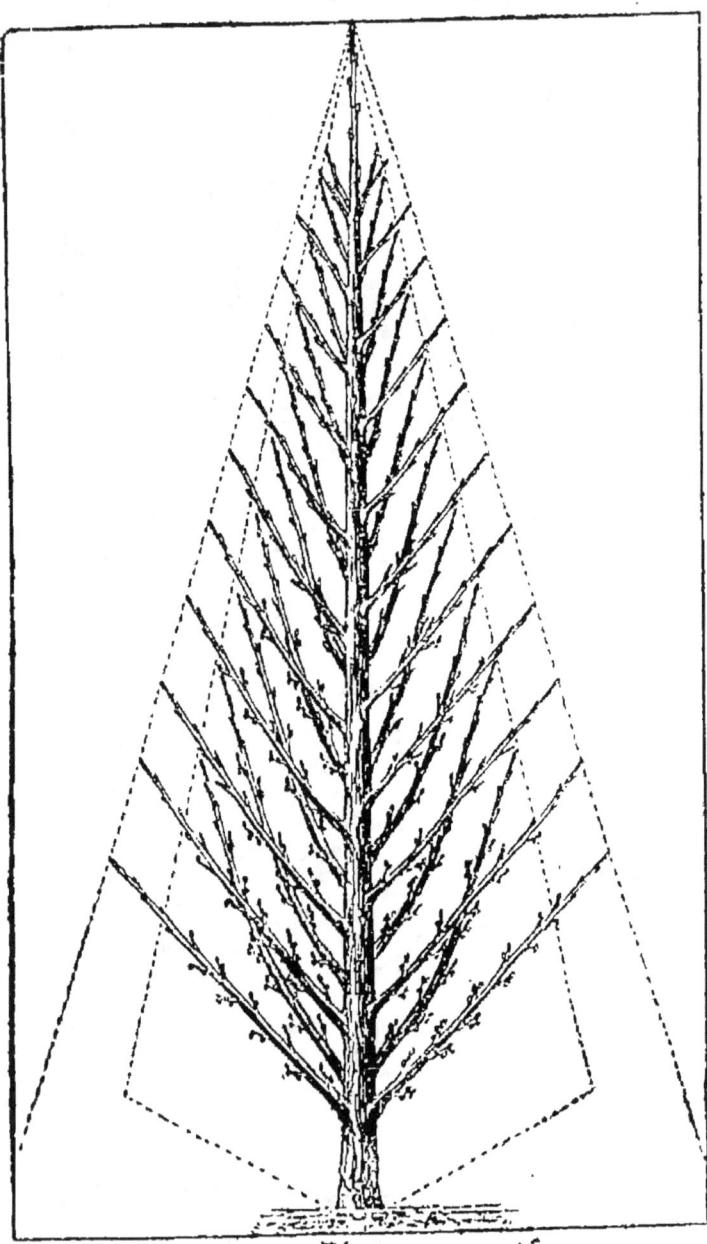

Fig. 25. *Pyramide à 4 ailes.*

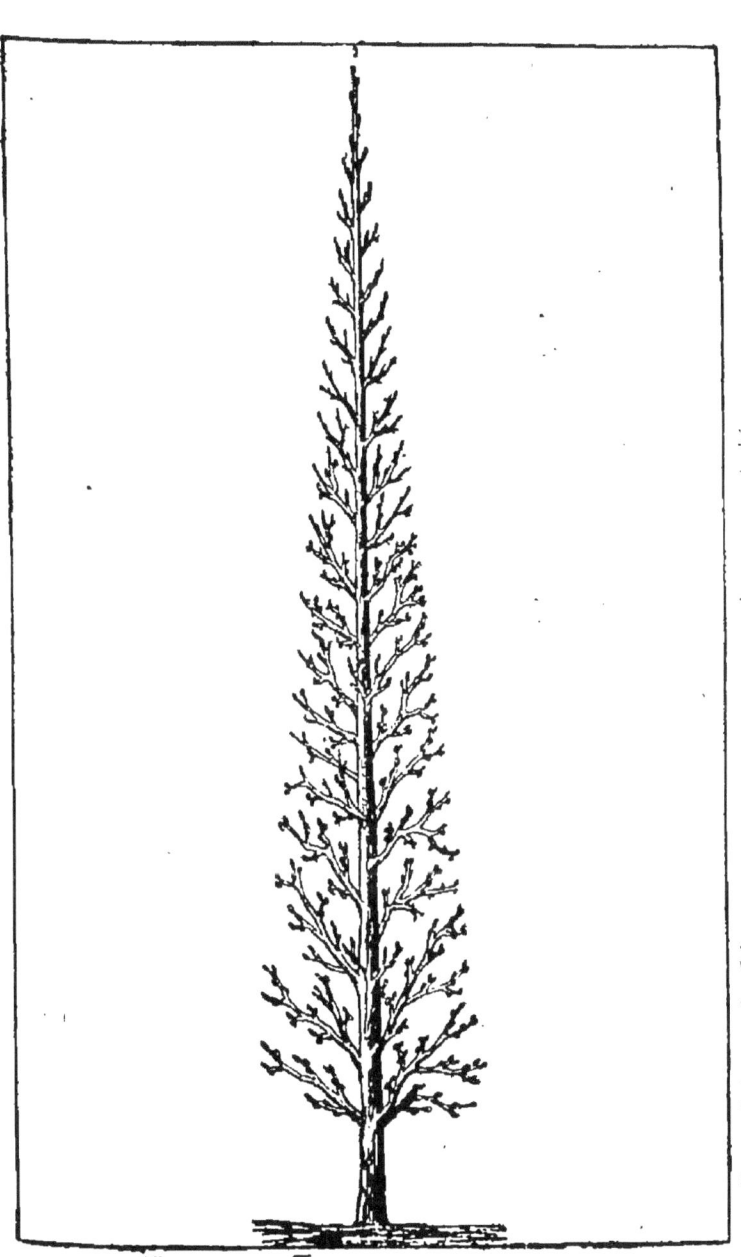

Fig. 26. *Fuseau ou colonne.*

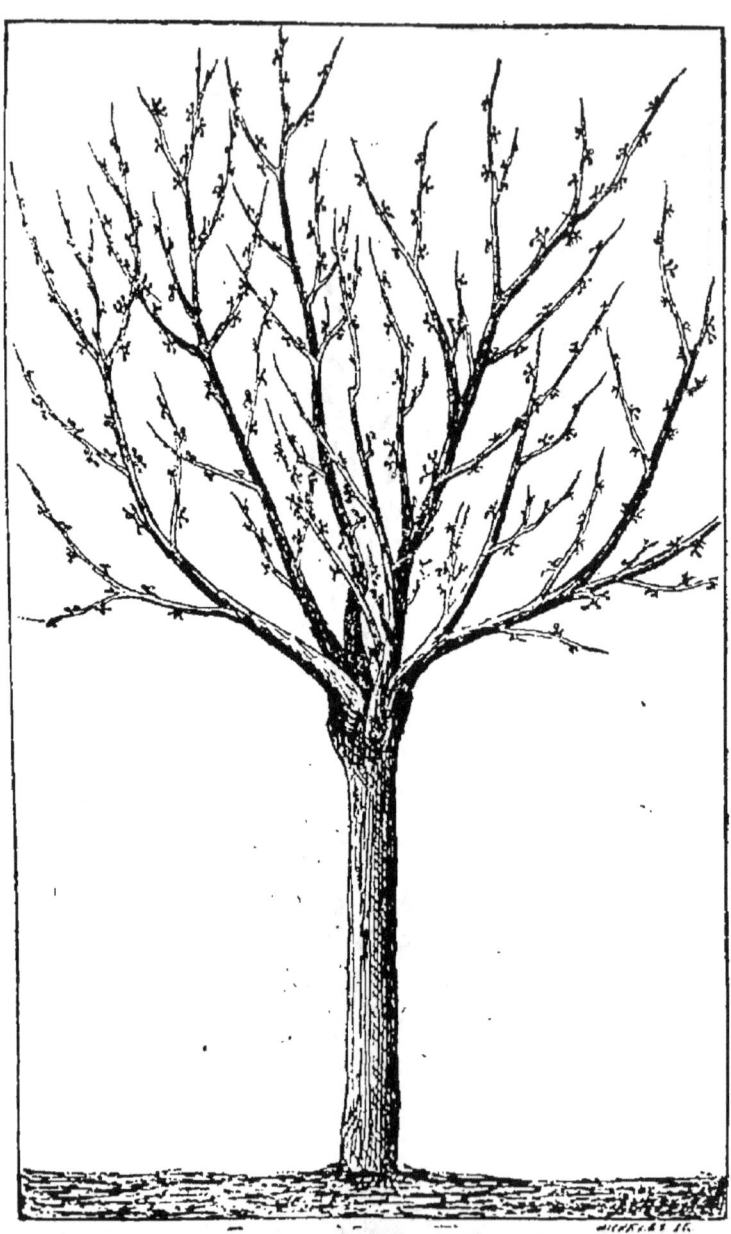

Fig. 27. Haute Tige.

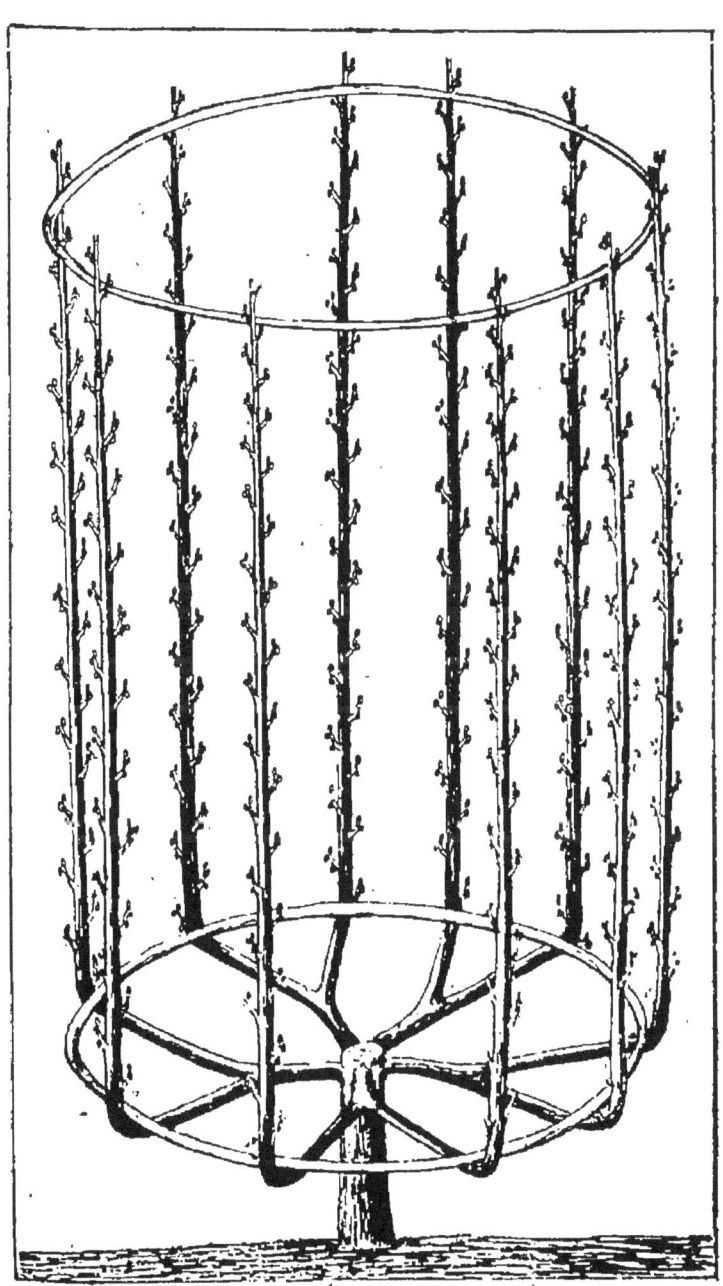

Fig. 28. *Vase à 10 branches.*

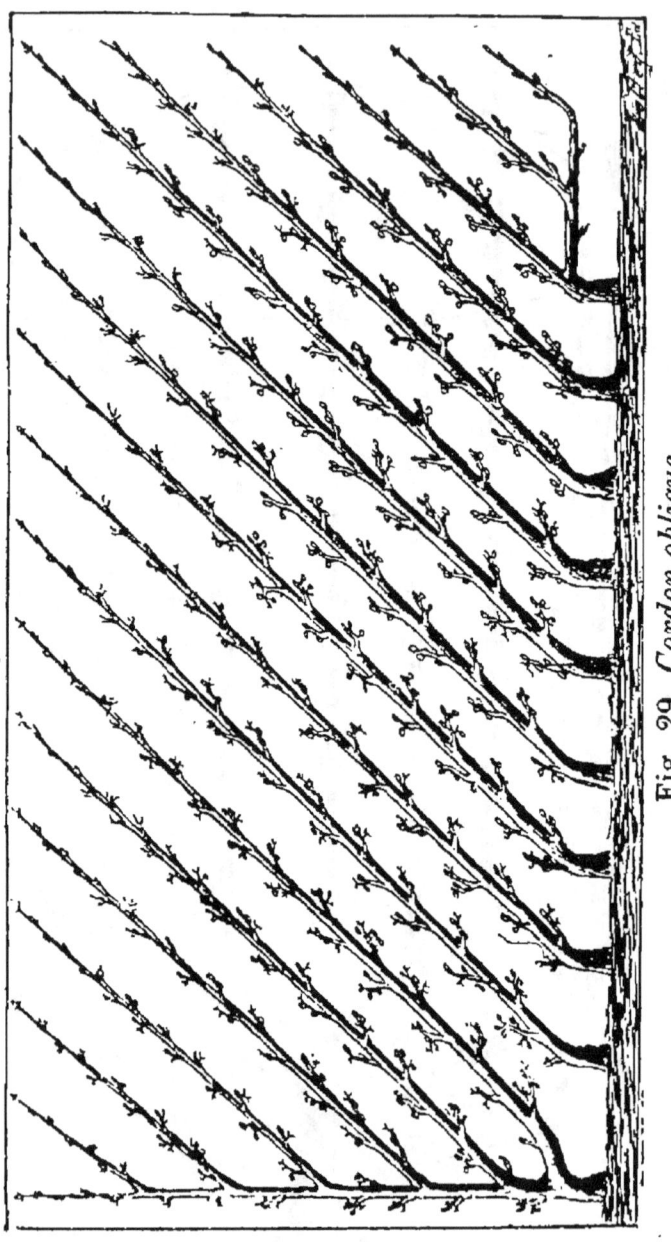

Fig. 29. *Cordon oblique.*

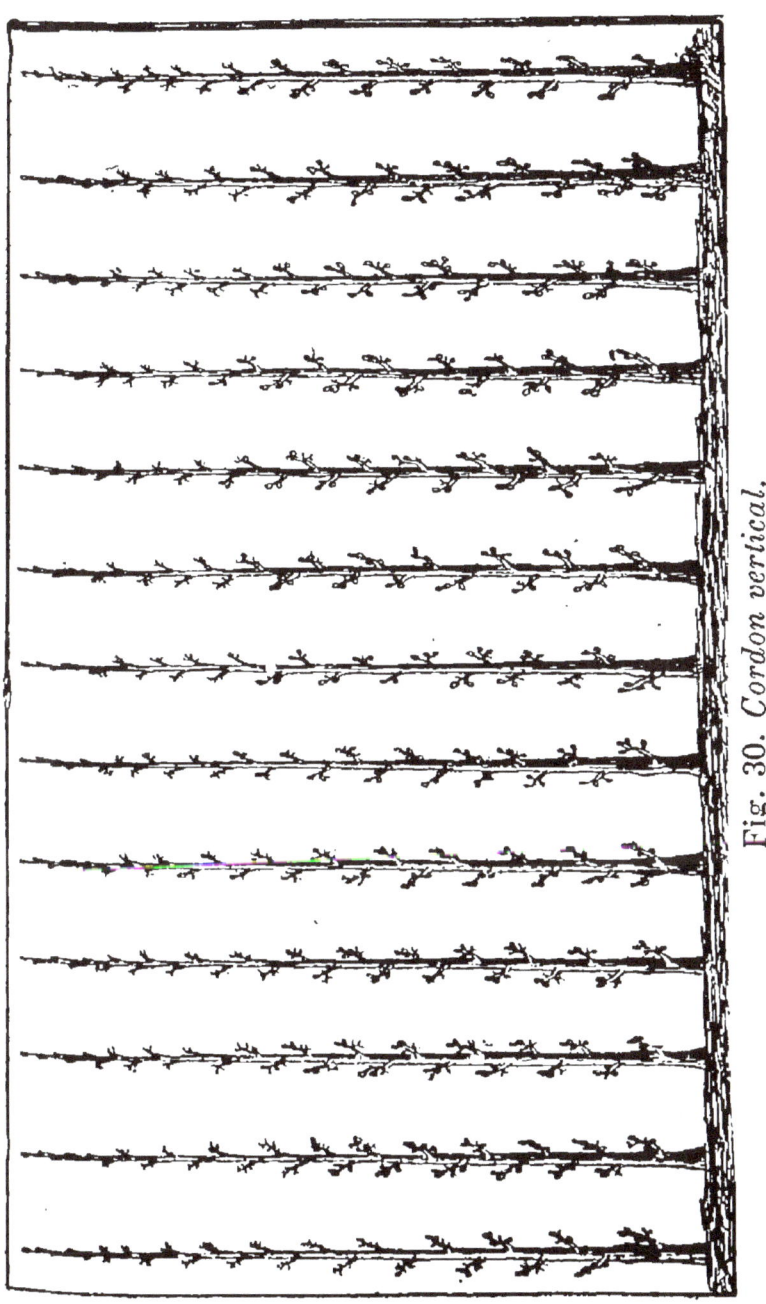

Fig. 30. Cordon vertical.

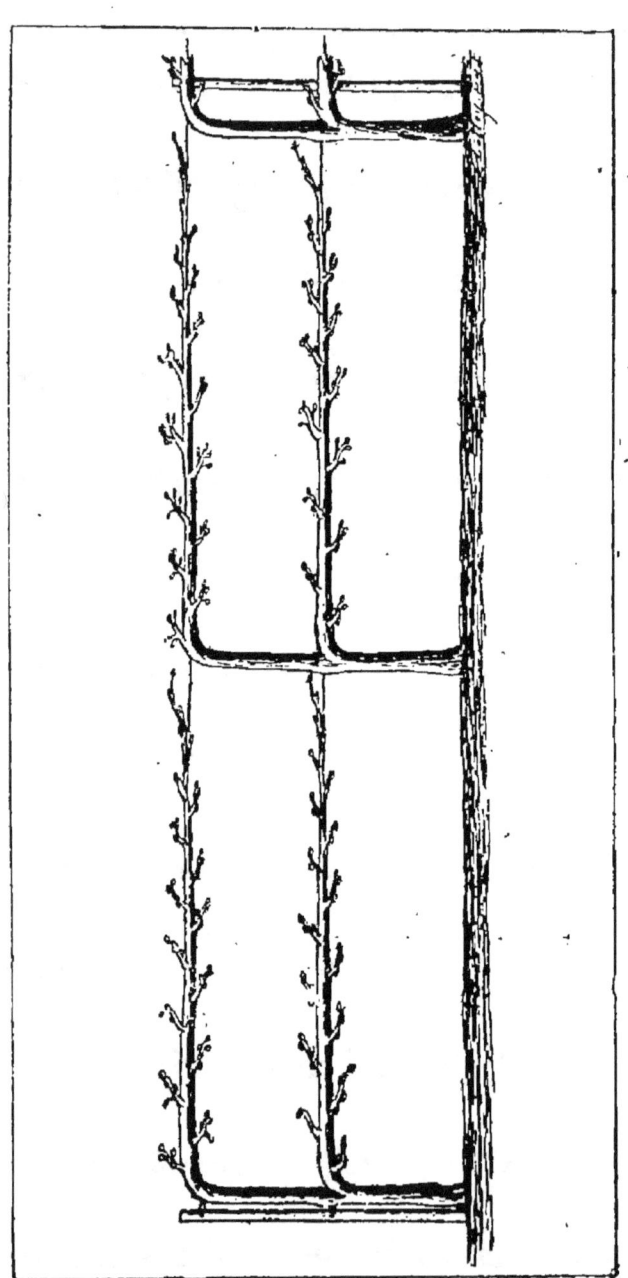

Fig. 31. *Cordon horizontal.*

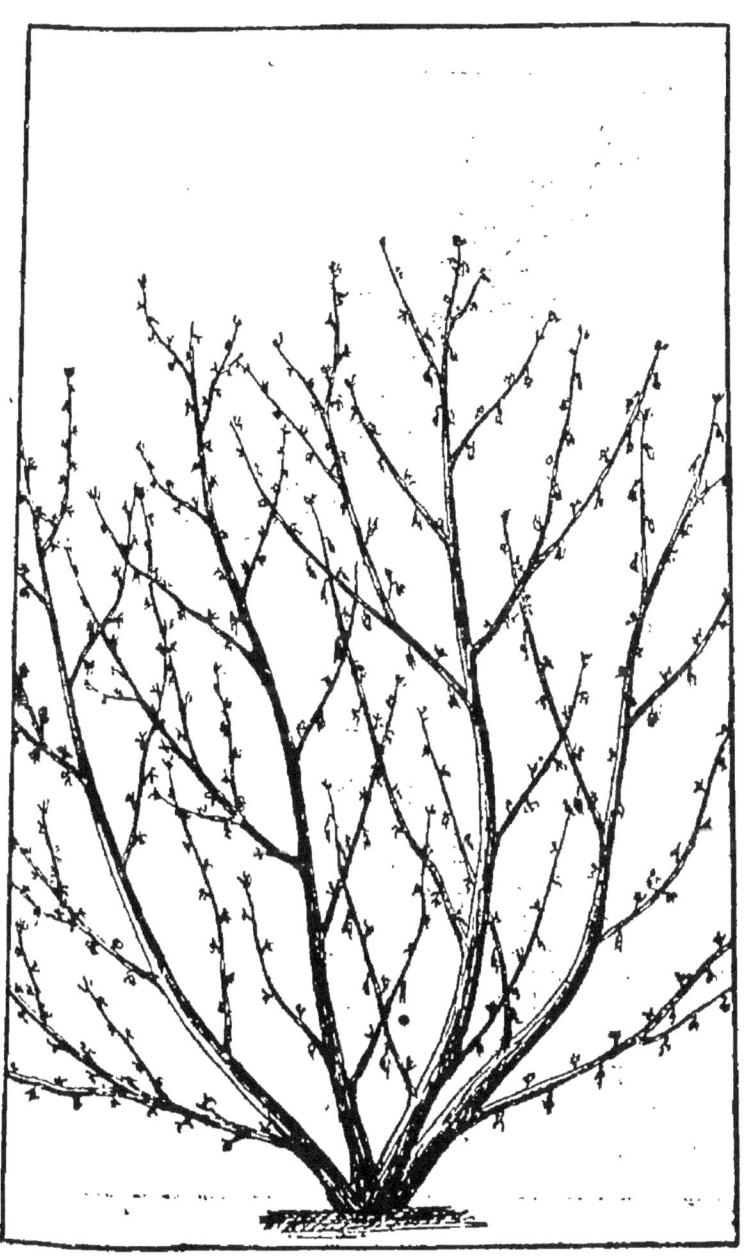

Fig. 32. *Buisson ou cépée.*

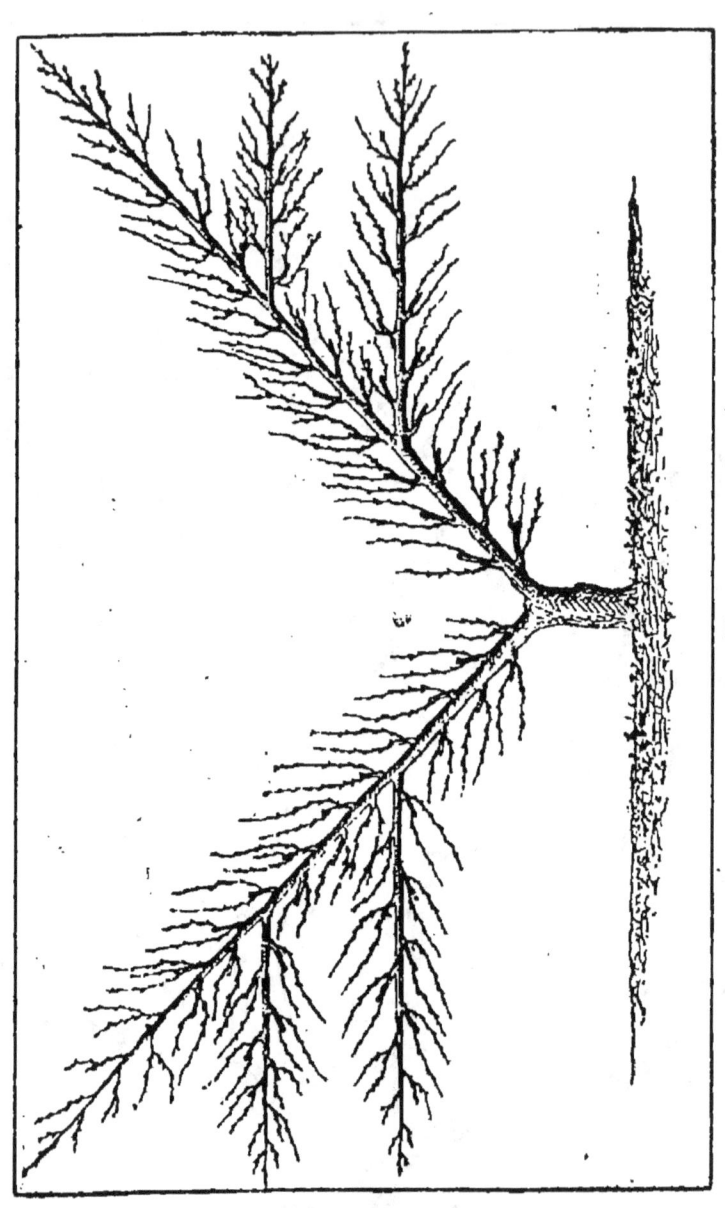

Fig. 33. *Forme en V.*

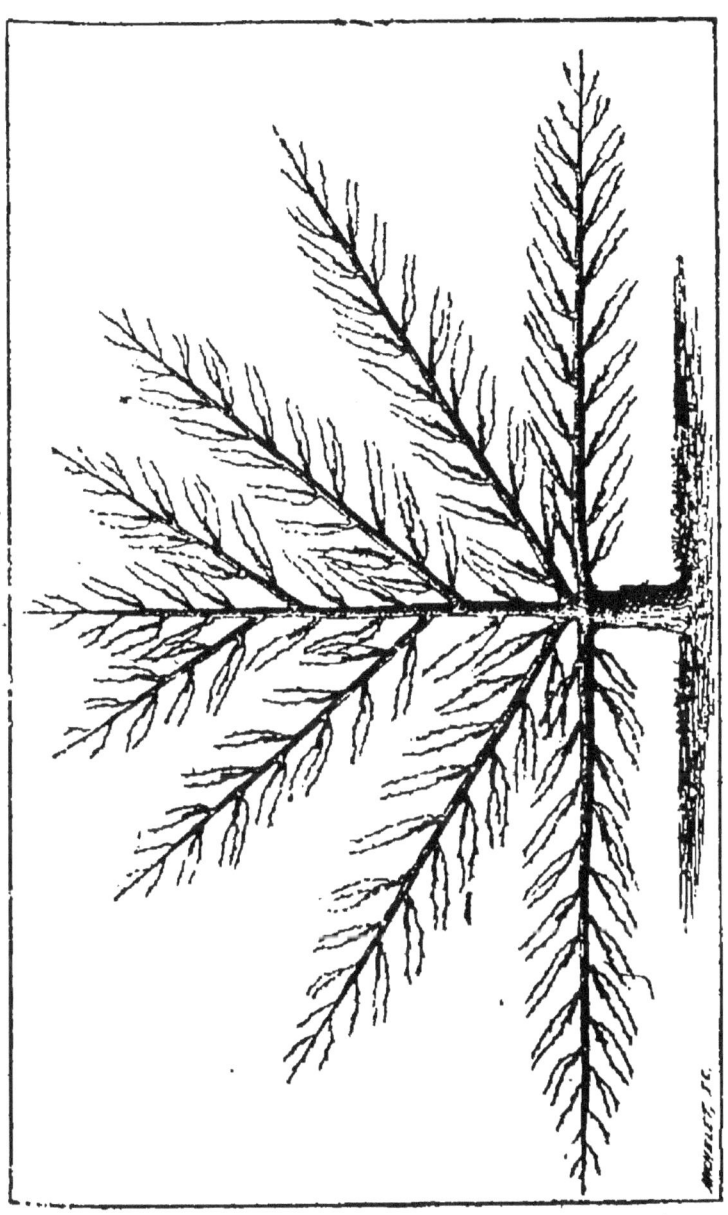

Fig. 34. Forme en éventail.

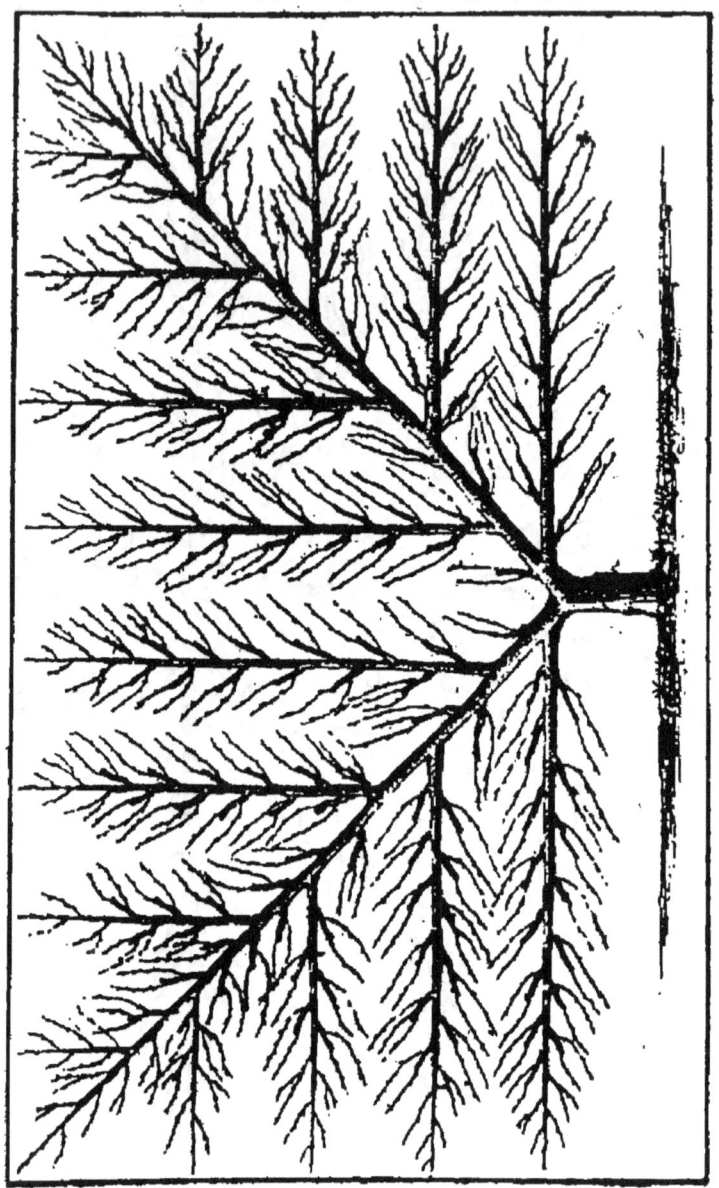

Fig. 35. *Forme en carré.*

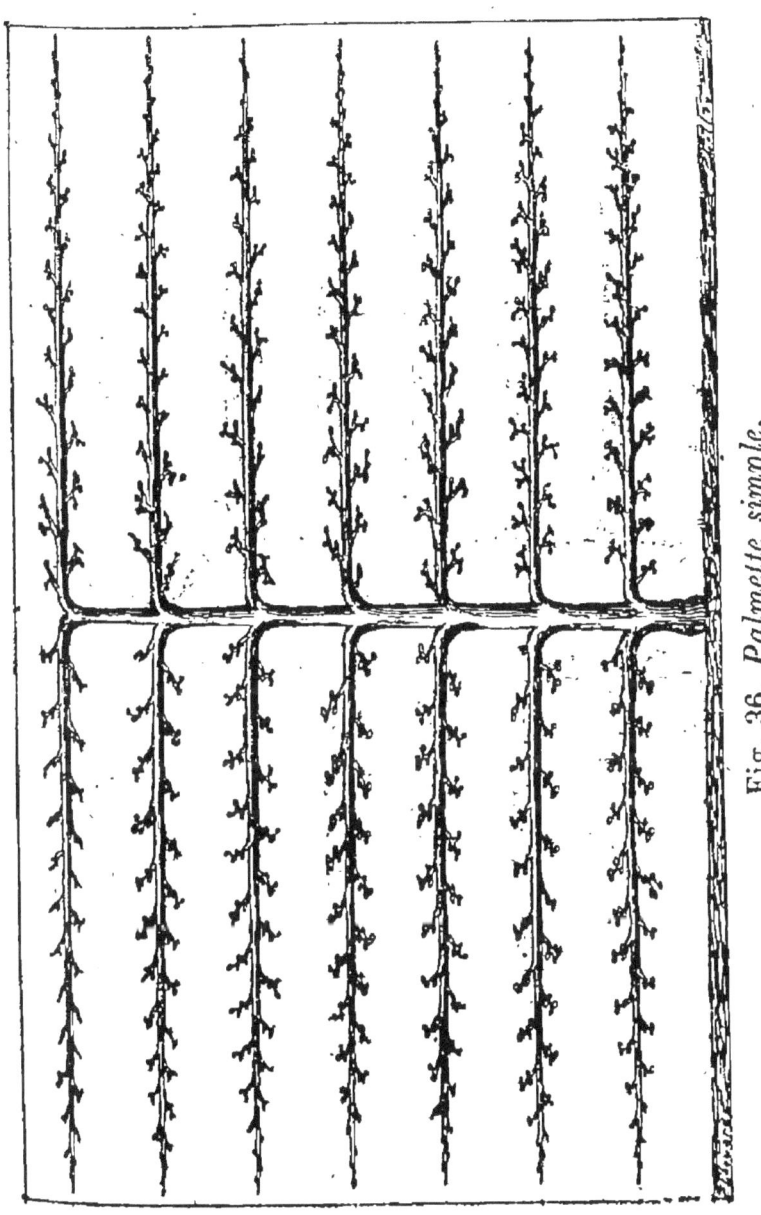

Fig. 36. Palmette simple.

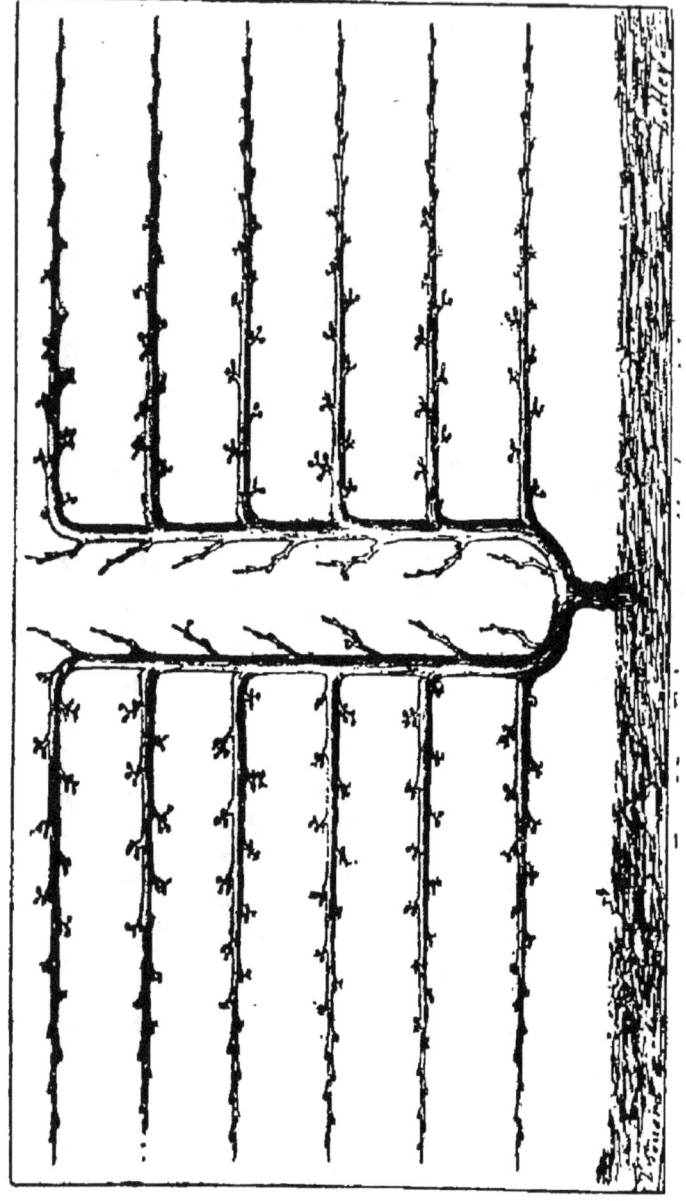

Fig. 37. Palmette double horizontale.

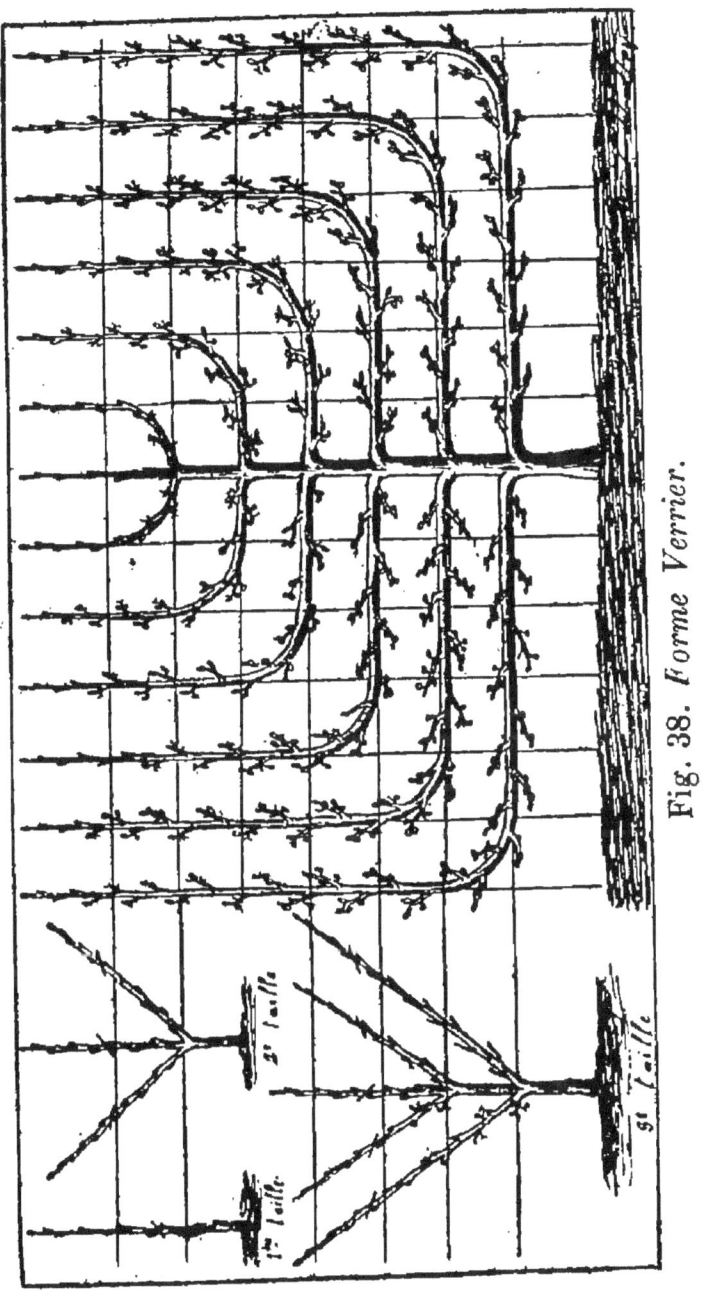

Fig. 38. Forme Verrier.

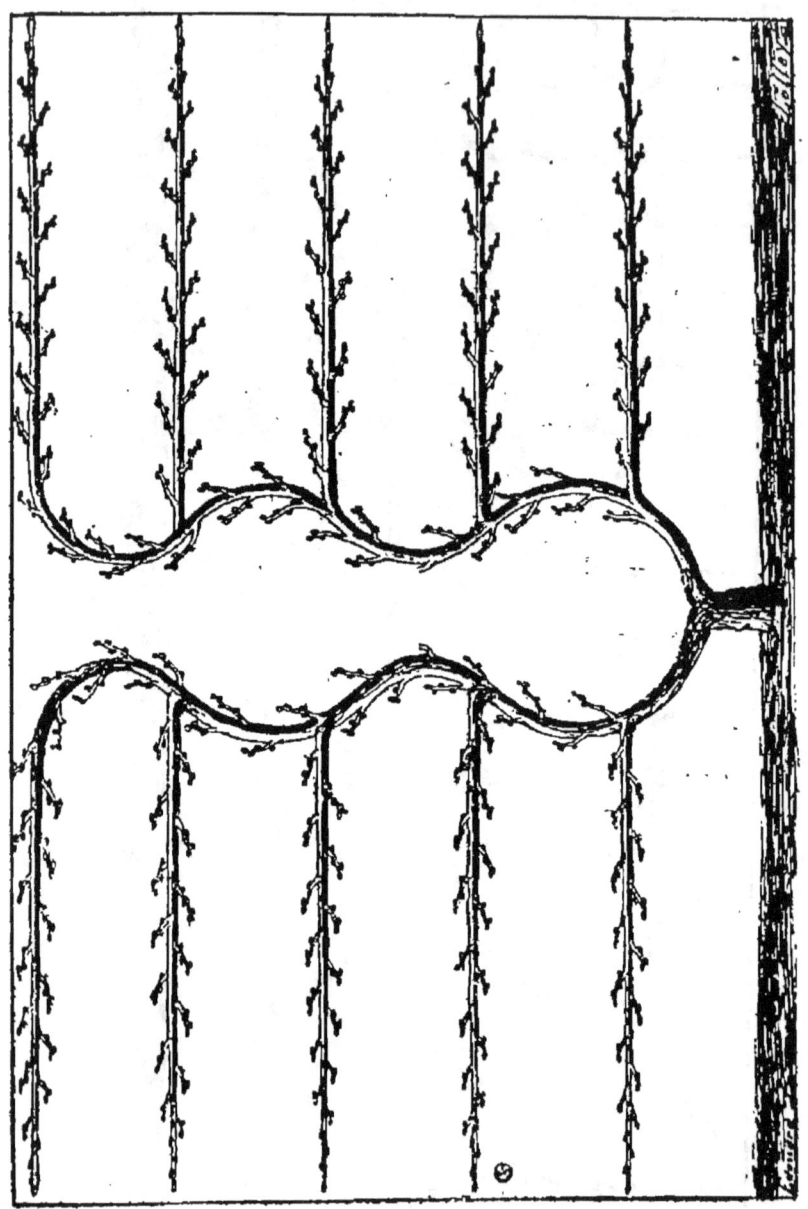

Fig. 39 bis. *Forme en lyre.*

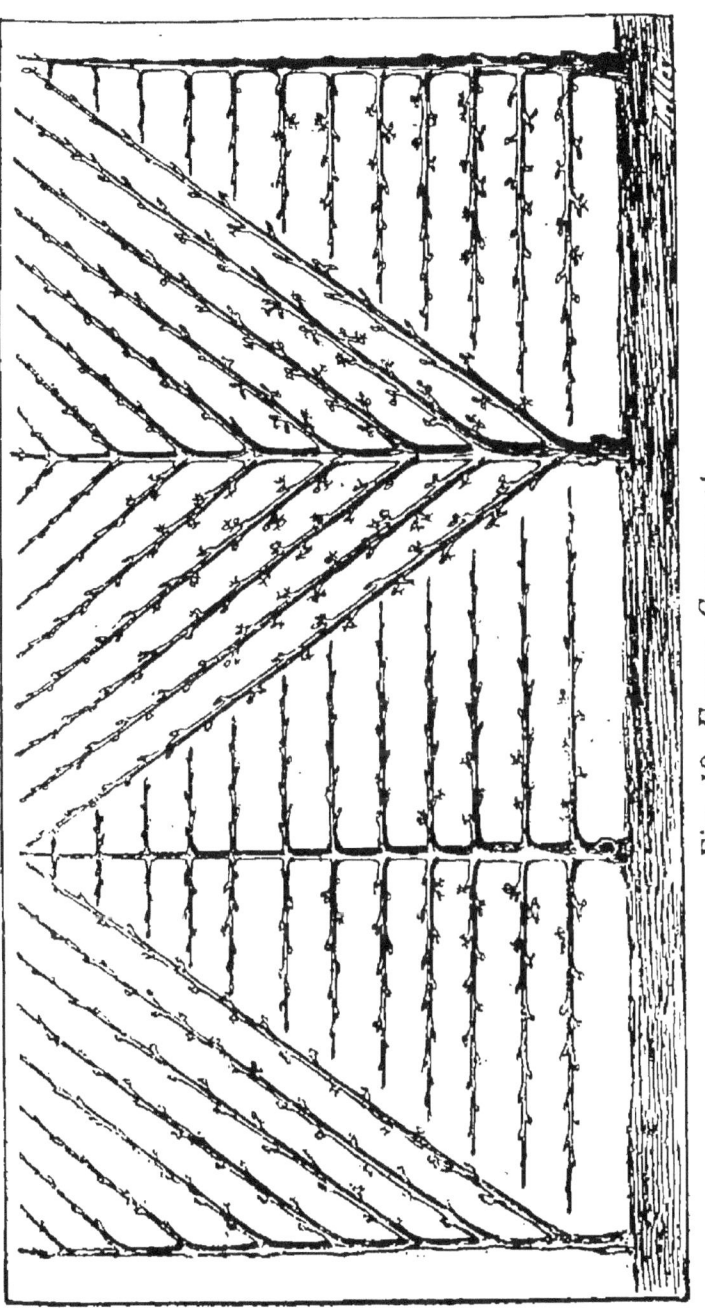

Fig. 40. Forme Cossonnet.

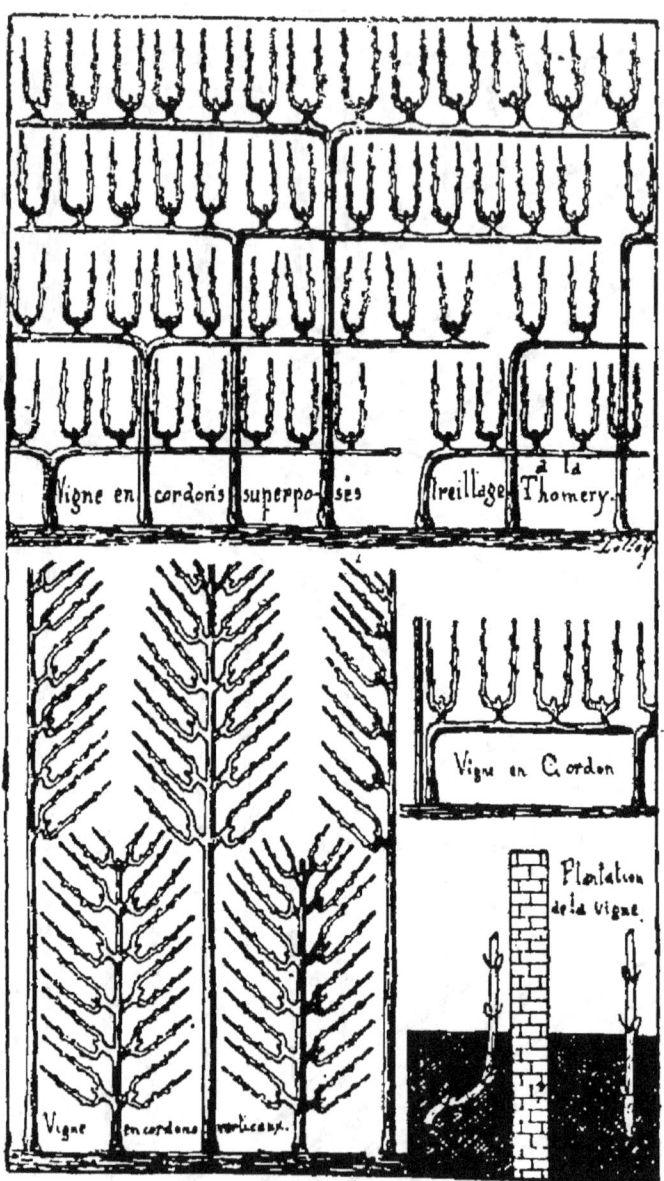

Fig. 41. Vigne.

TABLE DES FIGURES

			Pages
1ʳᵉ Planche.	Feuilles, figure 39.		42
2ᵉ	—	Greffe, nᵒˢ 1, 2, 3 et 4.	215
3ᵉ	—	Greffes et plantation, nᵒˢ 5 et 6. .	221
4ᵉ	—	Eléments de la taille du poirier, nᵒˢ 7 à 20.	242
5ᵉ	—	Pyramide, nᵒˢ 21, 22, 23 et 24. . .	259
6ᵉ	—	Pyramide à 4 ailes, fig. 25. . . .	261
7ᵉ	—	Fuseau ou colonne, fig. nᵒ 26. . .	261
8ᵉ	—	Haute tige, fig. 27.	262
9ᵉ	—	Vase à 10 branches, fig. 28. . . .	263
10ᵉ	—	Cordon oblique, fig. 29.	264
11ᵉ	—	Cordon vertical, fig. 30.	265
12ᵉ	—	Cordon horizontal, fig. 31.	266
13ᵉ	—	Buisson ou cépée, fig. 32.	268
14ᵉ	—	Forme en V, fig. 33.	269
15ᵉ	—	Forme en éventail, fig. 34. . . .	269
16ᵉ	—	Forme carrée, fig. 35.	270
17ᵉ	—	Forme palmette simple, fig. 36. .	270
18ᵉ	—	Forme palmette double, fig. 37. .	271
19ᵉ	—	Forme Verrier, fig. 38.	272
20ᵉ	—	Forme en lyre, fig. 39 (bis). . .	273
21ᵉ	—	Forme de Cossonet, fig. 40. . . .	274
22ᵉ	—	Forme de la vigne, fig. 41. . . .	352

PLANTES FLORALES

DE PLEIN AIR

Nom vulgaire, nom botanique, famille, origine, description, culture et multiplication des plantes florales, les plus cultivées comme décor, comme ornement, dans les serres tempérées, les parcs, etc.

1 Acanthe. — *Acanthus, Tourn.*, (Acanthacées).

Du grec akanthos, épine, allusion aux feuilles et aux bractées souvent terminées en épine.

Acanthe à feuilles molles. — *Acanthus mollis*, Lin.

Europe mérid., vivace, racines profondes et traçantes ; tiges droites, robustes, hautes de 60 à 80 cent. ; feuilles radicales, largement lobées, en cœur, pennatifides ou sinueuses lyrées, un peu pubescentes, non épineuses, à lanières anguleuses, dentées ; en juillet-septembre, fleurs sessiles à l'aisselle des bractées, d'un blanc rosé, disposées en épis allongés, lâches, pubescents ; calice à 4 parties inégales ; corolle à une seule lèvre ou unilabiée, blanche, rosée ou liliacée ; étamines au nombre de quatre, opposées deux à deux.

Acanthe épineuse. — *Acanthus spinosus*,

Europe mérid., en 1629, vivace; tiges s'élevant de 80 cent. à 1 mèt. ; feuilles pennées, très grandes, munies de dents courtes et épineuses ; de juillet en septembre, fleurs blanches, disposées en épi serré, placées à l'aisselle de larges bractées ovales-aiguës, à bords épineux, dentés.

Acanthe très épineuse. — *Acanthus spinosissimus*, Desf.

Europe mérid., en 1629, vivace; tige robuste, glabre, peu rameuse, s'élevant à environ un mèt. de haut, du milieu d'une touffe de feuilles pennatipartites, coriaces, excessivement épineuses de tous côtés, à divisions profondes, distantes, pourvues d'épines blanchâtres; en juillet-septembre, fleurs lilas, sessiles, disposées en épis un peu lâches, velus, de 30 cent. de long environ ; ces fleurs sont accompagnées de bractées ovales-lancéolées, aiguës, épineuses, recourbées, canaliculées au sommet. — Ces plantes, de haut ornement, d'un port tout à fait pittoresque, sont recherchées pour la décoration des jardins paysagers et des pelouses, où elles produisent un très bel effet, par leurs feuilles groupées en larges touffes retombantes. *Culture.* Les acanthes aiment un sol argilo-siliceux, profond et chaud; elles sont assez sensibles au froid; il faut les garantir l'hiver en couvrant les pieds avec des feuilles sèches. *Multiplication*, par semis fait de mai en juin et juillet en pépinière; on repique le plant en pleine terre ou en pots, en pépinière à bonne exposition, et il se met à demeure en mars-avril; on les mulitiplie facilement par la séparation des œilletons qui croissent autour du pied, lesquels doivent être faits de préférence au printemps.

2 **Achillée**. — *Achillea*, Lin. (Composées).

Dédié à Achille, élève de Chiron, qui l'employa pour cicatriser des plaies.

Achillée à fleurs roses. — *Achillea rosea*, Hort. Herbe à la coupure, herbe aux charpentiers, mille feuilles, saigne nez. — Indigène, vivace, plante traçante; tiges un peu velues, roides, parfois rameuses, hautes de 70 à 90 cent.; feuilles alternes, pennatiséquées, d'un vert intense, glabres, à segments presque égaux, divisées en lanières linéaires-aiguës; en juin-juillet, fleurs blanches ou roses ou pourpres, en corymbe serré; coupées, elles conviennent parfaitement pour la confection des bouquets. — Cette plante est très rustique, très bonne pour orner les terrains secs et les jardins que l'on ne peut guère soigner; elle réussit même bien dans les jardins au bord de la mer et sur le sable des dunes. — Tout terrain lui convient, mais plutôt sec qu'humide. *Muliplication,* d'éclats à l'automne ou au printemps.

Variétés : **Achillée tomenteuse.** — *Achillea tomentosa,* Lin.

Même sol et même culture que la précédente.

Achillée clavenne. — *Achillea de clavenne,* terre de bruyère fraîche, bien drainée, exposition mi-soleil ; le reste comme le millefolium.

Achillée Ptarmique à fleurs doubles — *Achillea Ptermica.* Lin.

Bouton d'argent. Plante précieuse pour l'ornementation des plates-bandes et la confection des bouquets.

Achillée d'Egypte. — *Achillea Egyptiana,* Lin.
Sol léger, très sain, exposition chaude. *Multiplication,* par la division des pieds, au printemps.

3 **Agapanthe.** — *Agapanthus,* L'Hérit. (Liliacées).

Du Cap, vivace, racine tubéreuse, charnue ; feuilles radicales, linéaires, retombantes, planes, du centre desquelles part une tige (hampe) de 80 cent. à 1 mèt. se terminant par une ombelle de fleurs bleues, inodores, de juin-juillet en août. — Les agapanthes s'accommodent assez bien de l'ombre, de la fraîcheur et du plein soleil en été, mais l'hiver elles ne peuvent être hivernées que sous châssis ou en orangerie, au sec, et à la lumière. Le sol qui leur convient est un mélange de terre franche, siliceuse, de terre de bruyère, et 1/10 de terreau de feuilles. Elles sont généralement cultivées en pots ou en caisses drainées. *Multiplication*, par la division des souches ou des touffes, après la floraison, en automne. *Variétés* : blanche, naine bleue, et rubanée bleue.

4 **Agérate**. — *Ageratum*, Lin. (composées).

Agérate bleu, du Mexique, annuel, en plein air, suffrutescent en serre; tiges rameuses dès la base; buissonnantes, s'élevant de 40 à 60 cent.; feuilles poilues, ovales ou cordiformes, fortement dentées ou crénelées; tout l'été, fleurs d'un beau bleu céleste ou bleu gris, en corymbes serrés terminaux et quelquefois rameux. *Multiplication*, de graines en dars-avril, sur couche chaude, repiquer sur couche, muis en place fin mai, ou fin avril à bonne exposition, repiquer à demeure au commencement de juin ou en août-septembre, repiquer en pots ou en terrines, que l'on hiverne sous châssis ou en serre tempérée, ou encore de boutures faites en automne et conservées sous châssis pendant l'hiver.

Variétés. *Ageratum celestinum nanum*, Hort Agerate célestine naine. *Ageratum odoratum*. Hort Agérate odorant.

5 **Ail** — *Allium* Lin. (Liliacées).

Ail azuré. — *Allium, azureum*, Ledeb.

De Sibérie, vivace, bulbe arrondi, tige de 50 à 60 cent., feuilles lancéolées, longues de 20 à 30 cent.; en juin-juillet, fleurs très nombreuses, en ombelle serrée, d'un joli bleu d'azur. — Bonne exposition en hiver, terrain chaud et sain, et a besoin d'abri.

Multiplication, par la séparation des caïeux, en août.

Ail doré —*Allium moly*, Lin.

Indigène, vivace, bulbe presque rond; tige nue et cylindrique, haute de 20 à 30 cent., accompagnée d'une ou deux feuilles radicales larges, engaînantes, planes, lancéolées; — en mai-juin, fleurs d'un jaune d'or, réunies en ombelle. — Terrain léger et uni. Exposition chaude. *Multiplication*, de caïeux en août-septembre.

Ail des ours. — *Allium ursinum*, Lin.

Indigène, vivace, bulbe oblong linéaire, blanc, tige de 25 à 30 cent.; feuilles ovales pétiolées, grandes, d'un vert gai; en avril-mai, fleurs blanches réunies en ombelle un peu aplatie — Terrain frais, mouillé même, et ombragé. — *Multiplication*, par la séparation des bulbes, à l'automne.

Ail noir — *Allium nigrum*, Lin.

Midi de l'Europe, vivace, bulbe gros, ovoïde; tige pouvant atteindre de 75 à 90 cent.; feuilles grandes larges, épaisses, lancéolées-aiguës ; de mai en juin, fleurs blanches, odorantes. *Multiplication*, comme les précédentes, par les bulbes, espacés de 15 à 20 cent.

6 Alysson. — *Alyssum*, Lin. (crucifères).

Alysson corbeille d'or. — *Alyssum, saxatile*, Lin.
Alysson des rochers ou thlaspi jaune, plante vivace originaire d'Allemagne, sous-ligneuse ; tige très rameuse, haute de 25 à 30 cent., touffue, branches diffuses ; feuilles ovales-oblongues, atténuées en pétiole, et réunies en rosettes ; en avril-mai fleurs très nombreuses, d'un beau jaune doré, très brillant, réunies en grappes. *Multiplication*, de graines de mai en juillet, en pépinière en terre légère, ou d'éclats et de marcottes. — La corbeille d'or est une de nos plus belles plantes pour l'ornementation des parterres, des plates-bandes et des rocailles.

Alysson maritime odorante, *corbeille d'argent*. — *A. maritimum*, Lamk.
Indigène, annuelle, en serre, vivace par boutures ; tiges très rameuses, très touffues, hautes de 20 à 25 cent. ; feuilles lancéolées, d'un vert pâle ; en juillet-août et septembre, fleurs blanches odorantes, allongées, petites, en grappes simples. — *Multiplication*, de graines en pépinière à l'automne,

ou sur place en mars-avril. Cette plante est très convenable pour l'ornementation des rocailles et des bordures.

7 Amarante. — *Amarantus*, Lin. (Amarantacées). Amarante queue-de-renard, discipline de religieuse : les fleurs ne se flétrissent pas.

Amarante à queue. — *Amarantus, caudatus*, Lin.

Indes orientales, annuelle; tige herbacée, épaisse, dressée, rameuse, haute de 60 à 75 cent.; feuilles pétiolées, lancéolées-ovales, d'un vert gai ; de juillet en septembre, fleurs formant de longs épis, longs et pendants, de couleur cramoisie. — Ornement des plates-bandes, des massifs. Terre ordinaire, substantielle, mais fraîche et meuble. *Multiplication*, de graines, en avril, et repiquer en place en mai.

Amarante élégante. — *Amarantus speciosus*, Sims.

Népaul, annuelle, tige herbacée, rameuse, dressée, robuste, simple, rougeâtre; haute de un mètre et quelquefois plus; feuilles grandes, ovales, lancéolées, alternes, pétiolées, d'un vert foncé ou tirant sur le pourpre; de juillet-septembre, fleurs d'un vert pourpre cramoisi, en gros épis veloutés, dressés, disposés en panicule, le terminal plus long que les autres. Même culture que le précédent.

Amarante à feuilles rouges. — *Amarantus sanguineus*, Lin.

Indes orientales, annuelle, tige un peu charnue, élevée de 80 à 90 cent. ; feuilles alternes, pétiolées, ovales-lancéolées, aiguës, d'un rouge sanguin aux deux extrémités ; de juin en septembre, fleurs pourpres, en épis allongés, grêles et flexueux. *Multiplication*, de semis du 15 mai au premier juin sur place, ou du 1er mai, en terre légère, au midi, repiquée, en pépinière et à demeure en juin ; ou encore sur couche en avril et planter à demeure fin mai.

VARIÉTÉS : **Amarante bicolore.** — *Amarantus bicolor*, Nocca.

Amarante tricolore. — *Amarantus tricolor*, Lin.

Amarante mélancolique. — *Amarantus melancholicus*, Hort.

Amarante crête-de-coq, voir Célosie.

8 Amaryllis. — *Amaryllis*, Lin. (Amaryllidées).

Plantes bulbeuses, vivaces, d'aspects et de grandeurs divers, cultivées soit en pleine terre, soit en orangerie, en serre tempérée, ou en serre chaude ; jolies plantes, qu'il est facile de cultiver puisqu'on peut laisser les bulbes enfouies dans le sol.

Amaryllis belladone. — *Amaryllis belladona,* Lin.

Du Cap, vivace, bulbe volumineuse; hampe nue, robuste, rougeâtre, apparaissant avant les feuilles, atteignant de 80 cent. à 1 mèt. de haut; feuilles rubanées, très glabres, carénées d'un vert gai, d'août en octobre, fleurs grandes, odorantes, d'un rose tendre. Orangerie ou pleine terre franche légère. *Multiplication*, par la division des caïeux au moment de l'arrachage, ou de la replantation.

Amaryllis jaune. — *Amaryllis lutea.* Lin.

Midi de la France, vivace, bulbe piriforme, arrondi; feuilles dressées, linéaires, glabres, se développant en même temps que les fleurs en septembre-octobre: fleurs d'un beau jaune doré, régulières, radicales, paraissant en même temps que les feuilles. *Multiplication*, de caïeux en juin-juillet et août, moment où doit se faire la plantation, pour que la floraison suivante n'en souffre pas.

Amaryllis à rubans. — *Amaryllis vittata,* l'Hérit.

Amérique méridionale, vivace, bulbe moyenne, presque rond; feuilles longues, glabres, rubanées, d'un vert foncé; en juin-juillet, hampe forte, nue, élevée de 50 à 60 cent., terminée par plusieurs grandes fleurs en forme de cloche; *Multiplication*, par caïeux.

Amaryllis blanche. — *Amaryllis candida*, Lind.

Pérou, vivace, bulbe petit, noirâtre, arrondi; feuilles droites, linéaires, épaisses; hampe droite s'élevant de 15 à 20 cent. en septembre-octobre, suivant le climat, fleurs peu ouvertes, solitaires, blanches, à divisions égales; leur épanouissement a lieu d'ordinaire le jour; la nuit, elles se referment. *Multiplication*, de caïeux, en mai. — Cette plante craint le froid.

Amaryllis de Virginie. — *Amaryllis atamasco*, Lin.

Amérique septentrianale, vivace, bulbe petit; feuilles linéaires, glabres, hampe de 20 à 30 cent.; en juin-juillet, fleurs dressées en forme d'entonnoir, divisions à peu près égales, blanches en dedans et rosées en dehors. *Mulliptication* de caïeux. en mai.

Amaryllis magnifique. — *Amaryllislis saint-Jacques*, Berb.

Amaryllis pourpre. — *Amaryllis purpurea*, herb.

9 Ancolie. — *Aquilegia*, Am. Lin. (Renonculacées).

Ancolie des jardins. — *Aquilegia vulgaris*, Lin.

Indigène, vivace, tige herbacée, raide, peu rameuse, haute de 75 à 90 cent.; feuilles radicales en touffe, d'un vert glauque en dessous, deux ou trois fois découpées par 3, à divisions incisées-crénelées;

en mai-juin, fleurs bleues, pendantes, éperonnées, à 5 sépales et 5 pétales en cornet ou en capuchon. Il en existe un grand nombre de variétés à fleurs blanches, pourpres, violettes, roses, simples ou semi-doubles. —

Terre ordinaire, substantielle, mais meuble et fraîche. *Multiplication*, de semis dès que les graines sont mûres, et le plant conservé en pépinière jusqu'au prinptemps, ou d'éclats en automne ou au printemps.

Ancolie de Sibérie. —*Anquilegia Seberica*, Lin.

Sibérie, vivace, tige de 30 à 35 cent.; presque nue; feuilles radicales, ternées, à folioles découpées en trois lobes, incisées; en juin, fleurs solitaires, d'un beau bleu, à limbe des pétales blanc. — Même culture que la précédente.

Ancolie du Canada. — *Aquilegia canadensis*, Lin.

Canada, vivace, tiges de 30 à 35 cent., droites, peu rameuses; feuilles petites, très divisées, d'un vert glauque, en mai-juin, fleurs simples, étroites, pendantes, d'un beau rouge safran à l'extérieur. — Terre légère, fraîche. *Multiplication* de graines, se sème souvent d'elle-même.

Ancolie des Alpes. — *Anquilegia Alpina*, Lin.

Ancolie de Skinner. — *Anquilegia Skinneri*, Hook.

10 Anémone. — *Anemone*, Lin. (Renonculacées).

Herbes vivaces, à feuilles alternes plus ou moins découpées souvent radicales; fleurs solitaires ou en ombelle, munies d'un involucre. Plante croissant très bien dans les lieux découverts et au grand vent, de là son nom (anemos, vent).

Anémone des fleuristes. — *Anemone coronaria*, Lin.

Indigène, vivace, souche tuberculeuse, nommée patte, souvent rameuse, d'où naissent de toutes parts des racines fibreuses; feuilles longuement pétiolées, radicales, ternées, découpées en lanières étroites, tiges ou hampes de 30 cent. environ, un peu velues portant une fleur dressée, en coupe ouverte. — Floraison, depuis mai jusqu'à la fin de l'été. *Multiplication*, de semis au printemps ou en juin-juillet, ou par divisions des tubercules, nommés griffes ou pattes, à l'automne ou à la fin de l'hiver.

L'anémone des fleuristes a produit un grand nombre de variétés à fleurs simples, doubles et semi-doubles, dans toutes les nuances du rouge, du violet, du jaune et du blanchâtre; elle est sans contredit une des plus belles plantes que nous ayons pour l'ornementation des jardins au printemps.

Anémone étoilée. — *Anemone stellata*, Lamk.

France méridionale, vivace, souche bulbeuse; tige simple, de 20 à 25 cent., feuilles radicales, divisées en lanières étroites; en mai-juin, fleurs terminales, de 9 à 15 pétales lancéolés, d'un blanc rose foncé en dessus et velu en dessous. Même culture et même emploi que la précédente.

Anémone œil-de-paon. — *Anemone pavonica,* D. C.

France méridionale, vivace, hampes grêles, hautes de 25 à 30 cent.; feuilles radicales, trilobées, incisées-dentées, d'un vert gai : en mai-juin, fleurs grandes, dressées, pétales nombreux, rouges au sommet, blanchâtres à leur base.

Culture des précédentes.

Anémone du Japon. — *Anemone iaponica,* Sied. et Zucc.

Japon, vivace, souches rampantes, traçantes et souterraines; tiges dressées, un peu rameuses, hautes de 50 à 70 cent.; feuilles trilobées, à segments dentés; d'août en octobre, fleurs nombreuses, longuement pédonculées, d'un rouge rose carminé en dessus et rose pâle en dessous, larges de 6 à 8 cent. — Terre meuble, légère et fraîche. Ornement des plates-bandes et très convenable pour la confection des bouquets. *Multiplication,* d'éclats des touffes ou rhizomes, à la fin de l'automne.

AUTRES VARIÉTÉS. — **Anémone des Alpes**. — *Anemone Alpina,* Lin.

Anémone à feuilles de vigne. — *Anemone Vitifolia*, Buchan.

Anémone à fleurs de Narcisse. — *Anemone Narcissiflora*, Lin.

Anémone à feuilles palmées. — *Anemone Palmata*, Lin.

Anémone des montagnes. — *Anemone montana*, Hoppe.

11 Anthemis camomille. — *Anthemis*, Lin. (Composées).

Herbes odorantes, à feuilles plus au moins découpées.

Anthemis d'Arabie. — *Anthemis Arabica*, Lin.

Afrique, annuel, tige rameuse dès la base, haute de 50 à 60 cent.; feuilles alternes, pennatifides à divisions linéaires, d'un vert sombre; en juillet-août fleurs odorantes, disposées en capituleessils ses à l'aisselle et au sommet des rameaux. *Multiplication*, de semis en avril, sur place ou en pépinière, à une exposition chaude et dans un sol léger. L'Anthemis d'Arabie est une très jolie plante d'ornement, elle est très florifère et très curieuse par la disposition de ses fleurs et de ses rameaux. Ornement des plates-bandes, des corbeilles, des massifs et des bordures.

Anthemis des teinturiers. — *Anthemis tinctoria*, Lin.

Indigène, vivace, suffrutescent; tige très rameuse, buissonnante, raide, haute de 70 à 90 cent., suivant l'âge; feuilles un peu velues, alternes, à segments lancéolés, dentés, blanchâtres en dessous; en juillet-août, fleurs en capitules longuement pédonculés, larges de 4 cent. environ, à rayons étalés, d'un jaune soufre ou blanchâtre et parfois d'un jaune vif.

— Ornement des plates-bandes, des grands massifs, des jardins paysagers, et des terrains arides et accidentés. Tout terrain un peu léger lui convient. *Multiplication*, de semis en été, d'éclats au printemps.

Anthemis camomille romaine à fleurs doubles. — *Anthemis nobilis*, Lin.

Indigène, vivace, à odeur pénétrante; tiges étalées sur le sol, radicantes, hautes de 12 à 15 cent.; feuilles alternes, un peu velues, à segments lancéolés-aigus; de juin en août, fleurs grandes, ayant près de 2 cent. de diamètre, blanches, assez longuement pédonculées. La camomille la plus cultivée est celle des jardins à fleurs pleines. — Plante excellente pour faire des bordures. Demande un sol frais et léger et se plaît à toutes les expositions. *Multiplication*, d'éclats ou divisions des touffes en avril.

12 Arabette. — *Arabis*, Lin. (Crucifères).

Arabette des lpes, Acorbeille d'argent. — *Arabis Alpina*, Lin.

Alpes, vivace, plante touffue, gazonnante, rameuse dès la base; tige s'élevant de 10 à 15 cent.; feuilles pubescentes, alternes, dentées, un peu épaisses, disposées en rosette et garnies de poils blanchâtres; en avril-mai, fleurs d'un blanc pur, sur des pédicelles grêles, en grappes allongées. — Plante rustique et précieuse pour les bordures et les lieux rocailleux. Tout terrain ordinaire lui convient. *Multiplication*, d'éclats à l'automne, ou de semis à la maturité des graines.

Arabette des sables. — *Arabis arenosa*, Scop.

Indigène, annuelle; tige haute de 10 à 20 cent., rameuse, presque nue; feuilles radicales, étalées en rosette, lyrées pennatifides, à lobes nombreux, dentées, couvertes de poils rameux; en juin-juillet, fleurs purpurines lilas rosé ou blanchâtres, de la dimension de celles de la Julienne de Mahon. — Toute terre et toute exposition. *Multiplication*, de graines, à la fin de l'été, comme le silène rose et le myosotis des Alpes, et repiqué à demeure en octobre, espacé de 45 à 50 cent. en tous sens. Excellente plante pour les bordures et les massifs.

Arabette du Caucase. — *Arabis caucasica*, Wild.

Caucase, vivace, même culture et même emploi que l'Arabette des Alpes ci-devant.

13 Argémone. — *Argemone*, Lin. (Papavéracées)

Argémone grandiflore. — *Argemone graniflora* Sweet.

Mexique, annuelle, tige vigoureuse, rameuse, glauque, teintée de violet, haute de 70 cent. à 1 mètre; feuilles grandes, alternes, sessiles, très sinuées, pennatifides, à bords presque épineux; en juillet-août-septembre, fleurs longuement pédonculées, blanches, terminales. Pleine terre légère et chaude. *Multiplication*, de graines, en mars sur couche ou sur place en avril-mai. Cette plante se ressème parfois d'elle-même. Ornement des massifs, des plates-bandes et des pelouses.

Argémone du Mexique. — *Argemone Mexicana*, Lin.

Mexique, annuelle, tige haute de 60 à 80 cent., glauque, et munie de petits aiguillons, rameuse; feuilles grandes non roncinées, alternes, à bords dentés, épineux; en juillet, fleurs jaunes, assez grandes, solitaires, terminales. VARIÉTÉS : à fleurs d'un jaune citron; à fleurs d'un jaune pâle; à fleurs blanches. Pleine terre légère et chaude. *Multiplication*, de graines, au printemps

14 Asclépiade. — *Asclepias*, Lin. (Asclépiadées).

Asclépiade soyeuse, herbe à la ouate. — *Asclepias cornuta*, Desne.

Amérique septentrionale, vivace, souche traçante,

d'où s'élèvent des tiges de 1ᵐ50 à 2 mèt. ; feuilles larges, ovales-obtuses, opposées ; de juillet en septembre, fleurs disposées en ombelle, un peu odorantes, nombreuses, d'un blanc rougeâtre ; graines munies d'aigrettes soyeuses ou chevelues. Terre ordinaire, mais substantielle. — Ornement des grands jardins paysagers, des massifs. *Multiplication*, d'éclats à l'automne ou au printemps. —

Asclépiade tubéreuse. — *Asclepias tuberosa*, Lin.

Amérique septentrionale, vivace, souche tubéreuse à racines fibreuses ; tiges pubescentes, rameuses au sommet, s'élevant de 50 à 60 cent ; feuilles opposées ou ternées, ovales-lancéolées ou lancéolées-linéaires, poilues sur les deux faces, munies d'un court pétiole ; en juillet-août, fleurs jaune-orange, ou rouge safrané en ombelle. — Cette plante ne réussit bien qu'en terre de bruyère, un peu tourbeuse, fraîche et bien drainée à mi-ombragée. Ornement des plates-bandes, des bordures, etc. *Multiplication*, par éclats ou divisions des souches, en octobre ou au printemps.

Asclépiade de curaçao. — *Asclepias curassavica*, Lin.

Asclépiade incarnate. — *Asclepias incarnata*, Lin.

15 Asphodèle. — *Asphodelus*, Lin. (Liliacées).

Asphodèle rameux. — *Asphodelus ramosus* Wild.

Indigène, vivace, racines épaisses, charnues, tubéreuses, renflées en fuseau; tige simple ou rameuse, droite, élevée de 80 cent. à 1 mèt., feuilles planes, linéaires, étalées en forme de glaive, d'un vert sombre; en mai-juin, fleurs blanches, grandes, nombreuses, en grappes. — Pleine terre ordinaire, aérée, calcaire de préférence. Ornement des pelouses, des plates-bandes et des lieux accidentés. *Multiplication*, d'éclats en août-septembre, ou de graines, d'avril en juin, en pots ou en terre légère, puis repiqué en pépinière.

Asphodèle jaune, bâton de Jacob. — *Asphodelus luteus*, Lin.

Midi de la France, vivace, racines fibreuses; tige très feuillée, simple, haute de 90 cent. à 1 mètre; feuilles triangulaires, striées, dilatées à la base en une membrane mince qui embrasse la tige; en mai-juin et juillet, fleurs jaunes en longues grappes en forme d'épi serré. Plante excellente pour la décoration des grands jardins. Même culture que la précédente.

16 **Aspidie.** — *Aspidium*, Brown. (Fougère).

Aspidie à aiguillons. — *Aspidium aculeatum*, Sweet.

Indigène, vivace, souche gazonnante, dressée

d'où s'élèvent des feuilles de 90 cent. à 1 mèt. d:
hauteur, de forme oblongue lancéolées, deux fois
pennatiséquées. — Cette fougère est une des plus
belles et des plus rustiques qu'on puisse cultiver
sous le climat de Paris. Elle réussit assez bien en
pleine terre. *Multiplication*, ordinairement par la
division des touffes au printemps ou à l'automne,
et rarement par graines.

Aspidie anguleuse. — *Aspidium angulare*, Kit.

Indigène, vivace, même culture que la précédente.

17 Aster. — *Aster*, Lin. (Composées).

Aster œil-du-Christ. *Aster Amellus*, Lin.

Indigène, vivace, tiges dressées, hautes de 50 à
60 cent., rameuses au sommet; feuilles alternes,
oblongues-lancéolées, coriaces, finement dentées;
en août-septembre, fleurs assez grandes, violettes,
en capitules réunis en corymbe lâche. — Sol léger,
profond, un peu frais. Ornement des plates-bandes
et des massifs. *Multiplication*, par la division des
pieds ou par drageons à l'automne ou au printemps.

Aster rose. *Aster roseus*, Desf.

Amérique sept., vivace, tiges robustes, dressées,
rameuses, hautes de 1ᵐ 50; feuilles alternes, lancéolées-aiguës, amplexicaules, en septembre-octobre,

fleurs grandes, bleues, en corymbe peu serré et assez régulier. Ornement des plates-bandes et des massifs. — Sol léger, profond, substantiel; exposition abritée et demi-ombragée. *Multiplication*, par la division des touffes en février-mars, ou par éclats plantés en pépinière.

Aster très brillant. — *Aster formosissimus*, Hort.

Origine inconnue, vivace, tiges élevées d'un mètre environ, ramifications dressées, feuilles alternes, semi-amplexicaules, ovales-lancéolées, d'un vert sombre; en septembre, fleurs violettes, en corymbe lâche, allongé. Cette espèce, très ornementale, est beaucoup cultivée en pots, pour orner les fenêtres, les balcons, les plates-bandes, les pelouses ou les perspectives. — En pinçant les tiges des plantes, cultivées en pots, on obtient des pieds trapus, rameux dès la base. *Multiplication*, par éclats, par la division des touffes à l'automne ou au printemps.

Aster des Alpes. — *Aster Alpinus*, Lin.

Alpes, vivace, tiges de 20 à 25 cent., uniflores; feuilles radicales, alternes, poilues, lancéolées-spatulées, disposées en rosette : de juillet en août, fleurs grandes, violettes ou blanches, assez longuement pédonculées. Pleine terre légère, un peu fraîche. Exposition du midi. *Multiplication*, de drageons, ou par éclats des touffes ou de graines, semées aussitôt la maturité, ou en mars et avril.

AUTRES VARIÉTÉS : **Aster à grandes fleurs.** — *Aster grandiflorus*, Lin.

Aster des Pyrénées. — *Aster pyreneus*, D. C.

Aster lisse. — *Aster levis*, Lin.

Aster à fleurs pendantes. — *Aster pendulus*, Ait.

Aster à tiges rouges. — *Aster rubricaulis*, Lamk.

18 **Balisier.** — *Canna*, Lin. (Cannacées).

Balisier canne d'Inde. — *Canna Indica*, Lin.

Inde, vivace, racine tubéreuse, peu renflée; tiges feuillées, fermes, charnues, s'élevant d'un mèt. à 1m50; feuilles alternes, engainantes, ovales-lancéolées; en août-octobre, fleurs moyennes, irrégulières, en épi droit, jaune-clair. — Terre ordinaire, légère, substantielle. *Multiplication*, par éclats des touffes, conservées dans une serre ou dans une cave. Comme cette espèce mûrit sa graine, on la sème au printemps sur une couche, puis on repique le plant en pots, en juin, il passe l'hiver en serre, et au mois de mai suivant, on le met en pleine terre. Ce mode de multiplication donne souvent de nouvelles variétés.

Balisier gigantesque. — *Canna gigantea*, Red.

Brésil, vivace, souche tubéreuse; tiges atteignant

2 mèt. de hauteur, robustes; feuilles largement ovales, pétiolées, très amples, d'un vert gai. Pendant une partie de l'année, fleurs très grandes, très élégantes; les divisions internes, rouge foncé pourpre et les externes ou corolle de couleur rouge orangé. Même culture que la précédente.

Balisier comestible. — *Canna edulis*, Ker.

Amérique méridionale, vivace, rhizome tubéreux; tiges fermes, vigoureuses, s'élevant jusqu'à 2 mèt.; feuilles amples, ovales-lancéolées, fortement nervées, lavées de pourpre; en août-septembre et octobre, fleurs très grandes, rouge foncé, mélangé de jaune orangé.

Culture des précédentes.

Balisier d'Annei. — *Canna Annei,* Hort.

Souche tubéreuse, à rejets allongés, tiges robustes, s'élevant à 2 mèt. environ; feuilles très grandes, dressées, largement ovales-aiguës, glaucescentes; fleurs grandes, à divisions externes réfléchies, d'un jaune soufre. Cette variété est une des plus belles et des plus vigoureuses du genre. *Multiplication*, par la séparation des souches ou des rhizomes.

AUTRES VARIÉTÉS : **Balisier écarlate.** — *Canna coccinea,* Ait.

Balisier orange. — *Canna aurantiaca*, Rosc.

Balisier discolore. — *Canna discolor*, Lindl.

Balisier du népaul. — *Canna Nepolensis*, Hort.

19 Balsamine. — *Balsamina*, Lin. (Balsaminacées)

Balsamine des jardins. —*Balsamina hortensis*, D. C.

Indes orientales, vivace, tige rameuse, robuste, à ramifications pyramidales, herbacées, très tendres, souvent lavées de rougeâtre, haute de 60 cent. environ; feuilles glabres, lancéolées, dentées; de juin à octobre, fleurs axillaires, presque sessiles, solitaires, formant une grappe très allongée, de coloris très variable. — Cette plante est employée à former des corbeilles, des massifs, des bordures, des plates-bandes; elle se plaît aussi bien en plein soleil qu'à l'ombre, ce qui en fait une des meilleures plantes pour l'ornementation des jardins. Elle se prête également bien à la culture en pots, ce qui permet de s'en servir pour la décoration des appartements. — La balsamine des jardins a donné des variétés très doubles, à fleurs très larges, presque régulières, de couleur blanche, rouge violette, rose ou camellia, cette dernière raison lui a fait donner le nom de balsamine camellia ou extra-double.

Balsamine n'y touchez pas. — *Impatiens nolime tangere*, Lin.

Indigène, annuelle, tiges herbacées, rameuses, buissonnantes, hautes de 80 cent. à 1 mèt.; feuilles alternes, ovales-lancéolées, d'un vert glauque, en juillet-août-septembre, fleurs grandes, d'un jaune pâle, ponctué de pourpre, à éperon souvent recourbé au sommet. Terre substantielle, chaude, fraîche, un peu ombragée. *Multiplication*, de graines, semées, soit en septembre, et alors les graines ne germent qu'au printemps suivant, soit en avril en place, ou mieux sur une couche tiède, puis repiquer en place, lorsque le plant est assez fort, vers la fin de mai. — Cette plante se ressème naturellement avec une grande facilité, et de cette façon, elle réussit mieux et fleurit plus abondamment que lorsqu'on la sème

Balsamine à 3 cornes. — *Impatiens tricornis*, Lin.

Inde, annuelle, tiges très rameuses, épaisses, pointillées de pourpre, élevées d'un mèt. environ, feuilles pubescentes, oblongues-lancéolées, dentelées, en scie; de juillet-septembre, fleurs réunies de 2 à 4 en grappe axillaire, d'un jaune pâle. — Même culture que la précédente.

Balsamine fauve. — *Balsamina impatiens fulva*, Nuth.

Balsamine rampante. — *Balsamina impatiens repens*, Moon.

20 **Bambou.** — *Bambusa*, Schreb. (Graminées.

Plante à rhizome souterrain donnant plusieurs tiges ligneuses, pouvant atteindre une hauteur, dans certaines espèces de 5 à 8 mèt.; à feuilles lancéolées, très allongées. Les bambous sont précieux pour l'ornementation des pelouses, des rocailles, etc.

Bambou noir. — *Bambusa nigra,* Hons.

Chine, vivace et ligneux, tiges nombreuses, touffues, grêles, noires, noueuses, dures, luisantes, dressées en flexueuses, s'élevant, sous le climat de Paris, à 2 mèt. environ, et dans le midi, à 6 mèt., végète sans fleurir, donne des touffes très épaisses. — Terrain frais, profond, composé d'humus végétal ou de terreau de feuilles. *Multiplication*, par division des touffes ou par rejets souterrains.

Bambou vert glaucescent. — *Bambusa viridi glaucescens,* Carr.

Chine Sept., vivace, ligneux, rhizome peu rampant; tiges hautes de 2 à 9 mèt., rameuses, clair-jaunâtre; feuilles bleuâtres en dessous. Plante rustique et élégante, très bonne pour la plaine.

Bambou doré. — *Bambusa aurea,* Hort.

Chine, vivace et suffrutescent, souche rampante, a beaucoup d'analogie avec le précédent; tige verte clair, tant qu'elle est jeune; plus tard, elle devient jaunâtre. *Multiplication*, de boutures.

Bambou lisse. — *Bambusa mitis,* Hort.

Le plus grand de tous les bambous rustiques;

tiges ramifiées dès la base, et couvertes d'un petit feuillage d'un vert clair. Très jolie plante, recommandée pour les climats tempérés, où sa culture peut même présenter de l'intérêt au point de vue commercial et industriel.

21 Basilic. — *Ocimum*, Lin. (Labiées).

Plante qui croît vite, à odeur pénétrante, herbes ou arbrisseaux, à feuilles florales en forme de bractées, souvent pétiolées, ordinairement caduques.

Basilic commun. — *Ocimum basilicum*, Lin.

Inde, annuel, très aromatique, tiges rameuses, touffues, droites, atteignant 25 à 30 cent. de hauteur; feuilles opposées, pétiolées, ovales aiguës, dentées, d'un vert foncé; de juin en octobre, fleurs insignifiantes, blanches ou rosées, réunies par 5 ou 6 formant un épi allongé.

VARIETES : **Basilic à odeur anisée.** — *Ocimum anisatum*, Hort.

Plante caractérisée par l'odeur et la saveur anisée de toutes ses parties, feuilles vertes.

Basilic à feuilles violettes. — *Ocimum violaceum*, Hort.

Basilic à feuilles de laitue. — *Ocimum lactucæfolium*, Hort.

Basilic petit. — *Ocimum minimum*, Lin.

Les basilics sont surtout cultivés pour l'odeur

aromatique toute particulière qu'ils exhalent. Ils aiment une terre légère et bien exposée. Les variétés naines sont assez fréquemment employées en cuisine comme condiment, ou cultivées en pots pour l'ornementation des fenêtres et des balcons.

On les sème à trois époques différentes : 1° au commencement d'avril, sur couche, puis repiqués encore sur couche et mis en place fin mai; 2° à la mi-avril, en pépinière, puis à demeure, fin mai et juin : 3° en mai sur place. Dans le 1er cas, on peut aussi repiquer en pépinière.

22 **Bégonie.** — *Bégonia*, Lin. (Bégoniacées).

Dédié à Michel Bégon, gouverneur de Saint-Domingue, promoteur de la botanique au xvii° siècle. Ce genre constitue à lui seul toute cette famille. — Plantes herbacées, fleurs monoïques ou unisexuées, blanches, rouges ou roses. On divise généralement les bégonias en deux séries : les bégonias caulescents et les bégonias tuberculeux; ces derniers, pour la plupart originaires du Pérou, peuvent être cultivés en plein air.

Le bégonia est une plante très ornementale, tant par son feuillage que par ses fleurs, et sa culture est très facile, à part les grands soleils continus qui lui sont nuisibles. Il lui faut la terre de bruyère.

Bégonie de deux couleurs. — *Bégonia biscolor*, R. Brown,

Chine en 1804, vivace, racine tubéreuse sur laquelle naissent des tiges rameuses, charnues, succulentes, noueuses, annuelles, d'un carmin vif au-dessus des nodosités, hautes de 30 à 50 cent.; feuilles en cœur, alternes, acuminées, inégalement dentées, d'un vert intense en dessus et d'un rouge de sang en dessous; de mai en septembre, fleurs d'un beau rose transparent, disposées sur des pédoncules longs et d'un rouge vif. *Multiplication*, par la séparation des rhizomes, par boutures de tiges ou bien de feuilles, que l'on applique sur la terre, ou encore par les bulbilles qui se développent en abondance à l'aisselle des feuilles, et tombent naturellement sur la terre, et pour peu qu'on les couvre l'hiver, poussent au printemps et fleurissent la même année.

Malgré la rusticité de cette plante, on a l'habitude d'en conserver, chaque année, quelque spotées que l'on tient en repos en hiver, dans une serre tempérée, ou dans une orangerie, ou dans une cave.

23 Belle-de-Jour. — *Convolvulus*, Lin. (Convolvulacées).

Belle-de-jour ou liseron tricolore. — *Convolvulus tricolor*, Lin.

Europe mérid., annuelle; tiges rameuses, diffuses, étalées sur le sol, puis dressées s'élevant de 30 à

35 cent.; feuilles alternes, spatulées, lancéolées-obovales, atténuées en pétiole; en juin-sept., fleurs axillaires, grandes, bleues sur la ma ure partie supérieure du limbe, blanches dans leur partie moyenne, et jaune soufre à la gorge.

Variété à fleurs panachées. — *Convolvulus tricolor*, Lin.

Europe mérid., annuelle, poilue, rameuse, étalée sur le sol, non volubile; tige de 30 à 40 cent. de hauteur, feuilles ovales-lancéolées; de juin en sept., fleurs solitaires, grandes, jaunâtres à la gorge, blanches au milieu, bleues sur les bords.

Liseron des champs. — *Convolvulus arvensis*, Lin.

Indigène, vivace; tige de 40 à 60 cent., grimpante ou traînante; feuilles sagitées; en juillet-août, fleurs roses en dehors, et blanches en dedans, exhalant l'odeur de l'héliotrope. — Pleine terre ordinaire. *Multiplication*, de graines en automne ou au printemps.

La belle-de-jour tire son nom de la particularité qu'ont ses fleurs de s'ouvrir le jour et de se fermer la nuit.

24 Belle-de-nuit — *Mirabilis*, Lin. (Nyctaginées).

Belle-de-nuit des jardins. — *Mirabilis Jalapa*, Lin.

Pérou, annuelle et vivace, racine fusiforme, noire;

tige robuste, noueuse, ramifiée et buissonnante, de 70 à 80 cent. de hauteur; feuilles opposées, ovales-aiguës, en cœur à la base ; de juillet en octobre, fleurs nocturnes, ne s'ouvrant que la nuit, et le jour restant fermées, en bouquets axillaires de diverses couleurs : jaunes, rouges, blanches ou panachées. Pleine terre franche, légère, substantielle. — *Multiplication*, de graines, semées sur couche au printemps, et mis en place à la fin de mai. A l'automne, on arrache les tubercules et on les conserve en lieu sec et à l'abri des gelées.

Belle-de nuit odorante à longues fleurs. — *Mirabilis longiflora*, D. C.

Mexique, annuelle et vivace; tiges cassantes et diffuses, très longues, velues, grêles; feuilles cordiformes, aiguës, visqueuses, comme toute la plante; de juillet en octobre, fleurs à tube très long et grêle, blanches, odorantes. — Même culture que la précédente.

Belle-de-nuit hybride. — *Mirabilis hybrida*, Lepel.

Plante obtenue par M. Lepelletier, intermédiaire entre les deux précédentes, annuelle ; tiges hautes de 70 cent. environ, droites, noueuses, glabres, feuilles ovales-cordiformes, un peu pétiolées, sinueuses ; fleurs rouges ou roses, sessiles, rassemblées au sommet des rameaux. Cette plante a produit plusieurs variétés intéressantes, qui se rapprochent beaucoup de celle de la belle-de-nuit odorante :

Variété, à fleurs tricolores panachées ;

Variété, à fleurs blanches panachées de jaune ;

Variété, à fleurs lilas (tube très allongé).

On les sème en avril-mai. La floraison a lieu de juillet en octobre.

25 Caladion. — *Caladium*, Vent. (Aroïdées).

Caladion comestible. — *Caladium esculentum*, Vent.

Nouvelle-Zélande, vivace en serre, rhizome tubéreux, à chair blanche, écorce noirâtre, feuilles peltées, d'abord dressées, ensuite étalées et à sommet dirigé en bas, angainantes à la base, hautes de 1 mèt. environ : fleurs insignifiantes au point de vue de l'ornementation. — Toute terre ordinaire de jardin convient à la culture de cette plante, tout en préférant un sol argilo-siliceux frais, ou une terre fraîche à laquelle on ajoute de vieille terre de bruyère, provenant des rempotages, ou une terre d'engrais puissants, tels que ceux qui viennent du sang ou de la chair des animaux. Cette plante réussit aussi très bien sur les vieilles couches ou sur du terrain un peu frais. Pendant les fortes chaleurs, on donnera de copieux arrosements, dont quelques-uns, de temps en temps, avec des engrais liquides.

La plantation de ce caladium a lieu dans la 1re quinzaine de mai. Lorsqu'on a une serre ou des couches à sa disposition, il est bon, dès la fin de l'hiver (en mars), d'y placer les tubercules, afin d'avancer la végétation.

A l'approche de la grande humidité et des gelées, on coupe les feuilles à quelques centim. au-dessus de leur point d'intersection, et quelques jours après, on arrache les tubercules, on les laisse ressuyer sur le sol, puis on les rentre dans une serre sur des tablettes, ou dans une orangerie ou dans une cave bien saine.

Caladion violacé. — *Caladium violaceum*, Desf.

Antilles, vivace, feuilles pelotées, plus petites que celles du précédent, d'une teinte violacée.

Même culture que la précédente.

26 Calcéolaire. — *Calceolaria*, Lin. (Scrophularinées)

Cette plante tire son nom de la forme singulière des fleurs, qui ressemblent à un petit sabot. Il y en a d'herbacées et de ligneuses. Ces dernières se multiplient de boutures à l'étouffée et d'éclats enracinés; les autres, de graines quand on veut avoir des plantes vigoureuses, et par division des touffes lorsqu'on veut seulement conserver les variétés.

Calcéolaire à feuilles rugueuses. — *Calceolaria rugosa*, R. et Pav.

Chili, bisannuel, ligneux en serre; joli arbuste de 70 à 90 cent. de haut., rameux, touffu; feuilles opposées ou alternes, ovales-lancéolées, crénelées ou dentées; en juin-sept., fleurs nombreuses, petites, d'un jaune plus ou moins foncé, disposées en bouquets ou en corymbe. — Ornement des plates-bandes, des massifs et des corbeilles. *Multiplication*, de semis, de juin en août, à mi-ombre, en serre ou sous châssis, en pots ou en terrines et en terre de bruyère bien pulvérisée; de boutures à l'étouffée, avec des rameaux herbacés que l'on fait sur couche et sous cloche, à la fin de l'été, ou au printemps, avec des pousses prises sur des plantes hivernées en pots, en serre tempérée près de la lumière.

Calcéolaire hybride. — *Calceolaria hybrida*, Hort.
Chili, bisannuel, vivace en serre; tiges dressées, rameuses, hautes de 50 à 60 cent.; feuilles radicales, en rosette, obovales, pubescentes; en avril-mai et juin, fleurs disposées en vaste panicule, d'un jaune plus ou moins foncé, parfois presque blanc.

Les calcéolaires jouent un rôle remarquable pour l'ornementation des serres tempérées, des jardins d'hiver, des serres d'appartement, des orangeries. Ils aiment l'humidité: le grand soleil leur est nuisible. *Multiplication*, de graines, de juin en sept., en pots ou en terrines, en terre de bruyère grossièrement concassée. à demi-ombre ou à l ombre jusqu'à la germination; après, on donnera de l'air, en soulevant graduellement le verre au fur et à mesure que les plantes se développent. Lorsque les jeunes plants ont 3 ou 4 feuilles, on les repique par 3 ou 4 dans des pots de 10 cent. dont le fond aura été drainé, ou bien en pépinière, en terrines, ou même en pleine terre, à l'air libre, à une exposition ombragée et abritée du vent, qu'on recouvre d'un panneau vitré, laissant circuler librement l'air par dessus.

En automne, tout ce plant est relevé, mis en pots de même grandeur, puis hiverné sous châssis ou en serre tempérée, toujours le plus près possible de la lumière, afin d'éviter la pourriture des feuilles, et même des boutons, plus tard, lorsqu'ils en auront.

Calcéolaire à feuilles de plantain. — *Calceolaria plantagine*, Smith.

Du Pérou, bisannuel, et quelquefois vivace en serre; feuilles en rosette, toutes radicales, ovales-lancéolées, nombreuses, très nervées, une ou plusieurs hampes de 20 à 30 fleurs d'un jaune foncé, disposées en grappes paniculées. Cette plante fleurit de mai en juin. *Multiplication*, de semis, de juin en août, en pots, ou terrines, de boutures ou par éclats de ses bourgeons feuilles, à la fin du printemps et en été, en pots tenus sous cloche ou sous châssis ombré.

Calcéolaire à feuilles de scabieuse. — *Calceolaria scabiosæ folia*, Sims.

Chili, vivace, plante herbacée, velue, hispide, rameuse, haute de 50 à 60 cent. ; feuilles alternes, à segments oblongs-lancéolés, dentés ou incisés, d'un vert pâle en dessous ; en mai, juin, juillet et août, fleurs petites, nombreuses, jaunes, disposées en corymbes, portées sur des pédoncules axillaires. Ornement des corbeilles, des massifs, des bordures. Terre légère et fraîche. *Multiplication*, de semis, en sept., repiquer en pots, hiverner sous châssis ou en serre tempérée, ou en mars sur couche qu'on repique sur couche et que l'on plante à demeure en mai, ou encore sur place, en avril-mai. En général les semis d'automne sont plus florifères que ceux du printemps.

27 **Campanule**. — *Campanula*, Lin. (Campanulacées).

Plante herbacée, fleurs simples, régulières, hermaphrodites ; corolle en forme de cloche, en entonnoir, en roue, en soucoupe ; calice adhérent, ovoïde, à 5 lobes, 5 étamines, ovaire infère, à 3 loges.

Campanule à grosses fleurs. — *Campanula medium*, Lin.

Indigène, bisannuelle, tige de 50 à 60 cent., rameuse, à ramifications pyramidales ; feuilles radicales, dentées, ovales-lancéolées, en rosette; de juin en juillet, fleurs nombreuses, allongées et grandes, penchées, imitant une cloche renversée, d'un violet bleuâtre, à lobes barbus et refléchis. Ornement des plates-bandes, des massifs et des corbeilles. *Multiplication*, de graines, du printemps à juillet, repiquer en planches et mis en place en mars.

Campanule noble. — *Companula nobilis*. Lindl.

Chine, vivace, souche traçante; tiges peu rameuses, rampantes, hautes de 30 à 50 cent.; feuilles alternes, poilues, cordiformes, dentées; en été, fleurs tubuleuses, très grandes, blanches ou rouge violet; corolle longue; calice velu.

Pleine terre légère, meuble, plutôt sèche que fraîche. *Multiplication*, d'éclats à l'automne ou au printemps. Cette remarquable espèce est devenue très rare; elle a été remplacée par la variété à fleur blanche, qui semble être plus rustique.

Campanule à feuilles larges. — *Cumpanula latifolia*, Lin.

Europe, vivace, tiges dressées, simples, hautes de 60 à 80 cent.; feuilles alternes, radicales, en cœur, pétiolées, ovales-oblongues; en juin-juillet, fleurs dressées, grandes, violettes, en longue grappe spiciforme.

Terre argilo-siliceuse, meuble et un peu fraîche.

Ornement des plates-bandes, et des lieux rocailleux.
Multiplication, de semis, dès que les graines sont mûres, en septembre-octobre, ou en avril-mai et juin, ou encore d'éclats par la division des pieds.

Campanule de Sibérie. — *Campanula Siberica*, Lin.

Campanule violette marine. — *Campanula viola*, Lin.

Campanule pyramidale. *Campanula pyramidalis*, Lin.

Campanule élevée. — *Campanula grandis*, Fisch.

Campanule miroir de Vénus. — *Campanula speculum*, Lin.

Campanule d'automne. — *Campanula automnalis*, Hort.

Cette espèce a produit plusieurs variétés :
Variété à fleurs doubles bleues;
Variété à fleurs simples blanches;
Variété à fleurs doubles blanches;
Variété à fleurs doubles bleu-clair.

28 **Capucine.** — *Tropæolum*, Lin. (Tropéolées).

Capucine grande. — *Tropæolum magnum*, Lin.

Pérou, annuelle, tiges couchées ou grimpantes, volubiles, charnues, atteignant de 2 à 3 mèt.; feuilles d'un vert tendre, alternes, peltées, orbiculaires, sinuolées; tout l'été, fleurs grandes et irrégulières, barbues en dedans, d'un jaune orange. *Multiplication*, de graines au printemps lorsque les gelées ne sont plus à craindre, au pied d'un mur, d'un berceau, d'un arbre. — Terre ordinaire. La capucine grande a produit un grand nombre de variétés, qui se reproduisent assez exactement par la voie du semis.

Voici les principales :

Capucine grande brune ou d'Alger. — *T. magnum bruneum*, Hort.

Capucine grande panachée — *T. magnum variegatum*, Hort.

Capucine grande couleur feuille morte, d'une couleur bizarre.

Capucine naine tom-pouce rouge. — *T. tom thumb*, Hort.

Capucine naine tom-pouce jaune. — *T. tom thumb*, Hort.

Capucine petite. — *T. minus*, Lin.

Cette dernière, du Pérou, annuelle, plante petite en toutes ses parties, tiges flexibles, rameuses, faiblement sarmenteuses, hautes de 30 à 50 cent., feuilles alternes, petites ; en été, fleurs assez petites ; jaunes, lavées de rouge en dehors. Graines petites, brunâtres. Même culture que la précédente. Cette espèce est très jolie, elle est fréquemment employée dans les jardins, pour garnir la base des treillages ou des arbustes à tiges dénudées, ou pour former des bordures.

29 Célosie. — *Celosia*, Lin. (Amarantacées)

Célosie crête-de-coq, passe-velours. — *Celosia Cristata*, Lin.

Indes orientales, annuelle, tige herbacée, robuste, droite, ferme, simple ou rameuse, atteignant de 40 à 60 cent.; feuilles alternes, ovales-lancéolées, éparses, pétiolées, d'un vert tendre; de juin en octobre, fleurs nombreuses, très petites, à l'aisselle des bractées, sèches et colorées, roses ou pourpres et satinées, disposées en épi dense, ovale ou allongé.

Ornement des plates-bandes, des massifs, des bordures. — Terre franche légère, terreautée, à exposition chaude, arrosements fréquents pendant les grandes chaleurs. *Multiplication*, de graines, semées en mars, sur couche chaude ou sous cloche ou sous châssis, repiqués sur couche ou en planche bien exposée jusqu'en juillet, époque à laquelle on les plante à demeure. Receuillir les graines à mesure qu'elles mûrissent, sans quoi elles tombent et se perdent.

On cultive principalement les variétés suivantes:

1° — Crête-de-coq violette argentée;

2° — Crête-de-coq chamois;

3° — Crête-de-coq pourpre ;
4° — Crête-de-coq rouge pivoine ;
5° — Crête-de-coq rose feu ;
6° — Crête-de-coq jaune ;
7° — Crête-de-coq amarante ;
8° — Crête-de-coq naine pourpre ;
9° — Crête-de-coq naine rouge ;
10° — Crête-de-coq naine jaune ;
11° — Crête-de-coq naine rose ;
12° — Célosie à épi plumeux ou panachée cramoisi ;

Célosie argentée. — *Celosia argentea*, Lin.

Célosie perlée. — *Celosia margaritacea*, Lin.

30 Centaurée. — *Centaurea*, Lin. (Composées)

Centaurée de Babylone. — *Centaurea Babylonio*. Lin.

Orient, vivace, plante laineuse, blanchâtre ; tiges simples, robustes, raides, fortement ailées par la décurrence des feuilles, hautes de 1^{m}50 à 2 mèt. ; feuilles alternes ; les radicelles, coriaces et lyrées ; les caulinaires inférieures, ovales ou oblongues-aiguës, les supérieures, lancéolées-aiguës, d'un blanc argenté ; de juillet en octobre, fleurs jaune-foncé en capitules dressées, brièvement pédonculées, formant une longue grappe rameuse et spiciforme. Plein air. — Terre substantielle, meuble, sèche plutôt que fraîche. *Multiplication*, d'éclats ou d'œilletons, en septembre ou au printemps ; de semis faits dès que les graines sont mûres, en pots ou en terrines et en terre de bruyère, hiverner sous châssis et planter à demeure en mars-avril. — Sous le climat de Paris, la centaurée de Babylone produit rarement de la graine, mais elle fructifie assez bien dans le midi de la France. Par son port élevé, la couleur de son feuillage et le jaune intense de ses fleurs, la centaurée de Babylone est une des bonnes plantes pittoresques d'ornement des jardins paysagers, des pelouses et des lieux accidentés.

Centaurée d'Amérique. — *Centaurea Americana*, Nutt.

Amérique Sept., annuelle, plante pubérulente ; tiges robustes, peu rameuses, sillonnées, dressées, s'élevant à 1 mèt. environ ; feuilles alternes oblongues-ovales, sessiles, sinuées, dentées ; en juillet-sept., fleurs disposées en capitules volumineux, d'un pourpre pâle, involucre arrondi à écailles fauves, se prolongeant en dehors en un long appendice en forme de peigne. Ornement des plates-bandes, des massifs et des bordures. — *Multiplication*, de graines, en sept., en pépinière, repiquer en pépinière à bonne exposition, abriter, si l'hiver est rigoureux, planter à demeure en avril.

On sème encore en avril, sur couche ou sur place, et l'on met en place en mai.

Centaurée bleuet des jardins. — *Centaurea Cyanus*, Lin.

Indigène, annuelle ou bisannuelle, plante velue, couverte d'un duvet mou et blanchâtre; tiges rameuses, dressées, à ramifications pyramidales; feuilles radicales en rosette, pennatifides; de mai en sept, fleurs bleues, blanches, roses, pourpres, selon la variété, en capitules solitaires et terminaux, longuement pédonculés, involucre à écailles ciliées. — Ornement des grands massifs, des plates-bandes, formation des bouquets. — Pleine terre légère, substantielle non humide. *Multiplication,* de graines en automne ou au printemps, soit en pépinière, soit en place. Les bleuets se ressèment d'eux-mêmes, et donnent généralement de très belles plantes.

Centaurée odorante. — *Centaurea odorata* (D. C.) annuelle.

Centaurée des montagnes. — *Centaurea muntium*. (Lin) vivace.

Centaurée cinéraire. — *Centaurca cinearia* (Lin), vivace ou suffrutescente.

Centaurée à grosses têtes. — *Centaurea Macrocephala* (Willd), vivace.

Centaurée de raguse. — *Centaurea Ragusina* (Lin). vivace.

31 Chrysanthème. — *Chrysanthemum*, Lin. (Composées).

Les chrysanthèmes sont des plantes qui offrent toutes les nuances de jaune, de fauve, de rose, de rouge et de pourpre; de plus, ils ont une floraison très prolongée et très variée. L'élégance de leur feuillage et leur odeur agréable, quoique faible, ajoutent encore à leur mérite. Malheureusement ces avantages sont affaiblis par un défaut : la plupart des chrysanthèmes ne fleurissent guère avant l'entrée de l'hiver, ce n'est généralement qu'après les premières gelées que leurs fleurs apparaissent, et quelquefois même ils ne fleurissent pas du tout. *Multiplication*, par semis, lorsqu'on veut avoir de nouvelles variétés, par boutures et par séparation des touffes, quand on veut simplement conserver et propager les variétés anciennes.

Sous le climat de Paris, les chrysanthèmes produisent difficilement des graines fertiles. Pour avoir plus de chance de succès, il faut semer les graines de chrysanthème aussitôt après la récolte.
— Les boutures plantées dans une bonne terre, un peu ombragées et arrosées, convenablement, ont pour avantage de s'enraciner à tout âge et immédiatement.

Chrysanthème couronne — *Chrysanthemum corona*, Lin.

Europe mérid., herbe annuelle, vivace en serre ; tiges dressées, rameuses, buissonnantes, diffuses, pouvant atteindre 80 cent. environ, de haut; feuilles alternes, deux fois pennées ; en juillet-août et sept., fleurs disposées en capitules terminaux, longuement pédonculées, solitaires, d'un jaune d'or. Toute terre. *Multiplication*, de graines, en place, d'avril en mai.

Chrysanthème à carène. — *Chrysanthemum carino*, Schousb.

Barbarie, annuel, plante d'un vert glabre; tiges épaisses, rameuses, dressées, s'élevant de 40 à 60 cent. de haut.; feuilles charnues, alternes, pennatifides, à odeur de géranium ; en juillet-août-sept., fleurs disposées en capitules solitaires, à disque d'un rouge noirâtre, involucre à écailles carénées. — Ornement des massifs, des plates-bandes et des corbeilles. *Multiplication*, comme la précédente.

Chrysanthème rose. — *Chrysanthemum rosa*, Lind

Caucase, vivace, herbacée ; tiges simples, dressées, peu rameuses; feuilles alternes, pennaticisées, les inférieures pétiolées, les supérieures sessiles; en juin-sept., fleurs en capitules, ordinairement solitaires, terminaux; involucre à écailles vertes, bordées de brun. Cette plante a produit par la culture, des variétés plus naines qu'elle, et d'autres très remarquables par l'ampleur des fleurs et par leur coloris, qui varie du blanc pur au rose carné et au rouge carmin vif et pourpre. *Multiplication*, par semis si l'on veut obtenir de nouvelles variétés, d'avril en juillet, en terrines ou en pots, par éclats, lorsqu'on veut tout simplement conserver les variétés anciennes.

Chrysanthème grande. — *Chrysanthemum leucanthemum*, Lin.

Marguerite des prés, plante indigène, vivace, différant du chrysanthème par la couleur blanche de ses demi-fleurons; tige nue ou feuillée; fleurs à disque jaune et à rayons blancs. Terrain frais. *Multiplication*, de graines ou avec des éclats.

Chrysanthème frutescent. — *Chrisanthemum frutescens*, Lin.

Canaries, vivace, annuelle, plante souvent glabre, tiges très rameuses et buissonnantes, hautes de 60 à 80 cent.; feuilles charnues, ordinairement pennées, à segments plus ou moins linéaires, dentés; tout l'été, fleurs blanches, nombreuses, ressemblant à celles de la marguerite des prés. Plante précieuse pour la décoration des jardins. Ses fleurs coupées sont beaucoup employées pour la confection des bouquets. *Multiplication*, de graines, semées en février ou en mars avril sur couche ou en pots sur couche, donnent des plants bons à livrer à la pleine terre en mai; par boutures, prises sur des pieds conservés l'hiver dans l'orangerie ou sous châssis ou dans la serre tempérée.

Chrysanthème à grandes fleurs. — *Chrysanthemum grandiflorum*, Wild.

Canaries, vivace, arbrisseau, haut de 1 mèt. environ; feuilles planes, pennatilobées, à lobes lancéolés: tout l'été, fleurs simples, capitule à rayons blancs.

Multiplication, du précédent.

32 Clématite. — *Clematis*, Lin. (Renonculacées).

Allusion aux tiges grimpantes de beaucoup d'espèces qui ressemblent à celles de la vigne.

Ce genre offre des espèces vivaces, herbacées de plein air, des espèces ligneuses egalement de plein air, et quelques-unes de serre tempérée.

ESPÈCES HERBACÉES

Clématite à feuilles entières. — *Clematis integrifolia*, Lin.

Autriche, vivace, tiges simples, formant buisson, hautes de 50 à 60 cent.; feuilles simples, sessiles, opposées, ovales-lancéolées aiguës; en juin-juillet, fleurs grandes, solitaires, d'un beau bleu foncé en dehors à bords veloutés. Ornementation des plates-bandes et des grands massifs. Pleine terre légère. *Multiplication*, de semis d'avril en juin en pépinière, et à demeure en automne ou au printemps. On la multiplie encore par la division des touffes en automne ou au printemps.

Clématite dressée ou droite. — *Clematis recta*, Lin.

Indigène, vivace, tiges rameuses, glabres, dressées, hautes d'un mèt. environ ; feuilles alternes glaucessentes, pennées, ovales-lancéolées ; en mai-juin, fleurs blanches, très odorantes, nombreuses, disposées en vastes panicules composées de petites grappes opposées et axillaires.

Ornement des grands jardins, des massifs et pour la confection des bouquets. *Multiplication*, du précédent.

Clématite de David. — *Clematis Davidiana*, Desne. Chine, vivace.

Clématite tubuleuse. — *Clematis tubulosa*, Turck. Chine, vivace.

ESPÈCES LIGNEUSES DE PLEIN AIR

Clématite odorante. — *Clematis flammula*, Lin.
France mérid., tiges sermenteuses, striées, de 5 à 6 mèt. de haut., feuilles inférieures partagées en

segments, les supérieures simples, **très entières,** lancéolées: en juillet-août, fleurs blanches, très odorantes, en grappes.

Tout terrain. *Multiplication*, de semis, de boutures étouffées et de marcottes, et au moyen de la greffe sur la clématite commune.

Clématite d'Orient. — *Clematis orientalis*, Lin.

Clématite des haies. — *Clematis vitalba*, Lin.

Clématite des Alpes. — *Clematis Alpina*, D. C.

33 Coréopsis. — *Coreopsis*, Lin. (Composées).

Coréopsis élégant. — *Coreopsis tinctoria*, Nultt.

Amérique sept., annuel et vivace; tiges dressées, rameuses, hautes de 60 à 80 cent., striées; feuilles radicales, en rosette, sessiles, multifiles; en juin-juillet et août, fleurs en capitules terminaux, longuement pédonculées, plante de fond de tous les jardins, où elle vient pour ainsi dire sans soin. Terrain léger, chaud et sain. *Multiplication*, de semis : 1° en pépinière en sept., repiquée en planche abritée et à demeure au printemps; 2° en mars-avril, puis à demeure dès que le plant est assez fort; 3° sur place en mai.

Variété très naine. — *Coreopsis tinctoria nana*, Hort.

Jolie variété pour faire des bordures.

Variété très naine pourpre. — *Coreopsis tinctoria nanapurpurea*, Hort.

Plante charmante très florifère et ne demande presque pas de soin de culture.

Coréopsis couronné. — *Coreopsis coronata*, Hook.

Annuel, tiges rameuses, élevées de 30 à 50 cent.; feuilles ovales-spatulées, opposées; fleurs suivant l'époque du semis, de juin en octobre, en capitule terminal au sommet de longs pédoncules d'un jaune doré. Même culture que la première.

34 **Cuphea.** — *Cuphea*, Jacq. (Lythrariées).

Cuphea silénoïde. — *Cuphea silnoïdes*, Nées.

A port de silène. — Mexique, annuel, plante globuleuse visqueuse; tige très rameuse, étoilée, puis dressée, haute de 40 à 50 cent.; feuilles opposées, visqueuses, pubescentes, ovales-lancéolées, les supérieures, sessiles et étroites; tout l'été, fleurs en grappes allongées et feuillées, purpurin vineux à six pétales inégaux. terre meuble, légère, fraîche.

Ornement des massifs, des plates-bandes et des corbeilles. *Multiplication*, de semis, au printemps sur couche ou sur place, repiqué sur couche et mis en place en mai.

Cuphea striguleux. — *Cuphea strigulosa*, Bot. Reg.

Cuphea à large éperon. — *Cuphea platycentra*, Benth.

Cuphea du mont Jorulo. — *Cuphea Jorullensis*, H B. K. — Ce dernier est une espèce de serre. Mexique, annuel et vivace, sous ligneuse, haute de 50 à 80 cent., floraison en automne ordinairement.

35 Cyclamen. — *Cyclamen*, Lin. (Primulacées)

Cyclamen d'Europe — *Cyclamen Europeum*, Lin. Indigène, vivace, souche tubéreuse aplatie et arrondie, tige nulle; feuilles pétiolées, ovales-arrondies en cœur à la base, dentées, marquées en dessus de taches blanchâtres, et rougeâtres en dessous; de juillet-octobre, fleurs nombreuses, blanches ou purpurines, solitaires, tournées vers la terre, rose violet. *Multiplication*, par semis, dès que les graines sont mûres, ou en avril-mai, en terre de bruyère dans des pots ou des terrines, qu'on enterre à l'ombre et que l'on relève à l'automne pour hiverner sous châssis; au printemps, les tubercules gros comme un pois sont mis séparément en pots en pépinière sous châssis. Ce n'est guère qu'à la 4me année qu'il commence à fleurir.

Les feuilles se développent en même temps que les fleurs.

Cyclamen de Naples. — *Cyclamen Neopolitanam*, Ten.

Europe méridionale, vivace.

Cyclamen de Cilicie. — *Cyclamen cilicicum,* Boiss.

Orient, vivace, une des plus jolies du genre.

Cyclamen recourbé. — *Cyclamen repandum,* Silth. et Smit.

Europe méridionale, vivace, fleurit d'avril en mai.

36 Dahlia. — *Dahlia,* Cass. (Composées).

Dédié à André Dahl, botaniste suédois.

Plante souvent herbacée, rarement ligneuse, originaire du Mexique; feuilles opposées, pennatipartites, de formes diverses; fleurs de différentes couleurs.

Le dahlia est l'ornement de tous les jardins, même les plus modestes. La fleur du dahlia dans l'état primitif était toute simple, à disque jaune et à rayons d'un rouge écarlate, sombre et velouté.

Dans la suite, la culture et les semis ont produit des variétés de couleur et de grandeur différentes et ont donné des fleurs doubles, ayant toute espèce de nuances (le bleu excepté). Toutes ces fleurs se présentent sous deux formes bien distinctes, tuyautées ou imbriquées. Dans le premier cas, les pétales sont roulés en cornets; dans le second, ils sont plats et superposés comme les tuiles d'un toit.

Les dahlias commencent à fleurir en juillet et donnent sans interruption, des fleurons jusqu'aux gelées.

Culture. — Le dahlia aime une terre ordinairement meuble et profonde, le grand air et une exposition ensoleillée. Un tuteur lui est nécessaire tant qu'il est herbacé et cassant : cette plante périt à la moindre gelée ; mais comme les tubercules prennent encore du développement, il est bon de ne pas les arracher de suite.

Multiplication, par semis en mars sur couche ou en terrines, par la division des tubercules lorsqu'ils commencent à pousser, en mars ; par boutures, lesquelles s'obtiennent en plaçant les tubercules en serre chaude et sur couche ; là, ils émettent très vite de nouvelles pousses qu'on coupe et qu'on plante dans des godets pleins de terre bien tamisée ; par greffes, qui consistent à insérer dans les aisselles des plantes, en mai-juin, des greffons.

Dahlia des jardins. — *Dahlia variabilis,* Desf.

Dahlia cocciné. — *Dahlia coccinea,* Cav.

Dahlia Decaisne. — *Dahlia Decaisneana,* Decaisne.

37 Datura. — *Datura,* Lin. (Solanées).

Datura fastueux. — *Datura fastuosa,* Lin.

Égypte, annuel, pomme épineuse, tiges blanchâtres, rameuses et charnues, hautes de 75 cent. ;

feuilles larges, glabres, aiguës; fleurs doubles, axillaires, très odorantes, en long entonnoir dressé et plissé en forme de filtre.

Terre légère, humeuse, à bonne exposition. Ornement des plates-bandes, des massifs et des corbeilles. *Multiplication*, de semis en mars-avril, en pleine terre à bonne exposition.

Datura humble. — *Datura humilis*, Desf.

Inde, annuel, vivace en serre; tige charnue, peu rameuse, dressée, haute de 50 à 60 cent.; feuilles alternes, ovales-aiguës, entières d'un vert intense; en août-septembre-octobre, fleurs d'un jaune pâle ou blanc jaunâtre. *Multiplication*, de semis, en mars, sur couche, repiqué en pots sur couche, et ensuite en place, à bonne exposition, fin mai. On peut encore laisser le plant dans des pots, qu'on rentrera en automne, en serre, et qu'on remettra en place au printemps.

Le datura jaune convient surtout à la formation des corbeilles et à l'ornementation des plates-bandes et des massifs.

Datura cornu. — *Datura ceratocaula*, Jacq.

Mexique, annuel, tiges charnues, fistuleuses, presque nues, souvent bifurquées, hautes de 50 à 70 cent.; feuilles alternes, sinueuses, velues en dessous; fleurs axillaires, dressées ou obliques, très grandes, en trompette ouverte, odorantes, s'ouvrant le soir et se fermant le matin vers neuf ou dix heures. *Multiplication*, de graines, en avril-mai, sur place en pépinière. Le datura cornu est propre à l ornement des plates-bandes, à la formation des massifs et des corbeilles, surtout dans les parties aérées et éclairées des grands jardins, et autour des habitations.

Datura métel. — *Datura metel*, Lin.

Indes orientales et Amérique mérid., annuel, vivace en serre; tiges rameuses, d'un vert cendré, à ramifications dichotomes, hautes de 75 à 90 cent.; feuilles alternes, ovales-aiguës, entières, parfois dentées, à odeur désagréable, quand on les froisse; fleurs axillaires, grandes, dressées, odorantes, en forme d'entonnoir évasé ou en trompette.

Multiplication du précédent.

38 **Diélytra**. — *Dielytra*, D. C. (Fumariacées).

Dielytra remarquable. — *Dielytra spectabilis*, D. C.

Chine, vivace, tiges herbacées, rameuses, buissonnantes, rougeâtres et glauques. atteignant de 75 cent. à 1 mèt. de haut; feuilles alternes, longuement pédonculées, deux ou trois fois divisées par trois en segments cordiformes, irréguliers; de mai en août, fleurs très élégantes, d'un rose vif, pendantes;

disposées en grappes arquées des rameaux. Terre ordinaire, meuble. — Cultivée en pots dans une serre tempérée ou sous châssis: elle fleurit en février mars et avril, et sert à l'ornementation des serres, des jardins d'hiver et des appartements.

Multiplication, d'éclats de racines ou de rameaux, par la division des touffes, en automne ou au printemps.

Dielytra brillant à belles fleurs. — *Dielytra formosa*, D. C.

Amérique septentrianale, vivace, souche traçante, feuilles toutes radicales, longuement pétiolées; hampes axillaires, hautes de 20 à 25 cent.; en mai-juillet, fleurs pendantes, d'un rose pâle, à deux éperons courbés et comprimés. — Plante très rustique, d'une longue floraison. Ornement des lieux rocailleux, des plates-bandes, des massifs, aussi bien à l'ombre qu'en plein soleil. *Multiplication*, comme le précédent.

Dielytra distingué. — *Diclytra eximia*, D. C. Amérique sept., vivace.

39 **Digitale.** — *Digitalis*, Lin. (Scrofularinées).

Digitale pourpre. — *Digitalis purpurea*, Lin. Plante dont la corolle a la forme d'un gant.

Indigène, bisannuelle ou vivace, herbacée, couverte de poils blanchâtres; tige simple, droite, peu rameuse, élevée de 1ᵐ à 1ᵐ 25 ; feuilles radicales en rosette, dressées, ovales-lancéolées ou oblongues, crénelées, dentées, alternes ; de juillet en sept., fleurs grandes, pendantes et disposées en grappe unilatérale, purpurines, ponctuées de pourpre à l'intérieur. — Pleine terre sèche, légère, graveleuse, à exposition chaude. *Multiplication*, de graines, semées aussitôt leur maturité, et par rejetons ou œilletons.

Digitale à grandes fleurs. — *Digitalis grandiflora*, Lam.

Indigène, vivace, plante un peu velue, pubescente, tige haute de 75 cent. à 1 mèt. ; feuilles alternes, lisses, ovales ou oblongues lancéolées, veinées et dentées, pointues, glabres ; de juillet en sept., fleurs jaunâtres en épi lâche, ponctuées de pourpre à l'intérieur. Même culture que la précédente.

Digitale ferrugineuse. — *Digitalis ferruginea*, Lin.

Orient, vivace, tige simple, droite, quelquefois ramifiée au sommet, haute de 1 mètre 50 à 2 mètres ; feuilles alternes, glabres, allongées, lancéolées, en rosette ; de juin en juillet, fleurs en groupe serrée, longue de 30 à 40 cent. Même culture que la première.

40 Enothère. — *Œnothera*, Lin. (Onagrariées).

Enothère à gros fruits. — *Œnothera macrocarpa*, Pursh.

Amérique sept., vivace, plante à ramifications rougeâtres, étalées; feuilles alternes, ovales-lancéolées, minces aux extrémités; de juillet en août, fleurs jaunâtres teintées de rouge, calice à tube long de 12 à 15 cent., l'épanouissement a lieu du soir au matin. Terre légère et à bonne exposition. Ornement des talus, des plates-bandes et des lieux rocailleux. *Multiplication*, d'éclats au printemps, ou de boutures en avril, mai, août et sept. Les pieds doivent être espacés de 40 à 50 cent.

Enothère à feuilles de pissenlit. — *Œnothera taraxacifolia*, Swret.

Chili, bisannuelle, tiges presque nulles, très courtes, épaisses, rougeâtres, souvent étalées, hautes de 20 à 30 cent.; feuilles alternes, en rosette, ressemblant un peu à celles du pissenlit, pétiolées; fleurs sessiles, à odeur suave, calice long de 10 à 15 cent., tubuleux, limbe à 4 divisions, corolle large de 8 à 10 cent. Ornement des corbeilles et des plates-bandes. *Multiplication*, de semis, 1° de juin en août, repiqué en pépinière, abrité des grands froids, à demeure en octobre, novembre ou en mars; fleurs de juin-sept; 2° en mars-avril sur couche, et en place en mai, fleurs en sept.-octobre.

Enothère élégante. — *Œnothera speciosa.* Nullt. Vivace.

Enothère tardive. — *Œnothera serotina.* Sweet. Vivace.

Enothère de Lamarck. — *Œnothera Marckiana.* Seer

Enothère à grandes fleurs. — *Œnothera grandiflora.* Willd.

41 **Fritillaire.** — *Fritillaria,* Lin. (Liliacées).

Fritillaire impériale. —*Fritillaria imperialis*, Lin. Couronne impériale, herbe aux sonnettes.

Perse, vivace, tige droite, charnue, haute de 60 cent. à 1^{m}20, terminée par un bouquet de feuilles, au-dessous duquel naît une couronne de fleurs imitant des clochettes à demi-ouvertes ou des fleurs de tulipes renversées ; feuilles inférieures nombreuses, ovales-aiguës, largement dilatées à la base, les supérieures plus étroites, presque verticillées, d'un vert luisant. Cette jolie plante a produit, par la culture plusieurs variétés, dont les plus remarquables sont : la rouge brique, à fleurs pleines, celle à fleurs rouges doubles, celle à feuilles panachées. Plante très ornementale dont la floraison a lieu d'avril en mai. *Multiplication*, des graines, dès qu'elles sont mûres, en terrines et en terre de bruyère; de caïeux lors de la replantation, en août.

Fritillaire de Perse. — *Fritillaria persica*, Lin.

Perse, vivace, bulbe arrondi, à tuniques serrées; tiges cylindriques, hautes de 60 à 80 cent., munies de nombreuses feuilles, glauques, sessiles, éparses, oblongues-lancéolées, contournées; cette tige est terminée par une grappe de fleurs pédicellées et penchées, campanulées, d'un violet bleuâtre, terne.

Terre franche, légère, meuble, profonde et non humide, avec couverture l'hiver. Ornement des plates-bandes et des lieux accidentés, secs et rocailleux. *Multiplication*, par la séparation des caïeux, lorsque la plante est desséchée, et les replanter aussitôt.

Fritillaire à feuilles de tulipes. — *Fritillaria tulipi folia*, Willd.

Fritillaire Damier méléagre. — *Fritillaria meleagris*, Lin.

42 **Gentiane.** — *Gentiana*, Tourn. (Gentianées).

Gentiane à fleurs jaunes. — *Gentiana lutea*, Lin.

Indigène, vivace, racine volumineuse, fusiforme et rameuse, tige robuste, haute de 1^m à 1^{m}50; feuilles opposées, ovales, larges, à 5-7 nervures convergentes; en juin-juillet, fleurs pédonculées, jaunes, grandes, disposées en faisceaux à l'aisselle des feuilles, au sommet de la tige, corolle divisée en 7-8 parties allongées. Ornement des plates-bandes des jardins paysagers. Terrain argilo-calcaire, ou argilo-sableux, meuble, profond, très sain, exposition à demi ombragée. *Multiplication*, de semis d'avril en juin, en pots, ou de préférence sur les pelouses. Germination lente, n'ayant lieu le plus souvent que l'année suivante et quelquefois la deuxième année. Elle ne fleurit qu'à la 4me ou 5me année. On peut aussi la multiplier par éclats des pieds faits avec précaution au printemps.

Gentiane acaule. — *Gentiana acaulis*, Lin.
Indigène, vivace, plante gazonnante, tige très rameuse couronnée par des rosettes de feuilles, opposées, d'un vert foncé, ovales-lancéolées, plus ou moins aiguës et coriaces, au centre desquelles s'élève une hampe haute de 4 à 6 cent. munies de petites feuilles opposées; en mai-juin, fleurs solitaires, bleues, grandes, corolle dressée en forme d'entonnoir, longue de 5 à 6 cent. sur 3 à 4 de diamètre. Terre calcaire mélangée de terre de bruyère, tourbeuse, ou dans une terre franche sableuse. Ornement des bordures, des rocailles, des rochers, des corbeilles, à demi-ombre, et dans les lieux élevés. *Multiplication*, le plus souvent par la séparation des touffes, à la fin de l'été ou bien au printemps; par semis de mars-avril en juin, en terre de bruyère, en pots à fond drainé, à l'ombre,

mais il ne réussit pas toujours, la germination étant très lente.

Gentiane à port d'asclépiade. — *Gentiana asclepiadea*, Lin.

Indigène, vivace, haute de 30 à 40 cent., feuilles ovales-lancéolées, dressées, opposées, presque sessiles; en juillet-août, fleurs bleues, tubuleuses, campanulées, sessiles. Culture de la précédente.

43 Geranium. — *Geranium*, L'Hérit. (Géraniacées).

Jolie plante pour l'ornementation des plates-bandes, des corbeilles, des massifs et des lieux rocailleux, à fleurs régulières, munies de 10 étamines, toutes pourvues de leur anthère. Tous les géraniums sont vivaces pourvu qu'on les abrite l'hiver, soit dans la serre, soit dans tout autre abri où les gelées ne puissent leur nuire. *Multiplication*, d'éclats à l'automne, au printemps, et de semis lorsqu'on veut avoir de nouvelles variétés.

Geranium sanguin. — *Geranium sanguineum*, Lin.

Indigène, vivace, tiges poilues, rameuses, diffuses, hautes de 30 à 40 cent.; feuilles opposées, presque palmatiséquées, à 5-7 lobes, trifides, pédonculés, penchés, puis dressés, longs de 4 à 15 cent.; munis à leur sommet de deux bractées; de mai à la fin de juin, fleurs nombreuses, d'un pourpre violacé. Cette espèce redonne parfois une seconde floraison à la fin de l'été. Pleine terre.

franche, légère, arrosements modérés. *Multiplication,* de graines et d'éclats.

Géranium à grosses racines. — *Geranium macrorhizum,* Lin.

Italie, vivace, plante glabre, d'un vert gai, racine charnue, très épaisse, allongée ; tiges sous-ligneuses à la base, dressées, bifurquées au sommet, hautes de 30 à 40 cent. ; feuilles alternes, opposées, à 5 ou 7 lobes, dentées au sommet, glabres, tachées de rougeâtre ; de mai en juillet, fleurs pourpres, penchées, en cyme, petites, un peu pédicellées sur de longs pédicelles, calice d'un beau rose pourpre. En terre saine, on ne rajeunit les pieds que tous les 4 ou 5 ans.

Culture du précédent.

Géranium des prés. — *Geranium pratense,* Lin.

Indigène, vivace, plante couverte de poils blanchâtres ; tiges dressées, rameuses, noueuses, hautes de 50 à 60 cent. ; feuilles palmatiséquées, à 5 ou 7 parties, incisées-dentées ; en mai-juillet, fleurs d'un bleu pâle lavé de violet, simples ou doubles, disposées en panicules corymbiformes.

Pleine terre ordinaire. Culture du Sanguineum.

Tous les géraniums vivaces sont de belles et bonnes plantes, rustiques et faciles à cultiver, mais pour bien les apprécier, il faut laisser les touffes en place 4 ou 5 ans sans les diviser,

Géranium à larges pétales. — *Geranium platypetatum*, Fisch et Mey.

Géranium tubéreux. — *Geranium tuberosum*, Lin.

Géranium à feuilles d'anémone. — *Geranium anemonœfolium*, L'Hérit.

44 Giroflée. — *Cheiranthus*. Lin. (Crucifères).

Giroflée jaune, ravenelle. — *Cheiranthus cheiri*, Lin.

Indigène, bisannuelle, tiges raides, suffrutescentes, ramifiées dès la base, hautes de 40 à 60 cent. feuilles éparses, ovales-oblongues ou linéaires, lancéolées: de mars en mai, fleurs odorantes, nombreuses, réunies au sommet des rameaux et formant des grappes, plus ou moins serrées ou lâches, suivant les variétés.

La couleur des fleurs de cette plante varie du jaune au purpurin. *Multiplication*, de graines, de mai en juin et juillet, on repique le jeune plant en pépinière, où il reste jusqu'en automne. A cette époque, on le met en place, à 40 ou 50 cent., ou en pots, qu'on hiverne sous châssis, si on ne veut le transplanter qu'en février-mars.

Les premières fleurs apparaissent dès mars-avril et successivement jusqu'en mai. La variété jaune brune hâtive, fleurit souvent dès l'automne et pendant tout l'hiver, lorsqu'il ne fait pas froid, ou bien lorsqu'elle est abritée,

Giroflée jaune à rameaux d'or ou bâton d'or, à fleurs pleines, qui ne se propage qu'au moyen du bouturage, et plus habituellement en pots, en terre ordinaire, bien drainée; elle est presque ligneuse et arborescente, très rustique, forme de gros buissons, peut vivre plusieurs années. On la multiplie de boutures.

Giroflée annuelle ou quarantaine. — *Cheiranthus annuus*, Lin.

Indigène, annuelle, tige simple ou peu rameuse, presque ligneuse à la base, ferme, haute de 30 cent. environ; feuilles alternes, lancéolées, un peu dentées, obtuses, d'un vert blanchâtre, veloutées; de juin en novembre, rameaux de fleurs assez allongés, disposés en pyramide, en candélabre, odorantes, de couleurs variées : blanche, rose, lilas, rouge, brune, violette, couleur de chair, selon la variété. Pleine terre, arrosements soutenus. *Multiplication*, de graines, en février-mars, sur couche, lorsque le plant est assez fort, on le repique, à bonne exposition, pour l'enlever et le mettre à demeure avec la motte, lorsque les fleurs commencent à marquer. Si on veut en avoir en mars avril, on sème en septembre et octobre, sous châssis ou dans l'orangerie où le plant passe l'hiver, en lui donnant le plus d'air possible, toutes les fois que le temps le permet.

La giroflée annuelle a produit un grand nombre

de variétés distinctes par quelques traits communs.

1° Giroflée quarantaine ordinaire ou anglaise;

2° Giroflée quarantaine anglaise à grandes fleurs;

3° Giroflée quarantaine demi-anglaise ou à rameaux;

4° Giroflée quarantaine cocardeau annuelle ou bisannuelle;

5° Giroflée empereur perpétuelle, bisannuelle;

6° Giroflée quarantaine d'Erfurt;

7° Giroflée quarantaine naine à bouquets.

45 Glaïeul. — *Gladiolus*, Tourn. (Iridées).

Glaïeul commun. — *Gladiolus communis*. Lin.

Indigène, vivace, racine bulbeuse, tige élevée de 50 à 80 cent.; feuilles distiques, ensiformes-lancéolées, aiguës, chevauchantes, à nervures saillantes; en mai-juin, épi unilatéral de fleurs rouges ou blanches, carnées ou roses, suivant la variété, placées à l'aisselle des bractées et groupées au nombre de 5 à 12. Pleine terre, meuble et bien exposée. *Multiplication*, par la division des caïeux de préférence à l'automne.

Glaïeul cardinal. — *Gladiolus cardinalis*, Curt. Bot. Mag.

Du Cap, vivace, bulbeux, tige atteignant 80 cent. environ, recouverte, ainsi que les feuilles d'une espèce de poussière glaucescente; feuilles ensiformes-lancéolées, un peu épaisses sur les bords, beaucoup plus courte que la tige; en juin-juillet, fleurs disposées en épi, parfois rameux à la base, d'un écarlate vif, marquées d'une tache blanche se prolongeant en stries. Cette espèce, une des plus belles que l'on connaisse, a produit un grand nombre de variétés à coloris divers. Elle est délicate, on doit la planter en septembre-octobre, l'hiverner sous châssis, ou si elle est en pleine terre, à l'approche des gelées, la recouvrir de 15 à 20 cent. de terre. Après la floraison, elle doit être préservée de l'excès d'humidité. *Multiplication*, par caïeux.

Glaïeul, rameux. — *Gladiolus ramosus*, Schneevoh.

Cap, vivace, tige ordinairement grêle, fluxueuse, parfois genouillée, haute de 70 à 80 cent.; feuilles gladiées, nervées, marginées; en juin-juillet, fleurs grandes, roses, belles et disposées sur deux rangs, en épis un peu arqués. Cette variété a produit plusieurs autres variétés intermédiaires entre le blanc et le rouge carmin. Le glaïeul rameux ne donne généralement pas beaucoup de bulbilles, ce qui est un obstacle à sa grande multiplication.

Culture. — Lever en novembre les oignons et les conserver à l'abri de la gelée, pour les replanter en mars-avril à 20 ou 25 cent. en tous sens et les recouvrir de 6 à 8 cent. suivant la nature du terrain,

Pour les garantir du froid, auquel ils sont très sensibles, on les couvre avec des feuilles sèches ou de litière, qu'on enlève dès que les gelées sont passées.

Glaïeul floribond. — *Gladiolus floribundus*, Jacq.
Cap, vivace, bulbeux, tige haute d'un mèt. environ, fleurs grandes, nombreuses, mélangées de pourpre et de blanc, en longue grappe simple ou rameuse, floraison de juillet-sept.

Glaïeul perroquet. — *Gladiolus psittacimus*, Hook.
Cap, vivace, bulbe volumineux, tige s'élevant à 1 mèt., munie de feuilles distiques en forme de glaive et terminée par un bel épi de grandes fleurs d'un jaune très pâle ou verdâtre. Cette espèce est une des plus belles et des plus rustiques.

Glaïeul de Gand. — *Gladiolus gandavensis*, Hort.
Glaïeul d'Orient. — *Gladiolus byzantinus*, Mill.

46 **Godétie.** — *Godetia*, Spach. (Onagrariées).
Dédié à M. Godet, jeune naturaliste français.

Godetie de Lindley. — *Godetia lindleyana*, Spach.
Californie, annuel, tiges rameuses, diffuses, grêles, s'élevant de 20 à 40 cent.; feuilles alternes, linéaires-lancéolées, aiguës, glabres; de juin en août, fleurs grandes, rose panachée de blanc, pourpres à la base, disposées en grappe spiciforme. Ornement des corbeilles, des bordures, des plates-

bandes. *Multiplication*, de semis, à la fin de sept. en pépinière, repiqué également en pépinière au midi, puis levé en motte et mis en place en mars-avril. On le repique encore depuis la fin de mars jusqu'en mai, en place.

Le Godetia Lindleyana a produit une variété naine appelée Godetie Tom-Pouce. Cette plante est très ramifiée ; les ramifications sont terminées par des bouquets de fleurs moyennes, de couleur lilas.

Godetie rubiconde. — *Godetia rubicunda*, Lind.

Californie, annuel, tiges rameuses, diffuses, dressées, s'élevant de 50 à 70 cent.; feuilles alternes, lancéolées-aiguës, dentées ou entières; en juin-juillet, fleurs axillaires, grandes, rouge vin, disposées en épis feuillés longs de 15 à 25 cent. pédoncules longs de 1 à 2 cent.

Culture et Multiplication de la précédente.

Godetie de Romanzow. — *Godetia Romanzowii*, Spach.

Améri.-sept., annuel, plante un peu soyeuse, glaucescente, tiges rameuses, décombantes; s'élevant de 20 à 30 cent.; feuilles alternes, lancéolées-oblongues, atténuées à la base en pétiole; en juin juillet, fleurs nombreuses, d'un violet pâle, disposées en grappes assez serrées, calice à tube court, pétales larges, ovales, crénelés.

Ornement des bordures, des corbeilles et des

plates-bandes. *Multiplication*, de graines, en septembre en pépinière, le jeune plant repiqué en pépinière, à bonne exposition, puis en place, fin mars et commencement d'avril.

On peut semer aussi en avril-mai, sur place, les fleurs succèdent à celles du semis d'automne.

47 Gouet. — *Arum*, Lin. (Aroïdées).

Gouet serpentaire. — *Arum Dracunculus*, Lin.

Europe mérid., vivace, souche tubéreuse, noirâtre; tiges marbrées, ainsi que les pétioles des feuilles engainantes, s'élevant à 1 mèt. environ; feuilles pennatifides, à 5 divisions chez les sujets adultes: en juin juillet, du sommet de la tige sort une fleur très originalement conformée : c'est une grande spathe, atteignant jusqu'à 5 décimèt. de longueur, et parfois plus chez certains sujets vigoureux.

Cette plante préfère les lieux ombragés, quoiqu'elle réussisse assez bien aux expositions aérées et même en plein soleil. Elle aime un sol léger, un peu humide et profond. *Multiplication*, par la séparation des souches, ou de semis en pots ou en terrines d'avril en juillet. Malgré l'odeur désagréable de la fleur, cette plante n'en est pas moins cultivée comme ornement, son port et son feuillage sont d'un très bel effet pour la décoration des pelouses et des jardins paysagers.

Gouet d'Italie. — *Arum Italicum*, Mill.

Indigène, vivace, rhizome formant un gros tubercule; feuilles en cœur, vernissées, veinées et maculées de blanc, longuement pétiolées, paraissant avant l'hiver, en avril-mai, spathe blanc verdâtre, en juillet, maturité des baies rouges réunies en épi serré. Plante rustique, de pleine terre, venant très bien au pied d'un mur ou le long d'un massif. *Multiplication*, par la séparation des souches, pendant le repos de la végétation, en août.

Gouet chevelu. — *Arum muscivorum*, Lin. fils.

Europe mérid., vivace, souche aplatie, noirâtre, assez grosse; feuilles pédatifides, à 5 ou 7 segments, les latéraux lancéolés, le médians, plus large, entier ou anguleux; en mai-juin, spathe étalée, d'un rouge vineux ou sang caillé, livide, ventrue à la base, longue de 22 à 25 cent. Même culture que la précédente.

48 Gourde. — *Lagenaria*, Seringe (Cucurbitacées). Du grec lagénos, bouteille ; de la forme du fruit.

Gourde calebasse. — *Lagenaria vulgaris*, Ser.

Indes, annuelle, plante mollement pubescente; tiges grimpantes, s'élevant au moyen de vrilles rameuses à plus de 4 mèt.; feuilles alternes, cordiformes, entières, poilues, pétiolées; en juin-juillet-sept., fleurs blanches pédonculées, axillaires, solitaires ou fasciculées, auxquelles succèdent des fruits de formes variables selon les variétés.

VARIÉTÉS : GOURDE BOUTEILLE, fruit à cou allongé en forme de cou de bouteille; GOURDE TROMPETTE OU MASSUE, fruit très allongé, de 60 cent. de longueur, en forme de massue; GOURDE PÈLERINE GROSSE OU TRÈS GROSSE; le fruit de cette variété est fréquemment employé en guise de bouteille : de là le nom de gourde pèlerine; GOURDE POIRE A POUDRE, fruit de grosseur moyenne ou même petit, allongé, un peu en massue, à col ordinairement court, droit ou recourbé; GOURDE SIPHON OU COU-GOURDE CALEBASSE, fruit gros inférieurement ventru, globuleux ou ovoïde, terminé par un col ou goulot très allongé, droit ou recourbé; GOURDE PLATE DE CORCE, fruit présentant un renflement élargi, déprimé, aplati, parfois un peu allongé en poire vers le pédoncule, qui est assez long. Il en existe deux variétés : l'une à gros fruit, employée fréquemment comme gourde de voyage l'autre à petit fruit, qui est très jolie, avec laquelle, on confectionne des tabatières, des boîtes, etc.

49 Gynerium — *Gynerium*, H. et Bonpl. (Graminées).

Gynerium argenté.— *Gynerium argenteum*, Nées.

Paraguay, vivace, plante dioïque, formant des touffes volumineuses de feuilles rudes, très allongées, bordées de dentelures très fines et piquantes, d'un vert glauque. Ces feuilles s'élèvent à 1 mèt. environ, puis retombent gracieusement jusqu'à terre ; du milieu desquelles partent des hampes nues, de 2 à 3 mèt. de hauteur, terminées par une immense panicule soyeuse de fleurs unisexuées. Dans les individus mâles, les fleurs sont plus étroites et de moindre durée ; les fleurs des individus femelles sont pyramidales, vastes et ordinairement blanches, l'enveloppe intérieure est poilue, laineuse ; en sept.-octobre, ses magnifiques panaches se développent et se maintiennent parfois jusqu'en décembre. Cette plante aime les terres sèches, sablonneuses et arides, quoiqu'elle croisse vigoureusement en terre profonde et saine.

Multiplication, d'éclats au printemps, ou en automne, en mettant chaque éclat séparément dans des godets, que l'on place sur couche pendant quelque temps et que l'on hiverne sous châssis. Pendant les hivers rigoureux, on entoure les touffes de gynérium avec de la litière ou avec des feuilles sèches, sans couper les feuilles, comme on est malheureusement porté à le faire avant de les couvrir. Cette plante se multiplie aussi par semis, en février-mars, sur couche ; qu'on repique sur couche et qu'on met en place fin mai ; on peut également semer en avril-mai-juin et juillet, à une température douce, soit en pépinière, soit en terrines ou en pots, en terre de bruyère finement tamisée ; dès que les plants auront développé quelques feuilles, ils seront repiqués en pots ou en terrines, que l'on hivernera sous châssis à froid ou en orangerie, et on les livrera à la pleine terre en avril-mai.

Cette belle graminée, tout récemment apportée en Europe, a attiré l'attention à cause de l'effet remarquable qu'elle produit, surtout lorsqu'elle est placée en touffes, au milieu d'une pelouse.

50 Hoteia. — *Hoteia*, Desne (Saxifragées).

Hoteia du Japon. — *Hoteia Japonica*, Desne.
Etats-Unis, vivace, plante herbacée, touffue, tiges rameuses, anguleuses, couvertes de poils à leur base ; feuilles radicales, nombreuses, tripennatiséquées, à pétioles colorés et poilus aux nœuds ; à folioles hispides sur les nervures, dentées et ciliées, la terminale ovale, atténuée à la base et au sommet ; de mai en août, suivant le climat, la température et l'exposition, fleurs nombreuses, disposées en grappes paniculées, argentées, très jolies. — Plein air, terre de bruyère ou terre meuble et un peu fraîche ; exposition ombragée. Très jolie plante d'ornement pour les massifs, les rocailles et la

garniture des jardinières de salon, lorsqu'elle est cultivée en pots, où elle réussit parfaitement bien. On peut facilement la forcer, et l'avoir en fleur dès mars et avril.

Le défaut de l'hoteia est d'être sensible aux gelées, aux grands courants d'air et aux coups de soleil. *Multiplication*, au printemps et à l'automne, par séparation des touffes.

51 Héliotrope. — *Heliotropium*, Lin. (Borraginées).

Héliotrope du Pérou. — *Heliotropium Peruvianum*, Lin.

Pérou, annuelle, vivace en serre, racines fibreuses; tiges suffrutescentes, rameuses, hérissées, touffues; feuilles ovales-lancéolées, atténuées en pétiole, persistantes, alternes, ciliées, velues pubescentes; fleurs en corymbe, d'un bleu vineux, petites, à odeur de vanille, calice verdâtre, hispide; corolle double du calice. *Multiplication*, par graines ou par boutures.

Par graines, au printemps, sur couche tiède, pour avoir des fleurs en août et jusqu'aux gelées; par boutures, au mois d'août-septembre, et rempotées un mois après dans moitié terre ordinaire et moitié terreau. Les héliotropes se conservent l'hiver dans une serre tempérée, l'orangerie ou sur une couche sèche. Ces plantes craignent beaucoup l'humidité, les arroser modérément pendant l'été et rarement pendant l'hiver. On les cultive pour l'ornementation des massifs, des plates-bandes, des corbeilles. On les met en place vers le commencement de mai, comme les géraniums.

On cultive plusieurs variétés d'héliotropes, et entre autres :

L'héliotrope à grandes fleurs; *heliotropium grandiflorum*, Desf; l'héliotrope de Voltaire, *heliotropium Voltairianum*, Hort. généralement très cultivée.

Celles que l'on cultive pour orner les serres ou les appartements, on peut leur donner différentes formes : telles que pyramides, gobelets, etc; elles font un très joli effet, et leurs fleurs ont une odeur et une couleur plus prononcées que celles que l'on met en plein air.

Ces plantes aiment la lumière, mais non le grand soleil.

52 Hellébore. — *Helleborus*, Lin. (Renonculacés).

Hellébore rose d'hiver, de Noël. — *Helleborus niger*, Lin.

Indigène, vivace, herbacée, à souche fibreuse et noirâtre; feuilles radicales, persistantes, ayant un long pétiole, palmatiséquées à 7 ou 9 segments en coin à la base, dentées et lancéolées supérieurement; tige ou hampe munie supérieurement de 3 ou 6 bractées entières ou dentées, portant de 1 à 3 fleurs panachées, grandes, d'un blanc rose en décembre-février. Calice pétaloïde à 5 pétales très grands. Corolle à pétales en cornets plus courts que les étamines, verts et jaunes au sommet.

Etamines très nombreuses, jaunes. Ovaires de 5 à 10, à plusieurs graines. *Multiplication*, par graines, semées après la maturité, les plants ne fleurissent qu'au bout de trois ans, par séparation des touffes ou par éclats de pied, à l'automne ou au printemps. Bonne terre franche et un peu à l'ombre.

Cette plante fleurit même sous la neige.

On en fait des bouquets, elle orne agréablement les parterres. Cultivée en pots, elle produit un bel effet dans les appartements, balcons, fenêtres, orangeries et serres froides.

53 Hysope. — *Hyssopus*, Lin. (Labiées).

Hysope officinale. *Hyssopus officinalis*, Lin.

France mérid., vivace, suffrutescente, plante aromatique connue de Salomon; tiges effilées, s'élevant à 30 ou 40 cent. environ, rameuses; feuilles alternes, sessiles, oblongues-linéaires, petites, ponctuées-glanduleuses; de juin-septembre, fleurs pourpre bleuâtre, groupées en glomérules rapprochés formant un épi terminal. Cette plante est communément cultivée dans les jardins pour faire des bordures, elle veut une terre légère et chaude. *Multiplication*, par la séparation des touffes ou par graines, semées au printemps. Par l'odeur très agréable qu'elle répand, l'hysope attire les abeilles qui font ample provision d'un miel très délicat. Cette plante est, en outre, employée en médecine comme tonique.

54 Immortelle Hélichryse. — *Helichrysum.* D. C. (Composées).

Immortelle à bractées. — *Helichrysum bracteatum*, Willd.

Nouvelle Hollande, annuelle, bisannuelle, herbacée; racines fibreuses; tiges rameuses, dressées, un peu rudes au toucher, s'élevant de 60 à 90 cent., feuilles alternes, sinuées, oblongues-lancéolées, atténuées en pétiole, quelquefois dentées, faiblement hérissées de poils courts; en juillet-octobre, capitules terminaux accompagnés de 2 ou 3 petites feuilles linéaires; involucre à écailles rayonnantes, glabres, d'un beau jaune doré ou d'un blanc d'argent. Ornement des plates-bandes, des massifs et des bordures. *Multiplication*, cette espèce est annuelle et se multiplie de graines, au printemps, sur couche tiède; on repique le plant très jeune sur un terrain léger et bien amendé ; les arrosements doivent être copieux pendant l'été.

L'Immortelle à bractées a produit plusieurs jolies variétés, qui se reproduisent assez franchement par le semis :

VARIÉTÉ blanche, HELICHRYSEUM BRACTEATUM ALBUM, HORT.

VARIÉTÉ A BRACTÉES INCURVÉES. — HELICHRYSEUM BRACTEATUM INCURVUM, HORT.

VARIÉTÉ NAINE JAUNE. — HELICHRYSEUM BRACTEATUM NANUM LUTEUM, HORT.

VARIÉTÉ MONSTRUEUSE A FLEURS POURPRE FONCÉ. — H. BRACTEATUM MONSTRUOSUM, HORT.

VARIÉTÉ NAINE BLANCHE. — H. BRACTEATUM NANUM ALBUM, HORT.

VARIÉTÉ A GRANDES FLEURS. — H. MACRANTHUM, BENTH.

Cette dernière est originaire de la Nouvelle-Hollande, annuelle ou bisannuelle, trapue, très ramifiée, à tiges ascendantes ou dressées, un peu rudes au toucher, terminées par un seul capitule ; feuilles oblongues-lancéolées, ou les inférieures spatulées, obtuses, entières, rétrécies à la base en pétiole dilaté et amplexicaule, d'un beau vert sur les deux faces ; en juin-octobre.

Fleurs ou capitules très grands, blancs ou un

peu rosés en dehors, involucre à écailles intérieures rayonnantes, largement ovales, obtuses, mucronées, réceptacle nu, aigrettes rudes. Culture et multiplication de la première.

55 Immortelle xéranthème. — *Xeranthemum*, Tourn. (Composées).

Midi de l'Europe, annuelle, velue, laineuse, blanchâtre, tige rameuse dès la base, à rameaux grêles et nus supérieurement et ascendants, hauts de 50 à 60 cent.; feuilles alternes, cotonneuses, sessiles, entières, lancéolées, dressées; en juillet-août, fleurs à capitules solitaires au sommet des rameaux et portés sur de longs pédoncules en forme de fil et nus; involucre formé d'un grand nombre d'écailles scarieuses imbriquées; les inférieures, ovales-aiguës, à nervures un peu rousses, d'un blanc satiné; les supérieures rayonnantes, blanchâtres, mucronées, oblongues-lancéolées; le centre est occupé par des fleurons tubuleux, très petits, blancs et entremêlés d'écailles étroites, qui les cachent en partie; fruit en forme de coin, grisâtre, surmonté de 5 dents scarieuses aiguës.

Un des caractères qui distinguent cette plante, de l'helichrysum, c'est qu'elle a le réceptacle garni de paillettes. *Multiplication* par graines, au printemps ou à l'automne, à bonne exposition, et pendant l'hiver garantir le plant des fortes gelées avec de la litière ou des paillassons ; puis le mettre en place avec la motte. Cette plante est cultivée pour l'ornementation des corbeilles, des massifs, des bordures, des plates-bandes, et pour faire des bouquets, des bouquets funéraires surtout.

56 Iris. — *Iris*, Lin. (Famille des Iridées).

Plante herbacée à bulbe vivace, solide, ou à rhizome souterrain, généralement rampant, à feuilles ensiformes le plus souvent, longues ; à tige fréquemment comprimée, rameuse ; à fleurs grandes, de couleurs très diverses, à 3 divisions externes, étalées, et à 3 internes dressées d'une autre forme ; périanthe à tube court, à limbe partagé en 6 segments, dont les extérieurs (sépales) sont ordinairement barbus et retombants ; tandis que les intérieurs (pétales) sont d'ordinaire dressés, de configuration différente, quelquefois plus petits ou même très petits ; 3 étamines insérées à la base des 3 sépales, style de longueur variable, dilaté supérieurement en 3 longues lames pétaloïdes, nommées vulgairement stigmates.

La plupart des iris supportent bien nos hivers.

Exposition à mi-ombre, dans un terrain fort et frais. — Les Iris se divisent généralement en deux sections :

Iris barbus et iris imberbes.

1re SECTION, IRIS A FLEURS BARBUES

Iris germanique. — *Iris germanica*, Lin. Grande flamme.

Glaïeul bleu, iris d'Allemagne, iris des jardins.

Europe mérid., vivace, rhizome rampant, charnu et noueux; tige presque cylindrique, grêle, glauque, haute de 60 à 80 cent.; feuilles arquées, d'un vert glauque, moins longue que la tige ; fleurs d'un beau violet foncé, à barbe jaune, grandes et odorantes, d'une conformation toute particulière : d'un ovaire sessile surmonté d'un tube de 4 à 6 cent. de long, se dilatant à sa partie supérieure et portant 6 divisions, 3 externes et 3 internes. Fleurit au mois de mai et juin.

Cette variété, beaucoup cultivée, a donné différentes variétés dont les plus remarquables sont celles dites à fleurs bleues, à fleurs blanches.

Peu de plantes sont aussi rustiques que l'iris germanique et aussi précieuse que lui pour soutenir les terres, décorer les rochers, les glacis, les pilastres, les toitures de chaume, et les parties sèches et arides des jardins. *Multiplication,* par la division des rhizomes, dont on espace les pieds de 25 à 40 cent., suivant les variétés, d'août en septembre ou bien au printemps, tous les trois ou quatre ans. Toute terre de jardin et presque toutes les expositions conviennent aux iris, quoiqu'ils préfèrent en

30.

général, les terrains argilo-calcaires et les expositions aérées.

Iris de Florence. — *Iris Florentina,* Lin.

Europe mérid., vivace, port du précédent : fleurs blanches, à odeur suave. Plante un peu délicate sous le climat de Paris, où il est nécessaire de la garantir contre les grands froids. Fleurit en juin-juillet. *Multiplication,* par la division des rhizomes en août-sept., ou au printemps, tous les trois ou quatre ans. Réussit bien dans les sols secs et arides.

Iris nain. — *Iris pumila,* Lin. Petite Flamme.

Europe mérid., vivace, plante haute de 10 à 15 cent.; feuilles étroites et gladiées; tiges de 8 à 12 cent., terminées par une ou deux fleurs d'un violet foncé, en avril-mai. Variétés à fleurs bleu-céleste, variété à fleurs blanchâtres, variété à fleurs jaunâtres. — On l'emploie communément pour l'ornementation des toits de chaume, des rocailles, des talus, des glacis et autres lieux arides.

Multiplication du précédent.

Iris suse. — *Iris susiana,* Lin. Iris crapaud, iris tigré.

Iris frangé. — *Iris Fimbriata,* Tent.

Iris à tiges nues. — *Iris nudicaulis,* Lamk.

Iris fauve. — *Iris fulva,* Ker.

IRIS BULBEUX, FLEURS IMBERBES

Iris de Perse. — *Iris persica*, Lin.

De Perse, vivace, petite plante à racine bulbeuse, à tube allongé, lavé de bleu sur un fond blanc; feuilles longuement linéaires-lancéolées, d'un vert glauque, tardives, ne se développant qu'après les fleurs; fleurs solitaires, odorantes, se développant avant les feuilles à quelques centimètres au-dessus de terre. Floraison, ordinairement en février-mars. Plante un peu délicate pour la culture en pleine terre, sous le climat de Paris, où il conviendra de l'élever en pots sous châssis, en serre ou dans les appartements.

Multiplication par les bulbes à l'automne.

Iris Xiphion. — *Iris Xiphium*, Lin.

Iris d'Espagne. — *Iris Hiscanica*, Hort.

Europe mérid., bulbe ovoïde, jaune ou brun, tige haute de 50 à 60 cent., grêle, un peu flexueuse; feuilles dépassant la tige, linéaires-lancéolées, striées, subulées à l'extrémité; fleurs au nombre de 2 ou 3 s'épanouissant successivement, tube en entonnoir, court, à divisions égales, les externes violet maculé de jaune, avec une ligne sur le milieu un peu jaunâtre, les 3 internes violettes, en mai-juin. *Multiplication*, facile par la séparation des çaïeux, au moment de l'arrachage des bulbes que l'on doit relever tous les deux ou trois ans en changeant la terre. On peut aussi multiplier cet iris par semis fait du printemps à juillet, en terrines et en terre sablonneuse, puis repiqué à bonne exposition, et relevé et replanté ensuite définitivement en place comme les bulbes adultes.

Iris magnifique. — *Iris spectabilis*, Spach.

Origine inconnue, vivace, feuilles comme la précédente : fleurs grandes, tube jaunâtre, sépales longs de 5 à 7 cent., à onglet large, ondulé, violet-brunâtre, veiné de pourpre-noirâtre.

Fleurit en juin, curieuse par ses coloris.

Multiplication par la séparation des caïeux, de septembre à décembre.

57 Jacinthe. — *Hyacinthus*, Tourn. (Liliacées).

Plantes bulbeuses à fleurs renversées, disposées en grappes sur une hampe tendre et succulente, périanthe tubuleux.

Jacinthe d'Orient. — *Hyacinthus horientalis*, Lin.

Orient, vivace, bulbe arrondi, de grosseur moyenne, hampe dressée, rigide, de 20 à 30 cent., portant des fleurs odorantes, simples ou doubles, bleues, de toutes les nuances, rose, rouge, jaune vif, etc. L'introduction de cette plante remonte, dit-on, à la fin du seizième siècle. — Les soins et les semis sans cesse réitérés ont donné des variétés innombrables, admirables par le volume ou par le coloris des fleurons. La Jacinthe, par la beauté de son inflorescence, la suavité de son parfum, la précocité de sa floraison, a pris dans la culture florale une des premières places. — Dans le commerce, on distingue deux catégories de variétés : les jacinthes de Hollande et les jacinthes de Paris.

Les premières l'emportent de beaucoup sur les dernières pour la grosseur et la beauté des fleurs, ainsi que pour la vivacité et la pureté de leurs couleurs ; seulement, elles sont extrêmement promptes à dégénérer hors de leur pays de production. Les dernières ont l'avantage d'être moins délicates et supportent parfaitement la culture en pleine terre.

La culture des jacinthes se divise naturellement en deux sortes :

La culture en pleine terre, à l'air libre, et la culture forcée en serre ou dans les appartements.

Le semis des graines de jacinthe se fait en septembre, en terre légère et bien meuble, et ces graines ne lèvent d'ordinaire qu'au printemps.

Ce n'est que lorsqu'on cherche à obtenir de nouvelles variétés, qu'on emploie le procédé du semis, car la plus grande partie des plantes venues de semis ne produisent que des fleurs insignifiantes ou médiocres.

La plantation des oignons, se fait en sept.-octobre, dans une terre légère, sablonneuse autant que possible, bien ameublée par des labours et fumée à l'avance avec du fumier bien consommé. Les oignons doivent être plantés en quinconce à 15 cent. de distance, dans une petite fosse profonde d'environ 15 à 18 cent., que l'on creuse avec la main.

58 Joubarbe. — *Sempervivum*, Lin. (Crassulacées). Allusion à la rusticité de quelques-unes de ces plantes qui vivent même hors de terre.

Joubarbe des toits. — *Sempervivum tectorum*, Lin. Artichaut bâtard, artichaut sauvage, indigène, vivace, feuilles charnues, planes, oblongues-obovées, aiguës, ciliées, imbriquées, en rosettes, nombreuses et serrées; tiges élevées de 25 à 30 cent., droites accompagnées de feuilles alternes, éparses, sessiles; de juin en juillet, fleurs grandes, nombreuses, d'un blanc rose ou d'une teinte purpurine, plus ou moins foncée — Pleine terre rocailleuse et sèche ou sur un vieux mur, ou sur le toit d'une chaumière. *Multiplication*, par la séparation de ses rosettes au printemps.

Joubarbe poilue. — *Sempervivum poliferum*, Jord. Indigène, Alpes, vivace, rosettes petites; feuilles dressées, glabres, étroites, oblongues-ovales, aiguës, à peine ciliées aux bords, pourvues au sommet d'un petit faisceau de poils blancs; fleurs rose vif, étoilées, en cymes paniculées; tige s'élevant de 10 à 15 cent.

Joubarbe à grandes fleurs. — *Sempervivum grandiflorum*, Haw.

Europe, vivace, rosettes grandes, larges, formées de feuilles lisses des deux côtés; feuilles obovées ciliées; fleurs étoilées, larges, d'un jaune pâle, en cymes étalées; tiges de 15 à 20 cent. de hauteur.

Joubarbe des montagnes. — *Sempervivum montanum*. Lin.

Alpes, Pyrénées, vivace, rosettes moyennes, lâches; feuilles glanduleuses, oblongues cunéiformes, presque obtuses, un peu ciliées; fleurs étoilées, en grappes, corymbiformes, d'un rose vif, tige s'élevant de 8 à 12 cent.

Joubarbe hérissée. — *Sempervivum hirtum*, Lin.

Joubarbe des lieux calcaires. — *Sempervivum calcareum*, Jord.

Joubarbe de Russie. — *Sempervivum Ruthenicum*. Lehm et Sch.

Les joubarbes se multiplient facilement par la séparation des rosettes, sortes de bulbilles ou œilletons qu'elles produisent souvent en grand nombre, soit à la base des feuilles inférieures, soit au bout des coulants dont elles sont pourvues.

On peut aussi les semer, mais ce procédé s'emploie rarement à cause de sa lenteur à produire ; néanmoins si l'on veut en semer, il convient de le faire d'avril en juin, en pots ou en terrines, et dès que les jeunes plants sont assez développés, on les repique en pots drainés, en terre sablonneuse, et on les met en place au printemps suivant.

59 Julienne. — *Hesperis*, Lin. (Crucifères).

Allusion à l'odeur pénétrante que la plante exhale le soir.

Julienne des jardins à fleurs simples. — *H. Matronalis*, Lin.

Indigène, vivace, plante pubescente, tige dressée, velue, rameuse, s'élevant de 60 à 76 cent.; feuilles alternes, ovales-lancéolées, denticulées; de mai en août, fleurs grandes, à odeur suave, purpurines ou violettes, disposées en grappe paniculée. — Pleine terre franche, substantielle, meuble et fraîche, arrosements modérés. — Ornement des plates-bandes. *Multiplication*, par éclat des touffes, en août-sept. ou en février-mars, ou de boutures en pleine terre fraîche, à l'ombre. La julienne des jardins à fleurs simples est une belle plante, dont la culture traitée par le semis est excessivement facile ; **elle est bisannuelle.**

Variété à fleurs doubles ou pleines.
Variété à fleurs blanches doubles.
Variété à fleurs violettes doubles.

Toutes ces variétés à fleurs doubles ne donnent pas de graines, on ne peut les multiplier que par la division des pieds, au printemps, ou en été, après la floraison, ou bien encore en bouturant les bourgeons qui se développent sur les tiges lorsque la floraison est passée. — Ces multiplications soignées convenablement fleurissent l'année d'après.

— Les juliennes des jardins aiment des terres substantielles, profondes et meubles; la fraîcheur et l'ombre leur sont favorables, quoiqu'elles réussissent à peu près dans tous les terrains.

Julienne de Mahon. — Giroflée de Mahon. — *Hesperis maritima*, Lamk.

Indigène, vivace, tiges simples ou rameuses, étalées, puis dressées, hautes de 25 à 30 cent.; feuilles d'un vert cendré, alternes, ovales-elliptiques; celles du haut linéaires; fleurs légèrement odorantes, brièvement pédicellées, réunies en grappes terminales allongées; étamines jaunâtres.

Cette plante est d'un grand ornement pour les fenêtres, les appartements; elle semble affectionner le voisinage des habitations. — *Multiplication*, de semis sur place en avril et mai, en espaçant les pieds de 10 cent. environ, ou en septembre, en place ou en pépinière ; dans ce dernier cas, on repique le plant au pied d'un mur ou de tout autre abri, au midi pour y être hiverné.

60 Ketmie. — *Hibiscus*, Lin. (Malvacées).

Ketmie visiculeuse. — *Hibiscus trionum*, Lin.

Europe mérid., annuelle, plante velue-hispide, tige rameuse dès la base, rameaux étalés, puis dressés, atteignant 60 cent. environ de haut ; feuilles alternes, pétiolées, les inférieures presque entières, les supérieures à 3 lobes, toutes irrégulièrement dentées ; en août-sept., fleurs axillaires, amples, en entonnoir, brièvement pédicellées. — *Multiplication*, de graines d'avril en juin, en pépinière ou en terrines, puis on repique le plant que l'on hiverne en pépinière ou en pots pour le mettre en place en avril-mai de l'année d'après.

Ketmie des marais ou palustre. — *Hibiscus palustris*, Lin.

Amérique sept. ; vivace, tiges ordinairement simples, en touffes, s'élevant à 1 mèt. environ de hauteur ; feuilles alternes, ovales dentées, presque trilobées, blanchâtres et cotonneuses en dessous ; en août-sept.-octobre, fleurs pédonculées, axillaires très grandes, en forme de cloche évasée, blanches, ou rosées et tachées à la base de purpurin ou de rouge.

Multiplication, comme le précédent.

Ketmie à fleurs roses. *Hibiscus roseus*, Thore.

France mérid., vivace, tige ordinairement simple en touffe s'élevant à 1m 50 environ; feuilles alternes condiformes, glabres en dessus, cotonneuses en dessous, dentées; d'août-sept. en octobre, fleurs pédonculées, très grandes, axillaires, en forme de cloche évasée, maculées de purpurin vers la base des pétales ou au fond de la corolle.

Cette espèce a produit quelques belles variétés. — Culture de la 1re. — Toutes ces plantes aiment une terre argilo-siliceuse, un peu fraîche, profonde et une exposition chaude autant que possible.

61 Lin. — *Linum*, Lin. (Des Linées).

Lin à grandes fleurs, *Linum grandiflorum*, Desf.

Algérie, annuel, tige rameuse à sa base, à ramifications grêles, d'environ 30 cent. de hauteur; feuilles alternes, dressées, étroites, lancéolées, sessiles, d'un vert glauque; de juin à octobre, fleurs nombreuses, disposées en panicules, portées chacune par un pédicelle court, penché, puis dressé pendant la floraison.

Ornement des corbeilles, des massifs, et formation des bordures. *Multiplication*, de graines en avril-mai sur place ou en pépinière, en septembre; on repique le plant en pots ou en terrines, puis on le place sous châssis, où il passe l'hiver.

Lin vivace. — *Linum perenne*, Lin.

Sibérie, plante vivace, tiges nombreuses, glabres, dressées, flexueuses, atteignant 30 à 40 cent. de hauteur; feuilles alternes, linéaires-lancéolées, étalées; de mai en juillet, fleurs bleues ou blanches, en corymbe paniculé, sont portées sur des pédicelles dressés. Elles se renouvellent chaque jour pendant longtemps, surtout lorsque le terrain lui convient et qu'on a soin de le rajeunir au moins tous les deux ans. — Terre ordinaire. *Multiplication*, de semis en pépinière et mis en place à l'automne ou au printemps suivant.

On peut également les multiplier par la division des pieds à l'automne ou au printemps.

62 Lis. — *Lilium*, Lin. (Liliacées).

Type de la famille des liliacées, comprenant beaucoup d'espèces qu'on reconnaît principalement à leur bulbe, lequel est formé d'écailles charnues et imbriquées les unes sur les autres; à tige dressée, simple, feuillée, terminée par une ou plusieurs grandes et belles fleurs dressées ou renversées, blanches ou plus souvent jaunes ou rouges, rétrécies en onglet à leur base, tendant à se rapprocher par le bas, soit en cloche, soit en entonnoir. Cette plante, par ses beaux vases d'albâtre qui couronnent si majestueusement sa tige élancée, fait l'ornement de nos jardins.

Lis blanc ou lis candide. — *Lilium candidum*, Lin.

Originaire du levant, répandu aujourd'hui dans tout le midi de l'Europe, vivace, est assurément une des plus belles espèces du genre ; tige élevée, arrondie ; haute de 1^m à 1^m 40 ; feuilles inférieures ovales-lancéolées un peu ondulées, celles de la base de la tige en coin ; fleurs à odeur pénétrante.

Il lui faut une terre légère, quoique substantielle.

Les expositions qui lui conviennent le mieux sont celles du levant et du midi, quoiqu'il ne craigne guère les gelées.

La floraison a lieu en juin.

On doit éviter de conserver ces fleurs dans des appartements renfermés, si l'on ne veut pas s'exposer à des maux de tête, à des vertiges, et même à des syncopes. L'odeur du lis blanc est employée pour parfumer des pommades, des essences, des huiles, etc.

Le lis blanc est souvent pris comme emblème de l'innocence, de la candeur, de la pureté virginale, et comme type de la blancheur du teint.

Parmi les autres espèces de lis, les plus remarquables et les plus recherchées sont les suivantes :

1º **Lis bulbifère.** — *Lilium bulbiferum*, Lin.

Alpes, vivace, bulbe volumineux, peu allongé, à écailles charnues, serrées, rosées à l'extérieur et blanches à l'intérieur; tiges anguleuses, brunes, hautes de 60 à 80 cent., produisant des bulbilles à l'aisselle des feuilles; feuilles alternes, linéaires-lancéolées, presque glabres ; fleurs disposées en une sorte d'ombelle paniculée, au nombre de 2 à 10, d'un rouge orangé, marquées d'une tache plus pâle et parsemées de ponctuations brunes, disposées en corymbe ou en grappe. — Fleurit de mai en juin. Plante superbe, faisant beaucoup d'effet par le nombre et l'éclat de ses fleurs. — Ornement des plates-bandes et des massifs. — Cette espèce réussit très bien à l'ombre et dans les terres ordinaires. — *Multiplication*, à la fin de l'été, en automne et jusqu'au printemps, par division des caïeux, qui fleurissent dès la troisième année.

2° Lis orangé ou safrané. — *Lilium croceum*, Chaix.

Indigène, vivace, tige raide, sillonnée, haute de 50 à 70 cent.; feuilles éparses, très nombreuses, d'un vert gai, étalées ou arquées, rarement dressées, lancéolées-linéaires; fleurs dressées, de couleur safranée ou rouge orangé, naissant d'un verticille de 3 à 5 feuilles plus larges que les inférieures. Pédoncules au nombre de 3 à 15, disposés en fausse ombelle, ou en une sorte de panicule ou grappe, ayant chacun une belle et grande fleur de 8 à 10 cent. de diamètre. Fleurit en juin et juillet.

3° **Lis martagon**. — *Lilium martagon*, Lin.

Indigène, vivace, bulbe jaunâtre, presque périforme, d'un jaune citron sur les deux faces; tige glabre, ponctuée de noir, nue dans le tiers supérieur, élevée de 40 à 70 cent. et plus; feuilles verticillées ou alternes, acuminées, rudes sur les bords, presque pétiolées, d'un vert foncé; fleurs exhalant une odeur assez désagréable. Fleurit en juillet et août.

On en possède plusieurs jolies variétés à fleurs blanches, jaunes, roses, doubles ou pleines :

Lis superbe. — *Lilium superbum*, Lin.

Lis de Pompone. — *Lilium pomponium*, Lin.

Lis tigré. — *Lilium tigrinum*, Gawl, tige laineuse.

Culture. — Les espèces du genre lis sont généralement assez rustiques pour pouvoir être cultivées en plein air. La plupart passent très bien en pleine terre ordinaire, surtout si elle est légère, cependant quelques-unes ont besoin de terre de bruyère, soit pure, soit mélangée de terre franche. Le lis blanc, orangé et bulbifère s'accommode à peu près de toute nature de terre.

Les lis tigré, martagon, turban, et celui des Pyrénées, demandent une terre franche légère. Les lis du Japon, de Philadelphie et de Chalcédoine aiment une terre franche mélangée avec de la terre de bruyère; enfin la terre de bruyère pure est à peu près nécessaire pour les lis de la Caroline, du Canada, de Catesby. — *Multiplication*, les lis se multiplient par leurs caïeux, quelquefois même par de simples écailles détachées de leur bulbe. Les oignons se relèvent de terre tous les 3 ou 4 ans pour en détacher les caïeux, puis on les remet en terre aussitôt après. — Sous le climat de Paris, les espèces de l'Amérique septentrionale et du Canada sont sujettes à souffrir des fortes gelées des hivers, il est bon de les couvrir pendant les grands froids.

63 Lobélie. — *Lobelia*, Lin. (Lobeliacées).
Dédié au botaniste Lobel.

Lobélie Erine. — *Lobelia Erinus*, Lin.

Afrique australe, annuel en pleine terre et vivace en serre; plante herbacée; tiges très rameuses, diffuses, grêles, étalées, s'élevant de 15 à 20 cent.; feuilles alternes, petites, à peine dentées, d'un vert gai, ovales-lancéolées; en juin-août, fleurs bleues, allongées en grappes axillaires et terminales. Cette petite plante a produit plusieurs variétés, dont voici les plus remarquables et les plus cultivées.

Variété élégante. — Lobelia Erinus speciosa, Hort.

Fleurs grandes, blanches, à gorge d'un bleu

azuré clair; tiges couchées, touffues, puis dressées.
— Cette variété est une des plus belles et des plus jolies que l'on puisse cultiver.

Variété superbe a grandes fleurs. — Lobelia grandiflora superba, Hort.

Plante naine, feuilles dentées, rougeâtres ou un peu vertes, brunâtres en dessous; fleurs grandes, à gorge marquée de blanc et de petits points bleuâtres. Cette variété produit un bon effet en bordures, principalement autour des massifs. On en fait aussi de belles potées qu'on met sous certaines plantes à tiges élevées ou peu feuillées à la base ainsi que sous des arbustes clair-plantés.

Variété à fleurs blanches. — *Lobelia Erinus gracilis* Alba, Hort.

Variété à fleurs marbrées. — *Looelia Erinus marmorata*, Hort.

Variété Lindley. — *Lobelia Erinus Lindleyana*, Hort.

Lobélie rameuse. — *Lobelia ramosa*, Benth.

Nouvelle Hollande, vivace, annuel, herbe glabre très rameuse, ramifications étalées, puis dressées, hautes de 20 à 30 cent ; feuilles alternes, petites, dentées, les inférieures lancéolées-oblongues; les supérieures lancéolées-linéaires, presque entières; en juin-juillet fleurs bleues, en grappes lâches, à pédoncules grêles, de forme très curieuse; calice légèrement canaliculé ; corolle poilue à 5 divisions, dont 2 supérieures ayant la forme de petites languettes roulées en dehors, une inférieure ovale-oblongue et 2 latérales plus petites.

Lobélie cardinal. — *Lobelia cardinalis*, Lin.

Caroline, plante vivace, légèrement pubescente, haute de 80 cent. à 1 mètre; tiges dressées, simples: feuilles oblongues-lancéolées, d'un vert gai, aiguës aux deux extrémités, irrégulièrement dentées; en juin-août, fleurs écarlates, disposées en grappes allongées; bractées lancéolées, dentelées à dents glanduleuses; calice glabre à tube court. — Ce lobelia fait un bel effet lorsqu'il est cultivé en massif ou sur les gazons en groupes avec d'autres. — *Multiplication*, de semis d'avril en juin, à l'air libre, la graine doit être à peine recouverte, ou même seulement appliquée sur la terre. Ce semis peut se faire aussi sur couche et sous châssis dès la maturité des graines. On la multiplie encore par la division des pieds à l'automne, ou mieux au printemps. Sous le climat de Paris, il est nécessaire de garantir cette plante durant les grands froids avec de la litière, des feuilles sèches, etc.

64 Lupin. — *Lupinus*, Tourn. (Papillonnacées).

Loup, allusion à la voracité de ces plantes dont les racines affament les plantes environnantes. —

Herbes et sous-arbrisseaux à feuilles composées, digitées, fleurs en épis ou en grappes.

ESPÈCES ANNUELLES A FEUILLES DIGITÉES

Lupin nain. — *Lupinus nanus*, Dougl.

Californie, annuel, racines grêles ; tiges étalées en rosette, puis dressées, hautes de 20 à 25 cent; feuilles alternes, pétiolées, digitées, à folioles lancéolées-linéaires ; en juin-juillet, fleurs réunies en nombreux épis longs de 8 à 10 cent., d'un blanc pointillé de bleu azuré. *Multiplication*, ne supportant pas la transplantation, il doit être semé sur place d'avril en mai, dans une terre douce et légère. Formation des bordures et des corbeilles.

Lupin bigarré ou varié. — *Lupinus varius*, Lin.

Europe méridionale, annuel; plante couverte de poils soyeux et argentés; tiges hautes de 40 à 50 cent., rameuses au sommet; feuilles alternes, pétiolées, à folioles digitées, linéaires, oblongues-lancéolées; en juillet-août, fleurs panachées bleu-ciel et blanc, alternes, disposées en épi allongé. — Graines arrondies, grises, bigarrées, pointuées de blanc. — *Multiplication*, semé en place d'avril en mai.

Lupin jaune odorant. — *Lupinus luteus*, Lin.

Indigène, annuel, plante glabre; tiges dressées, rameuses, vers le sommet, hautes de 40 à 60 cent., feuilles alternes, pétiolées, à 7-9 folioles obovales ou oblongues, en coin; en juin-juillet, fleurs verticillées, presque sessiles, à l'aisselle des bractées, obovales, plus courtes que le calice, disposées en épis, jaunes et très odorantes. Ce lupin contraste bien avec les autres espèces par sa couleur; il décore très bien les corbeilles, les plates-bandes et est très propre à la confection des bouquets.

Multiplication, comme le précédent.

Lupin changeant. — *Lupinus mutabilis*, Sweet.

Pérou, annuel, plante glauque et glabre, tiges rameuses supérieurement, hautes d'un mèt. à 1^m 20, feuilles alternes, pétiolées, à 7-9 folioles lancéolées, digitées, ovales-oblongues; en juin-juillet, fleurs odorantes, blanches, passant ensuite au violet plus ou moins foncé avec une tache jaune à l'étendard, verticillées, groupées en épi peu serré, long de 20 à 25 cent.; calice sans bractéoles, à lèvres entières.

PLANTES VIVACES

Lupin polyphylle. — *Lupinus polyphyllus*, Dougl.

Amérique septentrionale, Colombie, vivace, plante touffue; tiges hautes de 70 cent. à 1^m, glabres, luisantes, dressées; feuilles alternes, composées, digitées, de 13-15 folioles lancéolées, glabres en dessus et poilues en dessous, stipules subulées; en juin-juillet, fleurs d'un beau bleu, verticillées, formant des grappes qui atteignent jusqu'à 50 cent. de longueur. Graine petite, luisante, un peu arrondie.

Variété à fleurs blanches. — *Lupinus polyphyllus, flor. albis*, Hort.

Variété à fleurs panachées. — *Lupinus polyphyllus, variegatus*, Hort.

Cette variété aime une terre franche, profonde, fraîche et le plein soleil, quoiqu'elle réussisse assez bien à mi-ombre et en terre sableuse. *Multiplication*, semer d'avril en juin, en place ou en pot, qu'on met en place au printemps suivant avec leur motte.

Lupin à grandes feuilles. — *Lupinus grandifolius*, Lundl.

Amérique septentrionale, vivace, tiges fermes, hautes d'un mèt., striées, un peu velues ainsi que les pétioles qui, dans les feuilles radicales sont très longs; 10 à 12 folioles lancéolées, glabres en dessus, poilues en dessous; en mai-juin-juillet, fleurs d'un rouge brun, disposées en longues grappes, simples, très denses, allongées. Graine généralement d'une couleur brunâtre ou marron plus ou moins foncé.

Multiplication, du précédent.

Variété Lupin élégant — *Lupinus elegans*, H. B. et K.

Lupin du Mexique. — *Lupinus mexicanus*, Cert.

Lupin en arbre. — *Lupinus arboreus*, Sims.
Lupin argenté. — *Lupinus argenteus*, Agardii.
Lupin plumeux. — *Lupinus plumosus*, Dougl.

65 Matricaire. — *Matricaria*, Lin. (Composées).

Genre se rapprochant beaucoup des chrysanthèmes et différant du genre Anthemis par le réceptacle dépourvu de paillettes. Cette plante possède des propriétés médicinales pour les maladies de matrice.

Matricaire inodore. — *Matricaria inodora*, Lin.

Indigène, annuelle et vivace, plante glabre : tiges rameuses, buissonnantes, couchées puis dressées ; hautes de 30 à 40 cent. ; feuilles alternes, profondément découpées en lanières filiformes ; en juin-septembre, fleurs à capitules solitaires et terminaux, imitant des petits pompons d'un blanc pur ; involucre à folioles inégales ; demi-fleurons blancs ; disque bombé. Terre meuble et fraîche ; formation des bordures. *Multiplication*, d'éclats ou de boutures faits en automne et hivernés sous châssis à froid, ou au printemps.

Matricaire mandiane. — *Matricaria parthenioides*, Desf.

Origine incertaine, plante à odeur pénétrante, approchant de celle de la camomille romaine ; tiges dressées, rameuses ; hautes de 40 à 50 cent. ;

feuilles alternes, pennatiséquées, à segments irréguliers, dentés ; tout l'été, fleurs à capitules nombreux, involucre à 1-3 rangées d'écailles imbriquées, régulières, marginées. — Dans le type sauvage, le disque est plat et jaune ; les demi-fleurons d'un blanc pur. — Dans la plante cultivée, les fleurons se sont allongés et ont pris la forme des demi-fleurons.

La matricaire mandiane est très commune dans les jardins, elle y croit presque sans soin. Sa floraison est de longue durée (de juin en octobre) Peu délicate, elle vient parfaitement dans tous les terrains, même dans les décombres et sur les vieilles murailles.

Elle peut être employée à l'ornementation de presque toutes les parties aérées et éclairées des jardins d'agrément. — *Multiplication*, de semis fait, 1° d'avril en mai, en pépinière, puis repiqué en pépinière jusqu'à ce qu'il soit suffisamment développé, et ensuite mis en place à 50 cent. environ. Il peut fleurir à l'automne de la même année ; 2° de juin à juillet, en pépinière, et repiqué également en pépinière à bonne exposition, et l'on met en place au printemps ; 3° on sème encore en septembre, en place ou en pépinière, à bonne exposition chaude, sèche et abritée, pour mettre en place au printemps. On multiplie aussi cette plante en mettant des éclats en pots, qu'on hiverne sous châssis ou en orangerie, et on les met en place au printemps. — Les fleurs de la matricaire mandiane sont très recherchées pour la confection des bouquets et les garnitures de vases.

Matricaire à grandes fleurs. — *Matricaria eximia grandiflora*, Hort.

Matricaire double. — *Matricaria parthenium*, Lin.

66 Menthe. — *Mentha*, Lin. (Labiées).

Menthe à feuilles rondes de couleur variée. — *Mentha rotundifolia*, Lin.

Indigène, vivace, plante aromatique, assez agréable, traçante; tiges dressées, rameuses dès la base buissonnantes et touffues, hautes de 30 cent., garnies de longs poils mous et blanchâtres; feuilles sessiles, alternes, opposées, crénelées, arrondies, laineuses en dessous, fortement panachées de vert et de blanc jaune-clair, devenant plus foncé avec l'âge; fleurs très nombreuses, blanchâtres, excessivement petites, de peu d'effet, disposées en épis cylindriques.

Cette plante par son joli feuillage panaché, mérite cependant une place dans les jardins paysagers; elle forme des bordures élégantes et durables; elle orne parfaitement les rocailles et les autres parties accidentées.

Multiplication, très facilement d'éclats en automne et au printemps, que l'on peut planter en toute terre, même dans les parties fraîches, pourvu qu'elles soient aérées, en les espaçant de 25 à 30 cent.

67 Millepertuis. — *Hypericum*, Tourn. (Hypéricinées).

Millepertuis à grandes fleurs. — *Hypericum calycinum*, Lin.

Originaire de Turquie, plante sous-ligneuse; souches très traçantes, tenaces, tiges nombreuses, diffuses, sous-ligneuses, couvertes de feuilles sessiles, persistantes, opposées, ovales-aiguës, coriaces, terminées par des fleurs solitaires, larges de 5 à 6 cent., 4 ou 5 pétales, larges de 3 cent. environ, entourant un grand nombre d'étamines grêles disposées en 5 faisceaux, le tout d'un jaune doré. Cette plante est excellente pour garnir les talus, les glacis, les pentes, former des tapis, les bordures et les massifs des parcs et des jardins paysagers; son feuillage est persistant et se maintient frais pendant plusieurs années. Fleurit en juillet-septembre, se plaît dans une terre ordinaire un peu argileuse, à une exposition ombragée.

Multiplication, facilement par la division des pieds, par drageons ou de rameaux enracinés, au printemps.

Cette plante ne donne que très rarement de la graine.

C3 Mimule. — *Mimulus* Gertn. (Scrofularinées).

Mimule jaune ou ponctué. — *Mimulus luteus*, Lin.

Californie, vivace, le type à fleur jaune pur, ne se rencontre plus guère dans les jardins, on dit qu'il s'est naturalisé dans certains pays. Cette plante est d'un vert gai, tirant un peu sur le velu ; tiges charnues, ramifiées à la base, un peu noueuses, hautes de 25 à 35 cent.; feuilles opposées, les radicales lyrées, les supérieures sessiles et ovales, cordées, toutes très nervées et irrégulièrement dentées; pédoncules des fleurs axillaires, uniflores, plus longs que les feuilles; la floraison a lieu suivant le mode de culture de mai-juin jusqu'en septembre.

Ce mimulus est une très jolie plante, et bien que assez délicate, est excellente pour la décoration des plates-bandes, des corbeilles, des massifs et des bordures.

Multiplication : 1° de semis de la fin d'août au 15 septembre, en pépinière, en bonne terre légère, on repique le plant en pots, deux à 4 plants par pot, on les hiverne sous châssis; en mars, on les rempote, en ne mettant qu'un seul pied par pot, puis on maintient encore le plant sous châssis jusqu'à la mise en place qui doit se faire en avril, en espaçant les pieds de 30 cent. environ ; 2° on sème encore en mars-avril, sur couche, on repique le plant sur couche et on le met en place dans le courant de mai.

Les fleurs de ces deux semis se succèdent, pour le 1e cas, de mai en juillet, et pour le 2e cas de juillet en septembre.

Mimule écarlate. — *Mimulus cardinalis*, Lin.

Amérique-septentrionale, vivace, plante à odeur un peu musquée, pubescente visqueuse; tiges simples ou rameuses dès la base, hautes de 40 à 60 cent. ; feuilles embrassantes, opposées, très nervées ovales-crénelées ; pédoncules axillaires de 8 à 10 cent. de long, uniflores, calice renflé, à 5 angles saillants ; corolle tubuleuse, d'un rouge pourpre ou jaune, ou orange, mais toujours plus foncé à la gorge ; étamines appliquées contre la lèvre supérieure de la corolle. Cette plante, au point de vue du coloris est d'une nature très variable, par la culture, on a obtenu plusieurs variétés :

Voici les principales :

Mimule d'Hudson. — *Mimulus cardinalis Hudsonii*, Hort.

Corolle rouge cramoisi clair, gorge jaune striée de pourpre, étamines et pistil d'un blanc pur.

Mimule couleur de sang. — *Mimulus cardinalis atrosanguineus*, Hort.

Mimule orange. — *Mimulus aurantiacus*, Hort.

Mimule maculé. — *Mimulus cardinalis maculatus*, Hort.

Quelques précautions que l'on prenne pour la récolte des graines de ces variétés, le semis ne les reproduit d'ordinaire qu'en partie; si on veut les conserver, il faudra nécessairement avoir recours au bouturage. Les boutures se font sous cloche, sur la fin de l'été, en pots ou terrines que l'on hiverne sous châssis, ou bien encore, on conserve des plantes sur couches, et sous cloches pendant l'hiver et au printemps, on fait des boutures avec de jeunes rameaux pris sur ces plantes ainsi conservées.

Ce mimulus et ses variétés, quoique assez délicates, sont très jolies et excellentes pour la décoration des plates-bandes, des massifs et des corbeilles. *Multiplication*, par le semis, comme le précédent.

Mimule rougeâtre. — *Mimulus rubinus*, Hort.

Annuel et vivace, même culture et même usage que les précédents.

Mimule cuivré. — *Mimulus cupreus*, Hook.

Mimule musqué. — *Mimulus Moschatus*, Lin.

69 Morelle. — *Solanum*. Lin. (Solanées).

Morelle à feuilles de pastèque. — *Solanum citrullifolium*, Braun.

Morelle à feuilles de citrouille, originaire des Etats-Unis, annuelle, plante haute de 40 à 60 cent. ramifiée dès la base ; feuilles alternes, épineuses, dentées, pennatifides, à 5 ou 7 lobes ; fleurs d'un violet rosé, assez grandes, corolle à lobes ovales-lancéolés, aigus. Ce solanum est une plante très élégante par son port pittoresque, par son feuillage et par ses fleurs qui durent depuis le mois de juillet jusqu'au 15 octobre, et font un bel effet sur les pelouses, dans les plates-bandes et les massifs, seulement, il faut à cette plante une terre légère et substantielle et une exposition chaude.

Multiplication, de semis sur couche, sur la fin de mars, puis repiqué sur couche, et planté à demeure à la fin de mai, les pieds espacés de 40 à 60 cent.

Morelle à feuilles marginées. — *Solanum marginatum*, Lin.

Abyssinie, annuelle, vivace et ligneuse ; plante d'un mèt. de hauteur, rameuse et buissonnante ; dressée ; tige cotonneuse, couleur de farine de froment, garnie ainsi que les nervures des feuilles, de piquants raides et très résistants.

Les feuilles sont coriaces, presque cordiformes,

à lobes obtus ou sinueux, d'un vert brillant, glabres.

Fleurs pendantes, calice persistant, tomenteux, garni d'aiguillons; grappes multiflores, pédoncules blancs, munis de petits aiguillons épars. Cette plante est remarquable par son port et l'élégance de son feuillage; elle est de haut ornement, placée isolément sur les pelouses, les plates-bandes, ou réunie en massif, elle produit un bon effet, depuis le mois de juillet jusqu'en octobre.

Multiplication de graines, fin mars, sur couche, repiqué sur couche en pots tenus sur couche et planté à demeure à la fin de mai, en espaçant les pieds de 60 à 80 cent.; on peut encore semer en février, sur couche chaude ou en serre chaude, en donnant au plant des rempotages suivis, et le mettre en place à la fin de mai; on a des plantes déjà fortes, vigoureuses, qui fleurissent plus tôt et plus abondamment. — Cette plante ainsi que la plupart des autres espèces de ce genre, peuvent être multipliées par boutures, faites sous cloches, en serre ou sur couche, d'août-septembre, ou bien en janvier-février et mars, prises sur des pieds hivernés en serre.

Morelle à feuilles laciniées. — *Solanum laciniatum*, Ait.

Morelle robuste. — *Solanum robustum*, Wendl.

Morelle gigantesque. — *Solanum giganteum*, Jacp.

Morelle douce-amère. — *Solanum dulcamara*, Lin.

Morelle à œufs. — *Solanum ovigerum*, Dun.

70 Muflier. — *Antirrhinum*, Tourn. (Scrofularinées).

Muflier à grandes fleurs. — *Antirrhinum majus*, Lin.

Indigène, annuelle-bisannuelle et vivace, cette plante est très rameuse dès la base, buissonnante, d'un vert sombre, haute de 60 à 80 cent.; feuilles sessiles, oblongues-lancéolées, linéaires, les supérieures alternes, les inférieures opposées; fleurs nombreuses, de couleur très variable, disposées en grappe, ou en épi, d'abord serré, ensuite allongé; calice à 5 divisions ovales en cœur; corolle de 4 à 5 cent. de longueur, à tube renflé en sac à sa base; lobes de la lèvre supérieure, rejetés en arrière; 4 étamines dont deux plus grandes et une cinquième avortée, style simple, un peu recourbé au sommet; fruit capsulaire ovoïde. — Cette plante est une des plus jolies, des plus florifères, des plus rustiques que nous ayons pour l'ornementation des jardins.

Elle a produit un grand nombre de variétés : les unes unicolores, d'autres bicolores ou multicolores ou panachées, ou striées ou rayées, et toutes les fois que l'on fait un semis, on peut s'attendre à quelque coloris nouveau.

Variétés naines dites Tom-Pouce.— *Antirrhinum majus Pumilum vel nanum*, Hort.

Cette race se distingue des grands mufliers par son port trapu, presque nain, qui la rend surtout propre à la formation des bordures et des massifs. Pour obtenir de belles touffes, bien ramifiées, larges, pas hautes (25 à 30 cent.), de cette plante, il faut semer à l'automne, hiverner le plant sous châssis, ou de très bonne heure au printemps (en mars) à bonne exposition, et renouveler les plantes tous les ans; soit par le semis; soit par boutures, afin de les conserver naines, car les vieux pieds s'élèvent toujours et se dénudent très vite de la base. Le bouturage est indispensable pour perpétuer les coloris que l'on tient à conserver : tel que le muflier, panaché de blanc jaunâtre et de vert, et la variété à fleurs doubles plus curieuse que belle.— La culture des mufliers est des plus faciles : tout terrain léger et frais leur convient, les décombres des vieilles murailles, les ruines, etc. On les multiplie de semis qu'on fait à diverses époques : 1° de juin en juillet, en pépinière; on repique en pépinière à bonne exposition, et l'on met en place au printemps; 2° en août, en place, ou de préférence en pépinière; dans ce dernier cas, on repique près d'un mur au midi, et on le protège contre les gelées, 3° en pépinière, en mars-avril, à bonne exposition, on repique toujours à bonne exposition, et on le met en place dès que le plant est suffisamment développé.

71 Muguet. — *Convallaria*, Lin. (Liliacées).

Muguet de mai. — *Convallaria majalis*, Lin.

Lis de mai, indigène, vivace, rhizome grêle, rampant, d'où sortent deux feuilles, d'abord roulées en cornet, puis à limbe plus ou moins étalé, d'un vert gai, ovales-lancéolées. Du milieu de ces deux feuilles, sort une hampe de 10 à 15 cent. portant une grappe de belles petites fleurs blanches, odorantes, gracieusement suspendues et solitaires, à l'extrémité d'un pédicelle recourbé. Ces fleurs présentent 6 petites dents réfléchies. — La floraison de cette plante a lieu en avril-mai ; elle a donné les variétés à fleurs roses doubles, à fleurs blanches doubles, à fleurs roses simples, à feuilles vertes marginées de blanc, à feuilles vertes panachées.

Son odeur délicieuse l'a fait introduire dans presque tous les jardins.

Le muguet aime les terrains argilo-sableux, mais doux et frais, mélangés de feuilles et de détritus de bois ; il se plaît spécialement à l'ombre. Il peut être employé à border les massifs, à décorer le dessus des bouquets, et les parties ombragées des rocailles et des talus. *Multip.* par la division des racines, tous les 3 ou 4 ans, en leur conservant les bourgeons terminaux, à l'automne ou au printemps. On espace les pieds d'environ 20 cent. On peut aussi le multiplier de graines en les semant d'avril en juin.

Muguet sceau-de-Salomon.—*Convallaria polygonatum.* Lin.

Indigène, vivace, souche épaisse, charnue, horizontale; tige simple, dressée, anguleuse, s'élevant de 25 à 30 cent., fortement arquée au sommet, partie supérieure feuillée, partie inférieure munie de quelques gaînes seulement. — Les feuilles sessiles, alternes, dressées sur deux rangs, un peu glauques en dessous; les fleurs paraissent en mai et quelquefois jusqu'en juin, sur des pédoncules axillaires; elles sont pendantes et disposées deux à deux. *Multiplic.*, par la division ou la séparation des rhizomes, en ayant soin de conserver les yeux terminaux, à la fin de l'été ou au printemps de bonne heure.

Muguet multiflore. — *Convallaria multiflora*, Lin.

Indigène, vivace, tiges cylindriques, hautes de 50 à 60 cent.; feuilles plus grandes que celles du précédent, et fleurs plus petites et plus nombreuses que la précédente, également pendantes sur leurs pédoncules.

Ces deux muguets, sont tout particulièrement propres pour la décoration des parties ombragées, des rocailles, des jardins pittoresques, pour le bord des massifs, et des allées. Multiplication du précédent.

Les limaces et les limaçons sont excessivement friands de ces muguets.

72 **Muscari.** — **Muscari** *Tourn*, (Liliacées).

Muscari à grappe. — *Muscari racemosum*, Willd.

Indigène, vivace, bulbe blanchâtre, petit, ovoïde, feuilles linéaires, étalées, peu nombreuses, canaliculées, longues de 20 à 30 cent., larges de 3 à 5 millimètres; hampe haute de 15 à 20 cent., droite pointillée de brun violet et terminée par une agglomération de fleurs formant une grappe serrée. La floraison de cette plante a lieu en mars-avril.— Tout terrain lui convient, pourvu toutefois qu'il ne soit pas trop humide. *Multiplication*, par la séparation des caïeux, tout l'été. Il n'est pas nécessaire de les relever tous les ans, il suffit de le faire tous les 3 ou 4 ans, alors on plante des oignons plus forts et plus gros, et la floraison est bien plus abondante

Muscari odorant. — *Muscari moschatum*, Willd.

Jacinthe musquée, Orient, vivace, bulbe allongé,

jaunâtre; hampe haute de 20 à 30 cent.; feuilles alternes, étalées, concaves, linéaires, en mars-avril, fleurs à odeur suave, d'un jaune verdâtre, plus grandes que celles de l'espèce précédente, disposées en grappe assez dense; les fleurs du muscari odorant sont peu élégantes, peu apparentes, mais elles exhalent une odeur si agréable, que cette plante est justement recherchée dans les jardins, pour être cultivée près des habitations, soit en bordures, soit en touffes, dans les plates-bandes et les massifs, ou bien en pot. *Multiplication*, du précédent.

Muscari raisin. — *Muscari Botryoides*, Mill.

Muscari chevelu. — *Muscari comosum*, Lin.

Jacinthe chevelu, jacinthe monstrueuse, Europe mérid., vivace, bulbe moyen; hampe élevée de 30 à 40 cent.; feuilles larges, linéaires, étalées, plus longues que la hampe; fleurs en grosses grappes ovoïdes, longues de 10 à 12 cent., formant une grosse agglomération, floraison de mai en juin.

73 Myosotis. — *Myosotis*, Lin. (Borraginées).

Oreille-de-souris, allusion à la forme des feuilles, souvenez-vous de moi, plus je vous vois, plus je vous aime, ne m'oubliez pas.

Myosotis des marais. — *Myosotis palustris*, With.

Plante indigène, vivace, couverte de petits poils

mous, plus longs à la base des tiges; celles-ci longuement rampantes d'abord, puis dressées ou flottantes, hautes de 20 à 30 cent.; feuilles alternes, oblongues-lancéolées, aiguës; en mai-septembre, fleurs larges, azurées, disposées en épis scorpioïdes, et portées par de courts pédicelles dressés, puis réfléchis, garnies à la gorge d'une couronne de poils blancs. *Multiplication* de semis; 1° d'avril en mai-juin, à l'ombre dans une terre fraîche et légère; 2° en août-septembre, en pépinière ou en place; 3° avec des éclats ou par la séparation des touffes, en automne ou au printemps. Terrain frais ou humide, aux bords des bassins, des étangs, etc., sans toutefois les trop submerger. Plante très ornementale, recherchée pour ses fleurs qu'on emploie beaucoup pour la confection des bouquets.

Myosotis des Alpes. — *Myosotis Alpestris*, Schmith.

Indigène, bisannuelle ou vivace; plante velue-hérissée, très rameuse, touffue; haute de 25 à 30 cent.; feuilles alternes, sessiles, ovales-lancéolées oblongues; en avril-mai, fleurs bleu-clair, blanches à la gorge, en grappes scorpioïdes serrées, puis allongées, lâches. Terre ordinaire. *Multiplication* de semis, de mai en août, en pépinière, en terre ordinaire, et à demi-ombre, repiqué en pépinière, et mis en place en octobre-novembre, et même en février-mars, à toutes les expositions.

VARIÉTÉ A FLEURS BLANCHES. *M. Alpestris flor. Al bis*, Hort.

74 Narcisse. — *Narcissus*, Lin. (Amaryllidées).

Plante bulbeuse, vivace, fleurs blanches ou jaunes, au sommet d'une hampe nue, arrondie ou anguleuse.

Narcisse à bouquets. — *Narcissus Tezetta*, Lin. Europe mérid., vivace, bulbe assez gros; hampe un peu plus courte que les feuilles, droite, comprimée, cylindrique, anticipée, haute de 30 à 50 cent., et terminée par 4 à 8 ou 10 fleurs odorantes, blanches ou jaunâtres. — Cette espèce est représentée dans les jardins et dans les champs par plusieurs variétés, parmi lesquelles je citerai celle que l'on nomme soleil d'or, *Narcissus Tezetta aureus* (Loisel), bulbe gros, un peu allongé, brun fauve, à pellicules assez épaisses, fleurs très odorantes, au nombre de 5 à 12 par hampe; divisions du périanthe étalées, d'un jaune soufre, couronne moitié plus petite que le périanthe, épaisse, d'un beau jaune orangé; la variété Grand monarque, *narcissus monarchus*. (Hort.) bulbe très gros, à pellicules assez épaisses; hampe de la hauteur des feuilles; fleurs grandes, blanches, avec le bas des segments jaune et la couronne assez allongée.

Ces deux plantes à bouquets sont de très jolies

plantes, malheureusement, elles sont un peu délicates ; sous le climat de Paris et dans le nord de la France, on ne peut guère espérer les voir réussir en pleine terre, à moins d'être fortement abritées ou couvertes pendant l'hiver. Il est préférable de les cultiver en serre, sous châssis ou dans les appartements. Dans le midi, elles réussissent parfaitement en pleine terre.

75 **Nénuphar.** — *Nymphœa*, Neck. (nymphéacées). Divinité des eaux, lis d'eau, des étangs, etc.

Nénuphar blanc. — *Nymphœa Alba*, Lin.

Indigène, vivace et aquatique, souche volumineuse, rampante, radicale, submergée, très charnue ; vers la fin d'avril, s'élèvent de l'extrémité de cette souche des feuilles, très longuement pétiolées, à limbe large, cordiforme : de longs pédoncules axillaires, cylindriques, partent également de cette souche, et donnent chacun une grande fleur qui vient s'épanouir à la surface de l'eau. Ces fleurs sont composées de plusieurs rangs de pétales ovales-lancéolées, d'un blanc pur. Au centre se trouve un grand nombre d'étamines.

Le fruit, qui rappelle un peu par sa forme la capsule du pavot, est charnu. Une fois la fleur passée cette capsule s'enfonce sous l'eau, pour y mûrir et répandre ses graines.

La floraison a lieu, suivant les localités, en juin-juillet-août. *Multiplication*, par semis, de juin en juillet en pots ou en terrines, ou plus souvent par la division, ou par le fractionnement des rhizomes, au printemps.

Quand les plantes ont pris assez de force, on les repique séparément en pots, puis on les met sous l'eau. L'année suivante, on les met en place, soit avec les mêmes vases au fond des pièces d'eau, soit dans de grands pots ou dans des baquets que l'on place à la profondeur voulue, au moyen de trépieds ou de supports.

Nénuphar jaune. — *Nymphœa Lutea*, Lin.

Indigène, vivace et aquatique, rhizome peu allongé, feuilles ovales, en cœur; les flottantes coriaces, d'un vert foncé, fendues jusqu'à l'insertion du pétiole; les submergées, larges, chiffonnées, molles, arrondies, d'un vert clair, ondulées; fleurs petites, un peu odorantes à 5 sépales raides, épais, presque ronds, d'un jaune foncé renfermant de 10 à 12 pétales, petits et tronqués.

Le fruit est une capsule ventrue, rétrécie en col vers le sommet. Parmi les plantes aquatiques flottantes rustiques, les espèces du nénuphar blanc et le nénuphar jaune sont les plus belles et les plus convenables pour l'ornementation des lacs, des viviers, des bassins, des réservoirs et de toutes les pièces d'eau : Le blanc aime les eaux tout à fait dormantes; le jaune, quoique venant bien dans les eaux dormantes, préfère les eaux courantes. La floraison du nénuphar jaune a lieu de juin en septembre.

76 Œillet. — *Dianthus*, Lin. (Caryophyllées).

Fleur divine par sa beauté. L'espèce d'œil qui est au centre de la fleur de plusieurs espèces a fait donner le nom d'œillet à ce genre; ainsi il y a l'œillet commun, l'œillet à bouquets, l'œillet des jardins, l'œillet grenadin à ratafia, l'œillet des murailles, l'œillet giroflier ou giroflée, à cause de son odeur.

Œillet des fleuristes — *Dianthus caryophyllus*, Lin.

Indigène, vivace, plante glabre, glauque, souche sous-ligneuse à ramifications étalées, puis dressées, la première année stériles en fleurs, la seconde devenant fertiles et se terminant par des tiges dressées, noueuses, feuillées aux nœuds, s'élevant de 50 à 60 cent., ordinairement simples, rarement rameuses, surtout au sommet; feuilles opposées, soudées à leur base, autour des nœuds, linéaires aiguës, canaliculées, entières; fleurs terminales, très odorantes, à odeur de girofle; calice d'une seule pièce, persistant. La floraison a lieu en juin-juillet et se prolonge assez longtemps, suivant les variétés. Les principales variétés de l'œillet des fleuristes sont les suivantes :

Œillets grenadins ou à ratafia (œillet rouge).

Dianthus ruber. Desf.

Ainsi nommés à cause de l'emploi fréquent qu'on en fait pour aromatiser et colorer les liqueurs. Leurs fleurs, généralement très odorantes, sont le plus souvent unicolores, rouges ou roses, ce qui les a fait nommer œillets unicolores. Ces variétés d'œillets ne sont guère cultivées qu'au point de vue industriel ou pour couper la fleur; on les recherche aussi beaucoup pour la parfumerie. Les fleurs de ces œillets étant ordinairement simples, on ne les multiplie guère que par le semis et dans ce cas, ils sont plus florifères et d'un plus grand produit; cependant il en existe à fleurs doubles susceptibles de vivre plusieurs années, et de devenir presque ligneux, lesquels peuvent être multipliés par boutures ou marcottes.

Œillet des fleuristes double, nain, hâtif ou œillet de Vienne.

Cette variété se distingue particulièrement par son port trapu, compacte et touffu, et par la tendance à doubler dans une proportion plus forte que les œillets des fleuristes ordinaires, et sa précocité assez marquée dans l'époque de la floraison. Les fleurs, très nombreuses et de couleurs variées, sont le plus souvent unicolores, semi-doubles ou doubles, et d'une assez jolie forme. *Multiplication*, le plus souvent, de préférence par semis, tous les ans, afin d'avoir des plantes vigoureuses et très florifères.

Œillets flamands ou œillets d'amateurs.

Ainsi nommés parce qu'en Flandre, ils ont été cultivés avec succès. Ils sont caractérisés par des pétales entiers, à limbe large, à bord arrondi sans aucune dentelure. Les véritables œillets flamands doivent avoir un fond blanc très pur, sur lequel tranchent des lames bien nettes et de couleurs bien marquées.

Les fleurs doubles et bien bombées, à pétales larges et bien imbriquées en pompon, sont celles qu'on recherche particulièrement; on ne conserve toutes les autres fleurs que si elles sont remarquables par la forme, l'ampleur ou par le coloris, lequel peut être d'un blanc pur uni ou lamé de feu, d'incarnat, de cramoisi, de cerise, de rose, de carmin, de pourpre, de violet, de lilas ou porcelaine, d'amarante, de giroflée, de marron et de gris de lin, toutes ces nuances sur fond blanc. — Pour désigner la couleur d'un œillet flamand, on indique celle qui domine dans les lames ou rubans. — Les œillets flamands sont très beaux, quoiqu'on leur reproche un peu trop de régularité et d'uniformité. Ils ont pour défaut d'être trop délicats, et de ne se reproduire que dans des proportions très faibles, lors même que les graines sont récoltées uniquement sur des plantes de choix.

Œillet mignardise — *Dianthus plumarius*. Lin.

Œillet à plumet, à pétales, plumeux, frangé, mignard, mignonette, etc.

Europe sept., vivace, tiges très nombreuses, rameuses, larges touffes, feuillées, compactes, traînant sur terre; tiges florales, hautes de 20 à 30 cent ; feuilles opposées, très glauques, lancéolées-aiguës fleurs nombreuses, très odorantes, tantôt simples, tantôt doubles, à divisions presque entières, de couleurs peu variées, presque toujours blanches ou roses. La mignardise fleurit en juin et juillet: elle fait des bordures d'une grande élégance. Ses fleurs, qui répandent au loin une odeur délicieuse, sont très recherchées pour la formation des bouquets. — *Multiplication*, d'éclats qu'on fait de préférence en août, de boutures, que l'on fait ordinairement dans la première quinzaine de juin, de préférence sous cloches à demi-ombre; par semis, d'avril en mai, en pépinière, en planche, à bonne exposition, en terre profonde, légère, argilo-sableuse, mais bien saine. On peut également semer dans des caisses, des terrines, des baquets ou en pots à fond percé de petits trous et drainés.

Dès que les plants ont de huit à dix feuilles, il faut les repiquer en les espaçant d'environ dix à douze centimètres en tous sens, à bonne exposition, où ils passent l'hiver. Ces plantes de semis étant beaucoup plus rustiques que les marcottes, il suffit pour les garantir des effets de la gelée, du dégel et des coups de soleil, de répandre un peu de longue paille sur la planche, ou de les couvrir d'une toile à espalier disposée à quelques pieds de hauteur sur ces plants. En mars, on repique les œillets en place, en les espaçant de 30 à 35 cent. en tout sens. — L'œillet cultivé en pleine terre vit peu : au bout de deux à trois ans, les pieds se dégarnissent et pourrissent, à moins qu'ils ne soient placés dans des conditions exceptionnellement favorables. Ce qui leur nuit par-dessus tout, c'est l'humidité, la neige, le verglas, le gel et le dégel à la fin de l'hiver. Pour éviter plus facilement tous ces inconvénients, on cultive beaucoup les œillets en pots, où ils se plaisent très bien ; par ce moyen, on a l'avantage de pouvoir les transporter où l'on veut, et de grouper un grand nombre de variétés pour produire plus d'effet. Le rempotage des œillets se fait en deux saisons : 1° en mars et avril, pour les plantes-mères et pour les marcottes sevrées et empotées à l automne précédent ; 2° en octobre pour l'empotage des marcottes que l'on vient de sevrer, c'est-à-dire de séparer des pieds-mères. —La terre qui convient le mieux pour cette culture des œillets en pots, est une terre franche, plutôt sableuse qu'argileuse; celle qui serait compacte, qui ferait pâte en se tassant, doit être exclue.

Œillet de poète. — *Dianthus Barbatus*, Lin.
Œillet barbu, bouquet parfait, jalousie.

Indigène, bisannuel, vivace, tiges couchées, puis dressées, disposées en touffes hautes de 40 à 50 cent.; feuilles opposées, glabres, engaînantes, d'un vert sombre, lancéolées; fleurs très nombreuses, petites, réunies en cime corymbiforme, large de 8 à 10 cent. et formant un bouquet parfait. Ces fleurs revêtent des nuances très variées, le rose carné, le rouge sang le plus intense, quelquefois le cramoisi ou pourpre; parfois violettes ou blanches, et presque toujours striées ou maculées de points plus ou moins foncés et de taches disposées en couronne.

Variété à fleurs panachées.

Cette race ne diffère du type précédent que par ses fleurs, qui ont une plus grande tendance à se panacher. Le semis reproduit assez franchement ces particularités.

Variété à fleurs oculées et marginées —*Dianthus oculatus marginatus*, Hort.

Variété remarquable dont les fleurs revêtent toutes les couleurs des œillets de poète ordinaires, et présentent en outre une tache blanche à la gorge et une petite bande ou marge également blanche sur le pourtour de la corolle. Cette disposition rend ces fleurs fort jolies, particulièrement celles dont la couleur de fond est foncée.

Variété à fleurs doubles. — *Dianthus barbatus flor*, Dupl.

Cet œillet de poète à fleurs doubles, présente des coloris très variés; malheureusement le semis ne le reproduit qu'en partie. On ne peut guère le perpétuer que d'éclats et de boutures faits au printemps et au commencement de l'automne. Les variétés à fleurs doubles ont cet avantage sur les simples de rester en fleurs plus longtemps, ce qui leur fait donner la préférence dans bien des cas. L'œillet de poète est très rustique, d'une culture facile, il prospère dans tous les terrains et à peu près à toutes les expositions. Il se sème de mai en juin, ou aussitôt les graines récoltées, en pépinière. On le met en place de septembre en octobre; espacé de 40 à 50 cent. La floraison a lieu de la fin de mai au 15 juin de l'année qui suit le semis; les variétés à fleurs doubles sont un peu plus tardives, durent plus longtemps que les simples, et fleurissent de mai en août. L'œillet de poète convient particulièrement pour orner les corbeilles et les plates-bandes, pour les grandes bordures autour des massifs d'arbustes ou des grandes plantes dans les grands jardins.

Œillet de Chine — *Dianthus sinensis*, Lin.

Chine, bisannuel; tiges de trente cent, noueuses très rameuses, un peu étalées, puis dressées; feuilles opposées, étroites, lancéolées, d'un vert gai ; en juillet-septembre, fleurs nombreuses, assez grandes, solitaires rouge-vif, en bouquets, au sommet de toutes les ramifications.

Variété à fleurs doubles — *Dianthus sinensis flor*, Dupl.

Variété à fleurs blanches. — *Dianthus Albus*, Hort.

Variété très naine. — *Dianthus nanus*, Hort.

Variété naine très rouge. — *Dianthusnanus, atrosanguineus*. Hort.

Variété de Chine à larges feuilles. — *Dianthus latifolius*, Hort.

77 Opontia — *Opuntia*. D. C. (Cactées).

Opontia vulgaire — *Opuntia vulgaris*, Mill.

Europe méridionale, Raquette vivace, suffrutescent; tiges comprimées ou cylindriques, rameuses, articulées souvent dès la base; à ramifications formées par des pièces ou rameaux persistants, charnus, verts, ovales ou obovales, parfois ridés ou flétris; aréoles tomenteuses, grises, pourvues de petits poils raides, très courts et très nombreux;

fleurs jaune citron, assez grandes, ne s'épanouissant entièrement qu'au soleil, corolle étalée en roue, au sommet de renflements charnus également épineux; fruits rouges, comestibles, connus sous le nom vulgaire de figue d'Inde et figue de Barbarie. La floraison de cette plante a lieu en plein air, de juillet en septembre. *Multiplication* : le mode le plus facile est le bouturage des ramifications détachées des pieds-mères, que l'on plante soit en pots, soit en pépinière ou en place, après les avoir laissés se cicatriser pendant quelques jours à l'air et à la lumière, ce qui facilite leur reprise. On peut aussi les multiplier par le semis de leurs graines, fait en pots ou en terrines tenus sous châssis presque à froid ou sur les tablettes d'une orangerie ou d'une serre froide.

Opontia de rafinesque. *Opuntia rafinesquiana*, Engelm.

Etats-Unis, tiges couchées, ramifiées, formées d'articles verts, un peu charnus, allongés en spatule ou en raquette, moins épineux que l'espèce précédente; les fleurs très nombreuses, jaune tendre satiné, sont disposées sur le bord supérieur des raquettes. A la maturité, les fruits sont rougeâtres et passent pour comestibles étant crus, mais on les préfère pour confectionner certaines conserves. Il fleurit dehors de juin en août. — Les opontias sont précieux pour nos jardins, ils sont rustiques et peuvent passer l'hiver dehors, même sous le climat de Paris, sans abri, ou simplement en jetant dessus un peu de longues pailles ou des feuilles bien sèches. L'important est de les planter en terrain bien sain ou dans des endroits s'égouttant rapidement. Ces plantes ornent très bien les rochers, les rocailles, les murailles, les ruines, les glacis et les talus secs, en plein soleil de préférence à tout autre endroit.

78 Pâquerette,— *Bellis.* Lin. (Composés).

Pâquerette vivace. — *Bellis perennis,* Lin.

Pâquerette petite des jardins, petite marguerite. Indigène, vivace, tiges presque nulles : feuilles en rosette, velues, hispides, presque radicales obovales spatulées, rétrécies en pétiole, crénelées – dentées ; involucre à écailles un peu aiguës, poilues ; de mars-avril en juin-juillet et septembre la floraison a lieu et donne des variétés à capitules blancs doubles, à capitules rouges, roses ou mêlés de rouge et de blanc, à capitules doubles rouges, fistuleux, à capitules prolifères, vulgairement appelés mère de famille ; chez ces derniers, les capitules sont grands, très pleins et offrent à leur base une couronne de nombreux, mais petits capitules de même couleur.

Dans cette espèce de pâquerette des jardins ou petite marguerite, on distingue deux races : les pâquerettes tuyautées, caractérisées par les fleurons qui se sont allongés, et les pâquerettes ligulées, où ces mêmes fleurons se sont transformés en ligules. Les pâquerettes prospèrent dans les terrains meubles et plutôt frais que trop secs. Elles sont employées avantageusement pour la formation des bordures et l'ornement des pelouses. *Multiplication*, par la séparation des touffes, que l'on doit faire, au plus tard, tous les deux ans; par les graines récoltées sur des plantes de semis à fleurs plus ou moins doubles, et elles donnent une assez bonne proportion de plantes semi-pleines ou plaines. Le semis se fait de juin en août, en pépinière; le plant se repique en pépinière, puis en place, préférablement à l'automne ou en février-mars ; on peut aussi le semer en place, pour ainsi dire toute l'année.

79 **Pavot**. — *Papaver*, Courn. (Papavéracées).

Pavot somnifère. — *Papaver somniferum*, Lin.

Pavot des jardins, de Perse, annuel, plante entièrement glauque, tige droite, raide, simple, épaisse, lisse; feuilles larges, amplexicaules, incisées-dentées, et nues, uniflores; en juillet-août fleurs blanches, marquées souvent d'une tache de couleur foncée à leur base ou onglet, étamines très nombreuses, à filets ordinairement de même couleur que les pétales, les anthères remplies d'un pollen abondant.

Multiplication. Les pavots ne supportent pas la

transplantation, on les sème sur place à la fin de septembre ou de mars en avril. Les premiers fleurissent de mai en juin, et les deuxièmes de juin en juillet. La graine du pavot, appelée oliette ou œillette, n'est que le pavot somnifère à fleur simple, duquel on retire l'huile dite d'œillette. L'opium n'est pas autre chose que le suc laiteux et épaissi du pavot somnifère, que l'on obtient en faisant des incisions horizontales sur les différentes parties vertes de cette plante, sur tout sur les têtes ou capsules, avant la maturité.

Il existe un grand nombre de variétés de pavots des jardins, parmi lesquelles, on admire particulièrement celles ayant l'extrémité des pétales de couleur foncée et l'onglet blanc; les variétés à fleurs doubles sont les plus recherchées. Les variations ont porté notamment sur la grandeur des fleurs, leur composition et leur couleur, tantôt uniforme, tantôt panachée. Suivant la forme ou la disposition des pétales, tous ces pavots ont été rangés en deux groupes : Le premier comprend les variétés à pétales entiers, qu'on désigne aussi sous le nom de pavots à fleurs de pivoine.

Le deuxième renferme toutes les variétés dont les pétales sont frangées ou frisées.

Variétés a pétales entiers, ou pavots a fleurs de pivoine

Les variétés suivantes se reproduisent identiquement par le semis :

Lilas cramoisi.
Lilas clair pointé carmin.
Cendre-foncé.
Violet-foncé.
Gris de lin.
Amarante.
Rose.
Rose-cerise.
Rose vif.
Ecarlate et blanc.
Blanc ou pavot de Chine.
Nain blanc à liséré.
Noir lamé de feu.
Blanc panaché rouge.
Carmin et cerise.
Sur fond blanc.

Variétés a pétales frangés ou frisés.

Qui se reproduisent également par la voie du semis.

Ponceau.
Rouge-clair.

Grenat.

Cendre-foncé.

Rose nuancé de cramoisi.

Bichon.

Ecarlate.

Blanc carné bordé de rose.

Variété à fleurs monstrueuses. — *Papaver somniferum monstruosum*, Hort.

Variété extrêmement curieuse, à fleurs simples, mais dont presque toutes les anthères sont transformées en carpelles ou petites capsules, rangées autour de la capsule principale et lui formant comme une couronne. — Cette plante se reproduit assez exactement par la voie du semis.

Pavot coquelicot. *Papaver Rhœas*, Lin.

Indigène, annuel, plante plus ou moins hérissée, tige rameuse dès la base, buissonnante, 40 à 50 cent. de haut, feuilles alternes, pennatifides, velues, à partitions incisées, dentées; en juin-juillet, fleurs rouge-écarlate, vif, tachées de noirâtre à la base ou onglet, qui est long de 3 cent. environ. Le coquelicot a varié dans des limites très étendues; on en possède un grand nombre de variétés parfaitement doubles, dues à la transformation des étamines en pétales : les unes unicolores, les autres bicolores; d'autres enfin, diversement panachées, bordées, lavées ou nuancées. Malheureusement ces variétés ne se reproduisent pas franchement par le semis.

Le coquelicot est une plante à grand effet, dont on ne saurait assez recommmander la culture.

Il est rustique, vient partout, et sans soins, forme des massifs, des corbeilles; des bordures, dans les parcs et les jardins, de toute beauté.

Multiplication, par semis à trois époques différentes : 1° au 15 septembre, en plein air; on repique le jeune plant en pépinière d'attente pour jusqu'en mars-avril, époque où on le plante à demeure; 2° on sème en place du 15 septembre au 15 octobre; 3° de mars-avril en mai, sur place, bien entendu, ces deux derniers modes sont les plus pratiqués.

Pavot changeant. —*Papaver commutatum*, Fisch.

Pavot oriental. — *Papaver orientalis*, Lin.

Pavot à bractées. — *Papaver bracteatum*, Lind.

Pavot des Alpes. — *Papaver alpinum*. Lin.

80 Pentstémon.— *Pentastemum*. Lhérit (Scrofularinées).

Du grec *pente*, cinq, et *stema*, étamine : allusion aux cinq étamines des fleurs des plantes de ce genre

Pentstémon gentianoïde. — *Pentastemum gentianoïdes*. G. Don.

Mexique, annuel, vivace en serre, plante très rameuse dès la base, tiges sous-ligneuses, étalées, puis dressées, hautes de 50 à 60 cent. ; feuilles opposées, sessiles, lancéolées-aiguës, d'un vert gai et luisant; en juillet-août, fleurs gracieusement inclinées, le plus souvent d'un seul côté, d'un violet carmin, velouté en dehors, pointillé de blanc et veiné à l'intérieur du tube et de la gorge de pourpre. Le pentstémon gentianoïdes a contribué beaucoup à la création de ces beaux et magnifiques pentstémons hybrides dont nous parlerons plus loin.

Variété écarlate. — *Pentstémum gentianoïdes coccineus*, Hort.

Très belle variété, faisant beaucoup d'effet, à fleurs d'un rouge écarlate, à gorge ouverte, blanche veinée de pourpre, dans l'intérieur, tube blanchâtre.

Variété écarlate grande. — *P. gentianoïdes coccineus major*, Hort.

Grappes remarquables, longues de 30 cent. environ, fleurs grandes de couleur un peu plus foncée que la variété précédente, et non blanches à la gorge ni dans le tube; les divisions de la lèvre inférieure sont maculées, et intérieurement, à leur base, veinées de pourpre.

Variété à fleurs blanches. — *P. gentianoïdes albus*, Hort.

Cette variété ne donne que rarement des graines,

et les individus qui proviennent de ces graines, ne reproduisent pas toujours la variété, on la multiplie ordinairement d'éclats ou de boutures.

Variété à fleurs roses. — *P. gentianoïdes roseus*, Hort.

Très belle variété à corolle d'un rose rougeâtre, à gorge ouverte, tachée de blanc, et veinée de rouge carmin à l'intérieur du tube jusqu'à la base des trois divisions inférieures du limbe.

Pentastemons égypte. — *Pentastemums gentionoïdes grandiflores hybridus*, Hort.

Quelques horticulteurs habiles sont parvenus, au moyen de sélection ou à l'aide de croisements et de fécondations artificielles, à obtenir, par le semis, des variétés remarquables ; soit par les dimensions de leurs tiges, l'abondance de la floraison, la disposition plus ou moins penchée des fleurs ; soit par les coloris et l'ampleur de la corolle, qui a parfois la gorge très ouverte et le limbe presque régulier, au point d'imiter certains Gloxinias. La plupart de ces variétés ne donnent que peu ou point de graines, et ne se reproduisent pas toujours très franchement par le semis ; on est donc obligé de les multiplier par boutures. Cependant lorsqu'on aura des graines, il faudra faire le semis : 1° de juillet en août, en pépinière, à mi-ombre et en terre légère, le plant se repique en pots ou en godets qu'on hiverne sous châssis, et on les plante à demeure fin mars-avril ; 2° en mars, sur couche, puis repiquer le plant sur couche pour hâter le développement et le mettre à demeure en mai. Dans le semis de juillet-août, la floraison commence en mai-juin ; dans celui de mars, en août, et dans les deux cas, elle se prolonge jusqu'aux gelées.

Pentstemon campanulé. — *Pentastemum campanulatum*, Willo.

Mexique, vivace, plante touffue, tige rameuse dès la base, élancée, haute de 50 à 60 cent. ; feuilles finement dentelées, opposées, linéaires-lancéolées, glabres ou velues ; de mars-novembre, fleurs pourpre foncé, violettes ou roses, groupées par 2, 3 au sommet de pédicelles placés à l'aisselle des feuilles, disposées en panicules lâches, allongées, unilatérales.

Le pentstémon campanulé a produit un assez grand nombre de variétés qui se reproduisent assez franchement par le semis, parmi lesquelles nous citerons les suivantes :

Variété à fleurs pourpres. — *P. campanulatus purpureum*, Hort.

Variété gentille. — *P. campanulatum pelchellum*, Hort.

Variété à fleurs violet noirâtre. — *P. campanulatum atroviolaceum*, Hort.

Variété élégante rose. — *P. elegans roseum,* Hort.

Variété de Richardson. — *P. Richardsonii,* Hort.

Cette plante et ses variétés sont très élégantes, très florifères, et de coloris très agréables ; en outre, elles sont rustiques, et peuvent même passer l'hiver dehors sans couverture.

81 Perilla. — *Perilla, Lin.* (famille des Labiées).

Perilla de Nankin. — *Perilla Nankinensis,* Desne.

Chine, annuel, plante haute de 60 à 80 cent., teintée de rouge pourpre ou violet brun, et exhalant une odeur forte et balsamique ; tige rameuse, dressée, un peu velue, anguleuse ; feuilles opposées, gaufrées, pétiolées, bordées de grosses dents, légèrement velues, ovales, aiguës, contournées sur elles-mêmes ; en septembre-novembre, fleurs peu apparentes, d'un rose rougeâtre, disposées en grappes au sommet des rameaux.

Cette plante est curieuse par sa coloration, et remarquable par son feuillage, qui en est la partie la plus ornementale. On l'emploie beaucoup pour la décoration des jardins, principalement pour les jardins paysagers : sur les plates-bandes, sur les pelouses ou parmi les arbustes des massifs. Placée avec discernement, et associée à d'autres plantes bien choisie comme port et couleur, elle produit des contrastes d'un très bel effet, à partir de juin jusqu'aux gelées, qui la surprennent d'ordinaire pendant sa floraison.

Multiplication, par semis, fin mars, sur couche ; on repique sur couche, où le plant reste jusqu'au 15 mai, époque où se fait la mise en place. — On sème encore du 15 avril au 15 mai, en pépinière, en planches, et l'on repique à demeure dès que le plant est assez fort, et suffisamment développé.

82 Persicaire. — *Persicaria*, Lin. (polygonées).

Renouée de Levant : allusion à la nodosité des tiges, bâton de Saint-Jean, cordon de Cardinal.

Persicaire du Levant, P. orientale. — *P. orienaltis*, Tourn.

Orient, annuelle, tige s'élevant à 2 ou 3 mèt. de haut, noueuse, velue, ramifiée au sommet ; feuilles alternes, larges, molles, ovales-aiguës, à pétiole engaînant ; fleurs nombreuses, blanches, rouge carmin ou rouge amarante, disposées en chatons ou en épis cylindriques formant des panicules rameuses, axillaires et pendantes. — Cette plante se ressème d'elle-même, et vient, pour ainsi dire, sans soin. — Les graines qui sont tombées naturellement germent de très bonne heure au printemps et donnent des plantes vigoureuses, qui fleurissent plus tôt que celles provenant de semis faits au printemps. Elle convient aux massifs des grands parterres, des parcs et des grands jardins, des pelouses et des plates-bandes. — Les graines de la Persicaire d'Orient sont comprimées, lisses et noirâtres.

Persicaire à feuilles cuspidées — *P. cuspidatum,* Sieb. et Zucc.

Japon, vivace, souche très traçante, tiges hautes de 1^m à 1^m 60, d'abord simples et droites, ensuite ramifiées, arquées et étalées horizontalement vers l'extrémité, lavées de rougeâtre; feuilles alternes, cordiformes, pointues au sommet, pétiolées, ovales-oblongues aiguës, tronquées à la base; en juillet-août, fleurs très nombreuses; blanches, disposées en grappes, axillaires, grêles. A ces fleurs succèdent des fruits d'un blanc rosé, très élégants, ordinairement stériles. — Cette espèce forme de magnifiques touffes qui restent à la même place et ne font qu'augmenter en beauté pendant plusieurs années; elle est très élégante par son port pittoresque, par la forme, par la couleur gaie de ses feuilles, et par le grand développement qu'elle prend dans un court espace de temps. *Multiplication*, par la division des pieds, en automne ou au printemps.

83 Persicaire Bistorte. — *P. Bistorta,* Lin.

Indigène, vivace, racine charnue, noirâtre, traçante et repliée sur elle-même en 5 fois, produisant des tiges herbacées, droites, simples, hautes de 50 à 60 cent.; feuilles radicales, grandes, un peu en cœur à leur base qui se prolonge sur le pétiole, ovales-lancéolées, aiguës, ondulées, d'un vert glauque en dessous, tout l'été, fleurs nombreuses, réunies en épi dense, d'une jolie couleur purpurine; fruit lisse, relevé de trois angles longitudinaux aigus.

Cette plante est très rustique et se plaît surtout dans un sol frais ou même un peu humide. *Mutiplication*, ordinairement d'éclats en automne ou au printemps, ou par semis lorsqu'on peut avoir de la graine, qui est d'ordinaire assez rare.

83 Pervenche. — *Vinca*, Lin. (Apocynées).

Pervenche grande. — *P. Vinca major*, Lin.

Indigène, vivace, tiges de deux sortes : les unes stériles réfléchies, sarmenteuses, rampantes ou grimpantes; les autres florifères redressées, hautes de 30 à 40 cent.; feuilles opposées, persistantes, ovales-lancéolées, luisantes, larges de 2 à 3 cent. et longues de 5 à 8; de mars en septembre, fleurs bleues, grandes; calice à lobes étroits, linéaires, ciliés; corolle longue de 2 à 5 cent. à lobes obovales, très obtus. Lorsque cette plante est cultivée en lieux abrités, il n'est par rare de la voir fleurir en janvier-février.

Variété à fleurs blanches. — *Vinca major alba*, Lin.

Cette variété est un peu délicate, elle est moins recherchée que le type qui précède.

Variété à feuilles panachées. — *Vinca major follis variegatis*, Hort.

Très jolie variété à feuillage panaché irrégulièrement et bordé de blanc jaunâtre, produisant de très jolis réseaux dorés sur le fond vert du feuillage.

La grande pervenche est excellente pour la décoration des jardins, principalement des parties ombragées, fraîches et même humides; elle orne très bien les clairières des bois, le bois des allées, des parcs, les haies et massifs ombragés, les rocailles, les grottes, les cascades, le bord des ruisseaux, les terrains en pente, etc.

Multiplication, par la division des pieds ou par les traces qui s'enracinent parfaitement et promptement, par le semis; mais ce dernier mode n'est guère usité, à cause de sa lenteur, de la rareté de la graine, qui doit être semée aussitôt mûre la levée est très capricieuse, lente et difficile.

Pervenche petite. — *Vinca minor*, Lin.

Indigène, vivace, tiges stériles réfléchies, nombreuses, longues, couchées, très feuillées; les florifères dressées, hautes de 20 à 30 cent.; feuilles opposées, glabres, longues de 3 à 4 cent.; sur 1 à 2 de large, d'un vert foncé, luisantes et persistantes, à pétiole très court; en mars-septembre, fleurs bleues; calice à lobes lancéolés, obtus, glabres corolle à lobes cunéaires, obtusément tronqués :

Variété à fleurs blanches.
    » à fleurs violacées.
    » à fleurs violacées pleines.
    » à fleurs rouges.
    » à fleurs rouges pleines.
    » à fleurs pourpres.
    » à fleurs pourpres pleines.

Culture et multiplication de la précédente, et peut être employée aux mêmes usages.

Pervenche de Madagascar. — *Vinca rosea*, Lin. Pervenche du Cap, Pervenche rose.

Antilles, annuelle, vivace en serre, tiges dressées, rameuses, légèrement pubescentes, formant un buisson de 30 cent. environ de hauteur; feuilles opposées, plus ou moins pubescentes, oblongues-aiguës, d'un vert gai et brillant en dessus ; pédoncules axillaires, uniflores, plus courts que le pétiole; calice très petit, à 5 divisions aiguës; corolle tubuleuse, d'un rose foncé, purpurin à la gorge, qui présente une saillie annulaire, velue; 5 étamines insérées en haut du tube, style court.

Cette plante est charmante et très florifère; elle est beaucoup cultivée en pots pour l'ornementation des fenêtres, des appartements bien aérés; on en peut faire aussi, depuis la fin de mai jusqu'au mois d'octobre, de jolies corbeilles et des bordures dans les grands jardins. Elle aime une terre légère et une exposition chaude. Rentrée en serre chaude l'hiver, cette plante y devient un arbuste, qui continue à fleurir presque sans interruption, et peut vivre ainsi plusieurs années. Placée à la pleine terre et palissée contre la muraille d'une serre chaude ou d'une serre à primeurs, bien éclairée, elle y fleurit abondamment tout l'été. Il faut beaucoup de jour et d'air à cette plante.

84 Pétunia. — *Pétunia* Juss. (Solanées).

GENRE VOISIN DU TABAC

Petunia a fleurs odorantes. — *P. nyctaginiflora*, Juss.

Amérique du Sud, annuel, vivace en serre, plante velue, glanduleuse, diffuse, très rameuse, visqueuse, répandant par moments une odeur assez désagréable, principalement le soir et quand le temps est orageux; feuilles alternes oblongues-ovales, entières à 3 nervures; pédicelles axillaires, plus longs que les feuilles, terminés par une belle et grande fleur blanche, très odorante, en entonnoir. La floraison a lieu tout l'été, de mai jusqu'à la fin de l'automne.

Pétunia à fleurs violettes. — *P. violacea*, Lindl.

Brésil, annuel, vivace en serre, plante très ramifiée, et très florifère, à feuilles moins larges que la précédente, et ovales-aiguës ou ovales-lancéolées; calice à divisions linéaires; corolle toute petite, à tube un peu ventru, à limbe arrondi d'un pourpre violet velouté ou cramoisi. Cette plante est poilue, visqueuse extérieurement et légèrement odorante le soir. Floraison tout l'été, de mai-juin jusqu'à la fin de l'automne.

Pétunia hybride. — *P. hybrida*, Hort.

Ce nom est donné à toutes les variétés qui n'offrent pas les nuances pures des deux espèces-types décrites ci-devant, du croisement desquelles elles semblent être sorties originairement. Par suite de soins et de choix intelligents des porte-graines et des fécondations artificielles, on est parvenu à obtenir de très belles variétés dont le nombre augmente constamment. Lorsqu'on sème des graines recueillies sur une belle collection de pétunias, on peut espérer trouver de bonnes plantes, et quelquefois des variétés nouvelles. Mais il faut remarquer que plus un pétunia est beau, moins il donne de graines, assez souvent même, il n'en donne pas du tout, et que les belles variétés ne se reproduisent identiquement par la voie du semis que bien rarement. Les amateurs de pétunias ne conservent d'ordinaire que les plantes qui méritent la culture, ils mettent de côté tout ce qui est médiocre et capable d'influer fâcheusement sur la production et la qualité des graines. Les coloris des pétunias varient beaucoup : ils vont très facilement du blanc pur au rouge vif, passant par le rose et le violet. — Depuis un certain nombre d'années, on est parvenu à fixer divers coloris assez remarquables, se reproduisant assez exactement par la voie du semis, telles sont les suivantes :

Variété rouge pourpre à grandes fleurs.

Variété à fleur assez grande, rouge ou rose pourpré.

Variété pourpre cramoisi à grandes fleurs, d'un coloris intense.

Variété à grandes fleurs panachées de violet ou de pourpre sur fond blanc.

Variétés à fleurs doubles, chez lesquelles les organes de la reproduction se sont transformés, en partie, en pétales ou en corolles.

Culture. Les pétunias n'exigent pas de soins de culture bien minutieux ; bien que préférant cependant une terre légère, ils ne sont pas difficiles sur la qualité du terrain ; on doit employer de préférence, comme engrais, le terreau de feuilles ou les débris bien consommés d'un jardin ; ne jamais

faire usage du fumier de vache, qui est très funeste à ces plantes; elles poussent alors vigoureusement dans la jeunesse, mais ensuite les feuilles se boursoufflent, et la plante périt bientôt. *Multiplication*, 1° par semis, en février-mars sur couche, soit dans des pots, soit dans des terrines à fond drainé, en terre légère ou substantielle, et à repiquer en pots ou en pleine terre, dans le courant d'avril, aussitôt que le temps le permet; 2° ou bien, on sème encore à l'air libre, à bonne exposition, en pépinière et en planche, en avril-mai. Les graines étant très fines, devront être très peu enterrées, et semées de préférence en terre légère, fine, bien unie et légèrement tassée préalablement; 3° les variétés qui ne donnent pas ou presque pas de graine, celles à fleurs doubles, ainsi que celles qui ne se reproduisent pas toujours identiquement par la voie du semis, se propagent et se perpétuent par le bouturage, lequel s'opère toute l'année, mais de préférence au printemps, avec de jeunes bourgeons bien constitués, pris sur des pieds conservés l'hiver en serre, provenant de multiplications faites l'été précédent ou au commencement de l'automne.
— Les arrosements de ces boutures doivent être modérés pendant la mauvaise saison, afin d'éviter la pourriture. — Les pétunias sont de délicieuses plantes dont les fleurs se succèdent depuis la fin de

mai jusqu'aux gelées; ils font de très jolis massifs, de belles corbeilles, et garnissent admirablement les pelouses et les bordures. Le soir ces plantes exhalent un parfum des plus doux et des plus suaves.

85 Phlox. — *Phlox,* Lin. (Polémoniacées).

Allusion à la disposition pyramidale, et à la couleur brillante des fleurs, flamme.

Phlox de Drummond. — *Phlox Drummondi,* Hort.

Texas, en 1835, annuel, vivace en serre, plante poilue, glanduleuse, scabre; tiges rameuses-dichotomes, étoilées, puis dressées, s'élevant de 40 à 50 cent.; feuilles scabres, oblongues ou lancéolées, les inférieures rétrécies, opposées; les supérieures alternes, amplexicaules-cordiformes à la base, ovales, en cœur; en juin-août, fleurs grandes réunies en corymbes peu serrés, pourpres, roses, rouge pâle ou blanches, sur des pédoncules axillaires. Ce phlox a produit plusieurs variétés, toutes remarquables par la beauté et l'éclat de leur coloris, allant du blanc pur au rouge pourpre ou velouté, en passant par le rose, le violet et l'amarante; il y en a d'oculées, d'étoilées, de panachées, de striées, etc. — Ornement des massifs, des bordures, des plates-bandes, etc.

Phlox pyramidal. — *Phlox pyramidalis.* Sem. — *Phlox maculata.* Lin.

Amér. Sept., vivace, tiges maculées de brun, presque simples, glabres, hautes de 90 cent. à 1 m. 10; feuilles opposées, les inférieures ovales-lancéolées; les supérieures ovales, échancrées en cœur à la base; en juillet-août et septembre, fleurs odorantes d'un lilas purpurin, disposées en panicules serrées, oblongues thyrsoïdes ou presque pyramidales.

Variété à fleurs blanches — *P. maculata alba*, Hort.

Jolie variété à odeur douce et agréable, mais un peu plus délicate, et un peu plus tardive que le type précédent.

Phlox paniculé. — *Phlox paniculata*, Lin. — *Phlox undulata*, Ait.

Amér. Sept., vivace, plante un peu glabre ou velue; tiges dressées, cassantes, rameuses, paniculées au sommet, hautes de 60 à 90 cent.; feuilles opposées, oblongues ou ovales-lancéolées, aiguës, acuminées, les supérieures échancrées en cœur à leur base, en août-sept., fleurs rouges ou rose pourpré dans le type, munies chacune d'un calice campanulé à 5 divisions, d'une corolle longuement tubuleuse, d'un limbe en forme de soucoupe, divisé en 5 lobes arrondis et étalés; 5 étamines sont insérées sur le tube de la corolle t un style simple en occupe le centre. — Cette espèce est une de celles qui ont le plus contribué, par le croisement avec certaines autres, à la production des nombreuses et belles variétés de phlox vivaces cultivés aujourd'hui.

Phlox acuminé. — *Plox acuminata Pursa.* — *Phlox decussata*, Hort.

Amér. Sept., en 1812, vivace, plante très voisine des deux variétés précédentes; tiges hautes de 60 à 80 cent., dressées, pubescentes, rameuses-paniculées au sommet; feuilles opposées, oblongues ou ovales-lancéolées, acuminées, pubescentes en dessous, les supérieures presque en cœur; en mai-août, fleurs roses, plus foncées à la gorge, disposées en panicules pyramidales.

Variété à feuilles panachées. — *Phlox Decussata foliis variegatis*, Hort.

Belle variété à feuillage vert ou bordé de blanc jaunâtre, surtout dans la moitié supérieure, et quelquefois de blanc rosé aux jeunes pousses. *Multiplication*, uniquement d'éclats et de boutures.

Le nom de Phlox Decussata est le nom sous lequel on désigne ordinairement sur les catalogues les nombreuses variétés de phlox vivaces hybrides, tant recherchés pour la décoration des jardins. — *Culture*. Tous les phlox sont de plein air; les vivaces sont d'une culture très facile, car ils sont rustiques, ils croissent à peu près dans tous les terrains; même les plus secs, tout en préférant cependant les sols calcaires et ceux qui sont un peu frais. Le phlox Drummondi et ses variétés, qui sont assez délicates, annuels ou vivaces, font exception; ils exigent des soins préalables. Il faut les semer au printemps, en pots, et les tenir sur couche tiède. Le plant se repique dans des pots remplis de terre de bruyère, et on lui fait passer l'hiver en serre tempérée ou sous châssis, et au printemps suivant, on le met en pleine terre. La multiplication des autres variétés est des plus simples et se pratique de trois manières : 1° par semis, fait de préférence aussitôt la maturité des graines, en automne, octobre, novembre, en planches, en terrines ou en pépinière. Ces graines sont d'une levée excessivement lente et très capricieuse, quelquefois, elles ne germent que la deuxième année. Quelques semeurs habiles couvrent leurs semis pendant l'hiver d'un coffre avec panneaux; de cette façon, ils obtiennent une germination assez abondante dès le printemps suivant. Ce mode de multipliplication n'est guère employé que quand on veut obtenir de nouvelles variétés. Le procédé suivant est bien plus simple et plus expéditif; 2° par éclats ou divisions des touffes, qui peuvent se faire à l'automne, mais de préférence au printemps, opération qu'on peut renouveler chaque année; mais en ne la pratiquant que tous les deux ou trois ans, on a des touffes plus fortes et des fleurs en plus grande abondance. Les éclats peuvent être mis en place immédiatement, ou placés en pépinière d'attente, à une distance convenable; 3° par boutures, ce mode est surtout employé par les horticulteurs ou par les personnes qui veulent obtenir promptement un grand nombre de sujets de certaines variétés. On peut faire ces boutures presque toute l'année, mais de préférence au printemps avec les jeunes pousses que l'on coupe ou que l'on éclate dès qu'elles ont 4 ou 5 feuilles. — On les fait en terre légère, ou mieux encore dans du sable ou de l'alluvion sableux de rivière très fin; on les couvre avec une cloche, et on les tient à l'ombre jusqu'à ce qu'elles soient bien enracinées. Alors on les arrache et on les repique dans la pépinière d'attente, où elles demeurent jusqu'à leur mise en place. Le moyen d'avoir des plantes plus naines, plus ramifiées, des fleurs plus grandes et en plus grande quantité, c'est de pincer l'extrémité des jeunes tiges et des branches des phlox.

86 **Phormier.** — *Phormium, Forts.* (Liliacées).

Ainsi nommé à cause de la force des feuilles,

lesquelles servent souvent à faire des corbeilles ou des nattes.

Phormier tenace. — *Phormium tenax*, Fort.

Cette plante, fréquemment désignée sous le nom de lin de la Nouvelle-Zélande, est considérée et cultivée comme plante d'orangerie et de jardin d'hiver. — C'est une des plus belles plantes que nous ayons pour la décoration des pelouses, des vallons et le bord des eaux dans les jardins paysagers, où elle vient parfaitement dans les endroits ombragés et couverts. — Ses longues feuilles luisantes, coriaces, largement rubanées, un peu inclinées au sommet, peuvent atteindre 1^m 50 à 2^m de hauteur. — Lorsqu'on en possède des sujets forts, ils forment des touffes volumineuses à feuilles qui, bien que disposées sur deux rangées parallèles, retombent en tous sens et sont d'un très bel effet décoratif.

Cette plante, d'une très grande rusticité, est d'une culture toute simple et facile; on peut la cultiver en pots ou en caisses, et l'employer l'hiver à la décoration des appartements, des vestibules, des jardins d'hiver, etc. *Multiplication*, le semis étant assez difficile et très lent, c'est par la division des touffes qu'on multiplie cette plante le plus souvent; au printemps ou en été, sur couche jusqu'à la reprise, laquelle s'effectue assez rapidement.

87 Dauphinelle, pied-d'Allouette. — *Delphinium.* Lin. (Renonculacées).

Dauphin, Bec-d'oiseau, allusion à la forme des boutons avant l'épanouissement. — Plantes herbacées à fleurs irrégulières, disposées en grappes.

Pied-d'alouette d'Ajax. — *Delphinium Ajacis,* Lin.

Orient, en 1573, annuel, tige presque toujours simple, ferme, dressée, glabre ou à peine velue, haute de 80 cent. à 1 met.; feuilles alternes, les inférieures pétiolées, les supérieures sessiles, déchiquetées à découpures très fines; en juin-juillet, fleurs nombreuses, simples ou semi-doubles, réunies en grappe spiciforme, dense, allongée et très serrée, longue de 15 à 20 cent.; pédicelles dressés, à l'aisselle des bractées linéaires; calice à 5 sépales inégaux, le supérieur terminé à la base par un éperon creux; 4 pétales, les deux supérieurs éperonnés à la base, se prolongeant dans celui du calice; 1 à 5 follicules dressés.

Cette espèce a donné, par la culture, de nombreuses variétés : les unes grandes, les autres naines, à fleurs simples, semi-doubles ou doubles. — Ces dernières sont le résultat de la transformation des étamines en organes pétaloïdes onguiculés, ovales aigus.

Elles sont à peu près les seules cultivées aujourd'hui,

Multiplication. Voici les principales variétés que l'on cultive aujourd'hui qui se reproduisent à peu près identiquement par la voie du semis :

Pied-d'alouette grand. — *D. Ajacis major,* Hort.

Tige simple, haute de 1m à 1m 20; fleurs doubles en grappe simple, compacte et longue, arrondie ordinairement à l'extrémité. Cette race a donné les variétés aux diverses couleurs ci-après :

Blanc;

Couleur de chair;

Rose;

Mauve ou cendré;

Violet clair;

Violet;

Gris de lin;

Lie de vin;

Brun;

Pied-d'alouette nain ou petit. — *D. Ajacis minus,* Hort.

Tige élevée d'environ 60 cent. et moins, lorsqu'il a été semé épais ou en terrain maigre et sec; fleurs très doubles, formant une seule grappe très fournie, ordinairement cylindrique et arrondie au sommet. Les pétales sont généralement aigus à la partie supérieure. Les variétés appartenant à cette race sont celles aux couleurs suivantes :

Blanc nacré;

Blanc;

Couleur de chair;

Rose;

Mauve;

Mauve clair;

Violet clair;

Fleur de pêcher;

Violet;

Violet bleuâtre;

Brun pâle ;

Bleu pâle;

Gris de lin;

Gris cendré;

Brun ;

Bicolore rose et blanc;

Bicolore gris de lin et blanc;

Blanc panaché de gris de lin;

Blanc panaché de rose;

Ces 4 dernières variétés ont des grappes de fleurs très effilées en pointe à leur sommet.

Pied-d'alouette à fleur de jacinthe. — *D. Ajacis hyacinthiflorum*, Hort.

Cette troisième race de pied-d'alouette des jardins, qui ne diffère des deux précédentes que par la forme de la fleur et par la disposition de l'inflorescence, qui est effilée et sur laquelle les fleurs sont un peu plus distancées que sur les grappes des races ci-devant, est ainsi nommée par les horticulteurs allemands et belges, qui la cultivent beaucoup.

Les pieds-d'alouette des jardins sont d'un très bel ornement sur nos parterres, depuis la fin de mai jusqu'en juillet; ils sont rustiques, viennent à peu près partout, dans les terrains secs, et même dans les jardins situés sur le bord de la mer. — On en fait des lignes qui sont de toute beauté le long des allées droites; on en compose des groupes et des massifs entiers.

Au moyen des variétés par couleurs séparées, on peut former des dessins et des combinaisons de couleurs, et obtenir ainsi des contrastes d'un très bon effet.

Multiplication, par semis sur place, en février-mars et avril, soit à la volée, soit en rayons larges de 15 à 25 cent., et on laisse entre les pieds, lorsqu'on les éclaircit, un espacement de 12 à 15 cent.

On peut encore faire ces semis en septembre et octobre, et même plus tard, dès lors que la terre n'est pas gelée : mais ces semis-là sont bien souvent sujets à être dévorés par les loches ou limaces.

Pied-d'alouette des blés à fleurs doubles. — *D. consolida*, Hort.

Indigène, annuel, tige rameuse, haute de 80 cent. à 1 mèt., faiblement pubescente; feuilles alternes, petites, trois fois pennatifides, presque sessiles, à découpures linéaires; tout l'été, fleurs assez grandes doubles, de couleurs variées, formant au sommet des tiges et des rameaux, des grappes lâches, longues de 15 à 20 cent., paniculées.

Les principales de ces variétés qui se reproduisent identiquement par la voie du semis sont :

Blanc;

Couleur de chair;

Rouge;

Lilas;

Violet;

Gris de lin;

Panachée tricolore.

Cette dernière est remarquable par ses belles panachures et par ses couleurs vives et tranchées.

Le pied d'alouette des blés convient particulièrement à la décoration des grands jardins ; soit en massifs, soit disséminé dans les plates-bandes ou dans les bosquets.

Un des grands avantages de cette espèce est de fleurir longtemps et plus tardivement que la précédente, c'est-à-dire pendant tout l'été. De plus elle réussit très bien dans les sols les plus secs et les plus calcaires, même ceux en pente, les coteaux, etc.

Multiplication, par semis, 1° en février-mars et

avril, sur place ou en pépinière; mais le premier mode est le plus généralement pratiqué; 2° de septembre à novembre, sur place, en laissant entre les pieds, lorsqu'on éclaircit le plant, un espacement de 15 à 20 cent; 3° en septembre encore, en pépinière ; dans ce cas, où les plants doivent être repiqués en planche, puis mis en place, vers le 15 mars, à 30 cent. environ de distance, afin qu'ils ne souffrent pas de ce changement, on devra les lever en motte et avec beaucoup de soin.

Le repiquage de cette espèce réussit ordinairement assez bien. Les fleurs coupées du pied d'alouette des blés à fleurs doubles conviennent particulièremant pour la confection des bouquets et la garniture des vases d'appartement.

Pied d'alouette à pétales en cœur. — *D. cordiopetalum*, D. C.

Indigène, annuel, tiges minces, mais fermes, noirâtres à la base, s'élevant à 40 cent. environ, très rameuses dès la base, ramifications étalées d'abord, puis droites, formant un aspect buissonnant et pyramidal, feuilles alternes, tripartites, multiples, à lanières linéaires et glabres, les supérieures entières ; rameaux floraux courts, mais nombreux ; en juin, en septembre et même quelquefois en octobre, fleurs abondantes, simples, d'un beau bleu sur la face interne, pâles et rougeâtres en dehors, en grappe plus ou moins serrée. Cette plante est jolie et remarquable par sa floraison tardive. Elle réussit dans tous les terrains, surtout dans ceux où l'élément calcaire domine, et vient très bien aussi dans les jardins situés au bord de la mer Culture des précédentes.

Pied d'alouette élevé.— *D. elatum*, Lin.

PIED D'ALOUETTE VIVACE DES JARDINS

Indigène, vivace, plante glabre plus ou moins velue, hispide; tiges dressées, peu rameuses et pouvant s'élever jusqu'à 2 mèt. de haut; feuilles un peu velues, d'un vert parfois glauque-grisâtre, palmées, à 5 lobes très incisées et dentées, de mai en août, fleurs très nombreuses, en grappe plus ou moins dense et longue de 30 cent. et quelquefois plus. Cette jolie espèce est très variable, ce qui a donné lieu à la création d'un grand nombre d'espèces et de variétés qui doivent lui être rapportées.

Quelques-unes de ces variétés sont à fleurs très doubles et d'un beau bleu d'azur, parfois nuancé de blanc. On les multiplie le plus souvent par la division des pieds, car elles donnent rarement de graines, et lorsque par hasard elles en donnent, elles ne reproduisent la plupart du temps que des plantes à fleurs simples. Ce Delphinium et ses variétés sont des plantes très ornementales, surtout pour les grands jardins. Les variétés à fleurs simples, qui atteignent de plus grandes dimensions que les doubles et sont plus rustiques, conviennent parfaitement pour orner les massifs d'arbustes clair-plantés et la décoration des pelouses.

Multiplication, par la division des pieds ou d'éclats au printemps ou à l'automne ; par le semis, en avril-mai, en pépinière en planche ; les plants sont repiqués à demeure à la fin de l'été ou au printemps suivant, espacés de 60 à 70 cent.

Les fleurs coupées de cette plante sont propres pour la garniture des vases et la confection des bouquets.

89 **Pivoine.** — *Pæonia*, Tourn. (Renonculacées).

Dédié à Pœon, médecin grec qui, le premier, enseigna aux hommes la vertu de la pivoine officinale.

Pivoine officinale. *(dite des jardins)*. — *Pæonia officinalis*, Retz.

Indigène, vivace, racines fusiformes, charnues, à odeur forte et poivrée ; tiges herbacées, simples, nombreuses, touffues, s'élevant de 60 à 80 cent. ; feuilles glabres, alternes, inégalement divisées, en segments ovales-lancéolés; d'avril en mai, fleurs inodores, solitaires au haut des tiges, larges de plus de 10 cent.

La pivoine officinale est une des plantes les plus anciennement connues et une de celles qu'on emploie le plus pour l'ornementation des jardins. Il en existe des variétés semi-doubles, des doubles ou pleines, selon que les étamines et les pistils se sont plus ou moins transformés en organes pétaloïdes, et que ces organes se sont plus ou moins allongés et élargis. Les variétés à fleurs doubles et pleines durent plus longtemps que les simples; sont les seules bien recherchées aujourd'hui.

Les plus remarquables sont les suivantes :

Variété à fleur double pourpre. — *Pæonia officinalis purpurea, splendens, vel fulgens*, Hort.

Variété à fleur double rose. — *Pæonia officinalis maxima rosei plena*, Hort.

Variété à fleur double cramoisi pourpré ou à fleur d'anémone. — *Pæonia officinalis anemonæflora plena*, Hort.

Variété double à fleur blanche. — *Pæonia officinalis abba plena*, Hort.

Variété double panachée. — *Pæonia officinalis strita elegans.* Hort.

La pivoine officinale est d'une grande rusticité et d'un très grand effet pour l'ornementation des grands et des petits jardins. On en compose des massifs, soit unicolores, soit de couleurs variées ; elle est très propre à orner les plates-bandes, les corbeilles, les pelouses, les bordures, le long des allées, à décorer les grandes rocailles, les jardins encaissés des grandes villes, etc. Cette espèce et ses variétés viennent bien dans tous les terrains et à toutes les expositions ; elles ne craignent que l'ombre des arbres, où elles s'étiolent et fleurissent peu et mal. *Multiplication*, par éclats ou par la séparation de leurs racines tubéreuses, en conservant un œil, ou bourgeon au collet, au printemps, de préférence à l'automne, et même au mois d'août. Cette opération ne se fait que tous les cinq ou six ans, lorsqu'on veut avoir de fortes touffes, — Le semis n'est guère employé que lorsqu'on veut obtenir de nouvelles variétés, car il faut de 5 à 8 ans pour qu'une plante de semis arrive à fleurir. Ce semis se fait en pleine terre, en terrain léger et bien sain, ou bien en pots en terre substantielle recouverte de mousse ou de feuilles, et à demi-ombre, depuis avril jusqu'à septembre

La germination de ces plantes est très lente.

Pivoine de Chine. — P. à fleurs blanches. — *Pæonia albiflora*, Pallas.

Chine, en 1808, vivace, plante glabre d'un **vert**

gai; tiges simples ou rameuses au sommet, s'élevant de 80 cent. à 1 mèt, souvent teintées de violet, feuilles alternes, glabres, planes ou concaves, ovales-lancéolées, d'un vert luisant à la partie supérieure ; en mai-juin fleurs simples, à odeur suave, analogue à celle de la rose, pénétrante, au nombre de 1 à 7 sur chaque tige, la terminale plus grande; large de 10 à 12 cent; pétales plutôt dressés qu'étalés, ordinairement d sposés sur 1 ou 2 rangs.

Cette pivoine, à fleur simple, blanche, très odorante, a produit par les semis successifs et une culture intelligente, les nombreuses variétés connues généralement sous le nom de pivoines de Chine.

Certains catalogues en mentionnent des collections de plus de 200 variétés. Elles sont toutes très rustiques, très florifères, et peuvent être employées et multipliées comme les précédentes.

Pivoine en arbre. — *P. moutan.* Sims.

Chine, vivace, tige ligneuse, pouvant atteindre 2 mèt. 50 de haut; feuilles pétiolées, bipennées à segments incisés ou lobés, pâles en dessous, vert tendre en dessus; en avril-mai-juin, fleurs terminales, presque toujours pleines, de 5 à 8 pétioles, portées sur un long pédoncule, blanches carminées ou roses, et en général odorantes. — Parmi les nombreuses variétés, deux sont surtout bien caractérisées : l'une par ses fleurs semi-pleines, à pétales blancs; tachés de rouge à la base; l'autre à fleurs très pleines, à pétales bleuâtres, mais à bords blancs avant leur développement. *Multiplication*, de marcottes et par la séparation du pied, ou par greffe en fente, sur pivoine commune. — La terre de bruyère pure ou mélangée de bonne terre normale, leur convient parfaitement.

89 Pourpier. — *Portulaca*, Tourn. (Portulacées).
Petite porte; allusion au mode de déhiscence de la capsule.

Pourpier à grandes fleurs. — *Portulaca grandiflora*, Lindl.

Brésil, annuel, vivace en serre, plante herbacée, grasse, tiges hautes de 12 à 20 cent., rameuses à l'aisselle des feuilles, d'un vert blond ou rougeâtre; fleurs alternes, linéaires lancéolées, glabres ou poilues; en juillet-septembre, fleurs très grandes et très belles, fasciculées au sommet des rameaux, d'un rouge violet brillant; elles sont terminales et naissent à l'aisselle des feuilles, marquées inférieurement d'une tache blanche triangulaire.

Ce pourpier a produit, par la culture, quelques jolies variétés, qui se reproduisent assez franchement par la voie du semis, telles sont :

Variété blanc strié. *P. grandiflora alba striata rosea*, Hort,

Variété panachée. — *P. grandiflora variegata*, Hort.
Variété jaune. — *P. grandiflora Thorburnii*, Aort.
Variété orange — *P. grandiflore aurantiaca*, Hort.
Variété panachée de jaune et de blanc. — *P. grandiflora alba striata lutea vel aurea*, Hort.

Variété rose pâle. *P. grandiflora rosea pallida*, Hort.

Toutes les variétés ci-dessus ont une tendance à doubler, et l'on possède maintenant des variétés semi-doubles, doubles et pleines, qui se reproduisent en partie par le semis, et sont d'une très grande beauté, étant épanouies au soleil.

Culture. Comme le semis ne reproduit qu'une faible proportion de ces plantes à fleurs très doubles ou pleines, lorsqu'on voudra conserver ces dernières, on les multipliera à volonté de boutures, faites avec les rameaux, soit sur couche, si la température l'exige, soit en pots en plein air ou en pleine terre, à bonne exposition.

Les graines de pourpiers à grandes fleurs ne doivent pas être couvertes lorsqu'on les sème.

Ces semis se font 1° sur place, vers la fin d'avril et au commencement de mai, en laissant entre les plants un espacement de 15 à 20 cent., 2° en pépinière, en planche, à bonne exposition, à la même époque que ci-dessus ; on repique les jeunes pieds à demeure, dès qu'ils ont quelques feuilles, en les espaçant de 25 à 30 cent ; 3º sur couche, en mars-avril ; on repique le jeune plant sur couche, et on les met à demeure dans le courant de mai, en choisissant une exposition bien chaude et bien éclairée.

Bien souvent, dans les terrains légers et sableux, les pourpiers se ressèment naturellement.

90 Primevère. – *Primula*, Lin. (Primulacées).

Premier : allusion à la précocité des fleurs. au printemps.

Primevère des jardins, de plein air. — *Primula elatior*, Hort.

Indigène, vivace, plante très variable dans la culture, mais moins à l'état sauvage. Tiges souterraines ou souches non apparentes, rameuses et rugueuses, à odeur aromatique, officinales ; feuilles toutes radicales, partant directement de la souche, ovales-oblongues, ondulées, crénelées au bord, disposées en rosettes plus ou moins étalées ; hampe droite, haute de 10 à 20 cent. terminée par un bouquet de 10 à 12 fleurs, généralement odorantes ; calice plus ou moins velu, plus ou moins tubuleux, quelquefois un peu renflé, à 5 angles et à 5 dents plus ou moins profondes ou aiguës, dressées ou couvertes; corolle en forme d'entonnoir, de couleurs très variables, le plus souvent lavées ou teintées de couleurs diverses. — Cette plante est d'une très grande rusticité; elle vient à peu près dans tous terrains sains; ses fleurs sont des premières qui apparaissent au printemps, ce qui la rend très précieuse.

Multiplication, ordinairement par éclats ou division des pieds, que l'on fait tous les 3 ou 4 ans, de juin en septembre; dans ce dernier cas, elle nuit à la floraison.

Un second procédé de multiplication est le semis, que l'on pratique surtout pour rajeunir les collections et obtenir de nouvelles variétés: ce semis doit se faire dès la maturité des graines, en terrain léger, meuble, frais et mi-ombragé, repiquer en pépinière, puis planter à demeure en automne ou au printemps. On peut aussi, et cela est même préférable, semer de décembre en mars, ce qui donne, au printemps suivant, des plantes plus fortes et plus florifères.

Primevère à grandes fleurs. — *Primula grandiflora*, Lamk.

Sans tige ou acaule des jardins.

Indigène, vivace, feuilles toutes radicales, ovales-oblongues, étalées, poilues en dessous, rugueuses, ondulées, à nervures réticulées et à bords dentés. Hampe nulle ou très courte; parfois, cependant, elle s'élève hors de terre; pédicelles filiformes, poilus, laineux, longs de 10 à 15 cent. terminés par une seule fleur jaune-clair, sortant du milieu des feuilles. Cette plante a peu varié; néanmoins, il existe des variétés blanches, lilas, cornées, jaune-soufré, violet bleuâtre, rouge cuivré, rouge foncé; dans beaucoup de ces variétés, dans les simples surtout, ces fleurs présentent au centre un œil jaune ou orange. Les variétés à fleurs simples soint particulièrement recherchées pour décorer les bosquets, les bois clair-semés. Elle fleurit de mars en mai. — Culture, multiplication et emplois de la precédente.

Primevère auricule. — *Primula auricula*, Lin.

Oreille-d'ours.

Europe, vivace, souche ou tige très courte; feuilles alternes, courtes, épaisses, ovales spatulées, disposées en rosette, étalées ou dressées; hampe ferme, haute de 8 à 15 cent., terminée par un bouquet de 8 à 20 fleurs. — La floraison a lieu d'avril en mai, les auricules sont cultivées depuis les temps les plus reculés; peu de plantes ont été aussi recherchées et ont autant attiré et passionné les amateurs qu'elles, ce qui explique les variations si nombreuses qu'elles ont produites. — On les divise en 4 sections ou classes principales, qui sont : 1° les pures, caractérisées par des fleurs d'une seule couleur, avec l'œil ordinairement sans éclat. Les nuances qu'on estime le plus sont : le bleu, le brun noir velouté ; 2° les anglaises ou poudrées, remarquables par la poussière blanchâtre et granuleuse qui couvre ces plantes, surtout les hampes, les pédicelles, le calice et même la corolle. Les fleurs des auricules anglaises ou poudrées, sont très souvent panachées, et presque jamais ombrées ; les couleurs qu'on recherche le plus sont le vert-olive, le brun-pourpre, le fauve ou chamois clair. L'œil des fleurs de cette section est ordinairement blanc ; 3° les ombrées ou liégeoises, sont des fleurs qui ont, outre l'œil qui doit être jaune ou olive, deux autres couleurs principales et bien tranchées, ou une seule, mais alors plus foncée au centre touchant l'œil, et nuancée aux bords. Cette section est une des plus cultivées, et aussi celle dont on possède le plus grand nombre de variétés. Les coloris qu'on estime le plus sont : le brun foncé velouté, le jaune orange, le brun olive, le feu velouté, le chamois, l'amarante, le bleu, etc. ; 4° les doubles, comprenant les variétés dont les fleurs sont formées de deux corolles au moins, emboîtées. Ces plantes à fleurs doubles sont très peu estimées, et on ne les admet dans les collections que comme curiosités. Le nombre des variétés adoptées de cette section est très limité, et réduit à 4 ou 5, savoir: La modérée veloutée, la jaune, la brune pourprée et la noire. *Multiplication*, les variétés doubles des auricules ne donnant pas de graines, ne peuvent se multiplier que par la division des pieds, par le bouturage ou par œilletons. Les auricules aiment une terre un peu consistante, plutôt forte que légère, argileuse même, et non siliceuse à l'excès, et ne craignent point le froid le plus intense; mais ce qu'elles redoutent, ce sont les effets du dégel, les changements subits de température. — C'est pour cette raison qu'on cultive les belles variétés en pots à fond drainé.

Les auricues sont l'ornement par excellence des fenêtres. — Les semis des graines produites par les plantes à fleurs simples se font; 1° de décembre en mars, au plus tard, pour obtenir la germination au printmeps; 2° en mars-avril, souvent elles ne germent qu'à l'automne; 3° de mai en juillet. Ce semis lève parfois la première année à l'automne, mais le plus souvent au printemps suivant. Les semis se font en pots, en terrines, en caisses ou sur une plate-bande à l'ombre, en terre légère, sablonneuse, celle de bruyère, mêlée avec un peu de terre franche, de préférence. Les graines doivent être très peu recouvertes, de 2 mill. à peine, avec de la terre très fine ou de mousse hachée.

Primevère à feuilles marginées. —*P. marginata*, Lin.

Primevère velue ou visqueuse.—*P. Villosa*, Jacq.

Primevère farineuse. — *P. farinosa*, Lin.

Primevère involucre. — *P. involucrata*, Wall.

Primevère de Chine. — *P. Sinensis*, Lindl.

91 Pyrèthre. — *Pyrethrum*, Boiss. (Composées).

Sorte de camomille, genre détaché du genre chrysanthemum qui a pour type la grande marguerite des prés.

Pyrèthre de Tchihatchef. — *Pyrethrum Tchihatchewii*, Boiss.

Asie mineure, vivace, tiges nombreuses, radicales, rampantes, très rameuses, hautes de 6 à 8 cent., très feuillées et formant un gazon très dense ; feuilles élégamment découpées, d'un vert gai jaunâtre, persistantes même en hiver, à segments linéaires ; capitules axillaires et solitaires, ressemblant à une fleur de pâquerette ; en mai-juin, fleurs assez nombreuses et blanches. — Par son mode de végétation, cette plante est très convenable pour former des bordures durables, tapisser des terrains en pente, établir même des gazons de petite étendue.

Elle est très rustique, croît dans tous les sols, et ne redoute pas la sécheresse. *Multiplication*, aisément par la division de ses tiges qui s'enracinent facilement à l'automne ou au printemps. Lorsque la plante devient gênante, on peut la couper avec la bêche et au cordeau.

Pyrèthre rose du Caucase. — *Pyrethrum roseum caucasum*, Lindl.

Pyrèthre inodore. — *Pyrethrum inodorum*, Boiss.

Phèryre des Indes. — *Pyrethrum indicum*, Cass.

Pyrèthre de Chine, Chrysanthème à grandes fleurs — *Pyrethrum sinensis chrysanhemum grandiflora* Ramat.

92 Reine-marguerite. — *Callistephus*, Nées (ou aster, Lin.) (Composées).

Beauté, couronne, allusion aux fleurs ligulées des capitules.

Reine-marguerite aster de Chine. — *C. sinensis*, Nees, *astor sinensis*, Lin.

Chine, Japon, annuelle, tige herbacée, rameuse, à ramifications pyramidales ou paniculées, s'élevant de 40 à 60 cent.; feuilles alternes : les inférieures spatulées, celles de la partie moyenne de la tige rhomboïdales-lancéolées; les supérieures oblongues, toutes irrégulièrement dentées, à bords ciliés; fleurs disposées au sommet de longs pédoncules, à larges capitules, à plusieurs rangées de bractées ou d'écailles vertes, oblongues-obtuses; réceptacle large, alvéolé garni au centre de petites fleurs jaunes, tubuleuses. — La culture a considérablement modifié le type original de la reine-marguerite et le modifie encore tous les jours. Ce qui a donné lieu à la création des races de reines-marguerites, appelées grandes ou pyramidales, géantes, demi-naines, naines ou très naines, à rameaux étalés, à bouquet etc., qui toutes présentent, dans des proportions diverses, une série de variétés de colorations se reproduisant ordinairement assez franchement par la voie du semis. — Les principaux coloris des reines-marguerites sont : le bleu violacé, le rouge et le blanc, avec un grand nombre de nuances intermédiaires. — Aujourd'hui, pour qu'une reine-marguerite soit recherchée et cultivée, il faut qu'elle soit double ou pleine, c'est-à-dire que son capitule floral soit rempli ou d'organes pétaloïdes plats en languettes (demi-fleurons), ou d'organes tubulaires tuyautés, (fleurons), et d'une coloration autre que le jaune. Enfin, il est important que le capitule ne creuse pas, qu'il n'ait pas de cœur, comme on dit quelquefois, mais qu'il soit parfaitement rempli, et ne laisse pas voir au centre un reste de disque jaune.

Culture. La reine-marguerite n'est pas difficile;

elle se contente à peu près de tous terrains et de toutes les situations; cependant elle préfère les terres légères aux terres argileuses. La multiplication s'opère par la voie du semis, en mars-avril, sur couche et sous châssis, ou en pots, terrines ou caisses, ou en terre légère et bien ameublie à l'air libre et à bonne exposition. Dans tous ces différents cas, on ne doit couvrir les graines que de quelques mill. de terre ou de terreau, que l'on tassera légèrement.

Les jardiniers qui fournissent les marchés aux fleurs font des semis successifs en juin et juillet, pour obtenir une floraison tardive d'octobre-novembre et même en décembre. Ils prennent pour cette culture les races hâtives, telles que les pyramidales, les demi-naines, la naine à bouquet, celles à rameaux étalés et les anémones, qu'ils sèment en pépinière en planche, au commencement de juillet. Aussitôt que les plants de reine-marguerite ont deux à quatre feuilles, on les repique en pépinière de manière qu'on puisse, plus tard, les lever facilement avec leur motte. Ce repiquage est de la plus grande importance. Si l'on voulait laisser les plants dans la pépinière d'attente jusqu'à la floraison. il serait bon de les repiquer encore une fois.

Reines-marguerites anémones.

**Tige très ramifiée dès la base, peu élevée; fleurs

très nombreuses, très bombées au centre, les ligules extérieures dressées, étalées ; les pétales du centre, serrés et rayonnants en tous sens, remplissent toute la fleur et sont tuyautés. Cette race est remarquable par sa rusticité et précieuse pour les bordures dans les jardins.

Un des grands avantages de cette plante est de pouvoir se passer complètement de tuteurs. Principales variétés : variétés blanches, variété lilas rosé, variété couleur de chair, variété violette, variété rouge, variété panachée de rouge violacée, variété panachée de rouge.

Semées dans la 2ᵉ quinzaine de juin, ces variétés donnent en septembre-octobre une floraison qui les fait rechercher pour l'approvisionnement des marchés aux fleurs de cette époque.

Reines-marguerites de Chine ou Chinoises.

Tiges s'élevant de près d'un mètre de haut, ramifications étalées ; fleurs très grandes, non encore entièrement doubles ; pétales très allongés et un peu ondulés. Cette race diffère beaucoup des précédentes et peut devenir la source de variétés très intéressantes.

93 **Renoncule.** — *Ranunculus*, Lin. (renonculacées).

Grenouille : des lieux marécageux où croissent quelques espèces de ce genre.

Renoncule des fleuristes. — *Ranunculus, Asiaticus,* Lin.

Asie, en 1596, vivace, souche ou griffe, composée de petites racines ou doigts charnus, munis en haut de 2 ou 3 yeux garantis par un duvet noirâtre; tige un peu velue, cotonneuse surtout au sommet, dressée, haute de 25 à 35 cent., terminée par une belle fleur de couleur variable; feuilles partagées en 3 divisions, à folioles incisées et trifides; en mai-juin, fleurs très nombreuses, simples, semi-doubles, doubles, presque de toutes les couleurs.

Renoncule âcre à fleurs pleines -- *Ranunculus acer*, Lin.

Bassin d'or, boutons d'or, clair-bassin.

Indigène, vivace, souche rampante, fibreuse; tiges de 50 à 60 cent., rameuses, à ramifications dressées, grêles ; feuilles radicales, palmatipartites, partitions incisées ; en mai-juin-juillet, fleurs d'un beau jaune, luisantes, petites plus ou moins, et bombées. Cette plante convient à l'ornementation des plates-bandes et des massifs de plantes vivaces.

Multiplication. Comme cette variété ne produit pas de graines, on la multiplie d'éclats ou de traces, en automne ou au printemps; les pieds doivent être espacés de 25 à 30 cent. les uns des autres.

Elle aime un sol argileux et un peu frais, humide même; toutefois les terrains consistants, sans être humides, conviennent assez bien à cette espèce.

Renoncule bulbeuse à fleurs pleines. — *R. bulbosus*, Lin.

Pied-de-coq, Rose de Saint-Antoine.

Indigène, vivace, souche bulbiforme, tiges élevées de 25 à 30 cent., terminées par des fleurs un peu couchées et velues, d'un jaune moins brillant que la variété précédente, et parfois un peu verdâtres au centre, surtout au moment de son complet épanouissement.

Très souvent du centre de la fleur, on voit se développer un pédoncule terminé par une autre fleur, celle-ci à son tour en porte une troisième, et successivement jusqu'à 4 ou 5 fleurs, ainsi superposées. Ce phénomène de prolification dans les fleurs de cette plante est des plus singuliers; feuilles dressées et velues, une ou deux fois divisées en 3, à segments trifides, crénelés. Elle fleurit de mai en juillet, et même quelquefois en avril, si on la couvre de panneaux. *Multiplication*, par la séparation des touffes en automne, ou ce qui est préférable, au printemps. On l'emploie très avantageusement pour l'ornementation des plates-bandes.

Renoncule aquatique — *Ranunculus aquatilis*, Lin.

Indigène, vivace, aquatique, tiges rameuses, s'élevant facilement d'une profondeur d'eau de

1 mètre, puis nageantes; feuilles alternes, les submergées finement divisées. Plante très convenable pour la décoration des rivières, des lacs, des réservoirs, etc. Elle fleurit d'avril en août.

Renoncule pivoine. — *Ranunculus africanus*, Hort Renoncule d'Afrique, Renoncule d'Alger, Turque.

Afrique occidentale, cette race se distingue des renoncules d'Asie ou des fleuristes par ses feuilles plus grandes, plus larges, ternées une seule fois et peu découpées, presque toujours étalées, d'un vert blond ou cendré; par ses tiges plus fortes, plus ramifiées, et surtout par ses fleurs volumineuses, à pétales allongés, larges, quelquefois ondulés, chiffonnés et vaguement dentelés; ces pétales sont dressés et un peu arqués en dedans. Lorsque la plante s'est développée dans de bonnes conditions, les premières fleurs sont souvent prolifères

Les renoncules pivoines sont bien plus rustiques et plus précoces que celles d'Asie. Les fleurs sont généralement tout à fait pleines, et lorsqu'elles deviennent semi-doubles ou simples, elles produisent des graines, mais ces graines sont généralement stériles. — VARIÉTÉS: pivoine rouge très grosse, fleur globuleuse, pivoine jaune, dite séraphique d'Alger, d'un jaune citron ou jonquille, très grosse fleur, pivoine souci doré d'un brun ou olive flammé de rouge.

94 Réséda. — *Reseda,* Lin. (Résédacées.)

Herbes, quelquefois, sous-arbrisseaux, feuilles alternes, munies de très petites stipules, fleurs irrégulières.

Réséda odorant. — *Reseda odarata,* Lin.

Afrique, annuel, vivace en serre ou dans les murailles à bonne exposition ; tiges rameuses, étalées sur le sol, puis dressées, hautes de 20 à 30 cent. ; feuilles alternes, oblongues-obovées, obtuses, entières ou trilobées, de juin aux gelées, fleurs très odorantes, jaune-verdâtre, en grappe terminale ovoïde. *Multiplication,* de semis sur couche ou en pots en mars, ou en place en mai. Cette plante croît dans tous les terrains et à toutes les expositions ; cependant, elle préfère les terrains sains et secs plutôt qu'humides — Ornement des plates-bandes, des massifs, des balcons et des fenêtres. -- Le réséda est cultivé en pots sur une très grande échelle pour l'approvisionnement des marchés aux fleurs. Pour obtenir de belles potées, il faut les semer de bonne heure au printemps et ne laisser qu'un très petit nombre de pieds dans chaque pot. — La vatié et à grandes fleurs *(reseda grandiflora)* est généralement la plus cultivée pour l'approvisionnement des marchés de Paris, parce qu'elle est robuste, a une inflorescence bien développée et de grandes fleurs en grappes volumineuses, allongées et serrées.

En serre, le réséda fleurit tout l'hiver.

95 Ricin — *Ricinus*, Lin. (Euphorbiacées).

Herbes ou arbustes, suivant le climat et la culture, à grandes feuilles ornementales, alternes, palmées, longuement pétiolées ; fleurs monoïques, en panicules terminales, unisexuées, les mâles à la base et les femelles au sommet. Ces plantes, quoique vivaces, sont cultivées comme annuelles.

Ricin grand. — *Ricinus major*, Hort.

Inde, en 1548, annuel ou vivace, tige s'élevant plus ou moins, suivant la culture, de 2 à 3 m. et quelquefois plus, robuste, glauque ramifiée vers le sommet surtout, feuilles très amples, alternes, longuement pétiolées, à lobes dentés en scie ; en juillet-août, fleurs à peu près insignifiantes. *Multiplication*, de semis généralement en place, au printemps, mais il est souvent plus sûr de le semer sur couche, en pots, pour repiquer en place au mois de juin ; les pieds doivent être espacés de 1 m. 50 à 2 m. Cette plante aime une terre meuble et substantielle, et une exposition chaude.

Certains horticulteurs croient que sa présence dans un jardin éloigne les taupes, et pour ce motif, ils en sèment souvent dans leurs carrés de jardin.

L'huile qu'on extrait de la graine de ricin est employée en médecine comme purgatif.

VARIÉTÉS PRINCIPALES

Ricin petit. — *Ricinus minor*, Hort.

Ricin sanguin. — *Ricinus sanguineus*, Hort.

Ricin d'Afrique blanchâtre — *Ricinus africanus albinus*, Hort.

Ricin pourpre. — *Ricinus purpureus*, Hort.

Ricin vert. — *Ricinus viribis*, Willd.

96 Rose trémière. — *Althæa*, Lin. (Malvaceés).

Allusion aux propriétés médicinales de cette guimauve officinalis, Passe rose, Bâton de Jacob, plantes souvent cotonneuses ou très poilues.

Rose trémière Passe-Rose. — *Althæa rosea*, Cav.
Chine, en 1573, bisannuelle ou trisannuelle, plante toute couverte de poils mous ; tige robuste, dressée, remplie de moelle, haute de 2 à 3 mèt. ; feuilles alternes, rugueuses, pétiolées, larges, cordiformes, à 5-7 angles crénelés, fendus inégalement ; en juin-juillet-août et septembre, fleurs axillaires, brièvement pédicellées, quelquefois presque sessiles, de couleurs très variées, en longs épis au sommet des rameaux, pétales crénelés, à onglets velus.

Multiplication, de semis en mai-juin et septembre à la volée et en lignes, en pépinière ou en planche, dans une terre saine et légère bien appropriée et ameublie par les labours : on multiplie encore les roses trémières par la division des pieds, à l'automne ou au printemps, et par boutures, avec les rameaux feuillés qui se développent à la base des tiges ou sur les souches. Il faut conserver à ces boutures un peu de talon ; elles doivent se faire de bonne heure à l'automne, ou au printemps en pleine terre à bonne exposition ou en pots à fond drainé, en serre ou sous châssis, selon les climats. Cette plante se multiplie également par la greffe, laquelle donne des résultats plus certains que les procédés ci-dessus. — Les roses trémières aiment les terrains sains, profonds, un peu frais et perméables ; les sols humides, froids, ombragés leur sont nuisibles. Elles sont de haut ornement, d'un effet grandiose et pittoresque, soit isolées, soit groupées sur les pelouses, soit sur les plates-bandes soit qu'on en compose des massifs entiers. — Le nombre des variétés de roses trémières est très grand, voici les principales couleurs prises parmi plus de cent variétés :

Jaune pâle ;

Jaune soufré et clair ;

Jaune ;

Jaune paille et chamois;
Blanc jaunâtre;
Blanc pur;
Blanc rosé;
Saumon;
Saumon bordé jaune;
Chair à fond brun;
Chair;
Chamois-rosé;
Chamois;
Rose tendre;
Rose pâle;
Rose nervé de blanc;
Rose avec saumon;
Rose-cerise;
Rose-vif bordé de blanc;
Rose-violacé;
Rose tendre chamois;
Rouge-clair;
Rouge-vif;
Rouge brillant;
Rouge-cerise;
Cramoisi;
Violet;
Violet pourpre;
Violet lie de vin;
Pourpre foncé, etc., etc.

97 Safran. — *Crocus,* Tourn. (Iridées).

Plantes acaules, à bulbes charnus, tuniqués, feuilles radicales, étroites, en rosette, fleurs grandes et belles, en entonnoir, à long tube, à limbe partagé en 6 segments semblables.

Safran printanier. — *Crocus vernus,* All.

SAFRAN DES FLEURISTES

Indigène, vivace, bulbe solide à tuniques, en réseau d'un blanc plus ou moins lutescent; feuilles canaliculées, sans nervures, disposées en faisceau, ne se développant complètement qu'un peu après les fleurs ; de février à mars, fleurs lilas ou violettes ou blanches, ou bleuâtres, ou panachées de blanc et de violet, de courte durée, mais se succédant abondamment durant un mois environ

Multiplication, par le moyen de leurs caïeux, qu'on détache en relevant les oignons tous les 3 ans, et par le semis lorsqu'on cherche à obtenir des variétés nouvelles. Le crocus printanier aime une terre très saine, drainée au besoin, meuble, douce et sableuse, tout en ayant un peu de fraîcheur, il est précieux pour les jardins; on en forme des massifs, des tapis, des groupes du plus grand effet, et des bordures charmantes.

Safran d'automne. — *Crocus sativus.* Lin.

Syn. latin. — *Crocus officinalis* Pers. *C. autiumnalis*, Smith.

Europe méridionale, cultivé surtout dans le midi de la France et dans le Gatinais pour ses stigmates, vivace, bulbes à tuniques nervées, se divisant en fibres molles, généralement parallèles, contigues de couleur grisâtre; feuilles étroites, linéaires, ayant 30 cent. environ de longueur, légèrement ciliées, ne se développant ordinairement qu'après la floraison ou en même temps; de la mi-septembre à la mi-octobre, fleurs longuement tubuleuses, grandes, violettes, avec la gorge lilas et barbue, limbe du périanthe en cloche dressée, à segments obovales-oblongs, stigmates d'un rouge orangé, odorants, pendants, montant jusqu'au niveau des bords du limbe.

Le safran d'automne peut être employé avec les colchiques, l'amaryllis jaune, et quelques autres plantes bulbeuses pour de superbes bordures, ou pour la décoration des gazons et des plates-bandes.

Cette plante fournit aux arts, à l'industrie, à la médecine, la matière à la fois colorante et aromatique désignée sous le nom de safran, qui n'est pas autre chose que ses stigmates isolés et desséchés avec précaution. — Le safran d'automne est une de ces plantes dont les oignons, arrachés et laissés à l'air libre, fleurissent tout aussi bien que s'ils étaient plantés, ce qui permet de les utiliser pour faire de jolies potées avec la mousse sèche ou humide.

98 Sagittaire. — *Sagittaria*, Lin. (Alismacées).

Sagittaire flèche d'eau. *Sagittaria, sagittifolia*, Lin.

Indigène, vivace et aquatique, souche renflée d'où sortent des feuilles d'abord rubanées, puis, tantôt submergées, tantôt flottantes; quelques autres dressées, s'élevant au-dessus de l'eau, longuement pétiolées, à limbe ovale-entier, d'autres enfin en fer de flèche, à lobes inférieurs aigus et divariqués; hampe dressée, haute de 60 à 90 cent. et quelquefois plus, terminée par une longue grappe dressée de fleurs blanches lavées de rose. — Ces fleurs sont composées de six divisions, 3 externes persistantes et 3 internes caduques, au centre desquelles se trouvent un grand nombre d'étamines à filets grêles, entourant de nombreux ovules libres disposés en boule.

Variété à fleurs doubles. — *S. sagittifolia flor plenis*, Lin.

Cette plante produit un assez bon effet dans les étangs, les réservoirs et les rivières. Fleurit de juin en août. *Multiplication.* La variété à fleurs doubles ne donnant pas de graines ne peut se multiplier que par la séparation des pieds; celle à fleurs simples, comme il n'est pas toujours bien facile de se procurer de la bonne graine, on la multiplie généralement par la séparation de ses souches rhizomateuses, au printemps.

Sagittaire de la Chine. — *Sagittaria sinensis*, Bot. Mag.

FLÉCHIÈRE DE CHINE

Chine, vivace et aquatique, haute de 60 à 90 c.; feuilles grandes, longuement pétiolées ; aiguës au sommet; hampe nue, pouant s'élever de 1 m. 50 à 2 m., portant vers son extrémité de 6 à 8 verticilles de pédoncules, lesquels sont souvent réunis au nombre de 3 par chaque verticille, tous terminés par une fleur de 3 à 4 cent. de diamètre. — La sagittaire de Chine est une de nos plus belles plantes aquatiques ; elle est d'autant plus belle et plus vigoureuse, qu'elle se trouve plus submergée, bien que son collet ne doit pas être recouvert par l'eau de plus de 40 cent. Elle fleurit au mois de juillet et août. *Multiplication*, par éclats de pieds, au printemps, de préférence.

99 Sauge. — *Salvia*, Lin. (Labiées).

Plantes herbacées et sous-ligneuses, médicinales.

Sauge officinale grande. — *Salvia officinalis*, Lin.

Indigène, vivace et suffrutescente, à odeur aromatique et pénétrante ; tiges suffrutescentes, dressées, très rameuses, rougeâtres, hautes de 30 à 40 c. et quelquefois plus ; feuilles pétiolées, duveteuses, rugueuses, panachées de jaune et de rouge ou frisées, ovales-oblongues, rétrécies ou arrondies à la base ; en juin-juillet, fleurs bleuâtres ou pourprées ou blanches, petites, presque insignifiantes, d'un mérite tout à fait secondaire au point de vue de l'ornement, disposées au nombre de 4 à 6 en glomérules peu distants, et formant une simple grappe. Cette plante est recherchée pour la formation des bordures, dans les parties arides et sèches des grands jardins pittoresques, ou encore pour décorer les rocailles, les glacis, les grottes, etc. Elle aime les terres légères, sablonneuses et calcaires, où sa panachure est très abondante et très vive ; tandis que dans les terrains argileux et humides, elle pousse vigoureusement ; mais la panachure ou coloration des feuilles, qui est la partie la plus ornementale de cette plante, est très peu apparente et parfois même disparaît complètement.

Multiplication. Aisément d'éclats et de boutures de branches, qu'on doit faire de préférence, au printemps, en pleine terre. Les pieds doivent être espacés de 40 cent. environ. Il est nécessaire de renouveler cette plantation des bordures tous les 3 ou 4 ans, et même si la plante a pris un trop grand développement, de la tailler, au printemps, comme c'est l'usage pour différentes autres plantes de ce genre.

Sauge écarlate ou coccinée. — *Salvia coccinea*, Lin.

Floride, en 1774, annuelle, vivace en serre, plante un peu pubescente, blanchâtre, rameuse, buissonnante, à tiges hautes de 80 c. à 1 m. feuilles opposées, ovales-acuminées, caduques, inégalement crénelées, blanchâtres en dessous ; d'avril en octobre, fleurs d'un rouge écarlate, disposées par 8-10 en faux verticilles éloignés formant de longues grappes simples ; calice pourpre tubuleux, campanulé, strié, pubescent, à dents aiguës, corolle velue intérieurement, 2 fois plus longues que le calice.

Variété éclatante. — *Salvia coccinea punicea*, Hort.

Cette variété diffère du type précédent par la couleur plus veloutée et plus éclatante des fleurs, et par son ampleur plus élancée et aussi parce qu'elle est un peu moins hâtive et moins florifère.

Variété éclatante naine — *Salvia coccinea punicea nana*, Hort.

Tiges très rameuses, à ramifications étalées, puis dressées, buissonnantes, hautes de 60 cent. environ.

Multiplication, de semis en mars, sur couche; puis on repique les jeunes plants toujours sur couche, et enfin, en place vers la fin de mai, à une distance de 50 à 60 cent. Les fleurs éclatantes de cette sauge et ses variétés qui se succèdent de juin en octobre, font un bel effet sur les plates-bandes. Elles aiment une exposition chaude, un sol léger, bien terreauté et des arrosements fréquents en été. On peut les cultiver en pots pour orner les serres tempérées et les orangeries, où elles peuvent, avec des soins convenables, au moyen de pincements bien conduits, vivre plusieurs années.

Sauge des prés. — *Salvia pratensis*, Lin.

Indigène, vivace, tiges quadrangulaires, dressées, presque simples, peu rameuses, velues glanduleuses au sommet, hautes de 50 à 60 cent.; feuilles opposées; les radicales étalées, pétiolées, ovales-lancéolées, crénelées ou incisées, cordiformes à la base; les supérieures sessiles, embrassantes, faiblement dentées; en mai-novembre, fleurs d'un bleu violet, réunies 2-3 en glomérules verticillés éloignés, formant des grappes visqueuses, longues de 20 à 30 cent.

Variété à fleurs roses. — *Salvia pratensis rosea*, Hort.

Variété à fleurs blanches. — *Salvia pratensis albiflora*, Hort.

Variété à fleurs de lupin. — *Salvia lupinoides*, Hort.

Cette dernière et jolie variété est très florifère, et se reproduit assez fidèlement par la voie du semis ; dans tous les cas, on peut la multiplier par la division des pieds, faite de préférence sur la fin de l'été ou au printemps. — A l'état sauvage, on trouve fréquemment cette plante dans les prairies, au bord des chemins, sur les pelouses des coteaux, dans les tranchées et les glacis.

100 Saxifrage. — *Saxifraga*, Lin, (Saxifragées).

Plantes qui croissent dans les rochers ou dans les rocailles.

Saxifrage cotylédon. — *Saxifraga cotyledon*, Lin.

Alpes et Pyrénées, en 1596, vivace, tiges rameuses, hautes de 65 à 70 cent., couvertes ainsi que les pédoncules et calices de poils globuleux et visqueux ; feuilles disposées en rosette serrée et régulière, blanchâtres, oblongues, coriaces, planes, très obtuses, en mai-juillet, fleurs grandes, blanches, disposées en panicules pyramidales et flexibles, longues de 20 à 30 cent. et parfois plus, suivant la vigueur de cette plante.

Saxifrage à feuilles en cœur. — *Saxifraga cordifolia*, Haw.

Sibérie, en 1779, vivace, plante très glabre,

souche charnue; feuilles amples en cœur arrondi, dentelées et ondulées; en mars-mai, fleurs pourpres ou d'un rose clair, pendantes, peu apparentes, disposées en cime dense sur des pédoncules peu développés.

Saxifrage à feuilles épaisses. — *Saxifraga crassifolia*, Lin.

Sibérie, en 1765, vivace, plante très glabre, souche charnue suffrutescente, haute de 25 à 30 cent.; feuilles obovales, larges, épaisses, grandes, coriaces, obtusément dentées, d'un vert foncé, à pétioles dilatés, élargis; en mars-mai, fleurs pourpres, pendantes, d'un rose foncé, réunies en cyme dense, à l'extrémité d'une hampe cylindrique, charnue, élevée de 15 à 20 cent. Chacune de ces fleurs possède un calice à cinq divisions égales, non adhérentes à l'ovaire, et une corolle à cinq pétales obovales, recouverts par leurs bords, et formant une sorte de cloche.

Saxifrage à feuilles ligulées. — *Saxifraga ligulata*, Wall.

Népaul, en 1821, vivace, plante de 30 cent. environ de hauteur, à feuilles obovales, un peu cordiformes, ondulées et ciliées aux bords, légèrement dentées, transparente sur la face inférieure, à pétioles dilatés, formant une sorte de gaine finement découpée; en avril-juin, fleurs rouges ou blanches, dressées, grandes; dents du calice très ciliées, pétales obovales, un peu acuminées, beaucoup plus grandes que le calice. — La saxifrage à feuilles ligulées et la saxifrage à feuilles épaisses, sont surtout employés pour la formation des bordures, la décoration des plates-bandes, des massifs, et pour orner les grandes rocailles, les rochers mouillés et les cascades.

Culture. Toutes les saxifrages, à peu près, peuvent être considérées comme plantes de plein air.

En général, elles aiment une terre douce et fraîche, un peu ombragée. *Multiplication*, on multiplie les saxifrages, soit par la division des touffes ou des rhizomes, à la fin de l'été ou au printemps, tous les 3 ans au moins, soit en semant les graines aussitôt leur maturité.

101 Scabieuse. — *Scabiosa*, Lin. (Dipsacées).

Du mot latin *scabies*, maladie de peau, lèpre, que certaines espèces ont la propriété de guérir

Scabieuse des jardins. — *Scabiosa atropurpurea*, Desf.

Europe méridionale, en 1629, annuelle et bisannuelle; tiges rameuses, de 50 à 70 cent. de hauteur, étalées; feuilles radicales-ovales, lirées et grossièrement dentées ou incisées; en juillet-octobre, fleurs nombreuses, d'un violet foncé, à odeur musquée, agglomérées sur un réceptacle, d'abord sphérique, puis allongé pendant la floraison. — L'agencement des fleurs de cette plante a une certaine analogie avec celui des fleurs des plantes de la famille des composées. La scabieuse des jardins est recommandée pour la décoration des plates-bandes et des massifs, dans les grands et dans les petits jardins, à cause de son port, de sa floraison abondante et de sa longue durée, ainsi que de son extrême rusticité qui la rendent précieuse.

Elle végète, pour ainsi dire, dans tous les terrains et à toutes les expositions, presque sans soin. *Multiplication*, par semis : 1° en août-septembre, en pépinière, et l'on repique le plant en pépinière à bonne exposition, et ensuite, en place, en avril, les pieds espacés de 40 à 45 cent.; 2° d'avril en mai, qu'on repique en pépinière, et ensuite à demeure en juin. Il arrive souvent que cette plante se ressème toute seule et donne des plantes très vigoureuses. On peut aussi la lever facilement en motte, ce qui permet de la transplanter à tout âge.

Scabieuse à feuilles de graminées. — *Scabiosa graminifolia*, Lin.

Alpes, vivace, tiges sous-ligneuses à la base, rameuses, étalées, hautes de 30 à 40 cent.; feuilles linéaires ou lancéolées, très entières, couvertes de poils soyeux, d'un blanc d'argent; en juin-juillet, fleurs bleuâtres, terminales, solitaires au sommet de pédoncules de 8 à 15 cent. et quelquefois plus. Cette espèce de scabieuse aime une terre calcaire, légère, sèche et aride. — Ornement des talus, des rocailles et des lieux secs. *Multiplication*, d'éclats ou de boutures au printemps et à la fin de l'été ; de semis d'avril en juin, en pépinière ; on repique toujours en pépinière, et l'on plante à demeure définitivement en mars-avril, en espaçant les pieds de 20 à 30 cent.

Scabieuse du Caucase. — *Scabiosa Caucasica*, Marsh.

Caucase, en 1803, vivace, plante d'un vert pâle, haute de 60 à 80 cent. ; feuilles opposées, radicales-litéaires, acuminées, très entières, d'un gros vert ; en juin-août, fleurs d'un bleu très pâle, réunies en gros capitules, involucre velu, corolle à 5 lobes, calice à limbe sessile. — Cette plante convient très bien à l'ornementation des plates-bandes et des massifs dans les grands jardins.

Multiplication, de semis d'avril en juillet et août, qu'on repique en pépinière, et l'on plante à demeure à l'automne ou au printemps, les pieds espacés de 30 à 50 cent.

On peut aussi la multiplier d'éclats à l'automne, ou bien au printemps.

La scabieuse du Caucase et la scabieuse des

jardins ou fleur des veuves, sont à peu près les seules qu'on rencontre dans les jardins.

102 Scille. — *Scilla*, Lin. (Liliacées).

Plante à bulbe tuniqué.

Scille du Pérou. — *Scilla Peruviana*, Lin.

Europe mérid., vivace, à bulbe gros, allongé, à tuniques d'un blanc jaunâtre, au milieu desquelles s'élève une hampe robuste de 20 à 25 cent.; feuilles plus longues que la hampe, disposées en large rosette étalée, d'un vert foncé luisant, à bords finement ciliés; en mai-juin, fleurs à pédoncules filiformes, étalés, munis à leur base de bractées linéaires-aiguës. Ces pédoncules forment par leur ensemble une superbe et vaste grappe serrée, pyramidale-ombelliforme.

Les fleurs de cette plante sont étoilées d'un bleu éclatant.

Variété à fleurs blanches. — *Scilla peruviana flor Albis*, Hort.

Variété à fleurs bleu-gris de lin. — *Scilla Pallidis*, Hort.

La scille du Pérou est une très belle et très bonne plante bulbeuse de pleine terre, quoiqu'elle souffre parfois un peu de la rigueur des hivers, sous le climat de Paris, ce qu'on peut lui faire éviter facilement en la cultivant dans un terrain sain et à une exposition chaude; dans ce dernier cas, une légère couverture de feuilles ou de litière suffit pour la conserver.

Cette plante est particulièrement employée pour la décoration des plates-bandes et à former les bordures dans les grands jardins.

Multiplication, par la séparation des bulbes et des caïeux, qu'on relève ordinairement tous les 2 ou 3 ans, et aussitôt après la dessiccation des feuilles.

Scille d'Italie — *Scilla Italica*, Lin.

France mérid., vivace, bulbe moyen, obové, blanchâtre; hampe de 20 à 25 cent.; feuilles linéaires, lancéolées, aiguës, ployées en gouttière, longues de 25 à 30 cent.; en mai, fleurs petites, étalées, brièvement pédicellées, en grappe serrée et oblongue, d'un bleu pâle. Cette plante est employée à la décoration des plates-bandes, des talus, et surtout à la formation des bordures.

Elle est rustique et vient à peu près dans tous les terrains, pourvu qu'ils soient sains, légers et sablonneux; elle résiste parfaitement à tous nos hivers. *Multiplication*, par la séparation des caïeux, ordinairement très abondants; c'est de juillet en août que se fait cette opération.

Les bulbes se plantent à une profondeur qui doit

varier, selon leur grosseur, de 5 à 18 cent. et espacés de 12 à 20 cent. Quelques-unes de ces espèces donnent de la graine, et peuvent être multipliées par la voie du semis.

Scille agréable. — *Scilla amœna*, Lin.

Jacinthe de mai, jacinthe étoilée: charmante espèce qui fleurit en avril-mai.

103 Sedum (orpin).— *Sedum*, Lin. (crassulacées).

Du latin *sedere*, être assis, allusion aux tiges rampantes ou appuyées sur le sol, ou sur les rochers, mais dressées dans la partie supérieure.

Sedum à fleurs bleues. — *Sedum ceruleum*, Vahl.

Afrique septentrionale, annuel, plante charnue, tiges très courtes, très rameuses, retombantes, touffues; feuilles oblongues, alternes, obtuses, petites; en juin-juillet, fleurs bleues, glabres, nombreuses, ressemblant à de petites étoiles bleu-clair ou foncé; calice à 5-10 sépales sous forme de trsè petites écailles; pétales au nombre 7 à 10, étalés, longs de 5 à 7 millim., étamines 10 à 25. Ornement des rocailles, du dessus des caisses, des fenêtres, des balcons, des glacis, et pour la formation des bordures. On peut aussi en faire de charmantes petites potées pour orner les jardinières et autres meubles d'appartement. *Multiplication,* par graines, lesquelles sont excessivemen tenues, et doivent être répandues sur le sol sans être recouvertes; en septembre, on repique les jeunes plants en pots, ou sous châssis, où ils seront hivernés en les aérant souvent, et plantés ensuite à demeure en avril, espacés de 25 cent. environ; on peut aussi semer en mars-avril sur couche; après avoir repiqué sur couche les jeunes plants, ils seront mis définitivement en place sur la fin de mai. On peut enfin semer clair en place en avril-mai.

Sedum blanc. — *Sedum album*, Lin.

Indigène, vivace, tiges nombreuses, couchées, puis redressées et formant des touffes basses et épaisses, quelquefois retombantes; feuilles glabres, alternes, sessiles, oblongues-cylindriques, obtuses, d'un vert gai, souvent rougeâtres; en juin-juillet, fleurs blanches, nombreuses, à pétales obtus, disposées en cime ou grappe corymbiforme, s'élevant de 10 à 18 cent. — Cette espèce forme de très jolies touffes et décore parfaitement les rocailles, les ruines, les toitures, les fenêtres, etc; elle fait aussi de très jolies potées. *Multiplication*, de boutures et par la séparation des touffes.

Sedum sarmenteux carné. — *S. sarmentosum carneum*, Hort.

Nord de la Chine, vivace, tiges sarmenteuses,

étalées et radicantes, blanchâtres; feuilles linéaires, sessiles, opposées, planes, amincies aux deux extrémités, vert bordé de blanc; en juin-juillet, fleurs étoilées, petites, d'un jaune doré, en cime ou grappe paniculée.

Cette plante est très élégante par son feuillage, et on l'utilise avec avantage pour la décoration des rochers, des rocailles, des grottes, etc. Elle fait aussi de belles bordures et de charmantes potées. *Multiplication*, facilement de boutures en toute saison. Comme elle craint le froid et est sujette à périr en hiver, il est prudent d'en hiverner quelques potées sous châssis ou en orangerie, à froid, bien entendu.

Sedum bâtard. — *Sedum spurium*, Bieb.

Caucase, vivace, en 1816, tiges diffuses, couchées; hautes de 12 cent.; feuilles obovales-cunéiformes, alternes ou opposées, crénelées-dentées, un peu poilues et pâles en dessous; en juin-juillet, fleurs nombreuses, pourpres, en corymbes composés, terminaux, à pétales lancéolés-aigus. Cette espèce est précieuse par son extrême rusticité qui lui permet de se conserver en parfait état de fraîcheur et de végétation durant les plus grandes chaleurs de l'été, aux expositions les plus sèches et les plus arides.

Sedum élevé. — *Sedum maximum*, Suter.

Sedum de Siebold. — *Sedum Sieboldii*, Sweet.

104 Séneçon. — *Senecio*, Lin. (Composées).

Vieillards, aigrettes figurant des cheveux blancs, herbes et arbrisseaux de formes différentes.

Séneçon élégant. — *Senecio elegans*, Lin.

Inde (1700) annuel, vivace en serre, tiges herbacées très rameuses, dressées; hautes de 30 à 50 c.; feuilles pennées, alternes, un peu épaisses, d'un vert gai, à lobes obtus, sinueux-dentés; de juin à septembre, fleurs à capitules agglomérés au sommet de pédoncules réunis en corymbe rameux. Le séneçon élégant a produit par la culture un nombre de variétés fort intéressantes, à fleurs de couleurs diverses; les unes sont simples, les autres doubles.

Les variétés les plus recherchées sont celles à fleurs doubles, qui ont l'avantage de se reproduire presque toutes, franchement par le semis. — Les principales variétés à fleurs doubles sont : blanc parfois carné, couleur de cendre, lilas ou violet clair, violet foncé.

On cultive, depuis quelques années, plusieurs variétés naines à fleurs doubles de séneçon élégant, qui sont très trapues, très compactes et très florifères, produisant un très bel effet en massifs, en plates-bantes, en bordures.

Parmi les variétés naines de séneçon qui se reproduisent assez fidèlement par le semis, nous citerons les suivantes : Nain blanc, nain lilas ou violet clair, nain rose, nain violet foncé, nain cendré. Cette plante vient à peu près en toute terre, pourvu qu'elle soit saine. *Multiplication*, par semis, 1° en avril-mai, en place ou en pépinière, en ce dernier cas, on les met en place à demeure en juin, en les espaçant de 50 à 60 cent; 2° en mars-avril, sur couche, que l'on repique sur couche ou en pépinière à bonne exposition, et ensuite à demeure en mai; 3° en septembre, repiquer en pots pour faire hiverner sous châssis et planter à demeure en pleine terre dans le courant d'avril suivant; 4° par boutures à l'automne en pots ou terrines, on fait hiverner en serre ou sous châssis chauds, et on plante à demeure en avril-mai.

Séneçon cinéraire maritime. — *Senecio cineraria maritima*, Lin.

France mérid., vivace, tiges de 60 à 70 cent. de haut, dressées, rameuses, un peu ligneuses à la base, feuilles pennées, pétiolées, glabres en dessous, à divisions oblongues, obtuses, parfois lobées, tomenteuses, blanches en dessous, en août-septembre, capitules jaune brillant réunis en corymbe paniculé; involucre muni à la base de quelques petites bractées. Lorsque les touffes sont fortes, elles font un bel effet sur les pelouses, les rochers et les lieux accidentés. Cette espèce craint un peu les froids de nos hivers; à cause de cela, on l'emploie surtout à la formation des bordures. *Multiplication*, par boutures en automne, et conservées sous châssis ou en serre près de la lumière, puis plantées à demeure au commencement du printemps.

Beaucoup de jardiniers les pincent au moment de la plantation, afin de les faire ramifier et produire des individus de hauteur régulière, ne dépassant pas 20 à 30 cent. de hauteur.

Séneçon cinéraire. — *Senecio cruentus*, D C.

Ténériffe, vivace, espèce de serre tempérée en hiver; tige de 50 à 60 cent., raide, rameuse, à ramifications dressées; feuilles découpées en cœur, souvent rougeâtres en dessous; de février en mars, fleurs nombreuses dans des capitules groupés en corymbe vaste et régulier.

Cette plante a produit beaucoup de variétés de coloration; bleu, violet, lilas, rose, blanche, carmin, velouté, etc; elle est précieuse pour l'ornementation dans une saison où les fleurs sont rares. *Multiplication*, par semis, en pots, en juillet, repiquer le plant en pots qu'on met sous châssis; durant l'hiver, il est nécessaire de les rempoter 2 ou 3 fois, en pots de plus grands en plus grands. La terre qu'il leur faut est un mélange, par parties égales, de terre de jardin et de terre de bruyère.

105 Sensitive. — *Mimosa,* Adans. (Mimosées).

Imitateur, bouffon : allusion aux mouvements des feuilles, qu'on a comparées au tressaillement de certains animaux lorsqu'on les touche.

Sensitive pudique. — *Mimosa pudica,* Lin.

Brésil, en 1638, annuelle ou vivace en serre, tiges épineuses, plus ou moins poilues, hispides; ainsi que les pétioles et les pédoncules ; feuilles à 4 pennes munies de nombreuses paires de folioles linéaires, alternes; en août-sept. fleurs monoïques, petites, blanc rosé, en grappes globuleuses au sommet des pédoncules.

Terre de bruyère sablonneuse, mélangée, à un cinquième de terre de jardin; on devra entretenir sa fraîcheur par des arrosements, faits de préférence sur la terre et non sur les feuilles. Cette plante se cultive le plus souvent en pots, ce qui permet de la placer dans les appartements, près des fenêtres, sur les balcons, les terrasses, dans les serres, etc. *Multiplication,* de semis, sur couche en avril ; on repique le plant en pots qu'on laisse quelque temps encore sur couche ou sous châssis, après quoi, on le met en pleine terre sur une plate-bande bien exposée et bien aérée ; si le temps est chaud et sec, il est nécessaire d'arroser chaque soir. — On peut aussi multiplier cette plante par boutures, mais la voie du semis est de beaucoup préférable.

106 Silène. — *Silene*, Lin, (Cariophyllées).

Genre consacré à Silène, personnage mythologique nourricier de Bacchus, et allusion au calice de la fleur, qui, chez quelques espèces est ventru comme le Dieu Silène.

Silène sans tiges. — *Silene acaulis*, Lin.

Alpes, vivace, plante tout à fait naine, tiges très courtes, très rameuses, serrées, nombreuses, hautes seulement de 4 à 5 cent.; feuilles petites linéaires-aiguës, d'un vert tendre pédoncules longs de 2 à 3 c. filiformes; en mai-juin, fleurs d'un beau rose, solitaires terminales unisexuées, pétales à limbe obové, échancré.

Cette plante forme un gazon serré, d'un joli vert, qui est couvert de charmantes petites fleurs roses; elle aime les lieux un peu ombragés et rocailleux. Ornement des rochers; des glacis, au nord; elle demande une terre de bruyère tourbeuse, grossièrement concassée, et bien drainée, *Multiplication*, par semis en mai-juin-juillet, en pots ou en terrines, et en terre de bruyère bien drainée; on repique le plant en pots qu'on conserve l'hiver sous châssis à froid, et au printemps suivant, on le met en place à une distance de 15 à 25 cent.; on peut également multiplier le silène acaule par éclats de tiges ou divisions des pieds, sur la fin de l'été, au commencement de l'automne et du printemps.

Silène a fruits pendants. — *Silène pendula*, Lin.

Sicile, en 1731, annuelle et bisannuelle, tiges très rameuses, couchées, étalées, touffues, hautes de 20 à 25 cent.; feuilles opposées, ovales-lancéolées, poilues : en avril-juin, fleurs axillaires, dressées, puis penchées, très nombreuses, assez grandes, d'un rose tendre; calice renflé, à 10 côtes.

Terrain ordinaire. Cette plante est très jolie et très précieuse pour la formation des massifs, des plates-bandes, des bordures, et des corbeilles. *Multiplication*, par semis en pépinière en juillet-août, on repique le plant en pépinière, en mettant entre chaque pied un aspace de 12 à 15 cent., et ensuite à demeure en automne ou au printemps, les pieds espacés de 30 à 36 cent. Si on craint que les hivers rigoureux les détruisent, par ses alternatives de gel et de dégel, il faut les préserver en les abritant, soit avec de longue paille, soit avec des toiles ou tout autre abri; on sème encore sur place en mars-avril, dans ce cas, la floraison dure de juillet en août.

Silène compacte. — *Silene compacta*, Fisch.

Russie, en 1618, plante bisannuelle, glabre, glaucescente, tiges dressées, rameuses au sommet, noueuses, robustes, élevées de 50 à 60 cent.; feuilles opposées, un peu charnues, larges, glauques, les supérieures lancéolées; les inférieures linéaires, lancéolées, en juillet-août, fleurs très nombreuses, d'un rose tendre, en grappe corymbiforme, dense et volumineuse, terminale; pétales à limbe entier, obové, appendiculé. Cette plante est la plus belle du genre, malheureusement elle craint l'humidité et les variations de nos hivers et de la température, en sorte qu'elle est sujette à périr sous le climat de Paris; il est donc nécessaire de la cultiver en terrain très sain, bien drainé et abrité, quoique le grand air et la lumière lui soient indispensables.

Le silène à fleurs serrées fait d'assez belles potées lorsqu'on le repique dans des pots assez grands, au fond desquels on a mis des plâtras, du charbon pilé, etc. — Ornement des plates-bandes. *Multiplication*, de semis en juin-juillet, en pépinière, repiquer également en pépinière, au pied d'un mur au midi, et mettre à demeure au printemps suivant.

Silène anglaise. — *Silene anglica*, Lin. A fleurs blanches.

Silène a bouquets. — *Silene armeria*, Lin. Nommé lilas de terre.

Silène du soir. — *Silene vespertina*, Retz. Fleurs roses ou blanches.

107 Soleil. — *Heliantus*, Lin. (Composées).

Allusion à la forme des fleurs qui ressemble au soleil.

Grand soleil, tournesol. — *Helianthus annuus*, Lin.

Pérou, en 1596, plante annuelle, velue hérissée; tiges robustes, ordinairement simples ou faiblement rameuses, hautes de 2 à 3 mèt.; feuilles alternes, pétiolées, en forme de cœur ou largement ovales-aiguës, grossièrement dentées, à 3 nervures saillantes; en juillet-août, fleurs capitulées, solitaires, penchées, tournées du côté du soleil, larges de 20 à 24 cent. de diamèt., à ligules jaunes, bi ou tridentées, involucre à plusieurs rangs d'écailles; disque pourvu d'un grand nombre de petits fleurons tubuleux, auxquels sont entremêlées des paillettes noires en grande quantité. Graines longues de 6 à 10 millim. en coin, tronquées aux deux extrémités, noires ou violet-noirâtre, tantôt rayées longitudinalement, tantôt entièrement grises ou blanches. Les soleils ou tournesols sont des plantes gigantesques, dont les capitules floraux sont les plus grands parmi ceux de la grande famille des Composées.

Variété à grandes feuilles. — *Helianthus macrophyllus*. Willd.

Variété Soleil multiflore. — *Helianthus multiflorus*, Lin. Vivace.

Variété soleil élevé, orgyale. — *Helianthus orgyalis*, D. C. Vivace.

Culture, plein air, tous terrains. *Multiplication,*

les espèces annuelles par graines en avril-mai, les espèce vivaces, par éclats, en automne et au prinemps, cette dernière époque de préférence.

108 Souci. *Calendula*, Lin. (Composées).

Du latin *calendœ*, calendes, plantes qui fleurissent durant tous les mois de l'année.

Souci double des jardins, souci officinal. — *Calendula officinalis*, Lin.

Indigène, annuelle plante pubescente-glanduleuse, trapue, raide et fragile, à odeur particulière ; tiges très rameuses dès la base, à ramifications étalées, puis dressées, buissonnantes, élevées de 25 à 35 c. ; feuilles alternes, spatulées, sessiles, amplexicaules, à bords ciliés, un peu dentées ; tout l'été, fleurs en capitules solitaires et terminaux à ligules et fleurons d'un jaune plus ou moins intense ; involucre évasé, composé de 1 ou 2 rangs d'écailles visqueuses.

Variété prolifère, **souci mère de famille** ou **souci à bouquet.**

Cette variété est remarquable par ses capitules très pleins et ses prolifications assez curieuses, qui forment une couronne autour du capitule principal.

Variété, souci à la reine ou de Trianon.

Capitules très grands ; ses demi-fleurons longs

et étroits, sont généralement imbriqués, d'un jaune clair, parfois nuancés en dessous.

Les soucis ornent très bien les plates-bandes, les corbeilles, les massifs, les bordures, etc.

Multiplication, par la voie du semis, 1º de mars en mai, en place ou en pépinière.

2º en automne, en pépinière ou en planche, puis on repique à bonne exposition chaude, on abrite les plants durant les grands froids, et en mars-avril, on les met en place en les levant avec leur motte. — Les soucis se ressèment facilement d'eux-mêmes, et les plants qu'ils donnent sont ordinairement très rustiques, très hâtifs et très vigoureux. Les pieds doivent être espacés de 35 à 45 cent.

109 Spirée. - *Spiræa*, Lin. (Rosacées).

Du grec speira et speiraia, qui se tord : de la flexibilité des rameaux qui servaient à faire des guirlandes. Allusion aux fruits qui se roulent souvent en spirale à leur sommet.

Spirée filipendule. — *Spiræa filipendula*, Lin.

Indigène, vivace, racines grêles, terminées par des renflements ovoïdes et noirâtres ; tiges dressées, raides, rameuses au sommet seulement, hautes de 50 à 60 cent.; feuilles alternes, irrégulièrement pennatiséquées, à segments inégalement lobés-dentés; en juillet-août, fleurs nombreuses, blanches, réunies en cymes terminales rapprochées, ombelliformes, calice à 5 divisions, corolle à 5 pétales obovés, étamines nombreuses blanches. — Variété à fleurs pleines.

Spiræa Filipendula flore plene, Hort.

Très belle variété, chez laquelle la majeure partie des étamines se transforment en organes pétaloïdes linéaires. Les fleurs de cette espèce ressemblent à des flocons de neige. — Plante aussi gracieuse par ses fleurs que par ses feuilles, lesquelles sont élégamment découpées.

Terre légère, sèche. — Ornementation des plates-bandes, des massifs, des bosquets, des bordures, etc. La filipendule à fleurs pleines est celle que l'on cultive le plus ; comme elle ne produit pas de graines, il faut la multiplier par la division des pieds, au printemps ou à l'automne. — Quant aux graines, de la plante à fleurs simples, il faut les semer en avril-mai, en pépinière, en planches ou en pots, et recouvrir très peu la graine, qui est excessivement fine.

Spirée Barbe-de-bouc. — *Spiræa Aruncus*, Lin.

Sibérie, en 1633, vivace, tiges robustes, glabres, dressées, formant des touffes de 1 mèt. et plus de hauteur; feuilles alternes, 3 fois pennées, à divisions opposées, ovales ou lancéolées, aiguës et dentées, en juin-juillet, fleurs petites, très nombreuses, blanches, réunies en épis cylindroïdes, pétales oblongs, étamines saillantes. Terre substantielle tourbeuse et fraîche, mais meuble; exposition mi-ombragée. — Ornementation des plates-bandes au nord, des talus, des berges, des rivières et lieux accidentés de jardins paysagers.

Multiplication, d'éclats ou divisions des pieds, à l'automne ou au printemps, on les plante à 50 ou 60 cent. les uns des autres.

110 Statice. — *Statice* Willd. (Plombaginées).

Du grec statiké : qui a la vertu d'arrêter : à cause des propriétés astringentes de ces plantes.

Statice de Tartarie. — *Statice Tatarica*, Lin.

Tartarie, en 1731, vivace, racines dures, ligneuses, feuilles un peu coriaces, glaucescentes, d'un vert foncé, oblongues-lancéolées, aiguës, en partie radicales et en rosette; hampes hautes de 30 à 40 c., raides, très rameuses, à ramifications disposées en corymbe paniculé; de juillet en septembre, fleurs petites, roses ou rougeâtres, groupées deux à deux à l'aisselle de bractées scarieuses et satinées; calice à tube pubérulent; corolle rose, à 5 pétales cohérents à la base; étamines soudées au fond de la corolle. — Terre légère, siliceuse et fraîche, mais saine. Ornement des plates-bandes,

des lieux rocailleux, des massifs, des pelouses, des pièces d'eau, etc.

Les fleurs de cette plante sont fréquemment employées à la confection des bouquets et à la décoration des vases d'appartement.

Muliplication, par semis d'avril en juin, en pépinière en planche, ou en pots et en terre sableuse, celle de bruyère par exemple; le fond des pots répété doit être bien drainé, le plant repiqué en pépinière d'attente et mis en place en octobre, ou de préférence en mars.

On peut encore multiplier le statice d'éclats, mais ce procédé ne réussit pas aussi bien que le semis.

VARIÉTÉS : **Statice remarquable.** — *Statice eximia*, Schranck. Vivace.

Statice à larges feuilles. — *Sattice latifolia*, Smith. Vivace.

Statice de Gmelin. — *Statioc Gmelini*. Willd. Vivace, Europe orientale.

111 Tabac. — *Nicotiana*, Tourn. (Solanées).

Dédié à Jean Nicot, ambassadeur de France auprès de la cour de Portugal, en 1560, et qui présenta cette plante à Catherine de Médicis. De là aussi le nom d'herbe à la reine donné au tabac. — Le nom tabac vient de Tabago, lieu où fut trouvée cette plante.

Tabac de la Havane. — *Nicotiana*, Lin.

Mexique, annuel, ligneux en serre; plante revêtue d'une sorte de duvet laineux et visqueux; feuilles oblongues-lancéolées, alternes, très grandes sessiles, acuminées, semi-amplexicaules; tige robuste, un peu rameuse au sommet, haute de 2^m à 2^m 50; de juillet en octobre, fleurs roses, disposées en grappes terminales paniculées; calice oblong, persistant, à lobes lancéolés, aigus, inégaux; corolle poilue extérieurement, en forme d'entonnoir; 5 étamines incluses, style simple. — Terre profonde, saine, légère, riche en humus; pendant l'été, pailis lui faut de copieux arrosements, et un fort lis de fumier court au pied, afin de lui faire prendre un grand développement.

Ornement des pelouses, des parties accidentées des jardins pittoresques Cultivés en pots et hivernés en serre tempérée, les tabacs deviennent arborescents et vivent plusieurs années.

Multiplication, par semis en avril-mai, soit sur couche, soit en planche bien exposée, et ensuite mis en place. Pour faire ramifier la plante, on pince l'extrémité de la tige.

Les graines étant très fines ne doivent presque pas être recouvertes.

Variété du Cap. — *N. Copensis*, Hort. à feuillage ample, ondulé.

Variété du Maryland. — *N. Macrophylla Spreng,*
Fleurs d'un rouge pâle.

112 Tagète. — *Tagetes,* Tourn. (Composées).
Nom mythologique d'un petit-fils de Jupiter.

Tagète œillet d'Inde. — *Tagetes Patula.* Lin.
(Tagète étoilée.)

Mexique, en 1596, annuelle, plante glanduleuse, à odeur pénétrante et aromatique; tiges très rameuses dès la base, à ramifications étalées, puis dressées, touffues, buissonnantes, s'élevant de 50 à 60 cent.; feuilles pennées, alternes opposées, à segments linéaires-lancéolés, dentelés; de juillet en octobre, fleurs solitaires, élégantes; portées sur de longs pédoncules nus et renflés au sommet; involucre campanulé, simulant un calice, demi-fleurons nombreux, étalés.

Variété naines; à tiges très rameuses, à fleurs orange-uni, à fleurs jaune-souci, hautes de 20 à 30 c. Ces plantes forment de très jolis buissons, qui se couvrent de capitules floraux doubles, et produisent beaucoup d'effet. — L'Œillet d'Inde ou petite rose s'emploie avec grand avantage pour la décoration des jardins petits et grands, et pour l'ornementation des plates-bandes, des bordures, des parterres rectilignes, des massifs irréguliers, etc. — Terre ordinaire, meuble et fraîche. *Multiplication,* par le semis, 1° en mars-avril sur couche, en donnant le plus d'air possible au plant, qu'on repique dès qu'il est assez fort, soit en pépinière d'attente, soit directement en place; 2° en avril-mai, en pépinière à une bonne exposition; on repique le plant en pépinière en l'espaçant de 20 à 25 cent., afin qu'il ne se gêne pas et qu'on puisse facilement le lever en motte lors de la plantation à demeure, qui peut se faire dès la fin de mai ou les premiers jours de juin, ou bien encore retarder jusqu'au moment de la floraison.

Tagète rose d'Inde double. — *Tagetes erecta*, Lin.

Tagète élevée, grand œillet d'Inde, tagète dressée.

Mexique, en 1596, annuelle, plante à odeur forte et pénétrante, surtout lorsqu'on la froisse; tiges rameuses, buissonnantes, droites, robustes, hautes de 80 cent. à 1 mèt.; feuilles pennatiséquées, à segments lancéolés, dentelés, alternes ou opposées, d'un beau vert; de juillet en octobre, fleurs ou capitules floraux volumineux, formant de gros pompons portés par des pédoncules renflés au sommet; ces pièces florales sont régulièrement disposées et imbriquées, d'un jaune orangé. Ce tagète a produit plusieurs variétés, les principales sont : Le grand œillet d'Inde jaune citron, et celui à fleurs tuyautées, la variété œillet d'Inde grand orange, à capitules floraux grands, doubles, de couleur jaune orange unicolore; la variété œillet d'Inde nain, à capitules grands, doubles et réguliers, de même couleur que le précédent. — Les fleurs sont très abondantes chez les œillets d'Inde, moins nombreuses chez les roses d'Inde, mais par contre, ces dernières sont beaucoup plus grosses. A cause de leur taille élevée, ces plantes n'entrent guère dans la composition des bordures, mais elles sont fréquemment employées pour l'ornementation des plates-bandes, des massifs et des corbeilles. — *Culture* et *multiplication* du précédent.

Variété tagète tachée. — *Tagetes signata*, Bartl.

Tagète maculée, tagète mouchetée, tagète à taches pourpres, Mexique, en 1838, annuelle.

Variété tagète luisante. — *Tagetes lucida*, Cav Fleurit en août-sept.

Mexique, en 1798, annuelle et vivace.

113 **Thlaspi.** — *Iberis*, Lin. (Crucifères).

Dérivé de thlao, comprimer, ainsi nommé à cause de ses graines comprimées comme celles de la lentille : Iberis, de Iberia, ancien nom d'Espagne.

Tlaspi blanc. — *Iberis amara*. Lin. — *Thlaspi amarum*, Crantz.

Indigène, annuel, tige dressée, s'élevant de 25 à 30 cent. de haut., rameuse supérieurement, buis sonnante, à ramifications divariquées, formant une sorte de large corymbe ; feuilles alternes, lancéolées-aiguës, un peu dentées au sommet ; en mai-juin-juillet-août, fleurs blanches, à odeur suave, grandes, disposées au sommet de toutes les ramifications, en grappe, d'abord ombelliforme, puis s'allongeant pendant la floraison ; calice à 4 sépales étalés ; corolle à 4 pétales entiers étalés ; étamines au nombre de six.

Variété thlaspi blanc Jullienne. — *Iberis amara Hesperidiflora*, Hort.

Tige robuste, grosse, rugueuse, haute de 30 à 35 c. ; feuilles alternes, grandes, un peu charnues, cloquées, d'un vert foncé ; en mai-juin, fleurs d'un blanc très pur, grandes et nombreuses, disposées en grappes volumineuses et cylindriques, longues de 15 cent. environ. *Multiplication*, par semis en automne, si l'on veut avoir une belle floraison au printemps, et en mai-juin ; mais ce dernier semis donne des plantes et des grappes de fleurs bien plus maigres et à peine distinctes de celles du type primitif de l'espèce ordinaire.

Thlaspi toujours vert. — *Iberis sempervirens*, Lin.

Corbeile d'argent, Téraspic vivace des jardins. Ile de Crète, vivace, tiges suffrutescentes, dressées, striées, très rameuses, et buissonnantes, hautes de

20 à 25 cent. ; feuilles alternes ; épaisses, persistantes, d'un beau vert foncé, linéaires-aiguës ; d'avril en mai, fleurs grandes, d'un blanc argenté, disposées en grappes corymbiformes. — Plante très rustique, très florifère, et très ornementale pour les bordures, les glacis, les plates-bandes, et au besoin les rocailles. *Multiplication*, par la division des pieds, à la fin de l'été ou en automne, plutôt qu'au printemps, si on veut avoir de belles touffes et une floraison abondante le printemps suivant. On peut aussi multiplier le Thlaspi toujours vert, par boutures qui prennent très facilement, toute l'année, mais de préférence lorsque les fleurs sont passées. Les graines de cette espèce sont très rares : on pourra, lorsqu'on en possédera, les semer d'avril en juin, en pépinière, on repiquera le plant également en pépinière, et on le mettra en place au printemps suivant.

Thlaspi lilas. — *Iberis umbellata*, Lin.

Thlaspi en ombelle, Thlaspi violet ; annuel ; feuilles alternes, dentées ; en mai-juin-juillet, fleurs d'un violet lilas ou purpurin.

114 Tigridie. — *Tigridia*, Juss. (Iridées).

Du grec, tigris, du tigre, allusion aux taches des pétales de la fleur de ces plantes.

Tigridie à fleurs jaunes en coupe. — *Tigridia conchiflora*, Sweet.

Mexique, en 1796, vivace et bulbeuse, plante distinguée par la couleur jaune-uni de ses fleurs, et par la coupe profonde, maculée et tigrée de taches pourpres; tiges dressées, hautes de 40 à 60 c.; feuilles en forme d'épée, engaînantes à la base, aiguës, régulièrement plissées longitudinalement, d'un beau vert-clair; de juillet en août-sept., floraison continue et très remarquable, seulement, les fleurs ne sont pas de longue durée; elles s'épanouissent le matin et se ferment le soir pour ne plus se rouvrir; heureusement que chaque jour, de nouvelles fleurs viennent remplacer celles qui ont disparu la veille.

Culture, terre ordinaire, au grand air, et surtout le plein soleil, afin de faire épanouir facilement leurs belles et magnifiques fleurs; cependant cette plante réussit assez bien aux expositions fraîches et demi-ombragées. Néanmoins sous le climat de Paris, il est presque indispensable de relever les bulbes, en automne, et, après avoir coupé les feuilles au-dessus du collet, de les faire ressuyer en les étendant dans une pièce saine et bien aérée, ensuite, on les place sur des tablettes en lieu abrité jusqu'à mars-avril, époque de leur plantation en pleine terre. La multiplication de ce Tigridia se fait facilement par la séparation des caïeux, qu'on traite comme les bulbes adultes; on le multiplie aussi par le semis lorsqu'on veut obtenir de nouvelles variétés ou des bulbes en plus grande quantité.

Tigridie à grandes fleurs. — *Tigridia pavonia*, Red.

Œil-de-paon, queue-de-paon. — Plante bulbeuse.

Mexique, vivace et bulbeuse ; tiges dressées, rameuses, flexueuses, s'élevant de 40 à 50 cent.; feuilles en glaive, longues, plissées, pointues ; de juillet en août-septembre, fleurs d'une beauté remarquable, posées horizontalement, creusées en coupe, à segments extérieurs violets à leur base, cerclés de jaune, mouchetés de pourpre; malheureusement ces fleurs ne durent que quelques heures.

Culture et multiplication de la précédente.

115 Tritome. — *Tritoma*, Ker. (Liliacées).

Du grec trias, trois fois, couper ; allusion aux deux bords de la carène de la feuille, qui sont aigus et finement denticulés.

Tritome faux aloès. — *Tritoma Uvaria*, Gawl.

Afrique australe, vivace, racines jaunâtres, très allongées, fasciculées, feuilles linéaires, dressées, radicales, canaliculées-carénées planes, garnies sur les bords de très petites dents; hampe droite, cylindrique, robuste, haute d'un mèt. et plus, terminée par un bel épi floral très dense, long de 10 à 15 cent., formé d'un grand nombre de magnifiques fleurs brièvement pédicellées et sortan- chacune à l'aisselle d'une écaille roussâtre. Ces jolies fleurs, d'abord dressées, inclinent plus tard, et passent par différents coloris. — C'est ordinai, rement en septembre et jusqu'aux gelées que les fleurs de cette plante s'épanouissent.

Il existe plusieurs variétés nommées de ce Tritoma, ne différant entre elles que par des caractères très peu marqués. — Ornement des pelouses et des jardins paysagers. — Dans les pays chauds, les tritoma résistent très bien aux rigueurs des hivers; mais à Paris et plus au nord, il faut les garantir contre les gelées. *Multiplication*, par la voie du semis, en terrines ou en pots sur couche, de mars-avril, ou en plein air en juin-juillet, on hiverne le plant sous châssis ou dans l'orangerie, et on le livre à la pleine terre en mai de l'année d'après; ont multiplie facilement aussi cette plante par la séparation des drageons traçants.

116 **Tulipe**. — *Tulipa*, Tourn. (Liliacées).
Nom tiré du mot Thouliban que porte en Persan l'espèce principale.

Tulipe de Gesner. — *Tulipa Gesneriana*, Lin. Tulipe des jardins).

Russie mérid., introduite au xvie siècle, vivaec et bulbeuse; ce bulbe est de la grosseur d'une noix, oblong ou ovoïde, à tuniques glabres et luisantes extérieurement; tige cylindrique, ferme, accompagnée de 2 à 3 feuilles, haute de 30 à 40 cent.; feuilles ovales-lancéolées, sessiles, glabres, glauques : les radicules enveloppent la tige; cette tige est terminée par une grande fleur à 6 divisions caduques, disposées en cloche, haute de 6 à 8 cent., généralement jaune ou rouge dans la nature, mais présentant une variété immense dans sa coloration à l'état cultivé. Cette plante fleurit à la fin d'avril et en mai. — Il existe des collections de tulipes de plus de 1200 variétés nommées, divisées en tulipes simples et en tulipes doubles ou pleines; les unes hâtives et les autres tardives.

Les tulipes simples se subdivisent, suivant l'époque de leur floraison, en tardives et en hâtives. Les tardives ont toujours été les plus recherchées et sont celles, dont il existe les collections les plus étendues et du plus grand prix. Elles sont de deux sortes : celles à fond blanc, dites tulipes d'amateur ou flamandes, et celles à fond jaune ou tulipes bizarres. — Les variétés de cette dernière section sont très nombreuses, et souvent plus vigoureuses et plus rustiques que les Flamandes ou Tulipes d'amateurs. Elles sont caractérisées par la couleur de fond, qui est jaune, sur laquelle plusieurs autres nuances bien tranchées forment des bandes, des panaches, des stries, des marbrures, des plaques, des dessins, des broderies bizarres et des contrastes variés.

Culture. La tulipe des fleuristes se cultive toujours en pleine terre et en planche sou en bordures; là, elle produit un bel effet, par les contrastes et les mélanges de couleurs qu'on peut ainsi en obtenir. On la multiplie toujours au moyen de ses caïeux, lorsqu'on veut simplement en conserver et propager les variétés. On a recours à la voie du semis, lorsqu'on veut obtenir des variétés nouvelles. Les pieds qui proviennent du semis ne fleurissent qu'à la 4me ou 5me année. La tulipe aime une terre douce au toucher, meuble et substantielle, profonde, plutôt sableuse qu'argileuse, une terre franche en en un mot. On plante les oignons à la mi-novembre, sur des planches larges de 1 mèt. 10, et d'une longueur déterminée par le nombre de plantes qu'elles doivent contenir.

117 Valeriane. — *Valeriana*, Lin. (Valérianées).
Du latin *valere*, être bien portant, allusion aux propriétés de ces plantes, qui sont très énergiques.

Valeriane officinale — *Valeriana officinalis*, Lin.
Indigène, vivace, à racines fibreuses, et exhalant

une odeur spéciale, tiges sillonnées, dressées, velues, hautes de 1 mèt. et plus; feuilles opposées, toutes ou presque toutes pennatiséquées, un peu velues, à 7-8 paires de segments, incisés-dentés; en juin-juillet-août, fleurs rouges, odorantes, disposées en corymbes; fruits glabres, ovales-allongés, comprimés. Culture, plein air, dans tous les terrains frais et même humides. Ornementation des jardins pittoresques, des abords des pièces d'eau, des cascades, des lieux frais sous bois, des rocailles humides, etc.

Multiplication, facilement d'éclats, en automne ou au printemps; de semis, fait en avril et même en mai, soit en place, soit en pépinière : les plants de ce semis fleurissent en septembre-octobre de la même année. On peut aussi semer en juin-juillet, en pépinière, le plant est repiqué en pépinière d'attente jusqu'en octobre-novembre, époque où on le met en place, en espaçant les pieds d'environ 50 à 60 cent. — Les chats ont une passion extraordinaire pour la racine de cette plante; ils se roulent dessus, la mâchent et paraissent ivres.

Valériane Phu. — *Valeriana Phu*, Lin. (Grande Valériane).

Indigène, vivace, plante glabre, souches à racines épaisses, obliques, exhalant une odeur particulière, tiges lisses, dressées, hautes de 1 mèt. et quelquefois plus, simples ou peu rameuses; feuilles radicales, ovales-oblongues, entières, les supérieures lobées; en juin-juillet et août, fleurs blanches, odorantes, disposées en corymbes paniculés. *Culture*, cette plante se plaît dans les terres fortes, fraîches, et les lieux un peu couverts, et à peu près dans toute bonne terre de jardin. — *Multiplication* de la précédente.

Valériane nacrosiphon. — *Valeriana macrosiphon.* Hort.

Espagne, annuelle, plante glabre; tige robuste, glaucescente, épaisse, très rameuse dès la base, atteignant 30 à 40 cent. de haut; feuilles ovales, entières ou dentées-obtuses, les supérieures incisées; en juin-juillet, fleurs nombreuses, roses ou blanches, disposées en grappes dichotomes, formant un corymbe assez vaste et serré, quelquefois paniculé; corolle à bractées très étroites, à tube grêle, moins long que le fruit.

Variété naine. — **Variété a fleurs blanches.** — **Variété a fleurs cornées.**

La variété naine est remarquable par ses petites dimensions, et forme des touffes très ramifiées, compactes, littéralement couvertes de fleurs.

La valériane macrosiphon et ses variétés sont recherchées pour la décoration des massifs, des plates-bandes, des corbeilles et des bordures, la naine surtout. *Multiplication*, de semis : 1° en mars-avril, sur couche tiède ou à l'air libre; 2° en place d'avril en mai; 3° en semant du 15 au 30 septembre, on obtient de plus belles plantes, on repique le plant en pépinière sous châssis, où il passe l'hiver, au printemps, on lève ce plant en motte, et on le met à demeure à 30 ou 40 cent.

Valériane des jardins. — *Valeriana rubra*, Lin. *Centranthus ruber*, D. C.

118 Verge-d'or. — *Solidago*, Lin. (Composées).

Du latin *solidare*, rendre solide, affermir : allusion à des propriétés vulnéraires attribuées à l'espèce commune.

Verge-d'or du Canada. — *Solidago Canadensis*, Lin.

Amérique sept. en 1648, vivace, tiges velues, dressées, pleines, un peu rameuses, au sommet, en touffes, hautes de 1 mèt. et plus; feuilles alternes dentelées, presque toutes pétiolées, lancéolées, trinervées, scabres; en juillet-septembre, fleurs d'un jaune d'or, à capitules, à ligules très courtes, rassemblés en grappes paniculées, recourbées, arquées.

Les verges-d'or sont des plantes excessivement rustiques; elles végètent avec vigueur à peu près dans tous les sols et à toutes les expositions, même au bord de la mer et dans les terrains froids et glaiseux, parmi les arbustes clair-semés et dans les bosquets. Elles ornent très bien les plates-bandes et les massifs des grands jardins.

Multiplication, promptement d'éclats, en automne ou au printemps, que l'on espace de 50 à 60 cent. La graine en est rare et presque toujours stérile. — Il est nécessaire de renouveler les touffes tous les trois ou quatre ans.

Verge-d'or toujours verte. — *Solidago sempervirens*, Lin.

Amér. sept., en 1699, vivace, plante glabre, tiges dressées, robustes, hautes de 1 mèt. environ ; feuilles alternes, épaisses et entières, ovales-lancéolées, atténuées aux deux bouts en pétiole, d'un vert gai : de septembre en octobre, capitules assez grands, à ligules oblongues-linéaires, réunis en grappes courtes et serrées, formant un gros épi pyramidal. Culture, emploi et multiplication de l'espèce précédente.

Variété, Verge-d'or commune — *Solidago Virga aurea*, Lin.

Variété, Verge-d'or à grandes fleurs. — *Solidago grandiflora*, Desf.

Variété, Verge-d'or à larges feuilles — *Solidago latifolia*, Lin.

119 Véronique. — *eronica*, Lin. (Scrofularinées).
Dédiés à sainte Véronique. — Herbes et arbrisseaux.

Véronique de Syrie. — *Veronica Syriaca*, Rœm et Schult.

Syrie, annuelle, glabre, rameuse, à tiges grêles, hautes de 20 cent. environ; feuilles opposées, épaisses, ovales ou lancéolées, d'un vert gai; en mai-juin, fleurs très nombreuses, en grappes lâches, d'un beau bleu, corolle monopétale, irrégulière, ouverte, à divisions inférieures blanches, et jaunâtres à la gorge, et les divisions supérieures d'un joli bleu clair ou lilas pâle; étamines saillantes, au nombre de 2, à la base du tube de la corolle; anthères purpurines.

Variété à fleurs blanches. — *Veronica variegata flor*, Alb.

Charmante petite plante, malheureusement sa floraison est de courte durée. Les belles touffes qu'elle forme fleurissent dès qu'elles atteignent quelques centim. depuis avril jusqu'à la fin de juillet.

Ces fleurs ressemblent, par leur jolie coloration, la forme irrégulière de la corolle et des étamines, à de petits insectes ailés. — Cette plante convient parfaitement pour former des bordures, de petites corbeilles, pour orner le dessus des poteries et les tapis de peu d'étendue. *Multiplication*, de semis ; 1° en mars-avril et mai, en place, en terrain sain, léger et substantiel, à bonne exposition ; 2° en septembre, en pépinière ; on repique le plant en pépinière, à bonne exposition, où on l'abrite contre les grands froids, et on le met en place en mars-avril, les pieds espacés de 25 à 30 cent.

Véronique en épi. — *Veronica spciata*, Lin. Indigène, vivace.

Véronique maritime. — *Veronica maritima*, Lin. Fleurs bleues.

Véronique de Virginie. — *Veronica Virginica*, Lin. Fleurs lilas clair.

120 Verveine. — *Verbena*, Lin. (Verbénacées).

Du latin *veneris vena*, veine de Vénus ; parce que cette plante entrait dans la composition des philtres.

Verveine des jardins. — *Ververnes hybrides*.

Annuelles, vivaces en serre, origine incertaine, il paraît cependant qu'elles sont issues des V. Chamœdrifalia (Melissoides, Sweet), lesquelles semblent n'être elles-mêmes que des variétés d'un seul et même type. — Plante un peu velue, hérisée, tiges très rameuses, à ramifications couchées, puis, dressées, hautes de 25 à 40 cent. ; feuilles opposées, très peu pétiolées : les supérieures triangulaireslancéolées, inégalement dentées; les inférieures ovales ou oblongues; tout l'été, fleurs très odorantes, blanches ou rosées, en grappe simple ou ternée, formant une ombelliforme allongée; elles sont accompagnées d'une bractée subulée, deux fois plus courte que le calice.

La verveine est tellement variable, qu'à peu près toutes les fois qu'on sème des graines, on peut espérer obtenir des variétés nouvelles ; et c'est pour cette raison que les collections se modifient et s'augmentent d'année en année. Ces variétés revêtent les nuances les plus diverses, depuis le blanc le plus pur et le bleu indigo jusqu'au rouge purpurin le plus éclatant, en passant par le rose, le violet le lilas, le brun, le cramoisi, etc.; les couleurs jaunes et noires sont à peu près les seules qui ne soient pas représentées.

Culture, terrain ordinaire, meuble, plutôt frais que sec, convient aux verveines. — Très belles plantes pour bordures, massifs et corbeilles, surtout en alternant les divers coloris. *Multiplication*, par semis au printemps, ou à l'automne ou en janvier-février, en pots ou en terrines et sous châssis. Autant que possible, faire un et même deux repiquages, en pots ou sur couche qu'on maintient sous châssis jusqu'à la plantation à demeure, qui doit s'effectuer dans le courant de mai. —

Par boutures, procédé facile, et nécessaire pour conserver les variétés qui dégénèrent presque toujours par les semis. Ces boutures peuvent se faire en toutes saisons et surtout en automne et au printemps.

Verveine veinée. — *Verbena venosa*, Gill. Annuelle ou vivace.

Verveine de Miquelon. — *Verbena aubletia*, Lin. Annuelle, fleurs roses.

Verveine délicate. — *Verbena tenera*, Spreng Vivace en serre.

121 Violette. — *Viola*, Lin. (Violariées).

Du grec *Jon*, dont les Latins ont fait *viola*, la réputation de la violette est d'une grande antiquité, elle était chérie des Athéniens.

Violette odorante. — *Viola odorata*, Lin. — Violette de mars.

Indigène, vivace, plante traçante, presque glabre, tiges couchées, rampantes comme des fraisiers à coulants; feuilles en touffe, portées sur de longs pétioles, à limbe ovale-arrondi, en cœur à la base, parfois réniforme; en mars-avril, fleurs violettes ou roses, ou blanches, simples ou pleines, très dorantes, composées d'un calice à 5 sépales, se prolongeant au-dessous de leur insertion, d'une corolle à 5 pétales : les 4 supérieurs à peu près réguliers; l'inférieur plus large, échancré au sommet et muni d'un éperon à la base. Au centre, 5 étamines et un style à stigmate courbé et aigu. D'autres variétés intéressantes sont : la violette, connue sous le nom des 4 saisons, à fleurs blanches, grandes, simples, s'épanouissant successivement depuis septembre jusqu'en avril; la violette de Parme, d'un bleu pâle, feuilles petites, glabres; fleurs pleines, très odorantes, à longs pédoncules, la violette Wilson, plante robuste; feuilles abondantes; fleurs grandes, longuement pédonculées; variété délicate sous le climat de Paris, où elle ne réussit bien, l'hiver surtout, que sous châssis; la violette de Bruneau (V. Bruneauniana, Hort), plante jolie et curieuse par ses fleurs très doubles et même très pleines, très odorantes.

Violette tricolore. — *Viola tricolor*, Lin. — *V. grandiflora*, Hort.

Vulgairement, pensée des jardins, pensées anglaises, pensées à grandes fleurs, pensées vivaces.

Indigène, annuelle, bisannuelle ou vivace, tige rameuse, étalée, haute de 15 à 25 cent.; feuilles ovales ou lancéolées, dentées ou crénelées; d'avril à septembre, fleurs très grandes, très variées, du blanc au jaune, et du violet au lilas. Les pensées à fleurs grandes et arrondies sont les plus recherchées.

Multiplication, de semis à différentes époques; la plus convenable est de juillet à septembre, en pépinière, dans un terrain léger, ensuite repiquer le plant en planche à bonne exposition, en terre légère, saine et substantielle pour jusqu'à la mise en place, qui se fera avant l'hiver ou en février-mars : les plants espacés de 30 à 40 cent. — Pour les semis, prendre de préférence les graines provenant des premières fleurs.

La multiplication par éclats ne se pratique que pour conserver les variétés remarquables.

Plante très ornementale pour bordures, corbeilles, massifs, plates-bandes, etc., surtout lorsqu'on sait bien mélanger et combiner les diverses couleurs.

122 Viscaria — *Viscaria,* Rœhl. (Caryaphyllées).

Du latin *viscum*, glu, visqueux, de la viscosité de l'espèce principale; Lychnis Viscaria, Lin.

Viscaria à fleurs pourpres. — *Viscaria purpurea,* Wimm.

Indigène, annuel, tiges dressées, très rameuses dès la base, s'élevant de 30 à 40 cent., formant des touffes compactes très florifères; feuilles opposées, glauques; les caulinaires aiguës, les radicales lancéolées-aiguës; de mai en juillet, fleurs assez grandes, d'un beau rose purpurin, portées par de longs pédoncules. Ces fleurs sont composées d'un calice allongé, renflé en massue; d'une corolle à 5 pétales onguiculés, à limbe obovale, marqué à sa base d'une tache purpurine.

Culture, terre substantielle, plutôt fraîche que sèche. Ornement des plates-bandes, des corbeilles, des bordures et des massifs.

Multiplication, par la séparation des pieds aux premiers jours de printemps ou à l'automne, ou de graines semées aussitôt mûres, en pots que l'on rentre sous châssis à l'automne; elles lèvent bien le printemps suivant,

Variété à fleurs blanches. — *V. oculata alba*, — Hort. Fleurs larges.

Variété élégante peinte. — *V. elegans picta*, — Hort. Très florifère.

Variété des Alpes. — *V. Alpina*, Fries. — Vivace, herbe gazonnante.

123 **Waitzie.** — *Waitzia*, Wendl. (Composées).

Dédié à M. Waitz; herbe de la Nouvelle Hollande.

Waitzie à fleurs en corymbe. — *Waitzia corymbosa*, Wendl.

Nouvelle-Hollande, annuel, vivace à l'état sauvage; racine grêle, pivotante; tige dressée, rougeâtre, pubescente-scabre, haute de 30 à 35 cent., simple ordinairement ou très peu rameuse; feuilles linéaires-lancéolées, un peu rudes au toucher et légèrement poilues; les caulinaires alternes, les inférieures rapprochées en rosette; en juin-juillet et août, fleurs à capitules nombreux, larges, formant par leur ensemble un corymbe paniculé, plus ou moins élargi et peu serré; involucre campanulé, formé de plusieurs séries d'écailles scarieuses, plutôt étalées que dressées; fleurons à corolle grêle, jaunâtre, tubuleuse, à 5 petites dents; akènes glabres, surmontés d'une aigrette longuement pédonculée, blanche, à soies dentelées, plumeuses.

Variété de Wendland. — *W. Wandlandaina*, Walp.

Tiges rameuses dès la base, à ramifications étalées puis ascendantes ou réfléchies; à écailles extérieures de l'involucre colorées en rose amarante.

Variété de Bentham. — *W. Benthamiana*, Walp. — *Norna nivea*, Lindl.

Tiges effilées, raides, le plus souvent simples à la base, rameuses, corymbiformes au sommet, écailles extérieures de l'involucre entièrement blanches et satinées.

Toutes ces plantes ont beaucoup de ressemblance avec les genres Rodanthe et Acroclinium près desquelles, on les classe généralement. *Multiplication*, de semis, en mars-avril, en pépinière, sur couche et sous châssis, ou bien en pots, dans une terre de bruyère pure ou mêlée de terre sableuse. On les tiendra très près du verre, et pour éviter l'étiolement, on aérera souvent. — Les fleurs de ces plantes, qui sont très jolies, sont employées pour la confection des bouquets et les garnitures de vases, etc.

124 Yucca. — *Yucca*, Lin. (Liliacées).
Nom d'origine indienne.

Yucca filamenteux. — *Yucca filamentosa*, Lin.
Caroline et Virginie, en 1675, vivace, arborescente généralement; tige nulle, ou peu apparente, ayant quelque analogie avec celle de certains iris à rhizome; feuilles lancéolées-oblongues, radicales, dressées-étalées, en très large gouttière, terminées par une petite pointe, filamenteuse aux bords; hampe ou axe floral haut de 1 mèt. environ, droit, raide, terminé par de nombreuses et belles fleurs en cloche, pendantes, disposées en grappe paniculée; en juillet et août, fleurs d'un blanc lutescent, légèrement verdâtre, et composées de 6 divisions; étamines au nombre de 6, à la base des divisions florales; à ces fleurs succèdent des fruits capsulaires, oblongs, à 6 angles et à 3 loges, où sont contenues un grand nombre de graines superposées, noires, obovées, comprimées. — Cette plante ne drageonne guère que lorsque les pieds ont fleuri.

Yucca à feuilles d'aloès. — *Yucca aloifolia*, Lin.

Amérique sept., en 1696. tige atteignant 2 ou 3 mèt. de hauteur; feuilles en touffe serrée, droites, très raides, linéaires-lancéolées, épaisses, très piquantes; en août-septembre, fleurs d'un blanc presque pur, avec une tache purpurine dans le bas, se teignant plus tard d'une légère teinte violacée sur le milieu des folioles, en vaste panicule pyramidale.

On en cultive une variété à feuilles panachées de rose, de blanc et de jaune, une autre à feuilles pendantes, enfin une à feuilles étroites. *Culture*, le Yucca filamenteux est de pleine terre, quoiqu'il se trouve bien d'une couverture de feuilles ou de paille placée à son pied pendant les froids; le Yucca à feuilles d'aloès et ses variétés exigent l'orangerie sous le climat de Paris. *Multiplication*, au moyen de leurs rejetons au printemps (avril-mai) et tout l'été pourvu qu'on puisse les soustraire aux influences extérieures, qui leur nuiraient, de la température.

125 Zinnia. — *Zinnia*, Lin. (Composées).

Dédié à John Godfrey Zinn, professeur de botanique à Gottingue.

Zinnia élégant. — *Zinnia elegans*, Jacq.

Mexique, en 1799, annuel; tiges raides, hérissées, rameuses dès la base, élevées de 70 à 80 c.: feuilles opposées, sessiles, amplexicaules, ovales-arrondies, échancrées en cœur; de juillet-octobre, fleurs réunies en larges capitules solitaires, longuement pédonculés, et un peu renflés au sommet, de couleurs blanche, jaune, violette, coccinée ou purpurine selon les variétés; il en existe à capitules doubles et à capitules simples, ces dernières n'offrent qu'une seule rangée de ligules, tandis que les premières, c'est-à-dire les doubles, ont des fleurons au centre qui se sont allongés, dédoublés et transformés en languettes. Ces fleurons prennent une forme plus ou moins spatulée, leurs dimensions diminuent de la circonférence au centre; ils se recouvrent insensiblement en s'imbriquant assez régulièrement, de sorte que l'ensemble de ces capitules a une forme plus ou moins arrondie ou sphérique.

Depuis quelques années, les zinnias doubles ont produit un nombre de variétés qui surpasse de beaucoup celui qu'on observe dans les zinnias simples.

Zinnia multiflore. — *Zinnia multiflora*, Lin.

Mexique, en 1770, annuel, scabre ou rude au toucher; tiges rameuses, dressées, s'élevant de 50 à 70 cent. de haut; feuilles opposées, ovales-lancéolées, à peine pétiolées; en juillet-octobre, fleurs à capitules longuement pédonculées, d'un rouge plus ou moins terne, demi-fleurons formant de 1 à 4 rangées de ligules.

Zinnia du Mexique. — *Zinnia Mexicana*, Hort.

Mexique, annuel, poilu-hispide; tiges très rameuses dès la base, plus ou moins couchées, buissonnantes, hautes de 30 à 50 cent.; feuilles opposées, sessiles, fortement nervées, ovales-lancéolées, aiguës; en juillet-octobre, fleurs à capitules brièvement pédonculés, de grandeur moyenne, jaune orange.

Cette plante forme de très belles touffes, à feuillage d'un vert intense; plus il fait chaud, plus la plante est vigoureuse, et plus ses fleurs sont abondantes. Elle convient particulièrement pour l'ornementation des plates-bandes, des bordures, et les massifs des terrains secs et exposés en plein soleil. Cette espèce a été publiée sous le nom de *Zinnia Ghiesbreghtii*, savant botaniste collecteur, qui l'avait rapportée du Mexique.

Culture, il faut aux zinnias une terre saine, meuble et un peu fraîche, plutôt légère que compacte, et une exposition aérée et éclairée; il leur faut encore un paillis et des arrosements pendant les grandes chaleurs. *Multiplication*, de semis : 1° en avril, sur couche, sans couvrir d'un châssis, repiquer le plant sur couche, et le planter à demeure en mai, dans un terrain bien ameubli et amendé, à bonne exposition; 2° en avril-mai, en planche, en trere légère et à exposition chaude et abritée. Lorsque le plant a quelques feuilles, on le repique, soit dans la pépinière d'attente, soit à demeure; 3° on peut, si on veut semer des zinnias en février-mars, élever les sujets sur couche ou en pots sur couche, dans ce cas, on a la floraison en mai; ce dernier procédé n'est guère pratique.

TABLE DES FIGURES

1e	Planche Feuilles, figure 39 . . . page	42
2e	— Greffe Nos 1, 2, 3 et 4 . . . p.	215
3e	— Greffes et plantation Nes 5 et 6 p.	221
4e	— Eléments de la taille du poirier, Nos 7 à 20 . . . . . . p.	242
5e	— Pyramide Nos 21, 22, 23, et 24 p.	259
6e	— Pyramide a 4 ailes, fig. 25. . p.	261
7e	— Fuseau ou colonne, fig. No 26 p.	26
8e	— Haute tige, fig. 27. . . . p.	26
9e	— Vase à 10 branchés, fig. 28 . p.	263
10e	— Cordon oblique, fig. 29. . . p.	264
11e	— Cordon vertical, fig. 30 . . p.	265
12e	— Cordon horizontal, fig. 31. . p.	266
13e	— Buisson ou cépée, fig. 32 . p.	268
14e	— Forme en V fig. 33. . . . p.	269
15e	— Forme en éventail, fig. 34 . p.	269
16e	— Forme carrée, fig. 35 . . . p.	270
17e	— Forme palmette simple fig. 36 p.	270
18e	— Forme palmette double fig. 37 p.	271
19e	— Forme Verrier, fig. 38. . . p.	272
20e	— Forme en lyre, fig. 39 (bis). . p.	273
21e	— Forme de Cossonet, fig. 40 . p.	274
22e	— Forme de la vigne, fig. 41. . p.	352

TABLE DES MATIÈRES

	pages.
Acanthe — Acanthus	451
Achillée — Achillea	453
Agapanthe — Agapanthus	454
Agérate — Ageratum	455
Ail — Allium	455
Alysson — Alyssum	457
Amarante — Amarantus	458
Amaryllis Amaryllis	459
Ancolie — Aquilegia	461
Anémone — Anemone	462
Anthémis — Anth	465
Arabette — Arabis	466
Argémone — Argemone	468
Asclépiade — Asclepias	468
Asphodèle — Asphodelus	469
Aspidie — Aspidium	470
Aster — Aster	471
Balisier — Canna	473
Balsamine — Balsamina	475
Bambou — Bambusa	476
Basilic — Ocimum	478
Bégonie — Begonia	479
Belle-de-jour — Convolvulus	480
Belle-de-nuit — Mirabilis	481
Caladion — Caladium	483

TABLE DES MATIÈRES

pages.

Calcéolaire — Calceolaria. 484
Campanule — Campanula 487
Capucine — Tropœolum. 489
Célosie — Celosia 491
Centaurée — Centaurea 492
Chrysanthème — Chrysanthemum 495
Clématite — Clematis 498
Coréopsis — Coreopsis 500
Cuphea — Cuphea 501
Cyclamen — Cyclamen 502
Dahlia — Dahlia 503
Datura — Datura 504
Dielytra — Dielytra 506
Digitale — Digitalis 507
Enothère — Œnothera 508
Fritillaire — Fritillaria 510
Gentiane — Gentiana 511
Géranium — Geranium 513
Giroflée — Cheiranthus 515
Glaïeul — Gladiolus 517
Godetie — Godetia 519
Gouet — Arum 521
Gourde — Lagenaria 522
Gynerium — Gynerium 523
Hoteia — Hoteia. 525
Héliotrope — Heliotropium 526
Hellébore — Helleborus 527
Hysope — Hyssopus 528
Immortelle — Helichrysum 529

TABLE DES MATIÈRES

	pages.
mmortelle — Xeranthemum.	531
Iris — Iris	532
Jacinthe — Hyacinthus	536
Joubarbe — Sempervivum	538
Julienne — Hesperis	540
Ketmie — Hibiscus.	542
Lin — Linum	543
Lis — Lilium	544
Lobélie — Lobelia.	548
Lupin — Lupinus	550
Matricaire — Matricaria	554
Menthe — Mentha.	556
Millepertuis — Hypericum	557
Mimule — Mimulus	558
Morelle — Solanum	561
Muflier — Atirrhinum.	543
Muguet — Convallaria	565
Muscari — Muscari	567
Myosotis — Myosotis	568
Narcisse — Narcissus.	570
Nénuphar — Nymphœa	571
Œillet — Dianthus.	573
Opontia — Opuntia.	580
Pâquerette — Bellis	582
Pavot — Papaver	583
Pentstémon — Pentastemum	587
Périlla — Perilla	591
Persicaire — Persicaria	592
Pervenche — Vinca	594

TABLE DES MATIÈRES

	pages.
Pétunia — Petunia	597
Phlox — Phlox	601
Phormier — Phormium	605
Dauphinelle — Delphinium	607
Pivoine — Pœonia	614
Pourpier — Portulaca	618
Primevère — Primula	620
Pyrèthre — Pyrethrum	625
Reine-Marguerite — Collistephus	626
Renoncule — Ranunculus	629
Réséda — Reseda	633
Ricin — Ricinus	634
Rose-trémière — Althœa	635
Safran — Crocus	638
Sagittaire — Sagittaria	640
Sauge — Salvia	641
Saxifrage — Saxifraga	645
Scabieuse — Scabiosa	647
Scille — Scilla	650
Sedum — Sedum	652
Seneçon — Senecio	655
Sensitive — Mimosa	658
Silène — Silene	659
Soleil — Helianthus	661
Souci — Calendula	662
Spirée — Spirœa	664
Statice — Statice	666
Tabac — Nicotiana	667
Tagète — Tagetes	669

TABLE DES MATIÈRES

	pages.
Thlaspi — Iberis	671
Tigridie — Tigridia	673
Tritome — Tritoma	675
Tulipe — Tulipa	676
Valériane — Valeriana	678
Verge-d'or — Solidago	681
Véronique — Veronica	683
Verveine — Verbena	684
Violette — Viola	686
Viscaria — Viscaria	688
Waitzie — Waitzia	689
Yucca — Yucca	691
Zinnia — Zinnia	692

Paris. — Imp. Téqui, 92, rue de Vaugirard, 92.

I

EN VENTE A LA MÊME LIBRAIRIE

Vie en plein air, lectures et récits champêtres, par Mme VATTIER. 1 beau vol. in-12 illustré. 3 fr.

Mme Vattier s'attache à inspirer aux enfants l'amour des travaux des champs, à réagir contre la tendance malheureuse des ruraux qui aspirent à la vie des villes qu'ils croient plus facile et surtout plus lucrative.

Elle montre aussi, par des exemples saisissants, que beaucoup de petits propriétaires pourraient se soustraire à la gêne dont ils se plaignent en usant des ressources que leur fournit la science, en sortant de l'incurie et de la routine.

Ouvrage excellent pour les bibliothèques d'écoles primaires.

Agriculture primaire. ou la Science agricole mise à la portée des enfants, par M. HALLEZ-D'ARROS. 1 vol. in-18, cartonné. 60 c.

Le sol et sa préparation, culture et récoltes, animaux domestiques et arboriculture.

De la culture de la vigne et de la convenance de l'épamprage dans le département de la Charente-Inférieure, par le marquis DE DAMPIERRE. Brochure in-18. 25 c.

Le Déboisement et le reboisement, par Ch. DE RIBBE. 1 volume in-8°. 1 fr.

Études rurales, défense des intérêts matériels, moraux et religieux des campagnes, par l'abbé MÉTHIVIER. 2 vol. in-32. 1 fr. 50

Ce petit livre, revêtu de nombreuses approbations du haut clergé, devrait se trouver entre les mains de toutes les personnes de la campagne. En le lisant et en le méditant, on trouverait moins de déclassés dans les villes et plus de travailleurs dans les campagnes.

Guérison de la vigne malade par un nouveau mode de culture, par l'abbé DELPY, membre du Comice agricole de Sarlat. 1 volume in-8°. 2 fr.

L'Homme tertiaire, par le marquis DE DAILLAC. In-8°. 1 fr.

Montagnes et Vallées, par DELAIRE. 1 vol. in-8°. 1 fr.
Olivier de Serres et son œuvre, par VILLARD. 1 volume in-8°. 1 fr. 50

Tout en nous faisant connaître la vie d'Olivier de Serres, M. Villars étudie particulièrement l'œuvre de ce célèbre agronome.

PARIS. — IMP. TEQUI, 92, RUE DE VAUGIRARD.

www.ingramcontent.com/pod-product-compliance
Lightning Source LLC
Chambersburg PA
CBHW061951300426
44117CB00010B/1290